EUL VERLAG

Reihe: Marketing, Handel und Management · Band 11

Herausgegeben von Univ.-Prof. Dr. Rainer Olbrich, FernUniversität in Hagen

Dr. Tina Schäfer

Handelsmarken und Erosion industrieller Markenartikel

Ursachen und Auswirkungen auf die Konsumgüterdistribution

Mit einem Geleitwort von Univ.-Prof. Dr. Rainer Olbrich, FernUniversität in Hagen

Gefördert durch das

Bundesministerium für Bildung und Forschung

EUL VERLAG

Bibliografische Information der Deutschen Nationalbibliothek

Die Deutsche Nationalbibliothek verzeichnet diese Publikation in der Deutschen Nationalbibliografie; detaillierte bibliografische Daten sind im Internet über <http://dnb.d-nb.de> abrufbar.

Dissertation, FernUniversität in Hagen, 2009

ISBN 978-3-89936-883-3
1. Auflage Januar 2010

JOSEF EUL VERLAG GmbH
Brandsberg 6
53797 Lohmar
Tel.: 0 22 05 / 90 10 6-6
Fax: 0 22 05 / 90 10 6-88
E-Mail: info@eul-verlag.de
http://www.eul-verlag.de

Bei der Herstellung unserer Bücher möchten wir die Umwelt schonen. Dieses Buch ist daher auf säurefreiem, 100% chlorfrei gebleichtem, alterungsbeständigem Papier nach DIN 6738 gedruckt.

Geleitwort des Herausgebers

Die Schriftenreihe „Marketing, Handel und Management" greift Themenstellungen auf, die in besonderer Weise marktgerichtete Managementprobleme betreffen. Hiermit sind Problemstellungen angesprochen, die das industrielle Marketing, das Marketing des Handels und des Dienstleistungssektors, aber auch marktgerichtete Managementprobleme sonstiger Institutionen (z. B. aus den Bereichen Politik und Gesellschaft) unmittelbar betreffen und berühren.

Wie der Titel der Schriftenreihe bereits ankündigt, soll neben der für das Marketing klassischen industriellen Sicht die Perspektive des Handels besondere Berücksichtigung finden. Insbesondere in der Konsumgüterwirtschaft sind aufgrund der Konzentration des Handels Marketinganstrengungen der Industrie nur unter Beachtung der Interessen und Vorgehensweisen des Handels mit Erfolgsaussichten versehen. Nicht zuletzt steuert der institutionelle Handel durch ein eigenständiges Handelsmarketing, das sich klassischerweise durch seine gate-keeper-Funktion in der Distribution, in jüngster Zeit aber auch durch die zunehmende Verbreitung marktstarker Handelsmarken zeigt, erhebliche Teile der Wertschöpfung und auch der industriellen Produktion. Diesem Umstand soll in dieser Schriftenreihe besonders Rechnung getragen werden.

Der elfte Band dieser Schriftenreihe, der von Frau Dr. Schäfer in Form ihrer Dissertation vorgelegt wird, knüpft an die seit ca. 25 Jahren im wissenschaftlichen Schrifttum der Betriebswirtschaftslehre und des Marketing stattfindenden Diskussion um die Ursachen und Auswirkungen einer Erosion industrieller Markenartikel als Folge einer zunehmenden Verbreitung von Handelsmarken an. Bereits im zehnten Band (Dissertation von Frau Dr. Grewe) wird die Verbreitung von Handelsmarken aus der Perspektive des Konsumgüterhandels beleuchtet.

Die von Frau Dr. Schäfer eingereichte Arbeit beschäftigt sich zum einen mit der Beantwortung der Frage, ob und wie die Erosion industrieller Markenartikel auf einen zunehmenden Wettbewerb mit Handelsmarken zurückgeführt werden kann. Darüber hinaus wird ein empirischer Beleg erbracht, der die Auswirkungen der Erosion industrieller Markenartikel als Folge der zunehmenden Verbreitung von Handelsmarken aus der Sicht der betroffenen Marktteilnehmer (Markenartikelindustrie, Handel und Verbraucher) skizziert.

Obwohl das Interesse der Wissenschaft und der Praxis an der Analyse dieser Problemstellung sehr groß ist, modellieren bisher nur wenige Beiträge den Verdrängungswettbewerb durch Handelsmarken innerhalb einer Artikelgruppe als explizite Ursache der Erosion industrieller Markenartikel. Die Auswirkungen einer Markenerosion wurden bislang vor allem im Rahmen von theoretischen Herleitungen sowie Erklärungen oder Befragungen ermittelt. Auf einen Test entsprechender empirischer Hypothesen wurde jedoch in den meisten Beiträgen verzichtet. Die nachfolgende Arbeit stellt einen ersten tiefgreifenden Ansatz dar, sowohl konzeptionelle als auch empirische ‚Lücken' in der Literatur zu füllen.

Auf der konzeptionellen Seite liefert die Arbeit von Frau Dr. Schäfer Analyseinstrumente, mit deren Hilfe zum einen aufgezeigt werden kann, dass die Erosion von Markenartikeln im Wesentlichen auf die Verbreitung von Handelsmarken zurückgeführt werden kann und die zum anderen dazu beitragen, die daraus resultierenden Auswirkungen quantifizieren sowie bewerten zu können. Auf der empirischen Seite greift Frau Dr. Schäfer auf die am Point of Sale (POS) in elektronischer Form erhobenen Scanningdaten des Handels zurück. Somit wird eine breite Datengrundlage analysiert, die zeigt, dass die Erosion industrieller Markenartikel in vielen Artikelgruppen bereits weit vorangeschritten ist und dass diese Entwicklung nicht zwingend positive Effekte für die betroffenen Marktteilnehmer aufweist, auch nicht für den Handel selbst.

Das Werk verdient ein ausgeprägtes Interesse sowohl von Seiten der Wissenschaft als auch von der Handels- und der Herstellerseite. Angesichts der von Frau Dr. Schäfer aufgezeigten Erkenntnisse dürfte absehbar sein, dass die Konsequenzen, die von einer weiteren Erosion industrieller Markenartikel ausgehen, den Wettbewerb in der Konsumgüterdistribution nachhaltig und nicht unbedingt zugunsten des Nachfragers beeinflussen werden.

Hagen, im Dezember 2009

Univ.-Prof. Dr. Rainer Olbrich

Vorwort der Autorin

Die vorliegende Arbeit wurde im Jahr 2009 von der Fakultät für Wirtschaftswissenschaften der FernUniversität in Hagen als Dissertationsschrift angenommen. Sie entstand während meiner Tätigkeit als wissenschaftliche Mitarbeiterin am Lehrstuhl für Betriebswirtschaftslehre, insbesondere Marketing, der Fernuniversität in Hagen.

Die Arbeit hat zum Ziel, anhand von empirischen Daten aus dem deutschen Lebensmitteleinzelhandel ausgewählte Effekte einer zunehmenden Verbreitung von Handelsmarken aufzuzeigen, um auf die Gefahren einen weiteren Erosion von Markenartikeln aufmerksam zu machen.

In diesem Zusammenhang spielt die Auswahl einer geeigneten Datenbasis eine wichtige Rolle. Betrachtet man die Datenbasis bisheriger Untersuchungen, die sich mit dem Thema befassen, so fällt auf, dass diese überwiegend statisch oder lediglich kurzfristig angelegt waren und oftmals nur eine Betriebsform bzw. Artikelgruppe beinhalten. Mit der vorliegenden Arbeit wird nun erstmals eine Längschnittanalyse präsentiert, die einen langen Zeitraum (sechs Jahre) und mehrere Betriebsformen umfasst.

In der Folge bietet das betrachtete Problemfeld nicht nur Raum für betriebswirtschaftliche Implikationen aus der Sicht der Markenartikelindustrie. Vielmehr weist die Erosion von Markenartikeln, die im Rahmen des Wettbewerbs zwischen den einzelnen Betriebsformen des Handels bei zunehmender Verbreitung von Handelsmarken auftritt, auch unmittelbare Konsequenzen für den Handel sowie für die Nachfrager auf. Die vorliegende Arbeit schafft somit nicht nur die Grundlage für eine Bewertung der Konsequenzen einer zunehmenden Verbreitung von Handelsmarken aus der Sicht der Markenartikelindustrie, sondern trägt auch zu einer Bewertung aus der Sicht des Handels sowie aus wettbewerbspolitischer Sicht bei.

Meinem akademischen Lehrer Univ.-Prof. Dr. Rainer Olbrich sei Dank gesagt für die außerordentlich angenehme Arbeitsatmosphäre am Lehrstuhl, die konstruktive Zusammenarbeit sowie den großzügigen Freiraum, den er mir für meine Promotion und meine fachliche Entwicklung eingeräumt hat. Herrn Univ.-Prof. Dr. Hermann Singer danke ich für die Übernahme des Koreferats sowie für die hilfreichen Anregungen im Rahmen der Entstehungsphase des Analyseteils der Arbeit.

Des Weiteren danke ich dem BMBF für die finanzielle Unterstützung des SCAFO-Projektes (Förderkennzeichen 01HW0190), ohne die dieses Forschungsvorhaben nicht hätte realisiert werden können. Herrn Eckart Hüttemann danke ich für seine Unterstützung, die wesentlich zum Gelingen des Projektes beigetragen hat. Herr Hüttemann ist beim Deutschen Zentrum für Luft- und Raumfahrt e. V. (DLR), das als Projektträger des BMBF fungierte, für die Koordination des Projektes verantwortlich und war während der gesamten Projektlaufzeit ein wichtiger Ansprechpartner. Der Information Resources GmbH (IRI), die die Scanningdaten für diese Untersuchung zur Verfügung gestellt und das gesamte Projekt mit großem Interesse verfolgt hat, danke ich für die Bereitstellung der Datenbasis.

Darüber hinaus gibt es eine ganze Reihe von Personen, die wesentlich zum Gelingen dieser Arbeit beigetragen haben und denen ich auf diesem Wege danken möchte:

Meinen früheren Lehrstuhlkollegen Patric Albrecht, Prof. Dr. Dirk Battenfeld, Dr. Carl-Christian Buhr, Gundula Grewe, Dr. Martin Grünblatt, Christian Holsing, Michael Hundt, Dr. Marc Knuff, Ruth Orenstrat, Dr. René Peisert, Carsten Schultz, Dr. Jörg Tauberger, Dr. Anja Voerste und Dr. Thomas Windbergs möchte ich für die gemeinsame Zeit in Hagen danken. Ihre Anregungen und die daraus entstandenen Ideen haben wesentlich zum Gelingen der Dissertation beigetragen.

Besonderen Dank möchte ich Sandra Brechtefeld aussprechen. Auf Ihr herzliches Wesen und Ihre Hilfsbereitschaft hätte ich an keinem Arbeitstag verzichten mögen. Sie hat neben der notwendigen moralischen Unterstützung auch dafür gesorgt, dass Ablenkung und Spaß in der Freizeit nicht zu kurz kamen.

Dr. Timo Diegmüller danke ich für seine Freundschaft und die oft stundenlangen Telefonate zwischen Hagen und Paris, in denen wir uns gegenseitig über die mit einer Promotion verbundenen „Motivationstiefs“ hinweg geholfen haben.

Meinen Eltern, Ellen und Fritz-Jürgen Schäfer, danke ich für die Liebe und die Zuversicht, mit der sie mich jederzeit in allen Phasen meiner persönlichen und akademischen Entwicklung unterstützt haben. Ihr bedingungsloses Vertrauen in den Erfolg meines Vorhabens hat mir immer wieder die Kraft gegeben, auch kleinere „Durststrecken“ zu überwinden. Auch meiner Oma, Adelheid Kegler, die den Ausgang der Promotion fast genauso wenig erwarten konnte wie ich, möchte ich auf diesem Wege danken.

Axel Bauer danke ich für den liebevollen Rückhalt, den ich bei ihm finden konnte, wenn das Licht am Ende des Tunnels oftmals kaum erreichbar schien. Ohne sein Verständnis wäre ein Gelingen dieser Arbeit nicht möglich gewesen.

Widmen möchte ich die Arbeit meinem Opa, Otto Kegler.

Wiesbaden, im Dezember 2009

Tina Schäfer

Inhaltsverzeichnis

Abbildungsverzeichnis

1. Ungleiche Wettbewerbschancen in der Konsumgüterdistribution fördern die Verbreitung von Handelsmarken

1.1. Problemstellung der Untersuchung – die Erosion von Markenartikeln im Wettbewerb mit Handelsmarken

Vor dem Hintergrund eines nach wie vor sehr ausgeprägten Preiswettbewerbs im Einzelhandel sehen sich Hersteller von Markenartikeln seit geraumer Zeit einem steigenden Verbreitungsgrad von Handelsmarken (‚private labels') gegenüber.[1] Obgleich vermutet werden könnte, „*...dass die zunehmende Verbreitung von Handelsmarken nichts anderes als ein Reflex des Angebotes auf eine verstärkte Nachfrage nach preiswerter Grundversorgung...*"[2] ist, muss tatsächlich davon ausgegangen werden, dass die Wettbewerbschancen von Handelsmarken gegenüber von Markenartikeln der Industrie ganz wesentlich unterschiedlich sind und die industriellen Markenartikel sehr benachteiligen.

Ursächlich hierfür sind nicht nur die aktuell zu beobachtenden Rahmenbedingungen in der Konsumgüterdistribution[3], sondern insbesondere auch die Handlungsoptionen, die dem Handel aufgrund seiner Rolle als so genannter ‚Double Agent'[4] im Absatzkanal zur Verfügung stehen. So besitzt dieser die Möglichkeit, den Marktauftritt der industriellen Markenartikel zugunsten des Abverkaufs von Handelsmarken zu steuern und somit zu einer Erosion der Wettbewerbsposition des industriellen Markenartikels beizutragen.

---

1 Vgl. u. a. CONNOR/ROGERS/BHAGAVAN 1996, S. 480; DOBSON 1998; HOCH/MONTGOMERY/PARK 2002; OLBRICH 2004, S. 176; ACNIELSEN 2005, S. 4; GORRIE 2006, S. 217 und HUANG/JONES/HAHN 2007, S. 553.

2 OLBRICH/BUHR/GREWE/SCHÄFER 2005, S. 1.

3 Eine Übersicht über die aktuellen Rahmenbedingungen der Konsumgüterdistribution findet sich z. B. bei OLBRICH/BUHR/GREWE/SCHÄFER 2005, S. 1 ff. sowie in Abschnitt 2.1.1. der Arbeit.

4 Die Rolle als ‚Double Agent' ergibt sich aus dem zeitgleichen Vertrieb von Markenartikeln der Industrie und konkurrierenden Handelsmarken an den Endverbraucher. Zur Rolle des Handels als ‚Double Agent' im Absatzkanal vgl. OLBRICH 2001c.

Besonders augenscheinlich wird dies im Bereich der Preispolitik. In diesem Instrumentalbereich des Marketing-Mix besitzt der Handel neben den grundsätzlichen Optionen, die ihm durch das *Verbot der vertikalen Preisbindung*[5] entstanden sind (Preishoheit im gesamten Sortiment), und den damit verbundenen Vorteilen für preisaggressive Betriebsformen im Konzentrationsprozess des Einzelhandels[6] ganz besondere preispolitische Optionen, um die angebotenen Handelsmarken zulasten von Markenartikeln zu profilieren. Hierbei sind laut OLBRICH 2004 insbesondere die folgenden Handlungsoptionen zu nennen:

- Kontrolle und Festlegung der endverbrauchergerichteten Preise im gesamten Vertriebsnetz des Handelsunternehmens sowie
- Gezielte Ausrichtung der Preisabstände zu den industriellen Marken und zu anderen Handelsmarken des Unternehmens sowie im Einzelfall sogar
- Gezielte Ausrichtung des ‚empfohlenen Herstellerabgabepreises‘, der von Produzenten von Handelsmarken zur Herstellung ‚künstlicher Preisabstände‘ zu tatsächlich verlangten Preisen angegeben werden kann.[7]

Auch in der Literatur besteht weitestgehend Einigkeit darüber, dass die mit Handelsmarken verbundenen ungleichen Wettbewerbschancen von Industrie und Handel zu einer Schädigung des industriellen Markenartikels führen. So verweisen KÖHLER 2003 und HEIL/LÜTJE/SCHUNK 2003 auf den Schaden, den eine Marke nehmen kann, wenn Artikel häufig Gegenstand von Sonderangebots- und Niedrigpreisaktionen sind (so genannter ‚Preisverhau‘).[8] Auch der umgekehrte Fall von zu hohen Preisen für Markenartikel, die gesetzt werden, um für preisgünstigere Handelsmarken einen Preis-

---

5 Vgl. zu einer Diskussion dieser Regelung HORST 1992 und GLASOW 2000 sowie mit Blick auf Handelsmarken OLBRICH 2001a, S. 65 ff. und 2001b, S. 263; OLBRICH 2004; OLBRICH/BUHR 2004a, 2005a, 2006b und 2007.

6 Zu den betriebsformenspezifischen Verdrängungspotenzialen vgl. OLBRICH 1998.

7 Vgl. OLBRICH 2004, S. 167 sowie OLBRICH/BUHR/GREWE/SCHÄFER 2005, S. 2.

8 Vgl. KÖHLER 2003, S. 8, Rn. 1 und HEIL/LÜTJE/SCHUNK 2003, S. 11 sowie ausführlich zu dieser Diskussion bereits AHLERT 1996.

schirm, d. h. einen möglichst hohen Preisabstand, zu setzen, kann zu einer Erosion von Markenartikeln führen (‚Umbrella Pricing').[9]

Die Analyse der Ursachen sowie der Auswirkungen einer *‚Markenerosion'* beschäftigt die Marketingliteratur seit ca. 25 Jahren.[10] In diesem Zusammenhang wurde die Erosion einer Marke stets im weitesten Sinne als ein Prozess aufgefasst, der ‚den Wert einer Marke in den Augen ihrer Bezugsgruppen sinken lässt'.[11]

Von den zahlreichen Beiträgen, die sich mit den Ursachen einer Markenerosion befassen, modellieren nur wenige den Verdrängungswettbewerb durch Handelsmarken innerhalb einer Artikelgruppe als explizite Ursache der Erosion von Markenartikeln.[12] Die Auswirkungen einer Markenerosion wurden bislang vor allem im Rahmen von theoretischen Herleitungen sowie Erklärungen oder Befragungen ermittelt. Auf einen Test entsprechender empirischer Hypothesen wird jedoch in den meisten Beiträgen verzichtet. Die nachfolgende Arbeit stellt einen ersten Ansatz dar, diese sowohl konzeptionellen als auch empirischen ‚Lücken' in der Literatur zu füllen.

Grundsätzlich existiert eine Vielzahl an Ursachen, die den Prozess einer Markenerosion auszulösen vermögen (vgl. Abb. 1). Unterschieden werden können Ursachen, die vom Anbieter der Marke ausgehen und den Wert einer Marke im Zeitablauf sinken lassen (interne Stimuli) und Ursachen, die außerhalb des Einflussbereichs des Anbieters liegen und somit die Erosion der Marke von ‚außen' bewirken (externe Stimuli). Zu den internen Stimuli einer Markenerosion zählen u. a. mangelnde Konsistenz und Kontinuität der Markenführung.[13] Externe Stimuli sind bspw. bestimmte preispolitische Verhaltensweisen des Handels.[14] Eine der häufigsten externen Ursachen für die

9 Vgl. OLBRICH 2004 sowie OLBRICH/BUHR/GREWE/SCHÄFER 2005, S. 86.

10 Vgl. zu den folgenden Ausführungen auch OLBRICH/SCHÄFER/BATTENDELD 2006, S. 349 ff.

11 Vgl. HÄTTY 1989; ROEB 1994; FEIGE 1997; MEFFERT/BURMANN 1998 sowie KLANTE 2004.

12 Zu den Folgen der zunehmenden Verbreitung von Handelsmarken für die industriellen Marken vgl. OLBRICH 2001a und 2001b; KÖHLER 2003; HEIL/LÜTJE/SCHUNK 2003; OLBRICH 2004 und OLBRICH/BUHR/GREWE/SCHÄFER 2005.

13 Weitere interne Stimuli einer Markenerosion finden sich bei ESCH/WICKE 2000, S. 3 ff. sowie KLANTE 2004, S. 169 ff.

14 Vgl. AHLERT 1983 und 1986; OLBRICH 2001a und 2001b; KÖHLER 2003; HEIL/LÜTJE/SCHUNK 2003; OLBRICH 2004 und KLANTE 2004.

Erosion einer Marke stellt der Wettbewerb mit konkurrierenden Produkten dar. Dabei kann es sich sowohl um Markenartikel als auch um Handelsmarken handeln. In der vorliegenden Arbeit soll exemplarisch untersucht werden, ob und wie die Erosion von Markenartikeln auf einen zunehmenden Wettbewerb mit Handelsmarken zurückgeführt werden kann.

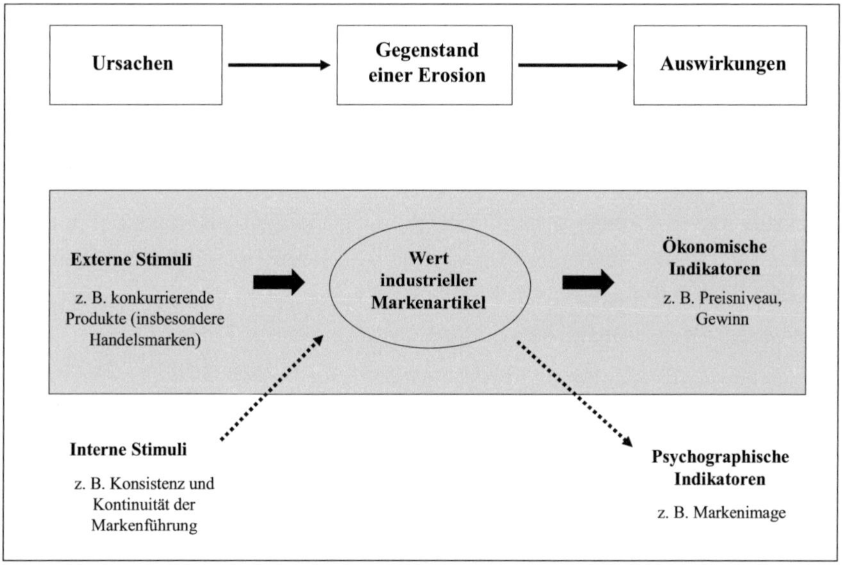

Abb. 1: Mögliche Ursachen sowie Auswirkungen einer Markenerosion[15]

Den zahlreichen Ursachen einer Markenerosion steht eine große Anzahl an möglichen Auswirkungen gegenüber. Hierbei kann grob zwischen den ökonomischen und den psychographischen Effekten einer Markenerosion differenziert werden.[16] Im Gegensatz zu den ökonomischen Effekten einer Markenerosion (z. B. sinkender Absatzanteil der betroffenen Marke) sind die psychographischen Auswirkungen einer Markenerosion (z. B. Verwässerung des Markenimages) nicht direkt zu erfassen.

---

15 Vgl. ähnlich OLBRICH/SCHÄFER/BATTENDELD 2006, S. 351.

16 Zur Beziehung zwischen ökonomischen und psychographischen Effekten einer Markenerosion vgl. KLANTE 2004, S. 171 ff.

Zwar zeigen die zur Messung der psychographischen Effekte herangezogenen Indikatoren unmittelbar, ob die Nachfrager bereits ein nachlassendes Kaufinteresse besitzen. Indikatoren, die zur Messung der ökonomischen Effekte einer Markenerosion genutzt werden (im Sinne eines SR-Ansatzes), bieten jedoch den Vorteil, frühzeitig, u. U. gar vor dem Entstehen psychographischer Effekte, Verhaltensweisen des Handels aufzuzeigen (z. B. sortimentspolitische Maßnahmen, Preistaktiken), und damit den Gefahren einer Markenerosion vorzubeugen. Darüber hinaus stellen ökonomische Indikatoren einfach messbare Ergebnisgrößen dar, die u. U. sehr viel schneller eine Erosion anzeigen als die aufwändige Erhebung psychographischer Indikatoren (im Sinne des SO- oder SOR-Ansatzes). Diese haben den Nachteil, dass sie oft erst nach langwierigen Befragungen, die große Operationalisierungsprobleme besitzen, zu spät eintreffen und zu unscharf sind.[17]

Die vorliegende Untersuchung konzentriert sich infolgedessen ausschließlich auf die Erfassung der ökonomischen Effekte einer Markenerosion. Mithilfe der zur Messung herangezogenen Indikatoren sollen insbesondere diejenigen Auswirkungen, die sich mit Blick auf

- die Profilierung von Markenartikeln im Vergleich zu Handelsmarken,
- den Wert von Markenartikeln sowie
- den Markterfolg des Herstellers sowie des Handels

ergeben, untersucht werden. Das Ziel der Untersuchung ist es somit, neben der Beantwortung der Frage, *ob und wie* die Erosion von Markenartikeln auf einen zunehmenden Wettbewerb mit Handelsmarken zurückgeführt werden kann, einen ersten empirischen Beleg zur Beantwortung der Frage zu leisten, welche *Auswirkungen* die Erosion von Markenartikeln als Folge der zunehmenden Verbreitung von Handelsmarken aus der Sicht der Markenartikelindustrie aufweist. Diesen Leitfragen lassen sich die Untersuchungen der vorliegenden Arbeit unterordnen.

17 Vgl. zu dieser Problematik auch OLBRICH/SCHÄFER/BATTENFELD 2006, S. 349.

Auf der konzeptionellen Seite liefert die Arbeit Analyseinstrumente, mit deren Hilfe zum einen aufgezeigt werden kann, dass die Erosion von Markenartikeln im Wesentlichen auf die Verbreitung von Handelsmarken zurückgeführt werden kann und die zum anderen dazu beitragen, die daraus resultierenden Auswirkungen quantifizieren sowie bewerten zu können.

Auf der empirischen Seite wird eine breite Datengrundlage analysiert, die zeigt, dass die Erosion von Markenartikeln infolge der zunehmenden Verbreitung von Handelsmarken in vielen Artikelgruppen bereits weit vorangeschritten ist und dass diese Entwicklung nicht zwingend positive Effekte für die betroffenen Marktteilnehmer aufweist.

Bei der analysierten Datengrundlage handelt es sich um POS-Scanningdaten aus dem Lebensmitteleinzelhandel. Diese wurden im Rahmen des Projektes ‚Scanningdaten-Forschung' (SCAFO) erhoben, das der Lehrstuhl für Betriebswirtschaftslehre, insbesondere Marketing, der FernUniversität in Hagen in den Jahren 2002 bis 2005 durchführte. Das Projekt wurde vom Bundesministerium für Bildung und Forschung (BMBF) gefördert und hat das Ziel, die Nutzung von am Point of Sale erhobenen Scanningdaten in der deutschen Konsumgüterwirtschaft nachhaltig zu fördern.

Im Rahmen eines POS-Scanningpanels werden Scanningdaten in den kooperierenden Einzelhandelsgeschäften während des Kassiervorgangs erhoben. Die Messstelle für die Datenerfassung ist der Point of Sale (POS). Im Vergleich zu befragungsgestützten Verfahren bietet die Erhebung von POS-Scanningdaten den Vorteil, dass eine kontinuierliche Erhebung von Ergebnissen des Kaufverhaltens über einen längeren Zeitraum erfolgt (Längsschnittanalyse).[18]

Ebenso wie in der Arbeit von GREWE 2009 liegt mit der nachfolgenden Arbeit somit erstmals eine Längsschnittanalyse vor, die einen langen Zeitraum (sechs Jahre) und mehrere Betriebsformen umfasst. Wie im Rahmen der vorliegenden Arbeit noch ge-

18 Zu den weiteren Nutzenpotenzialen von Scanningdaten vgl. u. a. SIMON/KUCHER/SEBASTIAN 1982, S. 555 ff.; VOSSEBEIN 1993, S. 23 ff.; OLBRICH 1993, S. 1 ff.; GRÜNBLATT 2004 sowie OLBRICH/GRÜNBLATT 2006.

zeigt werden wird, waren bisherige Untersuchungen überwiegend statisch angelegt und beinhalten nur eine Betriebsform.

Darüber hinaus ermöglicht die im Rahmen der vorliegenden Arbeit vorgenommene vertiefende Untersuchung anhand einer zweiten Artikelgruppe, die von GREWE 2009 vorgefundenen Ergebnisse in einer Artikelgruppe zu bestätigen. Somit können die Auswirkungen einer zunehmenden Verbreitung von Handelsmarken auch in einer aggregierten Betrachtung (sowohl über Artikelgruppen als auch über Betriebsformen) offen gelegt werden.

Auf diese Weise teilen die Arbeiten ein gemeinsames Forschungsanliegen, dass darin begründet ist, die mit der Verbreitung von Handelsmarken verbundenen Implikationen für die gesamte Wertschöpfungskette aufzuzeigen. Während jedoch im Rahmen der vorliegenden Arbeit der Schwerpunkt der thematischen Bearbeitung auf der Perspektive der Markenartikelindustrie liegt, steht bei GREWE 2009 die Perspektive des Handels sowie des Verbrauchers (und damit der Wettbewerbspolitik) im Vordergrund der Untersuchungen.

Insgesamt trägt die Arbeit dazu bei, scheinbare Widersprüche, die im Rahmen von stärker aggregierten Analysen (insbesondere in artikelgruppen- und betriebsformenübergreifenden Betrachtungen) festgestellt werden konnten, aufzulösen. Damit bietet das betrachtete Problemfeld nicht nur Raum für betriebswirtschaftliche Implikationen aus der Sicht der Markenartikelindustrie. Vielmehr weist die Erosion von Markenartikeln, die als Folge der Verbreitung von Handelsmarken auftritt, auch unmittelbare Konsequenzen für den Handel sowie für die Nachfrager auf.

Die vorliegende Arbeit schafft somit nicht nur die Grundlage für eine Bewertung der Konsequenzen einer zunehmenden Verbreitung von Handelsmarken aus der Sicht der Markenartikelindustrie, sondern trägt auch zu einer ersten Bewertung aus der Sicht des Handels sowie aus wettbewerbspolitischer Sicht – und damit zu einer Bestätigung der in der Arbeit von GREWE 2009 vorgefundenen Ergebnisse – bei.

1.2. Untersuchungsleitende Fragestellungen

Mit Blick auf die übergeordneten Fragestellungen hat die Arbeit zum Ziel,

1. zunächst den Einfluss der Verbreitung von Handelsmarken auf die Wettbewerbsstellung des industriellen Markenartikels zu beleuchten und mögliche Auswirkungen aus der Sicht der Marktteilnehmer aufzuzeigen (Kapitel 2.),

2. die Auswirkungen der Verbreitung von Handelsmarken auf die *Profilierung von Markenartikeln* zu untersuchen (Kapitel 3.),

3. eine empirische Untersuchung der Auswirkungen der Verbreitung von Handelsmarken auf den *Wert von Markenartikeln* vorzunehmen (Kapitel 0.) und

4. im Rahmen einer kausalanalytischen Untersuchung die Auswirkungen der Erosion von Markenartikeln auf den *Markterfolg des Herstellers sowie des Handels* zu erfassen (Kapitel 0.).

Für die vier Analyseschwerpunkte wird im Folgenden erläutert, weshalb sie zur Beantwortung der aufgezeigten Problemstellung relevant sind. Dabei werden die Problembereiche noch weiter aufgefächert und wiederum in Form von Fragen konkretisiert. Die hinter einer jeden Frage stehenden Verweise geben an, in welchem Abschnitt der Arbeit sie thematisiert werden.

Untersuchungsschwerpunkt 1: Seit einigen Jahren steigt der Marktanteil von Handelsmarken kontinuierlich an. Ursächlich hierfür sind nicht nur die aktuell zu beobachtenden Rahmenbedingungen in der Konsumgüterdistribution, die eine Verbreitung von Handelsmarken stark begünstigen. Vielmehr stehen dem Handel aufgrund seiner Position als so genannter ‚Double Agent‘ im Absatzkanal wesentlich mehr Handlungsoptionen zur Verfügung, um die angebotenen Handelsmarken zulasten von Markenartikeln zu profilieren[19] und somit zu einer Erosion der Wettbewerbsposition des industriellen Markenartikels beizutragen. Die ungleichen Handlungsoptionen von In-

[19] Zur Rolle des Handels als ‚Double Agent‘ im Absatzkanal vgl. OLBRICH 2001c sowie auch OLBRICH/BUHR/GREWE/SCHÄFER 2005, S. 9.

dustrie und Handel und die daraus resultierende Erosion des industriellen Markenartikels wurden bisher nur selten im betriebswirtschaftlichen Schrifttum untersucht.[20] Insbesondere wurde in diesem Zusammenhang kaum untersucht, welche Auswirkungen die Erosion von Markenartikeln als Folge der zunehmenden Verbreitung von Handelsmarken für die einzelnen Marktteilnehmer, d. h. die Markenartikelindustrie, den Handel sowie den Verbraucher (und damit die Wettbewerbspolitik), aufweist.

Eine vertiefende (theoretische) Betrachtung dieses Untersuchungsschwerpunktes erfolgt durch die Beantwortung der folgenden Fragen:

1.1. Bewirken die aktuell zu beobachtenden Rahmenbedingungen in der Konsumgüterdistribution und insbesondere die zunehmende Verbreitung von Handelsmarken eine Erosion des industriellen Markenartikels? (Abschnitt 2.1.)

1.2. Welche Auswirkungen weist eine Erosion des industriellen Markenartikels aus der Sicht der Marktteilnehmer auf? (Abschnitt 2.2.)

Untersuchungsschwerpunkt 2: In der Literatur wird häufig die Meinung vertreten, dass der Wert von Markenartikeln aus den ‚Ergebnissen' der Marketingaktivitäten resultiert, die Markenartikel im Vergleich zu Handelsmarken erzielen (können).[21] Aus der Sicht der Markenartikelindustrie stellt das ‚Ergebnis' der Marketingaktivitäten in der Regel die Profilierung dar, die Markenartikel im Vergleich zu anderen Marken (und insbesondere Handelsmarken) am Point of Sale (POS) erreichen. Die Auswirkungen der zunehmenden Verbreitung von Handelsmarken auf Indikatoren der Profilierung von Markenartikeln wurden in den bisherigen Veröffentlichungen nicht fundiert untersucht. Insbesondere unterblieb – mit Ausnahme der Untersuchung von OLBRICH/GREWE 2007 – bislang eine betriebsformenspezifische Betrachtung der Wirkungszusammenhänge.

---

20 Für eine erste theoretische Herleitung der Folgen einer zunehmenden Verbreitung von Handelsmarken für die industriellen Marken vgl. DOBSON/WATERSON 1997; OLBRICH 2001a und 2001b; KÖHLER 2003; HEIL/LÜTJE/SCHUNK 2003; OLBRICH 2004 und OLBRICH/BUHR/GREWE/SCHÄFER 2005.

21 Vgl. zu dieser Annahme u. a. AILAWADI/LEHMANN/NESLIN 2003, S. 1 sowie SATTLER 2005, S. 12.

Im Rahmen einer empirischen Untersuchung wird somit exemplarisch erforscht, wie sich die zunehmende Verbreitung von Handelsmarken auf Indikatoren des Preisniveaus, der Artikelvielfalt sowie der Aktionshäufigkeit in den einzelnen Betriebsformen des Handels auswirkt, um Rückschlüsse auf die Profilierung von Markenartikeln abzuleiten. Die Kenntnis derjenigen Indikatoren, die eine Erosion der Profilierung von Markenartikeln verursachen, kann letztendlich dazu beitragen, Maßnahmen zu einer gezielten Steuerung des Wertes der betroffenen Markenartikel zu ergreifen und somit u. U. den Gefahren einer Erosion vorzubeugen. Zu diesem Zwecke werden die folgenden Fragestellungen bearbeitet:

2.1. Wie ist der Stand der Forschung über die Wirkungszusammenhänge zwischen der zunehmenden Verbreitung von Handelsmarken und dem Preisniveau, der Artikelvielfalt und der Aktionshäufigkeit im Handel? (Abschnitt 3.1.)

2.2. Welche Datengrundlage steht mit Blick auf die Erfassung der Wirkungszusammenhänge zur Verfügung? (Abschnitt 3.2.)

2.3. Welche Wirkungszusammenhänge können in den einzelnen Betriebsformen des Handels vermutet werden? (Abschnitt 3.3.)

2.4. Welche betriebsformenspezifischen Wirkungszusammenhänge bestehen zwischen der zunehmenden Verbreitung von Handelsmarken und dem Preisniveau, der Artikelvielfalt und der Aktionshäufigkeit im Handel? (Abschnitt 3.4.)

Untersuchungsschwerpunkt 3: In einigen Veröffentlichungen findet sich die Annahme, dass die mit der Verbreitung von Handelsmarken verbundenen Preistaktiken des Handels den Wert der industriellen Markenartikel schmälern.[22] Der Markenwert stellt für viele Markenartikelhersteller einen Vermögensgegenstand von großer Bedeutung dar. In der Folge besitzen diese ein erhebliches Interesse daran, die Auswirkungen einer zunehmenden Verbreitung von Handelsmarken auf den Wert von Markenartikeln frühzeitig zu erfassen, um im Falle einer Erosion Maßnahmen zu einer gezielten Steuerung des Wertes dieser Marken ergreifen zu können. Voraussetzung hierfür sind entspre-

---

22 Vgl. z. B. KÖHLER 2003, S. 8, Rn. 1 und HEIL/LÜTJE/SCHUNK 2003, S. 11.

chende Zielgrößen, die es erlauben, diese Auswirkungen zu quantifizieren. Die in der Literatur existierenden Ansätze zur Messung des Markenwertes weisen jedoch insbesondere mit Blick auf die verwendeten Zielgrößen als auch mit Blick auf ihre praktische Anwendbarkeit einige Schwächen auf. In der Folge sind diese oftmals nur bedingt geeignet, die Auswirkungen der zunehmenden Verbreitung von Handelsmarken auf den Wert von Markenartikeln zu erfassen. In diesem Zusammenhang bieten Zielgrößen, die auf der Basis von Scanningdaten erhoben werden, den Vorteil, dass sie u. U. in sehr kurzer Zeit Effekte einer zunehmenden Verbreitung von Handelsmarken anzeigen und damit Gefahren der Markenerosion vorbeugen.

Mit der Antwort auf die folgenden zwei Fragen wird der Versuch unternommen, Zielgrößen zu bestimmen, mit deren Hilfe die Auswirkungen einer zunehmenden Verbreitung von Handelsmarken auf den Wert von Markenartikeln quantifiziert und empirisch erfasst werden können:

3.1. *Welche Zielgrößen stehen mit Blick auf die Erfassung der Auswirkungen einer zunehmenden Verbreitung von Handelsmarken auf den Wert von Markenartikeln zur Verfügung? (Abschnitt 4.1.)*

3.2. *Wie kann eine empirische Erfassung der Auswirkungen einer zunehmenden Verbreitung von Handelsmarken auf den Wert von Markenartikeln erfolgen? (Abschnitt 4.2.)*

Untersuchungsschwerpunkt 4: In der Literatur wurde der Markterfolg des Herstellers bislang insbesondere über dessen Fähigkeit ermittelt, mit den eigenen Marken Marktanteile von konkurrierenden Marken (Markenartikel und Handelsmarken) innerhalb eines Handelssystems zu erwerben.[23] Eine Erosion des Wertes von Markenartikeln liegt demzufolge vor, wenn diese Fähigkeit im Zeitablauf nachlässt bzw. wenn diese im Beobachtungszeitraum Marktanteile an konkurrierende Marken verlieren. Eine kausale Untersuchung der Wirkungsbeziehungen blieb jedoch bislang aus. Da der Handel die Erosion der industriellen Markenartikel in der Regel mehr oder weniger

---

23 Vgl. die empirischen Untersuchungen von GUADAGNI/LITTLE 1983; COOPER/NAKANISHI 1988; BUCKLIN/LATTIN 1991; COOPER 1993; RUSSELL/KAMAKURA 1994; GUPTA/CHINTAGUNTA/KAUL/WITTINK 1996; FOK/FRANSES/PAAP 2002 sowie VAN OEST/FRANSES 2003.

gezielt hervorruft, stellt sich darüber hinaus die Frage, wie sich diese Verhaltensweise auf den Markterfolg des Handels auswirkt. Forschungsansätze, die die Erosion von Markenartikeln mit ökonomischen Zielgrößen des Handels verknüpfen, sind in der Literatur bisher nicht bekannt.

Ziel ist es, ein Untersuchungsmodell zu entwickeln, dass über eine Integration der Hersteller- und der Handelsperspektive ermöglicht, die in der Literatur identifizierten Forschungslücken zu schließen. Somit kann eine umfassende Bewertung der Auswirkungen einer Erosion von Markenartikeln auf den Markterfolg des Herstellers sowie des Handels vorgenommen werden. Dies geschieht mithilfe der folgenden Fragestellungen:

4.1. Mit welchen Konstrukten kann der Markterfolg des Herstellers sowie des Handels abgebildet werden? (Abschnitt 5.1.)

4.2. *Wie muss das Untersuchungsmodell aufgebaut sein, um die Auswirkungen der Erosion von Markenartikeln auf den Markterfolg des Herstellers sowie des Handels erfassen zu können? (Abschnitt 5.2.)*

4.3. Wie können die zu untersuchenden Konstrukte mithilfe geeigneter Indikatoren operationalisiert werden? (Abschnitt 5.3.)

4.4. Welche kausalanalytischen Verfahren stehen zur Analyse der vorhandenen Datengrundlage zur Verfügung und welches ist geeignet, die Wirkungszusammenhänge zu erfassen? (Abschnitt 5.4.)

4.5. Welche Wirkungszusammenhänge bestehen zwischen der Erosion von Markenartikeln und dem Markterfolg des Herstellers sowie des Handels? (Abschnitt 5.5.)

Insgesamt können die Ergebnisse der Untersuchungen dazu genutzt werden, eine Bewertung der Auswirkungen der Erosion von Markenartikeln als Folge der zunehmenden Verbreitung von Handelsmarken aus der Sicht der Markenartikelindustrie vorzunehmen. Gleichwohl kann eine erste Bewertung der Zusammenhänge aus der Sicht des

Handels und der Verbraucher (und damit der Wettbewerbspolitik) erfolgen, um letztendlich Handlungsempfehlungen für die gesamte Wertschöpfungskette abzuleiten.

1.3. Vorgehensweise und Analyseschritte

Im *zweiten Kapitel* wird zunächst aufgezeigt, aus welchen Gründen die zunehmende Verbreitung von Handelsmarken zu einer Erosion der Wettbewerbsposition des industriellen Markenartikels führt, bevor die hieraus u. U. resultierenden Auswirkungen für die Marktteilnehmer diskutiert werden.

In *Abschnitt 2.1.* werden einige relevante Entwicklungen skizziert, die eine Verbreitung von Handelsmarken begünstigen, und deren Bedeutung für die Wettbewerbsposition des industriellen Markenartikels dargelegt. So bewirken nicht nur die aktuellen Rahmenbedingungen der Konsumgüterdistribution eine Erosion des industriellen Markenartikels *(Abschnitt 2.1.1.)*, sondern insbesondere auch die im Rahmen des Marketing-Mix eingesetzten neuartigen Instrumente zur Profilierung von Handelsmarken *(Abschnitt 2.1.2.)*. Insgesamt tragen Handelsmarken zu einer Verschiebung des Machtgefälles zwischen Markenartikelindustrie und Handel bei und stellen somit eine wesentliche Ursache für die Erosion des industriellen Markenartikels dar *(Abschnitt 2.1.3.)*.

In *Abschnitt 2.2.* werden die Auswirkungen der Erosion von Markenartikeln aus der Sicht der betroffenen Marktteilnehmer (Markenartikelindustrie, Handel und Verbraucher) dargelegt. Zu diesem Zwecke werden zunächst Indikatoren systematisiert sowie dargestellt, die zu einer Erfassung der wettbewerbsgerichteten Folgen einer zunehmenden Verbreitung von Handelsmarken geeignet erscheinen *(Abschnitt 2.2.1.)*. Im Rahmen einer theoriegeleiteten Analyse der Indikatoren werden schließlich Auswirkungen abgeleitet, die sich insbesondere für den industriellen Markenartikel ergeben *(Abschnitt 2.2.2.)*. Abschließend wird eine Bewertung dieser Auswirkungen aus der Sicht der Markenartikelindustrie, des Handels sowie der Verbraucher (und damit der Wettbewerbspolitik) vorgenommen *(Abschnitt 2.2.3.)*.

Abschnitt 2.3. fasst die erarbeiteten Grundlagen der Arbeit im Rahmen einer kurzen Synopse zusammen.

Nach der Analyse ausgewählter Implikationen der Erosion von Markenartikeln aus der Sicht der einzelnen Marktteilnehmer erfolgt deren empirische Überprüfung. Um die Perspektiven aller betroffenen Marktteilnehmer zu berücksichtigen, gliedert sich der empirische Teil der Arbeit in drei Kapitel:

Das *dritte Kapitel* beschäftigt sich mit einer Untersuchung der Auswirkungen, die eine zunehmende Verbreitung von Handelsmarken auf diejenigen Faktoren, die den Wert von Markenartikeln im Handel begründen, aufweist. Aufgrund der Annahme, dass der Wert von Markenartikeln aus der Profilierung resultiert, die Markenartikel im Vergleich zu Handelsmarken am Point of Sale (POS) erreichen, werden exemplarisch Indikatoren des Preisniveaus, der Artikelvielfalt sowie der Aktionshäufigkeit im Handel betrachtet. Insgesamt bietet das betrachtete Problemfeld nicht nur Raum für betriebswirtschaftliche Interpretationen aus der Sicht der Markenartikelindustrie, sondern trägt dazu bei, auch aus der Sicht des Verbrauchers (und damit der Wettbewerbspolitik) eine erste Bewertung der Wirkungszusammenhänge vorzunehmen.

In *Abschnitt 3.1.* wird zunächst ein Überblick über den Forschungsstand in diesem Bereich gewährt. Dieser dient dazu, Lücken in der Forschung offen zu legen. Ein Blick in das Schrifttum zeigt, dass bereits eine große Zahl an Veröffentlichungen existiert, die sich mit dem betrachteten Untersuchungsgebiet befassen. Dies liegt nicht zuletzt daran, dass dieses auch wettbewerbsgerichtete Implikationen aufweist. Mit Blick auf die analysierte Datengrundlage zeigt sich jedoch, dass eine betriebsformenspezifische Analyse der Wirkungszusammenhänge bislang weitestgehend ausblieb.
Ein Hauptaugenmerk in *Abschnitt 3.2.* liegt somit darin, aufzuzeigen, dass die vorhandene Datengrundlage dazu geeignet ist, eine betriebsformenspezifische Analyse der Wirkungszusammenhänge vorzunehmen. Darüber hinaus werden Indikatoren erläutert, die zur Erfassung der Auswirkungen der zunehmenden Verbreitung von Handelsmarken auf die Profilierung von Markenartikeln am Point of Sale (POS) herangezogen werden.
In *Abschnitt 3.3.* werden die betriebsformenspezifischen Wirkungsbeziehungen zwischen der Verbreitung von Handelsmarken und den Indikatoren des Preisniveaus, der

Artikelvielfalt und der Aktionshäufigkeit im Handel im Rahmen eines entsprechenden Hypothesengerüstes konkretisiert.

In *Abschnitt 3.4.* erfolgt die Überprüfung der eruierten Hypothesen. Mit Blick auf die preisinduzierte Profilierung von Markenartikeln wird zunächst in *Abschnitt 3.4.1.* betrachtet, wie sich die zunehmende Verbreitung von Handelsmarken auf das Preisniveau von Markenartikeln sowie von Handelsmarken und den Preisabstand zwischen Markenartikeln und Handelsmarken auswirkt. Mit Blick auf die artikel- sowie die aktionsinduzierte Profilierung von Markenartikeln wird in *Abschnitt 3.4.2.* untersucht, ob sich die zunehmende Verbreitung von Handelsmarken und die damit in der Regel einhergehende Auslistung von Markenartikeln in einer Zu- oder einer Abnahme der Aktionshäufigkeit der verbleibenden Markenartikel äußern. Mit Blick auf die Prognose der Wirkung einer zunehmenden Verbreitung von Handelsmarken auf das Marktvolumen einzelner Betriebsformen werden in *Abschnitt 3.4.3.* abschließend beispielhaft die Auswirkungen auf die ökonomischen Zielgrößen ‚Gesamtabsatz' sowie ‚Gesamtumsatz' betrachtet. Um die Widersprüche, die sich im Rahmen stärker aggregierter Analysen (wie z. B. einer betriebsformenübergreifenden Betrachtung) mit Blick auf die Wirkungszusammenhänge ergeben, offen zu legen, werden diese in den einzelnen Abschnitten jeweils neben die disaggregierte (d. h. betriebsformenspezifische) Analyse gestellt.

Eine kurze Synopse der Ergebnisse der Analysen wird schließlich in *Abschnitt 0.* präsentiert.

Im *vierten Kapitel* wird untersucht, welche Auswirkungen die zunehmende Verbreitung von Handelsmarken auf den Wert der industriellen Markenartikel aufweist, um zu einer Bewertung aus der Sicht der Markenartikelindustrie zu gelangen. Zu diesem Zwecke wird ein eigenständiger Ansatz konzipiert und anhand eines empirischen Anwendungsbeispiels validiert. Methodisch greift dieser auf Zielgrößen zurück, wie sie im Rahmen von Ansätzen zur Ermittlung des Markenwertes Eingang finden.

In *Abschnitt 4.1.* erfolgt zunächst eine Systematisierung der bestehenden Ansätze zur Ermittlung des Markenwertes. Somit können vorökonomische von ökonomischen Ansätzen differenziert werden. Aus der Kombination von vorökonomischen und ökonomischen Zielgrößen ergeben sich darüber hinaus die integrierten Ansätze *(Abschnitt 4.1.1.)*. Im Anschluss daran werden die grundlegenden Zielsetzungen, die jeweils verwendeten Zielgrößen und Methodiken der systematisierten Ansätze kurz erläutert *(Ab-*

schnitt 4.1.2 bis Abschnitt 4.1.4), bevor diese einer kritischen Würdigung mit Blick auf die Beantwortung der zugrunde liegenden Fragestellung des Kapitels unterzogen werden *(Abschnitt 4.1.5.)*. In diesem Zusammenhang wird aufgezeigt, dass insbesondere diejenigen Ansätze, die Scanningdaten zur Erfassung der Auswirkungen der zunehmenden Verbreitung von Handelsmarken auf den Wert von Markenartikeln verwenden, eine hohe Relevanz aufweisen.
In der Folge werden in *Abschnitt 4.2.* die grundlegenden Erhebungsmethoden sowie Nutzenpotenziale von Scanningdaten dargelegt *(Abschnitt 4.2.1.)*, bevor ein eigenständiger Ansatz konzipiert wird, der auf Scanningdaten beruht und mit dessen Hilfe die Auswirkungen einer zunehmenden Verbreitung von Handelsmarken auf den Wert von Markenartikeln erfasst werden können *(Abschnitt 4.2.2.)*. Im Rahmen eines empirischen Anwendungsbeispiels wird schließlich sowohl auf Warengruppen- als auch auf Betriebsformenebene untersucht, ob die zunehmende Verbreitung von Handelsmarken zu einer Erosion des Wertes von Markenartikeln führt. Darüber hinaus wird eine Analyse ausgewählter Artikelgruppen unternommen, um festzustellen, wie sich die Verdrängung durch Handelsmarken auf den Wert von Markenartikeln in den einzelnen Preislagen des Handels auswirkt *(Abschnitt 4.2.3.)*.
Das Kapitel schließt in *Abschnitt 4.3.* mit einer kurzen Synopse der wesentlichen Ergebnisse.

Im *fünften Kapitel* wird eine kausalanalytische Untersuchung konzipiert, die der Frage nachgeht, wie sich die im Rahmen der vorherigen Kapitel aufgezeigten Entwicklungen auf den Markterfolg des Herstellers sowie des Handels auswirken. Über eine Verknüpfung derjenigen Faktoren, die eine Erosion des Wertes von Markenartikeln bei zunehmender Verdrängung durch Handelsmarken auslösen, mit ökonomischen Zielgrößen des Herstellers sowie des Handels kann eine umfassende Bewertung der Konsequenzen sowohl aus der Sicht der Markenartikelindustrie, als auch aus der Sicht des Handels vorgenommen werden.

Auf der Grundlage der Identifikation von Forschungslücken wird in *Abschnitt 5.1.* erläutert, mithilfe welcher ökonomischen Zielgrößen die Wirkungszusammenhänge zwischen den Konstrukten der Erosion von Markenartikeln als Folge der Verbreitung von Handelsmarken und dem Markterfolg des Herstellers sowie des Handels jeweils erfasst werden können.

In *Abschnitt 5.2.* werden die Wirkungsverflechtungen zwischen den zu untersuchenden Konstrukten näher untersucht. Vermutungen über mögliche Beziehungszusammenhänge zwischen den Konstrukten werden aus der Theorie abgeleitet und in Form von Hypothesen konkretisiert.
Der *Abschnitt 5.3.* dient dazu, einen geeigneten Ansatz zur Konzeption sowie Operationalisierung der berührten Konstrukte vorzunehmen. In diesem Zusammenhang werden die zu untersuchenden Konstrukte zunächst inhaltlich bestimmt, d. h. es werden Indikatoren vorgestellt, mit deren Hilfe eine Messung erfolgen kann. Anschließend erfolgt die Operationalisierung der zu messenden Konstrukte, die erläutert, wie die präsentierten Indikatoren mithilfe von Scanningdaten erfasst werden können.
In *Abschnitt 5.4.* wird die methodische Vorgehensweise der Untersuchung erläutert. Zunächst wird diskutiert, welche Methoden zur Analyse der vorhandenen Datengrundlage geeignet erscheinen, um das komplexe Beziehungsgefüge zwischen den zu untersuchenden Konstrukten zu analysieren. Wie gezeigt werden wird, weist insbesondere das so genannte Partial-Least-Squares Verfahren (PLS) eine besondere Eignung mit Blick auf die vorgenommene Modellkonstruktion sowie die Zielsetzung(en) der Untersuchung auf.
Die Modellmessung sowie die Gütebeurteilung erfolgt in *Abschnitt 5.5.* Diese werden sowohl auf der Basis aggregierter als auch auf der Basis disaggregierter Daten vorgenommen.
Abschnitt 5.6. präsentiert eine kurze Synopse, in der die wesentlichen Ergebnisse der kausalanalytischen Untersuchung dargelegt werden. Ferner wird ein Zusammenhang zu verwandten wissenschaftlichen Ausarbeitungen hergestellt.

Im *sechsten Kapitel* werden zunächst die Ergebnisse der Untersuchung im Überblick dargestellt *(Abschnitt 6.1.)* bevor eine zusammenfassende Bewertung der Untersuchungsergebnisse aus der Sicht der Markenartikelindustrie, des Handels sowie der Wettbewerbspolitik erfolgt *(Abschnitt 6.2.)*. Das Kapitel endet mit einem Fazit und einem Ausblick *(Abschnitt 6.3.)*.

Die wesentlichen Analyseschritte werden in Abbildung 2 zusammengefasst:

Kapitel 1.

Ungleiche Wettbewerbschancen in der Konsumgüterdistribution fördern die Verbreitung von Handelsmarken

- Problemstellung der Untersuchung
- Untersuchungsleitende Fragestellungen
- Vorgehensweise und Analyseschritte

Kapitel 2.

Die Erosion von Markenartikeln als Folge der Verbreitung von Handelsmarken

Ursachen der Erosion von Markenartikeln

- Rahmenbedingungen in der Konsumgüterdistribution
- Markenpolitische Spannungsfelder
- Verschiebung des Machtgefälles

Auswirkungen der Erosion von Markenartikeln

- Kurz- und langfristige Folgen der Verbreitung von Handelsmarken
- Ableitung von Auswirkungen auf den industriellen Markenartikel
- Bewertung aus der Sicht der Marktteilnehmer

Kapitel 3.

Auswirkungen der Verbreitung von Handelsmarken auf das Preisniveau, die Artikelvielfalt und die Aktionshäufigkeit im Handel

- Stand der wissenschaftlichen Diskussion
- Hypothesen
- Datengrundlage

- Auswirkungen auf das Preisniveau von Markenartikeln und von Handelsmarken sowie den Preisabstand

- Auswirkungen auf die Artikelvielfalt sowie die Aktionshäufigkeit von Markenartikeln

- Auswirkungen auf den Gesamtabsatz sowie den Gesamtumsatz

Kapitel 4.

Auswirkungen der Verbreitung von Handelsmarken auf den Wert von Markenartikeln

- Systematisierung, Darstellung und kritische Würdigung von Ansätzen zur Messung des Markenwertes

- Konzeption eines eigenständigen Ansatzes auf der Basis von Scanningdaten

- Demonstration anhand eines empirischen Anwendungbeispiels

Kapitel 5.

Auswirkungen der Erosion von Markenartikeln auf den Markterfolg des Herstellers sowie des Handels

- Aufbau eines Hypothesengerüsts
- Überprüfung des Hypothesengerüsts
- Darstellung der Ergebnisse

Kapitel 6.

Zusammenfassende Bewertungen der Untersuchungsergebnisse und Ausblick

- Überblick über die Ergebnisse der Untersuchung
- Zusammenfassende Bewertungen
- Fazit und Ausblick

Abb. 2: Wesentliche Analyseschritte der Untersuchung

2. Die Erosion von Markenartikeln als Folge der Verbreitung von Handelsmarken

2.1. Ursachen der Erosion von Markenartikeln

2.1.1. Aktuelle Rahmenbedingungen in der Konsumgüterdistribution

Neben den eingangs dargestellten ungleichen Wettbewerbschancen, die eine Verbreitung von Handelsmarken begünstigen, existieren bzw. entstehen in der Konsumgüterdistribution noch weitere aktuelle Rahmenbedingungen, die auf eine zunehmende Verbreitung von Handelsmarken zulasten von Markenartikeln hindeuten. Diese sollen im Folgenden kurz skizziert und im Hinblick auf ihre Folgen für den industriellen Markenartikel bewertet werden:[24]

These I: *Die Konzentration im Einzelhandel in Verbindung mit der zunehmenden Internationalisierung der Handelskonzerne wird sich in Zukunft noch verstärken.*

Die stärkere Konzentration im Einzelhandel[25] fördert die Verbreitung von Handelsmarken. So betrug der Marktanteil der TOP 5 im deutschen Lebensmitteleinzelhandel nach Daten des Marktforschungsinstitutes M+M EUROdATA im Jahre 2003 bereits 65,3 % (im Gesamtmarkt Food). Für das Jahr 2010 prognostiziert M+M EUROdATA einen Marktanteil von bereits 81,6 % der TOP 5 im deutschen Gesamtmarkt Food.[26]

Die Nachfragemacht und die Drohung des Handels, Markenartikel zugunsten von Handelsmarken auszulisten, führen dazu, dass sich die Konzentration nochmals beschleunigt und die Oligopolisierungsgefahr im Handel weiter zunimmt. So konnten beispielweise CRUZ ROCHE/REBOLLO AREVALO/YAGÜE GUILLEN 2003 in einer empirischen Untersuchung in Spanien zeigen, dass sich die erhöhte Marktmacht des Han-

---

24 Die Darstellung der Rahmenbedingungen erfolgt in enger Anlehnung an OLBRICH/BUHR/GREWE/SCHÄFER 2005, S. 1 ff.

25 Vgl. zur Konzentration und Internationalisierung des Konsumgüterhandels auch OLBRICH 1997a und 1998; OLBRICH/BUHR 2005b sowie MEFFERT/BURMANN/KOERS 2002, S. 294 f.

26 Vgl. M+M EURODATA 2003.

dels in höheren Preisen niederschlägt, wenn der Konzentrationsgrad eine bestimmte Schwelle übersteigt.[27]

In Deutschland ist es in den vergangenen Jahren zu einem deutlichen Anstieg der Konzentration der Umsätze einzelner Handelsunternehmen in der Konsumgüterdistribution gekommen. In der Folge steht eine kleine Zahl großer (Umsatz über 5 Mrd. Euro), in der Regel international agierender Unternehmen, einer weitaus größeren Zahl kleiner und mittelgroßer Unternehmen (Umsatz bis 5 Mrd. Euro), zum überwiegenden Teil national bzw. regional agierender Unternehmen, gegenüber (vgl. Abb. 3).[28]

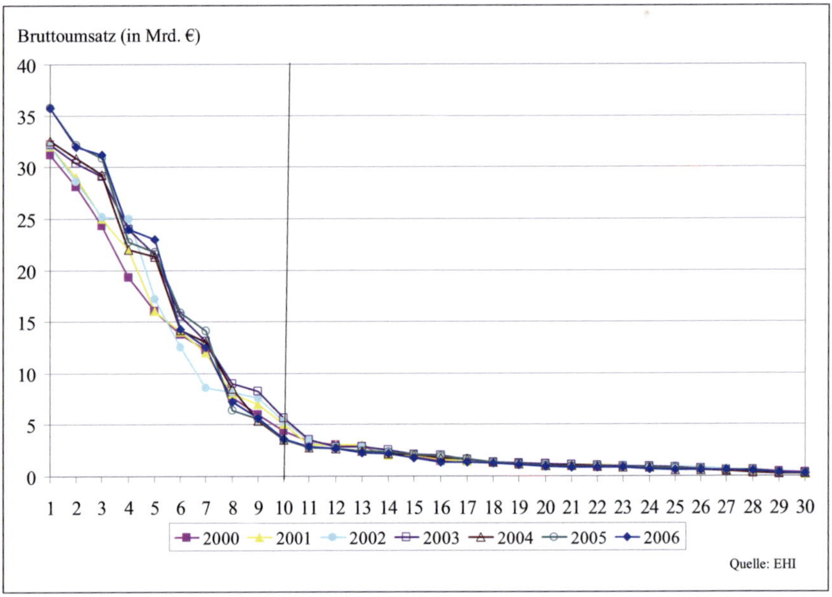

Abb. 3: Verteilung der Umsätze auf die TOP 30 Unternehmen des Konsumgüterhandels von 2000 bis 2006[29]

27 Vgl. CRUZ ROCHE/REBOLLOAREVALO/YAGÜE GUILLEN 2003.

28 Vgl. zu diesen Zusammenhängen auch WINDBERGS 2007, S. 1.

29 Darstellung aktualisiert entnommen aus WINDBERGS 2007, S. 2.

Für die umsatzstärksten Handelsunternehmen (Top 10) zeigt sich zudem laut OLBRICH/BUHR 2005b die Tendenz, dass der Konsumgütermarkt nach einem rasanten Aufstieg einer kleinen Gruppe von Unternehmen seit etwa 1993 durch deutliche ‚Verkrustungserscheinungen' (d. h. eine Ansammlung von Marktanteilen einer gleich bleibenden Spitzengruppe der größten Handelsunternehmen) geprägt ist.[30] So wäre auch bei gleich bleibenden oder nur leicht steigenden Konzentrationsgraden von einer zunehmenden Macht des Handels auszugehen. Diese würde bewirken, dass Hersteller von Markenartikeln den immer gleichen Verhandlungspartnern gegenüber stehen und kaum noch Gelegenheit zum Ausweichen besitzen würden.[31]

Als Folge dieser Entwicklungen in der Konsumgüterdistribution umfassen Produktionsaufträge für Handelsunternehmen oftmals einen großen Anteil am Geschäftsvolumen eines Herstellerunternehmens, während sich ein Handelsunternehmen noch einer bestimmten Anzahl an Herstellern gegenüber sieht. Der Handel hat in dieser Situation eine stärkere Verhandlungsposition, die er in vielen Fällen dazu verwenden kann, die Gewinnpotenziale der Hersteller zu schmälern und somit die Investitionsanreize in der Industrie zu senken.[32] Dies wiederum schwächt die Position von Markenartikeln.[33]

These II: Durch die Verschiebung der Funktionsverteilung von den Herstellern hin zum Handel wird der Einfluss der Hersteller auf den Absatz ihrer Marken am Point of Sale (POS) immer geringer.

Es ist anzunehmen, dass der Handel mit wachsendem Markenwissen dazu übergeht, bislang bei den Herstellern angesiedelte Funktionen, die den Auftritt ihrer Marken am Point of Sale (POS) betreffen, zu übernehmen. Dieser Funktionstransfer ist beispielsweise im Rahmen der Zurückdrängung der Außendienstmitarbeiter der Hersteller aus den Geschäftsstätten ‚an die Rampe' hin zu beobachten, so dass diese die Art der

30 Vgl. hierzu vertiefend OLBRICH/BUHR 2005b, S. 356 ff. sowie OLBRICH/BUHR/GREWE/SCHÄFER 2005, S. 3 f. Die Entwicklung des in diesem Zusammenhang genutzten Messinstrumentariums geht auf OLBRICH 1997a zurück.

31 Vgl. OLBRICH/BUHR/GREWE/SCHÄFER 2005, S. 2 f.

32 Vgl. OLBRICH/BUHR/GREWE/SCHÄFER 2005, S. 4.

33 Vgl. hierzu auch DOBSON 1998, S. 31 f. sowie OLBRICH/BATTENFELD 2004.

Vermarktung ihrer Produkte im Handel nicht länger beeinflussen bzw. kontrollieren können.[34] Handelsunternehmen entwickeln zudem mit Blick auf Handelsmarken verstärkt eigene Marketingkonzepte, die dazu beitragen sollen, den Auftritt der Geschäftsstätten möglichst ‚unverwechselbar' zu gestalten.[35] Finden diese Akzeptanz bei den Nachfragern, ist das Angebot von industriellen Markenartikeln in den Geschäftsstätten des Handels u. U. gefährdet.

These III: Durch den Zugriff auf Abverkaufsdaten, insbesondere Scanningdaten, die am Point of Sale (POS) erhoben werden, besitzt der Handel gegenüber der Industrie einen Informationsvorsprung.[36]

Die Erhebung von Abverkaufsdaten erlaubt dem Handel eine zeitnahe Erfolgsmessung der angebotenen Artikel. Noch wichtiger dürfte die Möglichkeit des Handels sein, auf Basis der Analyse von Abverkaufsdaten und Informationen aus Warenwirtschaftssystemen Verfahren zu entwickeln, die ihn darin unterstützen, den Marketing-Mix für Handels- und für Herstellermarken gleichzeitig zu steuern, z. B. hinsichtlich der Preispolitik.[37] Die kontinuierlich entstehenden Daten erlauben es, in kleinerem Rahmen so genannte ‚Quasi-Experimente' durchzuführen und direkt auf deren Ergebnisse (wie z. B. bestimmte Muster in den Abverkaufsdaten) zu reagieren.[38] Es ist zu vermuten, dass die im Rahmen dieser Experimente u. a. vorgenommene gezielte Justierung der Preisabstände den Wert der industriellen Markenartikel schädigt.

---

34 Zur Verschiebung der Funktionsverteilung vom Hersteller hin zum Handel vgl. FEIGE 1997, S. 65 ff. sowie MEFFERT/BURMANN/KOERS 2002, S. 26.

35 Vgl. OLBRICH/BUHR/GREWE/SCHÄFER 2005, S. 4.

36 Mit Blick auf die Nutzung von POS-Scanningdaten in der Konsumgüterwirtschaft vgl. z. B. OLBRICH 1997b; GRÜNBLATT 2001 sowie OLBRICH/GRÜNBLATT 2003 und 2004.

37 Vgl. OLBRICH/BUHR 2003, 2004b und 2006a, die eine Warengruppenstrukturanalyse vorstellen, die den ersten Baustein eines solchen Systems darstellen kann. Weitere Verfahren finden sich u. a. bei BUHR 2006; KNUFF 2008 sowie TAUBERGER 2008.

38 Vgl. zu einem derartigen ‚experimentellen Optimieren' mithilfe ‚natürlicher Experimente' AHLERT 1997, S. 99 sowie AHLERT 2002, S. 65 und zu den dargestellten Zusammenhängen vertiefend OLBRICH/BUHR/GREWE/SCHÄFER 2005, S. 5.

These IV: *Parallel zu diesen Entwicklungen wird die Stellung von Markenartikeln im Sortiment des Handels durch die zunehmende Informationsüberlastung*[39] *der Konsumenten geschwächt.*

Bei äußerlich ähnlichen Markenangeboten wird der Preis als alleiniges Kaufentscheidungskriterium immer wichtiger. Infolgedessen fällt es den industriellen Markenartikeln zunehmend schwer, sich im Wettbewerb mit den oftmals nachahmenden und preisaggressiveren Handelsmarken zu profilieren.[40] Darüber hinaus zeigt eine Untersuchung der GfK 2000, dass ein Preisabstand zwischen Hersteller- und Handelsmarken nicht mehr überall erkennbar ist. Der Preisvergleich von Marken der Industrie und Handelsmarken in Einkaufsstätten der Kette MiniMAL offenbarte, dass Handelsmarken oftmals nicht mehr günstiger angeboten wurden als die entsprechenden Herstellermarken.[41]

Für die Verbraucher kommt erschwerend hinzu, dass die tatsächliche Qualität eines Artikels in vielen Bereichen – so z. B. im Lebensmitteleinzelhandel – kaum noch überprüfbar ist. Auch ist oftmals nicht mehr zu erkennen, ob ein bestimmter Artikel von einem Hersteller oder im Auftrag eines Handelunternehmens produziert wurde. Dies ist z. B. dann der Fall, wenn Handelsmarken vom Kunden nicht mehr als solche zu identifizieren sind, weil die Verpackung Hinweise mit Blick auf Produzent und Markenträger ‚verschleiert' bzw. diese sogar ganz unterbleiben.[42]

Angesichts der dargestellten Rahmenbedingungen in der Konsumgüterdistribution ist somit davon auszugehen, dass die Ausweitung des Anteils an Handelsmarken im Sortiment des Handels zulasten von Markenartikeln auch zukünftig weiter zunehmen wird. Die Verbreitung und insbesondere der gezielte Einsatz von Handelsmarken gegen Markenartikel führen mit Blick auf alle vier Marketing-Mix-Instrumente zu spezifischen Spannungsfeldern zwischen Markenartikelindustrie und Handel. Wie in den

39 Vgl. zur Markeninflation und Informationsüberlastung der Konsumenten u. a. MEFFERT 2000, S. 788 ff.; ESCH/WICKE 2000, S. 12 ff. und MEFFERT/GILOTH 2002, S. 100 ff.

40 Vgl. OLBRICH/BUHR/GREWE/SCHÄFER 2005, S. 5.

41 Vgl. URL 1.

42 Vgl. hierzu auch OLBRICH/BUHR/GREWE/SCHÄFER 2005, S. 5 f. sowie Abschnitt 2.1.2.1. der Arbeit.

folgenden Abschnitten gezeigt werden kann, spielen diese zusammen und begünstigen somit die Erosion von Markenartikeln.

2.1.2. Neuartige Instrumentarien des Handels zur Profilierung von Handelsmarken und daraus resultierende Spannungsfelder zwischen Industrie und Handel

Hersteller und Handel verfolgen im Grunde dieselben Ziele: Potenzielle Nachfrager sollen zum Kauf der jeweils angebotenen Artikel bewegt werden. Trotz der scheinbaren Konformität dieser Ziele können sich insbesondere die Marketingsubziele stark voneinander unterscheiden.

So hat der Handel ein Interesse daran, den Absatz seiner eigenen Marken zu fördern, denn diese sollen ihm – im Gegensatz zu den in unterschiedlichen Handelsunternehmen erhältlichen Markenartikeln der Industrie – ein unverwechselbares Image in den Augen der Konsumenten verschaffen.

Nicht zuletzt aufgrund seiner Rolle als so genannter ‚Double Agent'[43] im Absatzkanal besitzt der Handel detaillierte Informationen über vorhandene und neue Markenartikel der Industrie sowie über geplante Verkaufsförderungsaktionen. Dieses Wissen sowie die Fähigkeit zur Steuerung des Marketing-Mix am POS versetzen den Handel somit in die Lage, den Marktauftritt der herstellereigenen Marken zugunsten des Absatzes der Handelsmarken zu beeinflussen.

In diesem Zusammenhang verwendet der Handel in letzter Zeit verstärkt neuartige Instrumentarien zur Profilierung von Handelsmarken, die ihrerseits zu einer Erosion der industriellen Markenartikel beitragen.[44] Welches diese Instrumente sind und in wel-

43 Die Rolle als ‚Double Agent' ergibt sich aus dem zeitgleichen Vertrieb von Markenartikeln der Industrie und konkurrierenden Handelsmarken an den Endverbraucher. Vgl. OLBRICH 2001c.

44 Vgl. zu den Instrumenten der Profilierung von Handelsmarken zulasten von Markenartikeln sowie zu den im Folgenden dargestellten Zusammenhängen auch OLBRICH/BUHR/GREWE/SCHÄFER 2005, S. 9 ff.

chem Maße diese das Streben der Industrie nach einem konsistenten Erscheinungsbild der Markenartikel über den gesamten Marketing-Mix hinweg erschweren, zeigen die folgenden Abschnitte.

2.1.2.1. Spannungsfeld Produktpolitik: Nicht identifizierbare Handelsmarken als Form der handelsbetrieblichen Produktpolitik

Aus Sicht der Produktpolitik ist die Markenartikelindustrie vor allem daran interessiert, das Image *ihrer Marken* mithilfe bestimmter Produkteigenschaften gezielt zu steuern. So herrscht in der Literatur einheitlich die Meinung vor, dass ein unverwechselbares Markenimage zusammen mit einer hohen Markenbekanntheit dazu beiträgt, Markenpräferenzen zu schaffen und somit für den Erfolg der Marke in den Augen der Konsumenten sorgt.[45]

Für Händler ist es grundsätzlich plausibel, mit Blick auf die Gewinnmaximierung weniger am Erfolg einer einzelnen Marke, als vielmehr am Erfolg des gesamten Sortiments interessiert zu sein. Im Gegensatz zur Markenartikelindustrie ist der Handel bemüht, das Image *seiner Geschäftsstätten* zu fördern.[46]

Ein Instrument mit Blick auf dieses Ziel ist die Einführung von *Handelsmarken:* Neben den bekannten Markenartikeln verkauft der Lebensmitteleinzelhandel in seit Jahren ansteigendem Maße auch Produkte unter solchen Marken, deren Rechte er selbst hält. Zusammenfassend bezeichnet man diese Marken als *Eigenmarken des Handels*, *Handelsmarken* oder *private labels*.[47] Der Handel kann für seine Handelsmarken vom Inhalt über das Verpackungsdesign bis zum Preis alles selbst bestimmen. Darüber hinaus bieten solche Marken den Handelsunternehmen Kostenvorteile im Einkauf. Ursächlich hierfür ist der Umstand, dass die Hersteller neben den Produktionskosten

---

45 Vgl. hierzu ESCH/WICKE 2000, S. 44 und ESCH 2003, S. 63.

46 Vgl. OLBRICH/BUHR/GREWE/SCHÄFER 2005, S. 10.

47 Laut einer jüngeren Umfrage wollen bis 2005 68 % und bis 2010 sogar 79 % aller befragten Handelsunternehmen in die Entwicklung und Einführung *„starker Eigenmarken“* investieren, vgl. MANKE/FUNDER/HUPPERTZ 2002, S. 13.

nicht diejenigen Kosten an den Handel weitergeben, die ihnen bei eigenen Markenartikeln durch Marketingmaßnahmen und Vertriebsaktivitäten zusätzlich entstehen.[48]

Aufgrund der Konkurrenz durch Handelsmarken ergeben sich insbesondere Spannungen bei der Sicherung der *Qualitäts-* und *Innovationsfunktion* von Markenartikeln im Handel: Die Marke soll Konsumenten im Rahmen des Leistungsversprechens eine hohe Qualität signalisieren. Insbesondere für die Markenartikelindustrie besitzt die Sicherung der Qualitätswahrnehmung der Marken eine hohe Relevanz mit Blick auf die Differenzierung im Wettbewerb. Der Handel kann den Auftritt der Marken am POS u. a. dadurch beeinflussen, dass er Handelsmarken anbietet, die ein den Markenartikeln ähnliches Preis-/Qualitätsniveau aufweisen. Dies geschieht über eine ähnliche Produktbeschreibung, Füllmenge und Aufmachung von Handelsmarken. Hierzu zählt insbesondere das Angebot von Premium-Handelsmarken, die durch eine aufwändige Produktgestaltung und -verpackung den Verbrauchern einen qualitativen Zusatznutzen signalisieren sollen.

Die produktpolitische Intransparenz führt dazu, dass es für Konsumenten immer schwieriger wird, Handelsmarken auch als solche im Sortiment des Handels zu identifizieren.[49] So zeigte eine von THOMAS MERGELMEYER im Rahmen seiner Diplomarbeit am Lehrstuhl von UNIV.-PROF. DR. RAINER OLBRICH durchgeführte Befragung, dass Konsumenten überwiegend nur ‚klare Fälle‘, d. h. Handelsmarken, die sich durch eine einfach gestaltete Produktverpackung von Markenartikeln differenzieren, erkennen.[50] Neben der Produktverpackung steht das Verkaufspersonal als weitere ‚Identifizierungshilfe‘ zur Verfügung. Allerdings ist dieses oftmals ebenfalls nicht in der Lage, Handelsmarken von Marken der Industrie zu unterscheiden bzw. diese im Sortiment zu identifizieren. Der vom Handel bewusst gesteuerte Wegfall dieser beiden

---

48 Vgl. VOGEL 1998.

49 Nach einer Studie der MORI-FORSCHUNGSGRUPPE gehen z. B. 60 % der europäischen Verbraucher von einer identischen Produktqualität von Handels- und Herstellermarken aus. Vgl. URL 2. Eine noch nicht veröffentlichte Studie der GFK kommt zu dem Ergebnis, dass mehr als 77 % der Verbraucher glauben, Discounter böten teilweise lediglich anders verpackte Markenartikel als Handelsmarken an. Insgesamt gehen die befragten Verbraucher davon aus, dass mehr als jeder vierte Artikel in Discount-Märkten ein anders verpackter Markenartikel ist.

50 Vgl. hierzu auch OLBRICH/BUHR 2005c sowie WINDBERGS 2007, S. 55 ff.

Orientierungshilfen (Produktverpackung und Verkaufspersonal) kann bei den Konsumenten den Eindruck entstehen lassen, dass ein Produkt identischer Qualität zu einem günstigeren Preis angeboten wird. Infolge dieses Umstandes nähern sich die Qualitätswahrnehmungen von Markenartikeln und Handelsmarken durch die Verbraucher einander an. Das Image der industriellen Marken wird so langfristig verwässert. Infolge der Imageverwässerung von Markenartikeln der Industrie kann der Handel wiederum verstärkt über den Preis operieren.[51]

Durch eine sehr schnelle *Imitation* von Markenartikeln durch Handelsmarken wird das ohnehin hohe Risiko des Scheiterns neuer Marken weiter erhöht.[52] Die äußere produktpolitische Gestaltung von Handelsmarken unterscheidet sich oftmals kaum von der führenden industriellen Marke in der entsprechenden Artikelgruppe. Zusätzlich besitzt die Handelsmarke wichtige Vorteile auf der Kostenseite, da beispielsweise Forschungs- und Entwicklungskosten sowie Kosten für Werbung und Listung der Produkte entfallen. Das ‚parasitäre Verhalten' des Handels reduziert in diesem Zusammenhang den Zeitraum, in dem der Hersteller die Alleinstellung seiner Marken ausnutzen kann. Dies wirkt letztlich anreizsenkend für Markenartikelhersteller, da die hohen spezifischen Investitionen in Produktinnovationen langfristig nicht refinanziert werden können.[53]

2.1.2.2. Spannungsfeld Preispolitik: Preiskulissen als Form der handelsbetrieblichen Preispolitik

Die Preispolitik beinhaltet das größte Konfliktpotenzial innerhalb der Hersteller-Handels-Beziehungen.[54] Spannungen resultieren hierbei insbesondere aus der fehlenden

51 Vgl. OLBRICH/BUHR/GREWE/SCHÄFER 2005, S. 11.

52 Zu dieser so genannten ‚Trittbrettfahrer-Problematik' vgl. auch Abschnitt 2.1.3. sowie OLBRICH/BUHR/GREWE/SCHÄFER 2005, S. 14.

53 Zum Zusammenhang zwischen spezifischen Investitionen der Industrie und ihrer Flexibilität mit Blick auf die Reaktion auf veränderte Umweltbedingungen, z. B. durch neue Forderungen der Handelsseite, vgl. auch DOBSON 1998, S. 28 und OLBRICH 2001a, S. 37 ff.

54 So nannten bei einer 1996 im Rahmen des GDI-Monitors durchgeführten Befragung von 200 Entscheidungsträgern aus international tätigen Industrie- und Handelsunternehmen 80,3 % der befragten Handelsmanager (100% der befragten Industriemanager) die Preis- und Konditio-

preispolitischen Chancengleichheit zwischen Industrie und Handel. So ist es Herstellern sowohl nach dem deutschen als auch nach dem europäischen Wettbewerbsrecht grundsätzlich untersagt, mit dem Handel Vereinbarungen über die Fixierung der Endverbraucherpreise zu treffen (*Verbot der vertikalen Preisbindung)*.[55] Die Markenartikel der Industrie sehen sich somit in hohem Maße der preispolitischen ‚Willkür' des Handels ausgesetzt. Zusätzlich bedroht die bisher vorherrschende Dominanz preispolitischer Marketinginstrumente im Handel und als Folge die zunehmende Preissensibilität der Konsumenten die qualitative Positionierung von Markenartikeln.[56] Entsteht bei den Konsumenten durch *„...Niedrigpreisverkäufe der Eindruck, das Produkt sei qualitativ verschlechtert, technisch oder modisch überholt oder kein exklusives Luxus- oder Prestigeprodukt...“*[57], kann daraus eine langfristige Schädigung des Markenwertes resultieren.[58]

In diesem Kontext sind insbesondere zwei preispolitische Verhaltensweisen des Handels kritisch zu betrachten:[59]

Zum einen unterläuft die *gezielte Preisschleuderei* des Handels (u. U. unter Einstandspreisen) die preisliche Positionierung der Markenartikel der Industrie. Infolgedessen kommt es zu einem systematischen Absinken der Preisbereitschaften der Nachfrager gegenüber den betroffenen Markenartikeln. Als Folge erodiert der Wert dieser Marken zwangsläufig. Diesen Wertverlust der industriellen Marken kann der Handel zugunsten

---

nenpolitik als das Feld mit dem höchsten Konfliktpotenzial. Im Vergleich dazu sahen lediglich 43,8 % der befragten Handelsmanager (Industrie: 42,6 %) in der Distributionspolitik ein hohes Konfliktpotenzial. Vgl. hierzu URL 3.

55 Vgl. Art. 81 EG-Vertrag.

56 So unterstellt der BGH bereits 1973, dass zwischen dem Preis von Produkten (dort Spirituosen) und den Qualitätsvorstellungen der Konsumenten ein Zusammenhang besteht. Vgl. BGH GRUR, 270, 271- DER SANFTE BITTER. Vgl. weiter BGH GRUR 1984, 204 – VERKAUF UNTER EINSTANDSPREISEN II.

57 KÖHLER 2003, S. 4.

58 Vgl. zur Praktik von Untereinstandspreisverkäufen und der daraus resultierenden Schädigung des Markenwertes bereits AHLERT 1983 und 1986.

59 Zu den folgenden zwei Verhaltensweisen des Handels vgl. insbesondere OLBRICH 2001a und 2001c sowie OLBRICH/SCHÄFER/BATTENFELD 2006, S. 355 f und OLBRICH/BUHR/GREWE/ SCHÄFER 2005, S. 13.

des Absatzes seiner Handelsmarken nutzen, indem er den preissensibel gewordenen Kunden eine Alternative in Form einer Handelsmarke anbietet.

Zusätzlich kann der Handel den Absatz seiner Handelsmarken durch die Nutzung von *Markenartikeln als Preisschirm (Umbrella Pricing)* auf Kosten der preislichen Positionierung von Markenartikeln der Industrie fördern. Hierbei setzt der Handel den Preis der industriellen Marken derart hoch, dass die Konsumenten aufgrund der deutlich niedrigeren Preise von Handelsmarken eine besondere Preisgünstigkeit der Handelsmarken vermuten und diese verstärkt nachfragen. Auch in diesem Zusammenhang besteht das Ziel des Handels in einer Unterwanderung der Preisbereitschaften der Nachfrager gegenüber den Markenartikeln der Industrie zugunsten des Verkaufs von Handelsmarken. Zudem kann so u. U. ein langfristiger Markenwechsel zu Handelsmarken hervorgerufen werden.

Stufen	Positionierung von Handelsmarken	Preiskulisse (Beispiele)	Folgen für die industriellen Markenartikel
1. Stufe	Handelsmarken im Preiseinstiegsbereich	Direkte Gegenüberstellung von Markenartikeln und Handelsmarken im Regal (gezielte Preisschleuderei, Umbrella Pricing Intrastore)	Auslistung von C-Markenartikeln
2. Stufe	Handelsmarken als vermeintliche Konkurrenz zu A- und B-Markenartikeln der Industrie	Massive Umleitung durch werbliche Unterstützung der Preisvergleiche (Umbrella Pricing Interstore)	Auslistung von B-Markenartikeln
3. Stufe	Ausschluss des Intrastore-Wettbewerbs zwischen Markenartikeln und Handelsmarken	Künstliche Schaffung von Preisvergleichen durch Vergabe von Preisempfehlungen	Auslistung von A-Markenartikeln (reine Handelsmarkensortimente)

Abb. 4: Preiskulissen im Einzelhandel[60]

Die genannten preispolitischen Verhaltensweisen, die sich letztendlich aus der preispolitischen Hoheit des Handels ergeben, spielen insbesondere mit Blick auf die Schaffung so genannter *‚künstlicher Preiskulissen‘* eine immer bedeutendere Rolle. Laut

60 Modifiziert entnommen aus OLBRICH 2004, S. 170.

OLBRICH 2004 sind folgende Stufen der Nutzung von Preiskulissen durch Handelsmarken zu erkennen (vgl. Abb. 4).[61]

Abb. 5: Preisvergleich von Markenartikeln und von Handelsmarken

Diese Stufen zeigen beispielhaft die möglichen preispolitischen Taktiken, derer sich der Einzelhandel bedienen kann, auf und kennzeichnen zugleich die daraus resultie-

---

61 Zu den Stufen der Nutzung von Preiskulissen durch Handelsmarken vgl. Olbrich 2004, S. 170 ff.

renden Auswirkungen für die industriellen Markenartikel. Eine zeitliche Reihenfolge ergibt sich in diesem Zusammenhang dadurch, dass zunächst C-Markenartikel, also marktanteilsschwächere Herstellermarken, ausgelistet werden (1. Stufe), bevor die stärkeren B-Markenartikel (2. Stufe) und schließlich die stärksten Markenartikel (A-Marken) weichen müssen (3. Stufe).[62]

Auf der 1. Stufe des Wettbewerbs, auf der Handelsmarken und Markenartikeln innerhalb der Filialen eines Handelssystems gegenübergestellt werden (d. h. Intrastore), finden insbesondere die Preistaktiken der ‚*gezielten Preisschleuderei*' sowie des ‚*Umbrella Pricing*' Anwendung. Auf den folgenden Stufen nutzt der Handel noch weitere Preistaktiken, um seine Handelsmarken im Wettbewerb mit Markenartikeln zu profilieren: So bedient sich der Handel in letzter Zeit verstärkt *Preisvergleichen bestimmter Markenartikel und Handelsmarken in Handzetteln und Printmedien* (für ein Beispiel vgl. Abb. 5). Hier zielt die beabsichtigte Wirkung der Vergleiche nicht nur auf die unmittelbare Erhöhung des Abverkaufs der Handelsmarken, sondern auch auf die Profilierung eines Händlers im Vergleich zu denjenigen anderen Händlern (also Interstore), die noch in erheblichem Umfang Markenartikel anbieten (2. Stufe).[63]

Die *künstliche Schaffung von Preisvergleichen durch Vorgabe von Preisempfehlungen*, die in Wirklichkeit von einem Produzenten von Handelsmarken (in Abstimmung mit dem Handelsunternehmen) gesetzt werden und dann von dem Händler im Sinne einer besonderen ‚Preisaktion' unterschritten werden, stellt eine weitere, aus der Sicht der Markenartikelindustrie kritisch zu bewertende preispolitische Taktik dar. So kann der Handel Markenartikel vollständig auslisten, und im Rahmen von reinen Eigenmarkensortimenten, Preisvergleiche mit Markenartikeln in den eigenen Filialen ausschließen (3. Stufe).[64]

---

62 Vgl. ähnlich OLBRICH/BUHR/GREWE/SCHÄFER 2005, S. 20 f.

63 Vgl. OLBRICH 2004, S. 171.

64 Vgl. OLBRICH/BUHR/GREWE/SCHÄFER 2005, S. 22.

2.1.2.3. Spannungsfeld Kommunikationspolitik: Kommunikative Gleichwertigkeit von Handelsmarken als Form der handelsbetrieblichen Kommunikationspolitik

Ein bedeutendes Ziel des Handels ist die Einkaufsstättenprofilierung.[65] Um dieses Ziel zu erreichen, muss der Handel den Nachfragern eine Leistung anbieten, die die Wettbewerber nicht anbieten und diese entsprechend kommunizieren. Insbesondere Handelsmarken tragen zur Differenzierung des Leistungsangebotes bei, denn sie ermöglichen dem Handel einen ‚eigenständigen' Marktauftritt am POS. Markenartikel der Industrie erfüllen aufgrund ihrer Bemühungen, ubiquitär zu distribuieren, diesen Anspruch des Handels nicht, denn für die Markenartikelindustrie steht die Marke im Mittelpunkt der kommunikativen Bemühungen um ein unverwechselbares Profil in den Augen der Konsumenten.

Aus diesen gegensätzlichen kommunikativen Profilierungsbemühungen von Industrie und Handel resultieren im Wesentlichen zwei Spannungsfelder:

Der Handel besitzt letztlich die Entscheidungsgewalt über die Gestaltung des kommunikativen Auftritts der Marken am POS. Infolgedessen besitzt er die Möglichkeit, die *Effekte von Werbemaßnahmen der Industrie zu seinen Gunsten zu beeinflussen.* So können die ungünstige Präsentation von Markenartikeln im Sortiment des Handels sowie ungenügende Verkaufsförderungsmaßnahmen für diese Artikel dazu führen, dass das mühsam durch Werbung aufgebaute Image der industriellen Marken irreversible Schäden erleidet und die Nachfrage auf ähnlich positionierte Handelsmarken umgeleitet wird. Darüber hinaus können Handelsmarken oftmals auch direkt als ‚Trittbrettfahrer' von kommunikativen Maßnahmen der Markenartikelindustrie profitieren. So wird die Einführung von Markenartikeln im Markt u. a. mittels hoher Ausgaben für Werbung von den Markenartikelherstellern finanziert. Der Handel kann an dieser Werbewirkung partizipieren, wenn er in relativ kurzer Zeit eine Produktimitation in Form einer Handelsmarke anbietet. [66]

---

65 Vgl. zu den in diesem Abschnitt dargestellten Zusammenhängen auch OLBRICH/BUHR/GREWE/SCHÄFER 2005, S. 13 f.

66 Vgl. hierzu auch PARKER/KIM 1997 und 1999.

Darüber hinaus setzt der Handel in letzter Zeit selbst verstärkt klassische Mediawerbung für seine Handelsmarken ein[67], die neben die ‚handelstypische' Werbung im Sinne von Verkaufsförderungsaktionen, wie Handzettel oder POS-Aktivitäten, tritt. Dies verbreitert die angeführten Handlungsspielräume des Handels auf dem Gebiet der Kommunikationspolitik zusätzlich.

2.1.2.4. Spannungsfeld Distributionspolitik: Umverteilung der distributionspolitischen Wertschöpfung als Form der handelsbetrieblichen Distributionspolitik

Mit zunehmender Handelskonzentration und Internationalisierung des Handels können auch Handelsunternehmen ihren Handelsmarken eine hohe Distribution verschaffen. Diese konkurrieren mit den Marken der Industrie um die knappe Ressource ‚Regalplatz'. Zusätzlich übernimmt der Handel verstärkt logistische Funktionen vom Hersteller.[68]

Infolgedessen betreffen distributionspolitische Konflikte zwischen Hersteller und Handel insbesondere die *Absatzkanalwahl* und die *Logistik*: Zum einen gefährdet die zunehmende Konzentration und Zentralisierung im Handel die Ubiquität der industriellen Marken. So hängt die Listung der Marken von den Entscheidungen einiger weniger großer Handelszentralen ab. Diese verschaffen in der Regel allerdings zunächst ihren Handelsmarken Zugang zum Regal. Mit der zunehmenden Verbreitung von Handelsmarken geht der bislang wichtigste Wettbewerbsvorteil von Markenartikeln der Industrie (die Ubiquität) u. U. weitestgehend verloren.[69] Dies kann zu einer Schwächung der Marke im vertikalen Wettbewerb führen. Je schwächer die Marke, desto weniger Einfluss besitzen Konsumgüterhersteller auf die Wahl der Absatzwege.

---

67 Laut der Zeitschrift ‚Media & Marketing' testete das Handelsunternehmen Lidl bereits im Jahre 2004 Media-Werbung in Nordrhein-Westfalen. Beworben wurde hierbei nicht mehr alleine das Unternehmen, sondern auch die dort angebotenen Handelsmarken. Die Werbung sollte somit gezielt den Abverkauf der Handelsmarken fördern. Vgl. hierzu URL 4.

68 Vgl. zu den in diesem Abschnitt dargestellten Zusammenhängen auch OLBRICH/BUHR/GREWE/SCHÄFER 2005, S. 14 f.

69 Vgl. zur Ubiquität als Wettbewerbsvorteil der Industrie RAEBER 2001, S. 339 f.

Zum anderen nimmt die Tendenz zur Umverteilung der distributionspolitischen Wertschöpfung weiterhin zu. Das Streben des Handels nach Rationalisierungspotenzialen mittels Just-in-Time Belieferungen sowie nach einer Übernahme der Zentrallagerfunktion, der Filialbelieferung sowie der Warenabholung verstärkt den Preis- und Konditionendruck auf die Markenartikel der Industrie.[70] Grundsätzlich ergibt sich aus jeder Funktion, die der Handel übernimmt, ein Kontrollverlust der Markenartikelindustrie mit Blick auf die eigenen Marken. So kann der Handel insbesondere bei Handelsmarken eine effiziente Belieferung sicherstellen, ohne sich um die Ubiquität von Markenartikeln zu bemühen.[71]

2.1.3. Die Verschiebung des Machtgefälles in der Konsumgüterdistribution und ihre aktuellen Folgen für die Wettbewerbsposition des industriellen Markenartikels

Die Intensität der markenpolitischen Spannungen zwischen Hersteller und Handel richtet sich nach der jeweiligen Machtposition beider Seiten. Während der Handel vor allem seine Einkaufsmacht ausspielt (z. B. Drohung mit Auslistung), verlieren die der Industrie zur Verfügung stehenden Machtmittel (z. B. Belieferungssperren, Ausschlussdrohungen) immer mehr an Bedeutung.[72] Insbesondere der Einsatz von Handelsmarken begünstigt eine Machtverschiebung innerhalb des Absatzkanals zugunsten des Handels. So führt vor allem die produktpolitische ‚Imitation' von Herstellermarken sowie die gezielte Justierung der Preisabstände zwischen Handelsmarken und Markenartikeln zu einer Stärkung der Machtposition des Handels im vertikalen Wettbewerb.[73] Dies könnte im Extremfall zwei Folgen für den industriellen Markenartikel aufweisen:

---

70 Vgl. ZENTES/IHRING 1994, S. 1214 f. und ZENTES/SWOBODA 1999, S. 829.

71 Zur effizienten Belieferung mit Handelsmarken und daraus resultierenden Kosteneinsparungspotenzialen vgl. BRAUN 2002, S. 66 ff.

72 Vgl. GAITANIDES/WESTPHAL 1990, S. 135 ff.; KAAS/GEGENMANTEL 1995, S. 886; AHLERT 1996, S. 101 f. sowie OLBRICH/BUHR/GREWE/SCHÄFER 2005, S. 17.

73 Vgl. OLBRICH/BUHR/GREWE/SCHÄFER 2005, S. 18 f. Zur Machtverteilung innerhalb der Hersteller-Handels-Beziehungen vgl. u. a. OLBRICH 2001a, S. 74.

1. Zum einen könnte der Handel in den noch von Markenartikeln dominierten Sortimentsausschnitten Handelsmarken einführen, die in den Augen der Konsumenten des Anschein erwecken, ‚echte' Markenartikel zu sein. Problematisch ist für Markenartikel in diesem Zusammenhang, dass der Handel mit Blick auf seine Handelsmarken eine Position erreicht hat, die viele zentrale artikelbezogene Entscheidungstatbestände (Preissetzung, Steuerung der Qualität, Steuerung der Wahrnehmung durch die Konsumenten) auf sich vereinigt.[74]

2. Gleichzeitig könnte der Handel einen wichtigen Nachteil vermeiden, der für die Markenartikelindustrie mit Herstellermarken verbunden ist: Die Mehrzahl der Hersteller hängt sehr stark von wenigen Produkten ab. Wenn es z. B. zu einem negativen Ereignis für das Image eines dieser Produkte kommt (z. B. aufgrund eines Lebensmittelskandals oder anderer absatzschädigender Ereignisse), dann wirkt sich dieses stark auf die Gewinne des betroffenen Herstellerunternehmens aus.[75] Bei den nicht identifizierbaren Handelsmarken bestünde diese Gefahr nur in einem geringen Maße, da das Handelsunternehmen in der Wahrnehmung der Konsumenten nicht direkt mit der Herstellung dieser Produkte verbunden wäre.[76]

Darüber hinaus wird das Machtverhältnis zwischen Markenartikelherstellern und Handel maßgeblich durch die hoch spezifischen Investitionen der Industrie geprägt.[77] Diese führen zu einer geringeren Umstellungsflexibilität der Markenartikelindustrie im Vergleich zum Handel. So kann der Handel die Produzenten von Handelsmarken einfacher austauschen als die Industrie ihre Distributionswege.

In der Folge sieht sich die Industrie nicht selten gezwungen, den Platz ihrer Marken im Sortiment des Handels mittels hoher Konditionenzugeständnisse zu ‚erkämpfen'. Solche Zugeständnisse stellen z. B. Einmalzahlungen *(slotting allowances)* des Herstellers

---

74 Vgl. hierzu vertiefend OLBRICH 2001a sowie OLBRICH/BUHR/GREWE/SCHÄFER 2005, S. 29.

75 Zu den Folgen eines Lebensmittelskandals als Folge der BSE-Krise auf den Absatz rindfleischhaltiger Produkte im Handel vgl. z. B. VOERSTE 2006.

76 Vgl. hierzu vertiefend OLBRICH/BUHR/GREWE/SCHÄFER 2005, S. 29 f. sowie WINDBERGS 2007, S. 55 ff.

77 Zu der Problematik der hoch spezifischen Investitionen der Markenartikelindustrie im Vergleich zum Handel vgl. OLBRICH 1998, OLBRICH 2001a und OLBRICH/BATTENFELD 2004.

an den Händler zu Beginn der Listung eines neuen Produktes dar. Derartige Zahlungen werden in der Literatur ganz unterschiedlich interpretiert: Einerseits wird vermutet, starke Markenhersteller würden auf diese Weise den Regalplatz des Handels ‚kaufen' und so den Wettbewerb verzerren, da schwächere Markenhersteller am Marktzugang gehindert würden. Eine andere Sicht interpretiert solche Zahlungen als wettbewerbskonform, da sie ein Instrument seien, mit dem der Hersteller dem Handel glaubwürdig die Erfolgsaussichten des neuen Produktes signalisieren könnte. Ein Problem der Entscheidung zwischen derartig unterschiedlichen Interpretationen liegt darin, dass über ein aus Sicht der Beteiligten ‚delikates' Thema kaum Daten zu erhalten sind. Eine jüngere empirische Untersuchung kommt allerdings zu dem Ergebnis, dass eine dritte Interpretation diesen Sachverhalt am besten klärt: Danach scheint es sich um ein Phänomen zu handeln, dass auf die Machtbalance zwischen Händler und Hersteller zurückzuführen ist. Händler verlangen und erhalten besonders dann hohe Zahlungen, wenn sie wissen, dass die Erfolgsaussichten eines neuen Produktes gut sind. Starken Industrieunternehmen gelingt es am besten, sich solchen Forderungen erfolgreich zu widersetzen.[78]

Gegenüber den Herstellern starker Markenartikel kann der Handel auch erfolgreiche Handelsmarken, die ihm u. U. eine bis zu 25% höhere Deckungsspanne[79] bieten, als Verhandlungsargument heranziehen: Selbst sehr starke Markenartikelhersteller können so zu Preisnachlässen gezwungen werden, die sie ansonsten nicht gewähren würden.[80] Dieser ‚Forderungsspirale' haben insbesondere Zweit- und Drittmarken der Industrie derzeit oft nichts mehr entgegenzusetzen.[81]

---

78 Vgl. RAO/MAHI 2003 sowie OLBRICH/BUHR/GREWE/SCHÄFER 2005, S. 18. Weitere jüngere Quellen zu diesem insbesondere in den USA umstrittenen Thema sind BLOOM/GUNDLACH/CANNON 2000, DESAI 2000 sowie WHITE/TROY/GERLICH 2000. SHAFFER 1991 vergleicht die Instrumente der vertikalen Preisbindung und der Regalgebühren in einer reinen Modellanalyse.

79 Vgl. NARASIMHAN/WILCOX 1998, S. 591.

80 Vgl. ähnlich BERGÈS-SENNOU/CAPRICE 2001, S. 3; STEINER 2004, S. 105 ff. sowie OLBRICH/BATTENFELD 2004.

81 Zu den Auswirkungen der zunehmenden Handelsmacht auf Zweit- und Drittmarken der Industrie vgl. z. B. DOBSON/WATERSON 1997.

Die oben genannten Spannungsfelder verdeutlichen die Problematik, welcher sich Markenartikel im Sortiment des Handels gegenübersehen. Trotz oftmals überlegener Produkteigenschaften geraten auch führende Markenartikel zunehmend in Bedrängnis, während eine weiter zunehmende Verbreitung von Handelsmarken im Konsumgütersektor zu erkennen ist. Mit Blick auf die Zukunft werden schon seit längerem weitere Zunahmen der Marktanteile von Handelsmarken erwartet.[82]

Somit ist denkbar, dass der Handel bei fortschreitender Handelsmacht vollkommen auf Markenartikel in bestimmten Sortimenten verzichtet. Die in letzter Zeit zu beobachtenden Verhaltensweisen des Handels (z. B. Auslistung ganzer Teile des Markenartikel-Sortimentes oder die Ankündigung einzelner Discounter, sich von Markenartikeln vollständig lösen zu wollen) stützen dieses Szenario.[83] Würde dieses Szenario eintreten, dann könnten im Lebensmitteleinzelhandel in Zukunft häufiger weitgehend reine Handelsmarkenstrategien zu finden sein, wie dies schon in anderen Branchen, z. B. der Möbelbranche (IKEA) und der Bekleidungsbranche (H&M, Esprit), der Fall ist.[84]

Auf einer übergeordneten, wettbewerbsgerichteten Ebene ist darüber hinaus insbesondere im Lebensmitteleinzelhandel festzustellen, dass Handelsmarken seit geraumer Zeit zu einer immer weiter voranschreitenden Abschottung des Wettbewerbs bei gleichzeitiger Umgehung des Regulierungstatbestandes Preisbindungsverbot mittels ‚Kontrakt vom Ende der Wertschöpfungskette' beitragen: so beinhalten Handelsmarkenprogramme häufig enge vertragliche Beziehungen zwischen Handelsunternehmen und Herstellern, die darauf abzielen, dass die Waren nur in den Vertriebsstrukturen der jeweiligen Händler zu den von den Händlern festgelegten Preisen erhältlich sind.[85] Somit weist die Verbreitung von Handelsmarken auch auf einer übergeordneten Ebene unmittelbare Auswirkungen auf die Wettbewerbsposition des industriellen Markenartikels auf.

---

82 Vgl. z. B. BRUHN 2001, S. 16 für Westdeutschland. Für frühere Prognosen vgl. HUMPHRIES/SAMWAYS 1993, S. 23 f. für den Lebensmittelsektor in Großbritannien und SAMWAYS 1995, S. 18 und für den Lebensmittelsektor mehrer europäischer Länder von 1991 bis 1993. Für eine sehr frühe Zukunftsprognose vgl. KOTLER/BLIEMEL 2001, S. 648.

83 Vgl. OLBRICH 2001c, S. 164. Es gibt auch gegenläufige Tendenzen: So will Lidl verstärkt Markenartikel anbieten, vgl. o. V. 2005, S. 10.

84 Vgl. OLBRICH/BUHR/GREWE/SCHÄFER 2005, S. 19.

85 Vgl. nochmals OLBRICH/BUHR/GREWE/ SCHÄFER 2005, S. 19.

2.2. Auswirkungen der Erosion von Markenartikeln

In Anlehnung an die Literatur werden im Rahmen des vorliegenden Abschnitts zunächst die Folgen, die eine zunehmende Verbreitung von Handelsmarken für den Wettbewerb aufweist, dargestellt. Im Anschluss daran werden insbesondere diejenigen Entwicklungen, die sich aus einer zunehmenden Verbreitung von Handelsmarken für den industriellen Markenartikel ergeben, vertiefend dargelegt. Diese werden abschließend aus der Sicht der einzelnen Marktteilnehmer (Markenartikelindustrie, Handel, Verbraucher) bewertet.

2.2.1. Kurz- und langfristige Folgen der zunehmenden Verbreitung von Handelsmarken

Die wettbewerbsgerichteten Folgen einer zunehmenden Verbreitung von Handelsmarken können anhand einer Vielzahl an Indikatoren erfasst werden.[86] Abbildung 6 verdeutlicht den grundsätzlichen Wirkungszusammenhang zwischen den Indikatoren, wobei kurz- und langfristige Folgen unterschieden werden können:

Infolge der Einführung von Handelsmarken steigt zunächst die Anzahl an existierenden Artikeln. Der Verdrängungswettbewerb durch Handelsmarken führt zu einem Anstieg der Konkurrenz, die durch Preiskämpfe zwischen den Händlern verstärkt wird. Die Preise sinken, weil der Handel Handelsmarken zu niedrigeren Preisen als die ausgelisteten Marken anbietet. Gleichzeitig steigt die Aktionshäufigkeit, da der Handel Aktionen nutzt, um Nachfrager in seine Geschäftsstätten zu lenken. Diese Ergebnisse treten zeitgleich mit der Einführung von Handelsmarken auf und sind somit als kurzfristige Folgen der zunehmenden Verbreitung von Handelsmarken zu verstehen.[87]

Bei steigenden Verbreitungsgraden von Handelsmarken führt die stärkere Konkurrenz um Marktanteile im Rahmen des Verdrängungswettbewerbs und das niedrigere Preis-

86 Vgl. OLBRICH/BUHR/GREWE/SCHÄFER 2005, S. 94 ff.

87 Zu den kurzfristigen Folgen einer zunehmenden Verbreitung von Handelsmarken vgl. OLBRICH/BUHR/GREWE/SCHÄFER 2005, S. 94 f.

niveau einiger Markenartikel zu einem Rückgang der Marktdurchdringung der betroffenen Hersteller. Einige Hersteller werden versuchen, über eine Senkung ihrer Innovationskraft und u. U. der Qualität ihrer Produkte weiterhin ihre bisherige Marktdurchdringung zu erzielen. Dies trägt, ebenso wie das durchgängig niedrigere Preisniveau in den Verkaufsstätten, zu einer Schädigung des Wertes von Markenartikeln bei.

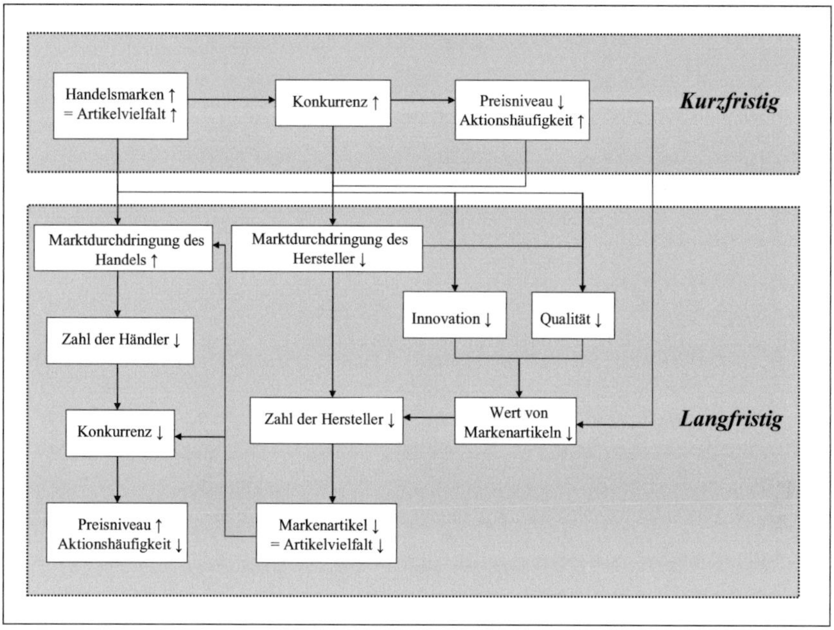

Abb. 6: Kurz- und langfristige Folgen der Verbreitung von Handelsmarken[88]

Die abnehmende Ertragskraft der betroffenen Markenartikel führt zum Ausscheiden einiger Hersteller aus dem Markt, bzw. zu Unternehmenszusammenschlüssen, wodurch sich die Anzahl der insgesamt existierenden Markenartikel verringert. Da Handelsmarken nur in sehr seltenen Fällen Produktinnovationen darstellen, nimmt die tatsächliche Artikelvielfalt ab.

---

88 In Anlehnung an OLBRICH/BUHR/GREWE/SCHÄFER 2005, S. 94.

Da die größeren Handelsunternehmen durch Handelsmarkenprogramme die größten Kostenvorteile erreichen können, können sie ihre Position gegenüber den kleineren Handelsunternehmen langfristig verstärken. Dies trägt letztendlich auch zur Zunahme des Konzentrationsgrades im Handel bei. Mit sinkender Zahl an Handelsunternehmen sinken auch die Ausweichmöglichkeiten der Verbraucher, so dass vielerorts eine Abschwächung der Konkurrenz zwischen Handelsunternehmen stattfindet. Zusätzlich führt auch die Auslistung von B- und C-Markenartikeln der Industrie zu einer Verringerung der Konkurrenz für Handelsmarken. Diese nachlassende Konkurrenz eröffnet den verbleibenden Handelsunternehmen schließlich die Gelegenheit zur Durchsetzung eines höheren Preisniveaus in den betroffenen Artikelgruppen. Gleichzeitig sinkt die Aktionshäufigkeit infolge der Auslistung von B- und C-Markenartikeln der Industrie.[89]

2.2.2. Ableitung von Auswirkungen auf den industriellen Markenartikel

Nachdem die wettbewerbsgerichteten Folgen einer zunehmenden Verbreitung von Handelsmarken in Anlehnung an die Literatur skizziert wurden, sollen nun insbesondere diejenigen Entwicklungen, die sich aus einer zunehmenden Verbreitung von Handelsmarken für den industriellen Markenartikel ergeben, vertiefend dargelegt werden. In diesem Zusammenhang ist davon auszugehen, dass die Erosion des industriellen Markenartikels auf mehreren Ebenen stattfindet (vgl. Abb. 7).

Auf einer **ersten Ebene** wirkt sich die Verbreitung von Handelsmarken auf diejenigen Indikatoren aus, die die Profilierung von Markenartikeln im Vergleich zu Handelsmarken am Point of Sale (POS) begründen. In der vorliegenden Arbeit soll exemplarisch anhand von Indikatoren des Preisniveaus, der Artikelvielfalt sowie der Aktionshäufigkeit im Handel erläutert werden, wie eine solche Erosion stattfinden kann:

- Die Preiskämpfe im Rahmen der Einführung von Handelsmarken, die kurzfristig zu einem Rückgang des wettbewerbsgerichteten Indikators ‚Preisniveau' führen,

89 Zu den langfristigen Folgen einer zunehmenden Verbreitung von Handelsmarken vgl. OLBRICH/BUHR/GREWE/SCHÄFER 2005, S. 95.

werden vermutlich insbesondere über das Preisniveau von Markenartikeln ausgetragen, da einzelne Handelsunternehmen die ubiquitär angebotenen Markenartikel nutzen, um ihre Preisgünstigkeit im Wettbewerb zu signalisieren. In der Folge dürfte das Preisniveau von Markenartikeln sinken. Im Rahmen der zunehmenden Verbreitung von Handelsmarken setzt der Handel darüber hinaus Preistaktiken (wie z. B. das Umbrella Pricing) ein, um die angebotenen Handelsmarken zulasten von Markenartikeln zu profilieren, in deren Folge trotz steigendem Preisniveau von Markenartikeln u. U. eine Erosion der preisinduzierten Profilierung von Markenartikeln stattfindet.[90]

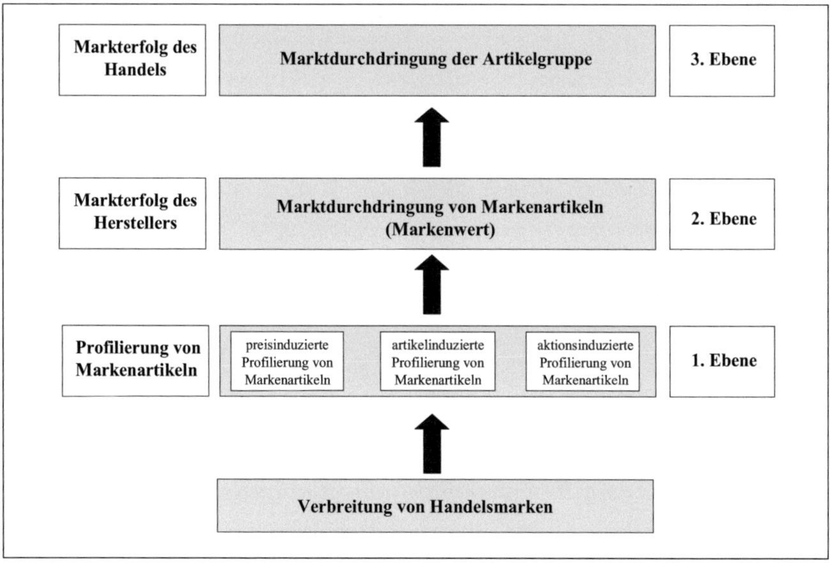

Abb. 7: Auswirkungen der Verbreitung von Handelsmarken auf den industriellen Markenartikel

- Der Rückgang des wettbewerbsgerichteten Indikators ‚Artikelvielfalt' bei stärkerer Verbreitung von Handelsmarken dürfte darauf zurückzuführen sein, dass die

90 Zu den Preistaktiken des Handels im Rahmen der Verbreitung von Handelsmarken vgl. OLBRICH/BUHR/GREWE/SCHÄFER 2005, S. 82 f. sowie OLBRICH/SCHÄFER/BATTENFELD 2006, S. 355 f.

Artikelvielfalt von Markenartikeln sinkt. So verdrängen Handelsmarken zunächst Zweit- und Drittmarken der Industrie. Bei hohen Verbreitungsgraden von Handelsmarken werden die industriellen Markenartikel u. U. sogar vollständig zugunsten von Handelsmarken ausgelistet.[91] Es ist somit von einer Erosion der artikelinduzierten Profilierung von Markenartikeln auszugehen.

- Mit Blick auf den wettbewerbsgerichteten Indikator ‚Aktionshäufigkeit' ist darüber hinaus anzunehmen, dass die Auslistung von Markenartikeln im Rahmen der Verbreitung von Handelsmarken dazu führen dürfte, dass die Aktionshäufigkeit von Markenartikeln abnimmt. In der Folge ist zu vermuten, dass eine Erosion der aktionsinduzierten Profilierung von Markenartikeln stattfindet.

Die als Folge der Verbreitung von Handelsmarken auftretende Erosion der preis-, der artikel- sowie der aktionsinduzierten Profilierung von Markenartikeln führt schließlich auf einer **zweiten Ebene** zu einer Schädigung des wettbewerbsgerichteten Indikators ‚Markenwert'. Negative Auswirkungen auf den Wettbewerb dürften in diesem Zusammenhang insbesondere dadurch entstehen, dass wichtige Investitionen, die in den Aufbau und den Erhalt des Markenwertes getätigt werden bei abnehmender Profilierung unterbleiben.[92]

Gleichwohl stellt der Wert von Markenartikeln aus der Sicht der Industrie einen wichtigen Handlungsparameter dar. So geht ein hoher Markenwert in der Regel mit einer hohen Marktdurchdringung in einer Artikelgruppe einher. Bei sinkendem Markenwert sind viele Hersteller (insbesondere Hersteller von Zweit- und Drittmarken) u. U. nicht mehr in der Lage, ihre bisherige Marktdurchdringung zu erzielen. Es dürfte somit eine Erosion der Marktdurchdringung von Markenartikeln stattfinden, in deren Folge der Markterfolg der betroffenen Hersteller langfristig sinkt.

Auf einer **dritten Ebene** beeinflussen die aufgezeigten Entwicklungen, die durch den Handel u. U. gezielt angestoßen werden, schließlich auch dessen eigenen Markterfolg.

---

91 Belege für diese Annahme liefern u. a. OLBRICH/BUHR/GREWE/SCHÄFER 2005, S. 82 f. sowie OLBRICH/GREWE 2007, S. 19 ff.

92 Für eine vertiefende Diskussion der Zusammenhänge vgl. OLBRICH/BUHR/GREWE/SCHÄFER 2005, S. 86.

So führt die Erosion der Marktdurchdringung von Markenartikeln zu einem Rückgang der Marktdurchdringung der gesamten Artikelgruppe. Um eine insgesamt positive Wirkung auf die Marktdurchdringung der Artikelgruppe zu erzielen, ist es für Handelsunternehmen somit erforderlich, über eine Steigerung der Marktdurchdringung von Handelsmarken den gezielt vorgenommenen Rückgang der Marktdurchdringung von Markenartikeln zu kompensieren. Gelingt dies nicht, so scheiden diese Unternehmen u. U. über den wettbewerbsgerichteten Indikator ‚Marktdurchdringung des Handels' aus dem Wettbewerb aus.

2.2.3. Bewertung der Auswirkungen aus der Sicht der Marktteilnehmer

In den folgenden Abschnitten soll nun eine kurze Bewertung der aufgezeigten Auswirkungen der Erosion von Markenartikeln als Folge der Verbreitung von Handelsmarken aus der Sicht der Markenartikelindustrie, des Handels sowie des Verbrauchers und damit auch der Wettbewerbspolitik vorgenommen werden.

2.2.3.1. Bewertung aus der Sicht der Markenartikelindustrie

In der Literatur besteht weitestgehend Einigkeit darüber, dass die mit der stärkeren Verbreitung von Handelsmarken verbundenen Praktiken des Handels zu einer Schädigung des Wertes der industriellen Markenartikel führen. So spricht z. B. BODENBACH 1996 von überhöhten Preisabständen zwischen Handelsmarken und Markenartikeln als Auslöser von Markenerosion. In diesem Zusammenhang erwähnt der Autor jedoch den Umstand nicht, dass für die meisten Konsumgüter allein der Handel aufgrund seiner Preishoheit Auslöser einer solchen Entwicklung sein kann.[93] Auch KÖHLER 2003 und HEIL/LÜTJE/SCHUNK 2003 verweisen auf den Schaden, den der Wert einer Marke nehmen kann, wenn Artikel häufig Gegenstand von Preistaktiken, wie z. B. Sonderangebots- und Niedrigpreisaktionen sind (so genannter ‚Preisverhau')[94] oder aber von

93 Vgl. BODENBACH 1996, S. 50.

94 Vgl. KÖHLER 2003, S. 8, Rn. 1 und HEIL/LÜTJE/SCHUNK 2003, S. 11.

Preistaktiken betroffen sind, die darauf abzielen, durch einen hohen Preis von Markenartikeln für preisgünstigere Handelsmarken einen Preisschirm, d. h. einen möglichst großen Preisabstand, zu schaffen (‚Umbrella Pricing')[95].

Die Erosion des Wertes von Markenartikeln als Folge der zunehmenden Verbreitung von Handelsmarken ist aus der Sicht der Industrie negativ zu bewerten, denn der Markenwert stellt für viele Markenartikelhersteller einen Vermögensgegenstand von großer Bedeutung dar. Die von der Zunahme der Handelsmarken ausgehende Tendenz zur Senkung des Wertes industrieller Marken bedeutet somit für die Industrieunternehmen eine unmittelbare Bedrohung ihres Unternehmenskapitals.[96]

Aus der Sicht der Markenartikelindustrie ist somit insgesamt eine sowohl kurz- als auch langfristig negative Bewertung der durch Handelsmarken ausgelösten Erosionseffekte vorzunehmen.

2.2.3.2. Bewertung aus der Sicht des Handels

Aus der Sicht des Handels ist eine Erosion des Wertes von Markenartikeln zunächst sogar als vorteilhaft zu bewerten, da diese dazu beiträgt, die Bindung der Konsumenten an die Einkaufsstätte im Gegensatz zur Bindung an einen ubiquitär verfügbaren Markenartikel zu erhöhen. So wird der Markterfolg des Handels nicht über die Marktdurchdringung *einzelner* Marken (Markenartikel und Handelsmarken) erfasst, sondern vielmehr über die Marktdurchdringung der *gesamten* Artikelgruppe. Legt man dieses Verständnis zugrunde, so ist eine kurzfristig positive Bewertung der aufgezeigten Entwicklungen aus der Sicht des Handels vorzunehmen.

So wird in der Literatur meist davon ausgegangen, dass sich mithilfe von Handelsmarken eine höhere Marktdurchdringung der gesamten Artikelgruppe erzielen lasse als mit den ubiquitär erhältlichen und in diesem Sinne in starkem Maße dem Preiswettbewerb

---

95 Vgl. OLBRICH 2004.

96 Vgl. OLBRICH/BUHR/GREWE/SCHÄFER 2005, S. 86.

ausgesetzten Markenartikeln der Industrie.[97] Allerdings sind in der Literatur stellenweise auch Untersuchungen zu finden, die von einem Rückgang der Marktdurchdringung der gesamten Artikelgruppe bei zunehmender Verbreitung von Handelsmarken ausgehen.[98] Insofern kann nicht angenommen werden, dass Handelsmarken generell stärker als Markenartikel zur Erhöhung der Marktdurchdringung der gesamten Artikelgruppe beitragen.

Gleichwohl dürfte die Erosion des Wertes von Markenartikeln für einige Handelsunternehmen langfristig negative Konsequenzen aufweisen. So können die Preistaktiken, die seitens des Handels zur Profilierung von Handelsmarken eingesetzt werden, eine Erosion der preisinduzierten Profilierung von Markenartikeln im Vergleich zu Handelsmarken bewirken, die sich in einem langfristigen Absinken der Zahlungsbereitschaften der Nachfrager äußert. Dies könnte bedeuten, dass diese Nachfrager bei späteren Beschaffungsvorgängen kaum noch bereit wären, einen höheren Preis für qualitativ hochwertige Handelsmarken (sog. Premium-Handelsmarken) zu zahlen. In der Folge entzieht der Handel sich u. U. eigenständig die Grundlage für die Durchsetzung eines höheren Preisniveaus.

Gleichzeitig könnte die Auslistung bekannter Markenartikel im Rahmen der Erosion der artikelinduzierten Profilierung von Markenartikeln sowie der damit verbundene Rückgang an Aktionen von Markenartikeln (Erosion der aktionsinduzierten Profilierung) dazu führen, dass die Nachfrager die Einkaufsstätte als wenig attraktiv empfinden und stattdessen solche Geschäfte aufsuchen, in denen Markenartikeln noch in einem entsprechenden Umfang angeboten werden. So verlangen insbesondere markentreue Konsumenten eine Auswahl an bekannten Markenartikeln. Finden sie diese nicht im Sortiment vor, kann dies u. U. zu einem Konsumverzicht in der Artikelgruppe bzw. im Extremfall sogar in der Einkaufsstätte führen. Langfristig ist somit davon auszugehen, dass die Verbreitung von Handelsmarken nicht für alle Händler zu einer Steigerung des Markterfolgs beiträgt.

---

97 Vgl. hierzu die Untersuchungen von HOCH/BANERJI 1993, S. 57; LAAKSONEN 1994, S. 37; NARASIMHAN/WILCOX 1998, S. 591; AHLERT/KENNING/SCHNEIDER 2000, S. 255 sowie für einen Überblick OLBRICH/GREWE/BATTENFELD 2006, S. 338.

98 Vgl. CORSTJENS/CORSTJENS 1997; CORSTJENS/LAL 2000, S. 282 f. sowie OLBRICH/GREWE/BATTENFELD 2006, S. 335.

Insgesamt kann somit eine kurzfristig positive Bewertung der Auswirkungen der Erosion von Markenartikeln als Folge der zunehmenden Verbreitung aus der Sicht des Handels vorgenommen werden, während langfristig ein negatives Gesamturteil überwiegen dürfte.

2.2.3.3. Bewertung aus der Sicht der Wettbewerbspolitik

In der Literatur herrscht weitgehend Einigkeit darüber, dass die Verbraucher kurzfristig insbesondere mit Blick auf das Preisniveau von einer Einführung von Handelsmarken profitieren.[99] Positive Effekte dürften sich in diesem Zusammenhang nicht nur daraus ergeben, dass der Handel die industriellen Markenartikel nutzt, um seine Preisgünstigkeit im Wettbewerb zu signalisieren, sondern auch daraus, dass Handelsmarken im Rahmen ihrer Einführung zu deutlich niedrigeren Preisen angeboten werden, als (führende) Markenartikel.[100] Jedoch gehen damit nicht zwingend insgesamt niedrigere Preise einher: Aufgrund seiner Preishoheit kann der Handel die verbliebenen Markenprodukte auch ‚künstlich' verteuern, um damit seine eigenen Marken möglichst günstig erscheinen zu lassen, obwohl sie dies (im Vergleich mit den ursprünglichen Preisen der Markenartikel) vielleicht tatsächlich gar nicht sind.[101] Langfristig besteht somit die Gefahr, dass auch für die Verbraucher durch die zunehmende Verbreitung von Handelsmarken Nachteile entstehen.

Darüber hinaus wird in der Literatur angenommen, dass die Verbreitung von Handelsmarken kurzfristig zu einem Anstieg der Artikelvielfalt führe. Direkt nach Einführung neuer Handelsmarken existieren insgesamt mehr unterschiedliche Produkte, es

---

99 Vgl. z. B. DOBSON CONSULTING 1999, S. 4 f.; VOGEL 1998, S. 1163 sowie für einen Überblick OLBRICH/BUHR/GREWE/SCHÄFER 2005, S. 80 ff.

100 Vgl. zur Annahme, dass Markenartikel von konkurrierenden Handelsmarken preislich unterboten werden auch DOBSON 1998, S. 20 f.

101 Vgl. OLBRICH/BUHR/GREWE/SCHÄFER 2005, S. 82. Zu den Handlungsoptionen, die sich dem Handel aufgrund seiner Position als ‚Double Agent' bieten, der gleichzeitig Markenartikel und Handelsmarken verkauft, vgl. ausführlich OLBRICH 2001c. KIRKWOOD 2004 gibt einen Überblick zum Stand der kartellrechtlichen Diskussion zu wettbewerbschädlichem Preisverhalten von Handelsunternehmen.

gibt also ein reichhaltigeres Artikelangebot als vor ihrer Einführung.[102] Dabei bezieht sich die Annahme größerer Auswahl nicht nur auf die Produkteigenschaften, sondern auch auf die Preise, da sich durch Handelsmarken das Preisspektrum zumindest kurzfristig erweitere.[103] Auch wenn Handelsunternehmen in ihrem eigenen Sortiment Markenartikel auslisten und durch Handelsmarken ersetzen, so sehen sich die Nachfrager somit kurzfristig scheinbar einer insgesamt höheren Artikelvielfalt gegenüber. Mit Blick auf die tatsächliche Verfügbarkeit dieser Vielfalt für einzelne Nachfrager dürfte das Ergebnis jedoch differenzierter ausfallen: Wenn in einem näheren Umkreis um den Wohnort des Konsumenten nur noch wenige unterschiedliche Handelsunternehmen Verkaufsstellen unterhalten, dann kann für diese Konsumenten auch die kurzfristige Auslistung von Markenartikeln zugunsten von Handelsmarken zu einer geringeren Auswahl führen.[104]

Kurzfristig ist somit nur für einen Teil der Nachfrager von einer zunehmenden Vielfalt an angebotenen Artikeln auszugehen. Langfristig ist aufgrund der Verdrängung industrieller Marken durch Handelsmarken sogar eine Verringerung der absoluten Anzahl unterschiedlicher Artikel möglich. Ursächlich hierfür ist vermutlich, dass Herstellerunternehmen aus dem Markt austreten. Aus Sicht aller Konsumenten würde die Artikelvielfalt in den tatsächlich von ihnen aufgesuchten Verkaufsstellen somit abnehmen.

In engem Zusammenhang mit der Artikelvielfalt steht die Aktionshäufigkeit. Vor dem Hintergrund der in der Literatur getroffenen Annahme, dass Markenartikelhersteller auf das Vordringen von Handelsmarken mit einer Erhöhung der Anzahl an Aktionen reagieren[105], ist davon auszugehen, dass die Verbraucher zumindest kurzfristig von einer Zunahme an Handelsmarken profitieren können. Langfristig kommt es jedoch infolge der Auslistung von Markenartikeln zu einem Rückgang der Aktionshäufigkeit.

---

102 Vgl. z. B. DOBSON 1998, S. 25.

103 Vgl. etwa DOBSON CONSULTING 1999, S. 160 und DOBSON/CLARKE/DAVIES/WATERSON 2001, S. 277.

104 Vgl. OLBRICH/BUHR/GREWE/SCHÄFER 2005, S. 75.

105 Vgl. z. B. LAL 1990a und 1990b sowie PAUWELS/SRINIVASAN 2004.

Dies könnte u. U. für einige Konsumenten von Nachteil sein, da sie bekannte Markenartikel nicht länger im Rahmen einer Aktion erwerben können.

Auf einer übergeordneten wettbewerbsgerichteten Betrachtung drängt sich somit insgesamt ein eher negatives Gesamturteil hinsichtlich der zu erwartenden Konsequenzen einer Erosion von Markenartikeln als Folge der zunehmenden Verbreitung von Handelsmarken auf: Vordergründig betrachtet (insbesondere mit ausschließlichem Blick auf das Preisniveau) profitiert ein gewisser Teil der Verbraucher von der Einführung von Handelsmarken. Langfristig besteht jedoch die Gefahr, dass auch die Verbraucher durch die weitere Verbreitung von Handelsmarken Nachteile erleiden werden, sei es in Form höherer Preise, einer geringeren Produktauswahl oder einer niedrigeren Aktionshäufigkeit.[106]

Um eine umfassende Beurteilung der Konsequenzen vornehmen zu können, sollten jedoch auch Aspekte wie die Qualität der angebotenen Artikel sowie die Anzahl an Innovationen berücksichtigt werden. So ist insbesondere fraglich, ob die Zunahme von Handelsmarken mit einem Anstieg der Qualität der angebotenen Artikel einhergeht.

In der Literatur herrscht in diesem Zusammenhang die Meinung vor, dass Handelsmarken sich immer noch stärker über den Preis als über die Qualität im Wettbewerb mit Markenartikeln positionieren.[107] Bei zunehmender Erosion des Wertes der industriellen Markenartikel ist darüber hinaus davon auszugehen, dass Investitionen, die zum Aufbau des Markenwertes beitragen und gleichzeitig wichtige Auswirkungen, wie z. B. auf die Qualität von Produkten haben, in zunehmendem Maße unterbleiben werden, wenn erzielte Steigerungen des Markenwertes durch bestimmte Taktiken des Handels (insbesondere im Rahmen der Preispolitik) zerstört werden können.[108] Insgesamt ist somit anzunehmen, dass sich auch im Hinblick auf die Qualität sowie die Anzahl an Innovationen der angebotenen Artikel langfristig negative Effekte aus der Sicht des Verbrauchers und somit für den Wettbewerb einstellen.

106 Diese Annahme findet sich auch bei OLBRICH/BUHR/GREWE/SCHÄFER 2005, S. 95 f.

107 Vgl. z. B. DOBSON 1998, S. 26 sowie OLBRICH/BUHR/GREWE/SCHÄFER 2005, S. 78 f.

108 Vgl. OLBRICH/BUHR/GREWE/SCHÄFER 2005, S. 86.

2.3. Synopse zum zweiten Kapitel

Wie gezeigt werden konnte, stellt die Verbreitung von Handelsmarken eine wesentliche Ursache für die Erosion der Wettbewerbsposition des industriellen Markenartikels dar. So begünstigen insbesondere die aktuellen Rahmenbedingungen in der Konsumgüterdistribution eine weitere Verbreitung von Handelsmarken zulasten von Markenartikeln.

Auch im Rahmen des Marketing-Mix fällt es den industriellen Marken zunehmend schwer, ein konsistentes Erscheinungsbild, welches für eine Profilierung der Marken am Point of Sale (POS) notwendig ist, zu erreichen. Ursächlich hierfür sind vor allem auch neuartige Instrumente, wie z. B. die künstliche Schaffung von Preiskulissen oder die produktpolitische Intransparenz, die der Handel gezielt mit Blick auf seine Handelsmarken erzeugt. Die aufgezeigten Spannungsfelder im Rahmen des Marketing-Mix bewirken letztendlich eine Verschiebung des Machtgefälles zugunsten der Handelsseite und begünstigen somit die Erosion des industriellen Markenartikels.

Konstrukt	**Markenartikel-industrie**	**Handel**	**Verbraucher (Wettbewerb)**	**Analyse erfolgt in**
preisinduzierte Profilierung von Markenartikeln	- (k) - (l)	+ (k) - (l)	+ (k) - (l)	**Kapitel 3.**
artikelinduzierte Profilierung von Markenartikeln	- (k) - (l)	+ (k) - (l)	+ (k) - (l)	
aktionsinduzierte Profilierung von Markenartikeln	- (k) - (l)	+ (k) - (l)	+ (k) - (l)	
Wert von Markenartikeln	- (k) - (l)	+ (k) - (l)	+ (k) - (l)	**Kapitel 4.**
Markterfolg des Herstellers bzw. des Handels	- (k) - (l)	+ (k) - (l)	+ (k) - (l)	**Kapitel 5.**
- negativer Effekt + positiver Effekt (k) kurzfristig (l) langfristig				

Abb. 8: Bilanzierung der Bewertungen und Überblick über die weitere Vorgehensweise

Darüber hinaus konnte festgestellt werden, dass die Verbreitung von Handelsmarken eine Vielzahl an Folgen für den Wettbewerb sowie insbesondere für den industriellen Markenartikel aufweist. Aus der Sicht der betroffenen Akteure kann zusammenfassend die folgende Bewertung der Auswirkungen vorgenommen werden (vgl. Abb. 8).

Das vorliegende Kapitel stellt somit den theoretischen Rahmen der Arbeit dar. Im weiteren Verlauf gilt es, die theoretisch erarbeiten Grundlagen einer empirischen Überprüfung zu unterziehen.

Zu diesem Zwecke werden im *dritten Kapitel* die Auswirkungen der Verbreitung von Handelsmarken auf Indikatoren des Preisniveaus, der Artikelvielfalt sowie der Aktionshäufigkeit im Handel untersucht, um festzustellen, ob eine zunehmende Verbreitung von Handelsmarken zu einer Erosion der preis-, der artikel- sowie der aktionsinduzierten Profilierung von Markenartikeln führt. Basis der empirischen Überprüfung sind entsprechende Hypothesen, die im Rahmen einer umfassenden Literaturrecherche erarbeitet werden.

Im *vierten Kapitel* wird eine empirische Untersuchung der Auswirkungen der Verbreitung von Handelsmarken auf den Wert von Markenartikeln vorgenommen. In diesem Zusammenhang werden zunächst die bestehenden Ansätze zur Erfassung des Markenwertes einer kritischen Würdigung unterzogen, bevor ein eigenständiger empirischer Ansatz konzipiert wird, der es erlaubt, die Auswirkungen der Verbreitung von Handelsmarken auf den Wert von Markenartikeln und die hiermit verbundenen Preistaktiken des Handels zu erfassen.

Im *fünften Kapitel* werden die bisher erarbeiteten Ergebnisse schließlich in einen Ursache-Wirkungs-Zusammenhang gestellt, indem die Auswirkungen der Erosion von Markenartikeln auf den Markterfolg des Herstellers sowie des Handels betrachtet werden.

3. Auswirkungen der Verbreitung von Handelsmarken auf das Preisniveau, die Artikelvielfalt und die Aktionshäufigkeit im Handel

3.1. Problemstellung

3.1.1. Zum Stand der wissenschaftlichen Diskussion

Handelsmarken repräsentieren mittlerweile einen erheblichen und weiter steigenden Verbreitungsgrad in vielen Artikelgruppen des Lebensmittelhandels.[109] In diesen Artikelgruppen konkurrieren sie mit den industriellen Markenartikeln und stellen eine Ursache für die Erosion des Wertes von Markenartikeln dar.[110]

Mit dem Verbot der vertikalen Preisbindung im Jahre 1973 vollzieht sich der Wettbewerb im Einzelhandel insbesondere über den Preis.[111] Dem Wirkungszusammenhang zwischen der zunehmenden Verbreitung von Handelsmarken und dem Preisniveau im Handel wird in der betriebswirtschaftlichen Literatur eine besondere Aufmerksamkeit geschenkt. Dies liegt u. a. daran, dass viele Autoren davon ausgehen, dass von der Verbreitung von Handelsmarken auch wohlfahrtsgerichtete Wirkungen ausgehen, die insbesondere das Preisniveau im Handel betreffen.[112] Gleichwohl ist umstritten, welcher Wirkungszusammenhang im Einzelnen besteht.

---

109 Vgl. u. a. CONNOR/ROGERS/BHAGAVAN 1996, S. 480; DOBSON 1998; HOCH/MONTGOMERY/PARK 2002; ACNIELSEN 2005, S. 4; GORRIE 2006, S. 217 und HUANG/JONES/HAHN 2007, S. 553.

110 Vgl. OLBRICH/SCHÄFER/BATTENFELD 2006, S. 356 ff.

111 Zur Frage einer Aufhebung des Verbotes der vertikalen Preisbindung im Handel und der damit in Zusammenhang stehenden Problematik aus Sicht der industriellen Markenartikel vgl. AHLERT 1983; AHLERT 1986; OLBRICH 2001a, S. 65 ff.; OLBRICH 2001b, S. 263; KÖHLER 2003; HEIL/LÜTJE/SCHUNK 2003; KLANTE 2004, S. 202; OLBRICH 2004; OLBRICH/BUHR 2004a, 2005a und 2007; OLBRICH/BUHR/GREWE/SCHÄFER 2005, S. 1 f., S. 12 f. und S. 99 ff. sowie VOERSTE 2006, S. 59.

112 Vgl. die Übersicht in OLBRICH/BUHR/GREWE/SCHÄFER 2005, S. 45 ff.

Von verschiedenen Autoren werden sowohl (eher langfristig) steigende[113] als auch (eher kurzfristig) sinkende Preise[114] für wahrscheinlich gehalten.[115] So führen beispielsweise WIESER/AIGINGER/WÜGER 1999 ein allgemein steigendes Preisniveau auf die Konzentration und eine aus ihrer Sicht damit einhergehende Oligopolisierung des Handels zurück.[116] PERLOFF/SUSLOW/SEGUIN 2006 sehen hingegen einen Verzicht der Industrie, mit den handelseigenen Marken um die preissensiblen Verbraucher zu konkurrieren, und damit einen Grund für einen Anstieg des Preisniveaus.[117] Darüber hinaus argumentieren GABRIELSEN/SØRGARD 2007, dass das Preisniveau von Markenartikeln infolge der Einführung von Handelsmarken steigt, wenn ein Händler einen exklusiven Vertrag bricht, in dem er sich zuvor verpflichtet hatte, keine Handelsmarken einzuführen.[118]

Als Begründung für die Annahme vor allem kurzfristig sinkender Preise verweist DOBSON 1998 einerseits darauf, dass Markenartikel von konkurrierenden Handelsmarken preislich unterboten werden.[119] Der auf diese Weise erzeugte Preisdruck führt laut VOGEL 1998 zu einem insgesamt preiswerteren Warenangebot.[120] Auch MILLS 1995 vermutet, dass sich eine Intensivierung des Preiswettbewerbs infolge der Einführung von Handelsmarken in geringeren Preisen der konkurrierenden Markenartikel und damit in einem insgesamt sinkenden Preisniveau im Handel niederschlägt.[121] Andererseits erörtern DOBSON/WATERSON 1997 die Frage, ob sinkende Preise eine Folge der Weitergabe günstigerer Einkaufskonditionen des Handels bei Handelsmarken an die

113 Vgl. z. B. WIESER/AIGINGER/WÜGER 1999, S. 67; PERLOFF/SUSLOW/SEGUIN 2006, S. 11 f. und GABRIELSEN/SØRGARD 2007, S. 405 ff.

114 Vgl. MILLS 1995, S. 516 ff.; DOBSON/WATERSON 1997, S. 428; VOGEL 1998, S. 1163 und DOBSON CONSULTING 1999, S. 4 f.

115 Vgl. die Übersicht über die theoretische Diskussion der Preiseffekte von Handelsmarken in OLBRICH/BUHR/GREWE/SCHÄFER 2005, S. 80 ff.

116 Vgl. WIESER/AIGINGER/WÜGER 1999, S. 67.

117 Vgl. PERLOFF/SUSLOW/SEGUIN 2006, S. 11 f.

118 Vgl. GABRIELSEN/SØRGARD 2007, S. 405 ff.

119 Vgl. DOBSON 1998, S. 20. Die Behauptung des Autors stützt sich im Wesentlichen auf eine empirische Untersuchung von WILLS/MUELLER 1989.

120 Vgl. VOGEL 1998, S. 1163.

121 Vgl. MILLS 1995, S. 516 ff.

Nachfrager sein könnten.[122] In den wenigen empirischen Arbeiten konnte bislang ebenso wie in der Diskussion kein Konsens über die Richtung des Wirkungszusammenhanges erzielt werden (vgl. Abb. 9).[123]

Als Datenbasis dienen in der Regel Scanningdaten vom Point of Sale aus dem Lebensmitteleinzelhandel. Diese bieten den Vorteil, Veränderungen des Preisniveaus in sehr kurzer Zeit anzuzeigen. Darüber hinaus ermöglicht die Datenbasis auch eine langfristige Beobachtung der Wirkungszusammenhänge.[124]

In der Regel erfolgt eine isolierte Betrachtung der Indikatoren des Preisniveaus. Häufig steht das Preisniveau von Markenartikeln im Mittelpunkt der Untersuchungen, während das Preisniveau von Handelsmarken sowie der Preisabstand zwischen Markenartikeln und Handelsmarken nur in wenigen Arbeiten betrachtet werden.[125] Widersprüchliche Ergebnisse ergeben sich u. a. aufgrund der Tatsache, dass in einigen Untersuchungen eine artikelgruppenübergreifende und in anderen eine artikelgruppenspezifische Datenbasis verwendet wird.

Ein Rückgang des Preisniveaus von Markenartikeln konnte insbesondere in empirischen Arbeiten auf der Basis von artikelgruppenübergreifenden Daten beobachtet werden. So ermittelten beispielsweise PUTSIS 1997, PUTSIS/COTTERILL 2000 sowie COTTERILL/PUTSIS 2000 mithilfe von Scanningdaten aus dem amerikanischen Lebensmitteleinzelhandel, dass die Einführung von Handelsmarken im Durchschnitt zu einer Preissenkung von Markenartikeln über alle betrachteten Artikelgruppen in den Jahren 1991 und 1992 führte.[126]

---

122 Vgl. DOBSON/WATERSON 1997, S. 428.

123 Für einen Überblick vgl. BERGÈS-SENNOU/BONTEMS/RÉQUILLART 2004.

124 Zu den Nutzenpotenzialen von POS-Scanningdaten vgl. z. B. GRÜNBLATT 2001; OLBRICH/BATTENFELD/GRÜNBLATT 2000 und 2001; OLBRICH/GRÜNBLATT 2003 und 2004 sowie OLBRICH 2006.

125 Vgl. die Arbeiten von PARKER/KIM 1997; COTTERILL/PUTSIS/DHAR 2000; WARD/SHIMSHACK/PERLOFF/HARRIS 2002 und BONANNO/LOPEZ 2005.

126 Vgl. PUTSIS 1997, S. 367; PUTSIS/COTTERILL 2000, S. 182 ff. sowie COTTERILL/PUTSIS 2000, S. 18 ff.

Autoren, Jahr	**Land**	**Unter-suchungs-zeitraum**	**Aggregation der Datenbasis**				P_{MA}	P_{HM}	**PA**
			artikelgruppen-		**betriebsformen-**				
			spezi-fisch	über-greifend	spezi-fisch	über-greifend			
PUTSIS 1997	USA	1991-1992		135	1 (SM)		-		
PARKER/KIM 1997	EU	Jan. 1987-Feb. 1992	1			X	+	+	
PUTSIS/COTTERILL 1999	USA	1991-1992		135	1 (SM)		-	+	
COTTERILL/PUTSIS 2000	USA	1991-1992		143	1 (SM)		-	-	
COTTERILL/PUTSIS/DHAR 2000	USA	1991-1992	125	125	1 (SM)		+/-	≈	+
CHINTAGUNTA/BONFRER/SONG 2002	USA	Juni 1991-Sept. 1996	2		1 (SM)		+/-		
WARD/SHIMSHACK/PERLOFF/HARRIS 2002	USA	Nov. 1996-Jan. 1999		166	1 (SM)		+	≈/-	
BONFRER/CHINTAGUNTA 2004	USA	104 Wochen (keine Jahres-angabe)	104	104		2	+/-		
PAUWELS/SRINIVASAN 2004	USA	Sept. 1989-Mai 1997	4		1 (SM)		+/-		
BONTEMS/OROZCO/RÉQUILLART 2005	FR	1998-2001	1			X	+		
BONTEMS/OROZCO/RÉQUILLART/TRÉVISIOL 2005	FR	1998-2000	6			X	+		
BONANNO/LOPEZ 2005	USA	März 1996-Juli 2000	1		1 (SM)		+	+	+
GABRIELSEN/STEEN/SØRGARD 2006	NO	Jan. 1997-Okt. 2000	41		1 (SM)		+/-		
BONTEMS/OROZCO/RÉQUILLART 2006	FR	1998-2001	1			X	+		

P_{MA} Preisniveau von Markenartikeln P_{HM} Preisniveau von Handelsmarken PA Preisabstand
\+ steigender Effekt - sinkender Effekt ≈ kein deutlicher Effekt

Anmerkung: Es wurden jeweils die genaustmöglichen Angaben aus den Quellen übernommen. Lediglich ‚angekreuzte Felder' bedeuten demzufolge, dass in den Quellen keine genaueren Angaben vorlagen.

Abb. 9: Empirische Untersuchungen zum Wirkungszusammenhang zwischen der Verbreitung von Handelsmarken und den Indikatoren des Preisniveaus im Handel[127]

127 Vgl. OLBRICH/GREWE 2007, S. 13.

Im Gegensatz dazu konnte in empirischen Untersuchungen, die auf artikelgruppenspezifischen Daten beruhen, festgestellt werden, dass die Preise von Markenartikeln in einigen Artikelgruppen mit zunehmender Verbreitung von Handelsmarken steigen, während in anderen Artikelgruppen sinkende Preise von Markenartikeln vorliegen.[128]

Mit Blick auf das Preisniveau von Handelsmarken konnte hingegen kein eindeutiger Wirkungszusammenhang festgestellt werden. So zeigte sich in der empirischen Untersuchung von WARD/SHIMSHACK/PERLOFF/HARRIS 2002 entweder ein Rückgang oder aber gar keine Veränderung des Preisniveaus von Handelsmarken[129], während andere Autoren einen Anstieg des Preisniveaus bei zunehmender Verbreitung von Handelsmarken beobachten konnten[130]. Ein positiver Wirkungszusammenhang konnte hingegen mit Blick auf den Preisabstand zwischen Markenartikeln und Handelsmarken konstatiert werden: je höher der Verbreitungsgrad von Handelsmarken, desto größer ist auch der Preisabstand.[131]

Einen weiteren Indikator des Preisniveaus im Handel stellt die Aktionshäufigkeit eines Artikels dar. Aufgrund des hohen Bekanntheitsgrades sind in der Regel Markenartikel Gegenstand von Aktionen. So vermutet beispielsweise LAL 1990a und b, dass Preisaktionen von Markenartikeln ein geeignetes Instrument sein können, um das Vordringen von Handelsmarken in einer Artikelgruppe zu verhindern.[132] Auch PAUWELS/SRINIVASAN 2004 konnten einen Anstieg der Anzahl an Preisaktionen von Markenartikeln bei zunehmender Verbreitung von Handelsmarken feststellen (vgl. Abb. 10).[133] In diesen Arbeiten ist jedoch unklar, ob die Preisaktionen vom Hersteller oder vom Händler

---

128 Vgl. hierzu die empirischen Untersuchungen von PARKER/KIM 1997; S. 228; COTTERILL/PUTSIS/DHAR 2000, S. 125; WARD/SHIMSHACK/PERLOFF/HARRIS 2002, S. 969; CHINTAGUNTA/BONFRER/SONG 2002, S. 1262; PAUWELS/SRINIVASAN 2004, S. 384 f.; BONFRER/CHINTAGUNTA 2004, S. 209; BONANNO/LOPEZ 2005, S. 8 ff.; BONTEMS/OROZCO/RÉQUILLART/TRÉVISIOL 2005, S. 10 ff.; BONTEMS/OROZCO/RÉQUILLART 2005, S. 14 ff. sowie GABRIELSEN/STEEN/SØRGARD 2006, S. 14.

129 Vgl. WARD/SHIMSHACK/PERLOFF/HARRIS 2002, S. 969. Zu ähnlichen Ergebnissen kommen auch COTTERILL/PUTSIS/DHAR 2000, S. 133.

130 Vgl. PARKER/KIM 1997, S. 228 sowie BONNANO/LOPEZ 2005, S. 8 ff.

131 Vgl. die Arbeiten von COTTERILL/PUTSIS/DHAR 2000 und BONANNO/LOPEZ 2005.

132 Vgl. LAL 1990a und b.

133 Vgl. PAUWELS/SRINIVASAN 2004.

initiiert werden. So ist u. U. denkbar, dass der Handel Preisaktionen von Markenartikeln nutzt, um den Absatz der Artikelgruppe zu erhöhen und diese nicht explizit auf die Verbreitung von Handelsmarken zurückzuführen sind.

Autoren, Jahr	**Land**	**Untersuchungszeitraum**	**Aggregation der Datenbasis**				N_{MA}	N_{HM}	N_{AG}	**AH**
			artikelgruppen-		**betriebsformen-**					
			spezifisch	übergreifend	spezifisch	übergreifend				
LAL 1990a und b	USA	52 Wochen (keine Jahresangabe)	(1)			(X)				+ (AH_p)
RAJU/SETHURAMAN/DHAR 1995	USA	1988		426	1 (SM)		-			
WARD/SHIMSHACK/PERLOFF/HARRIS 2002	USA	Nov. 1996-Jan. 1999		166	1 (SM)		-/≈			
PAUWELS/SRINIVASAN 2004	USA	Sept. 1989-Mai 1997	4		1 (SM)					+ (AH_p)
BAKER/BALTZER/MØLLER 2006	DK	1997 u. 2002		X		X	-			
BERGSTRÖM/DAUNFELDT/RUDHOLM 2006	SE	Juni 2001-Mai 2004		146		X	-			

N_{MA} Anzahl Markenartikel N_{HM} Anzahl Handelsmarken N_{AG} Anzahl Gesamt
AH Aktionshäufigkeit von Markenartikeln AH_P Anzahl Preisaktionen von Markenartikeln
+ steigender Effekt - sinkender Effekt ≈ kein deutlicher Effekt

Anmerkung: Es wurden jeweils die genaustmöglichen Angaben aus den Quellen übernommen. Lediglich ‚angekreuzte Felder' bedeuten demzufolge, dass in den Quellen keine genaueren Angaben vorlagen.

Abb. 10: Empirische Untersuchungen zum Wirkungszusammenhang zwischen der Verbreitung von Handelsmarken und den Indikatoren der Artikelvielfalt und der Aktionshäufigkeit von Markenartikeln[134]

In diesem Zusammenhang stellt sich die Frage, ob sich ein Rückgang der Aktionshäufigkeit von Markenartikeln nicht zwangsläufig einstellt, wenn der Verbreitungsgrad

---

134 Vgl. OLBRICH/GREWE 2007, S. 7

von Handelsmarken in einer Artikelgruppe ansteigt. So geht die Verbreitung von Handelsmarken in der Regel mit Auslistungen von Markenartikeln einher.[135]

Betrachtet man die Ergebnisse der Literaturauswertung im Überblick, muss Kritik an der Vorgehensweise der empirischen Ansätze geübt werden. Vor dem Hintergrund, dass die einzelnen Betriebsformen des Handels untereinander im Wettbewerb stehen, ist zu vermuten, dass diese auch divergierende preis- sowie sortimentspolitische Zielsetzungen mit Blick auf die Einführung von Handelsmarken in einer Artikelgruppe verfolgen.[136] In der Folge dürfte auch die Veränderung der Indikatoren des Preisniveaus, der Artikelvielfalt sowie der Aktionshäufigkeit im Handel in starkem Maße von der jeweils verfolgten preis- sowie sortimentspolitischen Strategie einer Betriebsform abhängen.[137]

Mit Ausnahme der Untersuchung von OLBRICH/GREWE 2007 existierte bislang jedoch keine derart tiefe empirische Untersuchung, die zugleich eine betriebsformenspezifische Betrachtung der Wirkungszusammenhänge zwischen der Verbreitung von Handelsmarken und den daraus resultierenden Veränderungen der Indikatoren des Preisniveaus, der Artikelvielfalt sowie der Aktionshäufigkeit im Handel über mehr als eine Betriebsform (in der Regel Supermärkte) vornimmt.[138] Wie in der vorliegenden Untersuchung gezeigt werden wird, ist zudem eine artikelgruppenspezifische Betrachtung notwendig, um scheinbare Widersprüche, die im Rahmen von stärker aggre-

---

135 Vgl. z. B. DOBSON/CLARKE/DAVIES/WATERSON 2001, S. 276 und COMPETITION COMMISSION (GB) 2003, S. 10. Als Begründung wird fast durchgehend darauf verwiesen, dass ein Marktanteilszuwachs von Handelsmarken die Auslistung von Zweit- und Drittmarken der Industrie aus den Handelssortimenten nach sich ziehe. Vgl. etwa EUROPÄISCHE KOMMISSION 1997, S. 66; VOGEL 1998, S. 1163; DOBSON 1998, S. 2, S. 26, S. 28 f. u. S. 33 und DOBSON CONSULTING 1999, S. 190. RAJU/SETHURAMAN/DHAR 1995, S. 974; WARD/SHIMSHACK/PERLOFF/HARRIS 2002, S. 972; BAKER/BALTZER/MØLLER 2006, S. 45 sowie BERGSTRÖM/DAUNFELDT/RUDHOLM 2006, S. 37 fanden in ihren empirischen Untersuchungen ebenfalls Anhaltspunkte für diese Entwicklung. Vgl. zu dieser Literaturübersicht OLBRICH/BUHR/GREWE/SCHÄFER 2005, S. 75 ff. und OLBRICH/GREWE 2007, S. 5 ff.

136 Vgl. hierzu OLBRICH/GREWE 2007.

137 Ein empirischer Beleg mit Blick auf die Unterschiede des Preissetzungsverhaltens der Betriebsformen findet sich z. B. bei SCHMEDES 2005.

138 Vgl. zu diesen Zusammenhängen auch OLBRICH/SCHÄFER 2009.

gierten Analysen (insbesondere in artikelgruppen- und betriebsformenübergreifenden Betrachtungen) festgestellt werden konnten, aufzulösen.

3.1.2. Vorgehensweise

Erste Aussagen über die Wirkungszusammenhänge zwischen der Verbreitung von Handelsmarken und den Indikatoren des Preisniveaus in den unterschiedlichen Betriebsformen werden nach der Vorstellung der Datengrundlage *(Abschnitt 3.2.)* in Form eines Hypothesengerüstes konkretisiert *(Abschnitt 3.3.)* Darüber hinaus wird der enge Zusammenhang zwischen der Artikelvielfalt und der Aktionshäufigkeit von Markenartikeln (ein Rückgang an Markenartikeln bedingt in der Regel einen Rückgang der Anzahl an Aktionen von Markenartikeln) in das Hypothesengerüst miteinbezogen.

Im Anschluss daran erfolgt die Überprüfung der eruierten Hypothesen *(Abschnitt 3.4.)*. In diesem Zusammenhang wird zunächst betrachtet, wie sich die zunehmende Verbreitung von Handelsmarken auf das Preisniveau von Markenartikeln sowie von Handelsmarken und den Preisabstand zwischen Markenartikeln und Handelsmarken in den Betriebsformen des Handels auswirkt *(Abschnitt 3.4.1.)*. Als Indikator für die Messung der Verbreitung von Handelsmarken in einer Artikelgruppe dient der Absatzanteil von Handelsmarken. Dieser beschreibt das Verhältnis des Absatzvolumens von Handelsmarken in der betrachteten Artikelgruppe zum Absatzvolumen der gesamten Artikelgruppe. Er bildet somit ab, in welchem Maße Markenartikel durch Handelsmarken in einer Artikelgruppe verdrängt werden.

Somit wird anders als bei OLBRICH/GREWE 2007 hier nicht der Listungsanteil von Handelsmarken gewählt, um die Auswirkungen der zunehmenden Verbreitung von Handelsmarken zu erfassen.[139] In der Regel ist davon auszugehen, dass ein hoher Listungsanteil mit einem hohen Absatzanteil korreliert. Gleichwohl ist es denkbar, dass der Handel den Listungsanteil von Handelsmarken erhöht, dies aber nicht zu einem Anstieg des Absatzanteils von Handelsmarken führt. Dies wäre z. B. dann der

139 Vgl. OLBRICH/GREWE 2007, S. 1 ff.

Fall, wenn die Nachfrager mit einem Konsumverzicht bei Handelsmarken auf eine Erhöhung des Listungsanteils reagieren und stattdessen verstärkt Markenartikel nachfragen. In diesem Fall wäre eine Erhöhung des Listungsanteils von Handelsmarken für die Hersteller von Markenartikeln sogar von Vorteil. Um diese Beziehung berücksichtigen zu können, wird im Rahmen der vorliegenden Untersuchung der Absatzanteil von Handelsmarken mit Blick auf die Erfassung der Auswirkungen einer zunehmenden Verbreitung von Handelsmarken herangezogen. Einschränkend muss allerdings darauf hingewiesen werden, dass das Listungsverhalten des Handels somit nicht beobachtet werden kann.

Darüber hinaus wird untersucht, ob sich die zunehmende Verbreitung von Handelsmarken und die damit in der Regel einhergehende Auslistung von Markenartikeln in einer Zu- oder einer Abnahme der Aktionshäufigkeit der verbleibenden Markenartikel in den Betriebsformen äußert *(Abschnitt 3.4.2.)*. Die Aktionshäufigkeit von Markenartikeln umfasst in diesem Zusammenhang sowohl Preis- als auch Nichtpreisaktionen, wie Displays oder kommunikative Aktionen (in der Regel Handzettelwerbung des Handels).

Mit Blick auf die Prognose der Wirkung einer zunehmenden Verbreitung von Handelsmarken auf das ausgeschöpfte Marktvolumen einzelner Betriebsformen sollen abschließend beispielhaft die Auswirkungen auf die ökonomischen Zielgrößen ‚Gesamtabsatz' sowie ‚Gesamtumsatz' betrachtet werden *(Abschnitt 3.4.3.)*.

Um die Unterschiede, die sich im Rahmen stärker aggregierter Analysen mit Blick auf die Wirkungszusammenhänge ergeben, offen zu legen, werden diese in den einzelnen Abschnitten jeweils neben die disaggregierte Analyse gestellt. Somit kann eine umfassende Bewertung der Auswirkungen der zunehmenden Verbreitung von Handelsmarken auf die Indikatoren des Preisniveaus, der Artikelvielfalt, der Aktionshäufigkeit sowie die ökonomischen Zielgrößen des Handels erreicht werden.

Das Kapitel schließt mit einer kurzen Synopse, in der die wesentlichen Ergebnisse der Untersuchung dargestellt werden (*Abschnitt 0.)*.

3.2. Datengrundlage

Der Untersuchungszeitraum umfasst 312 Kalenderwochen der Jahre 2000 bis 2005. Um die Auswirkungen des Verdrängungswettbewerbs, der durch Handelsmarken ausgelöst wird, erfassen zu können, wurden solche Wochen aus der Datenbasis eliminiert, in denen nur jeweils ein Markentyp (d. h. Markenartikel oder Handelsmarke) enthalten war.[140]

Die Auswirkungen der Verbreitung von Handelsmarken werden exemplarisch anhand der Artikelgruppen ‚Nassfertiggerichte' (im Folgenden als Artikelgruppe 1 bezeichnet) sowie ‚Fleischkonserven' (im Folgenden als Artikelgruppe 2 bezeichnet) untersucht. Der Grund für diese Auswahl ist, dass diese beispielhaft für Artikelgruppen sind, die früher im Wesentlichen von der Markenartikelindustrie beliefert wurden, heutzutage jedoch in zunehmendem Maße von Handelsmarken besetzt sind.[141] Hier offenbart sich folglich eine Erosion von Markenartikeln als Folge der Verbreitung von Handelsmarken als erstes.

Die Artikelgruppen weisen zwei Besonderheiten mit Blick auf die Verbreitung von Handelsmarken im Zeitablauf auf:

1. In Artikelgruppe 1 wurden Handelsmarken erstmals in der Woche 32 des Jahres 2000 in der Betriebsform Discounter eingeführt.

2. Zwar ist der durchschnittliche Absatzanteil von Handelsmarken in Artikelgruppe 2 mit 54 % insgesamt höher als in Artikelgruppe 1 (42 %), jedoch weist dieser in allen Betriebsformen (mit Ausnahme der Betriebsform Supermarkt) einen leichten Rückgang auf (vgl. Abb. 11 und Abb. 12). Insbesondere in den Betriebsformen Verbrauchermarkt und Discounter gewinnen Markenartikel somit zum Ende des Betrachtungszeitraumes etwas Absatzanteile zurück.

---

140 Dies führte dazu, dass in Artikelgruppe 1 in der Betriebsform Discounter das Jahr 2003 nicht ausgewertet werden konnte. Gleiches gilt für das Jahr 2005 in Artikelgruppe 2. Vgl. Abbildung 11 und Abbildung 12.

141 OLBRICH/GREWE 2007, S. 2 ff. zeigen, dass der Listungsanteil von Handelsmarken in Artikelgruppe 1 in allen untersuchten Betriebsformen im Zeitablauf zunimmt.

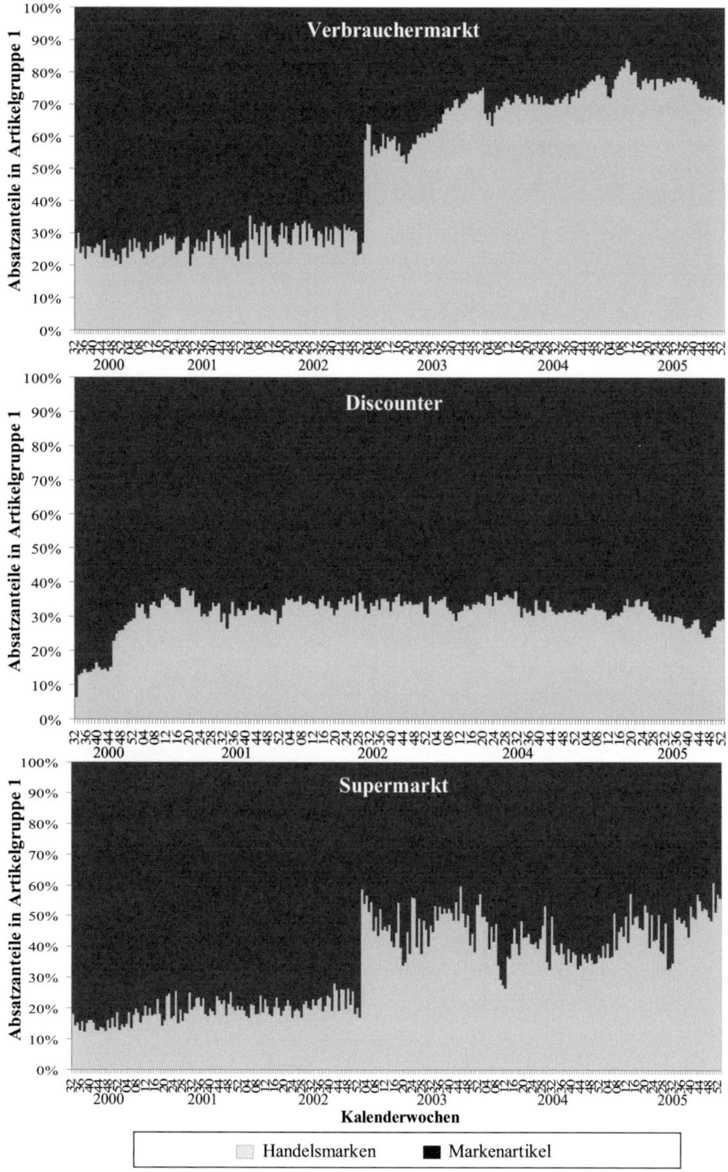

Abb. 11: Absatzanteile von Handelsmarken in Artikelgruppe 1

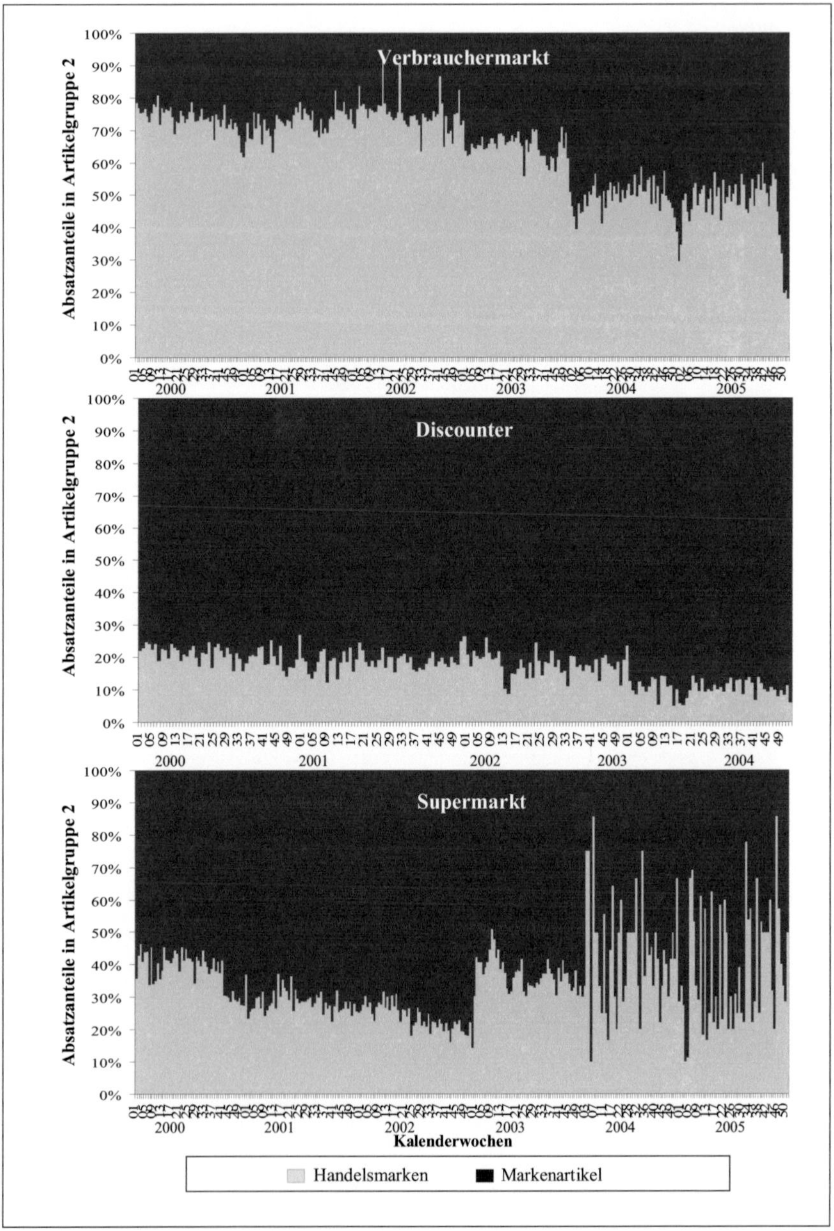

Abb. 12: Absatzanteile von Handelsmarken in Artikelgruppe 2

Die Datenbasis ermöglichte eine Auswertung von jeweils 24 Verkaufsstellen der Betriebsformen Verbrauchermarkt, Discounter und Supermarkt in Artikelgruppe 1.[142] In Artikelgruppe 2 konnten jeweils 14 Verkaufsstellen ausgewertet werden. Insgesamt basiert die Untersuchung auf 380.271 Scanningdatensätzen. Ein Scanningdatensatz entspricht einem abgesetzten Artikel x *($x = 1,...,n$)* in einer Woche y *($y = 1,...,m$)* in einer Verkaufsstelle i *($i = 1,...,24$ bzw. 14)* der Betriebsform j *(j = Verbrauchermarkt, Discounter, Supermarkt)*.

In der Betriebsform Verbrauchermarkt wird den Nachfragern eine hohe Sortimentstiefe sowie -breite auf einer entsprechend großen Verkaufsfläche (über 800 qm) offeriert.[143] Die Betriebsform Supermarkt umfasst Verkaufsstellen, in denen auf einer eingeschränkten Verkaufsfläche (unter 800 qm) ein in Tiefe und Breite reduziertes Sortiment in Selbstbedienung angeboten wird. Die Betriebsform Discounter präsentiert *„...ein enges, auf raschen Umschlag ausgerichtetes Sortiment zu geringen Preisen...“*[144].

Für die Verkaufsstellen i der untersuchten Betriebsformen j wurde zunächst der Absatzanteil von Handelsmarken (a_{HM}) ermittelt. Darüber hinaus wurden das Preisniveau von Markenartikeln (P_{MA}) und von Handelsmarken (P_{HM}) sowie der Preisabstand (PA) erhoben. Ferner wurde die Aktionshäufigkeit (Preis (AH_p), Display (AH_d) oder kommunikative Aktion (AH_k)) von Markenartikeln sowie die Anzahl gelisteter Markenartikel (N_{MA}), die Anzahl gelisteter Handelsmarken (N_{HM}) und die Anzahl gelisteter Artikel insgesamt (N_{AG}) ermittelt. Im Anschluss wurden das Preisniveau der Artikelgruppen (P_{AG}) sowie die ökonomischen Zielgrößen ‚Gesamtabsatz‘ (A_{AG}) sowie ‚Gesamtumsatz‘ (U_{AG}) erfasst.

---

142 Aufgrund der abweichenden Stichprobenziehung unter allen vorhandenen Verkaufsstellen, in denen im Untersuchungszeitraum jeweils nur ein Markentyp (d. h. Markenartikel oder Handelsmarke) enthalten war, sind die 24 untersuchten Verkaufsstellen der einzelnen Betriebsformen in Artikelgruppe 1 nicht deckungsgleich mit denen in OLBRICH/GREWE 2007.

143 Zur Ausprägung von Sortimentstiefe und -breite in den einzelnen Betriebsformen des Handels vgl. GLÖCKNER-HOLME 1988, S. 174 ff.; TIETZ 1993, S. 326 ff.; KRAFFT/ALBERS 1996, S. 127; LIEBMANN/ZENTES 2001, S. 477 ff. sowie WEINBERG/PURPER 2004, S. 4.

144 AUSSCHUSS FÜR DEFINITIONEN ZU HANDEL UND DISTRIBUTION 2006, S. 44 ff.

Die betrachteten Indikatoren wurden für jede Verkaufsstelle i einer Betriebsform j auf wöchentlicher Basis erhoben. Die Preisniveaus sowie Preisabstände wurden auf ein Kilogramm (1000 Gramm) normiert. Darüber hinaus wurden diese Größen mithilfe des Verbraucherpreisindex für Nahrungsmittel und alkoholfreie Getränke auf der Basis des Jahres 2000 deflationiert.[145]

Mithilfe der zur Verfügung stehenden Datenbasis kann somit eine betriebsformenspezifische Analyse der Wirkungszusammenhänge vorgenommen werden. Um die Unterschiede, die sich im Rahmen stärker aggregierter Analysen (wie z. B. einer betriebsformenübergreifenden Betrachtung) mit Blick auf die Wirkungszusammenhänge ergeben, offen zu legen, werden diese jeweils neben die disaggregierte Analyse gestellt.

3.3. Hypothesen

Bei hohen Verbreitungsgraden von Handelsmarken sind Markenartikel bereits zu großen Teilen aus den Artikelgruppen des Handels verdrängt. Die verbliebenen Markenartikel dienen den Nachfragern oftmals als Referenzwert für die Beurteilung der Preisgünstigkeit einer Einkaufsstätte. Um sich im Interbetriebsformenwettbewerb zu profilieren, nutzen die Betriebsformen oftmals Preistaktiken. Ein Ziel dieser Preistaktiken ist, die Nachfrage in den Verkaufsstellen auf die dort angebotenen Handelsmarken zu lenken.

So setzt der Handel beispielsweise im Rahmen der Preistaktik des ‚Umbrella Pricing' den Preis der industriellen Markenartikel derart hoch, dass die Nachfrager aufgrund der deutlich niedrigeren Preise von Handelsmarken eine besondere Preisgünstigkeit der Handelsmarken vermuten und diese daher verstärkt nachfragen. Darüber hinaus wird die preisliche Positionierung von Markenartikeln im Rahmen der Preistaktik der

145 Weitere Informationen zum Verbraucherpreisindex für Deutschland bietet das Statistische Bundesamt: http://www.destatis.de/themen/d/thm_preise.php.

‚Preisschleuderei' gezielt unterlaufen, indem diese sehr niedrig, u. U. sogar unter den Einstandspreisen, angeboten werden.[146] Auch der Vergleich von Preisen bestimmter Markenartikel und Handelsmarken in Handzetteln und Printmedien ist zu erwähnen (vgl. Abb. 5 in Abschnitt 2.1.2.2. der Arbeit). Hier zielt die beabsichtigte Wirkung der Vergleiche nicht nur auf die unmittelbare Erhöhung des Abverkaufs der Handelsmarke, sondern auch auf die Profilierung der Verkaufsstellen einer Betriebsform im Vergleich zu denjenigen Verkaufsstellen konkurrierender Betriebsformen, die noch in erheblichem Umfang Markenartikel anbieten.[147]

Darüber hinaus unterscheiden sich die angebotenen Handelsmarken mit Blick auf die optische Gestaltung (Verpackung, Markierung) oftmals kaum von den industriellen Markenartikeln. In der Folge ist es den Nachfragern oft kaum noch möglich, diese von Markenartikeln in einer Artikelgruppe zu unterscheiden.[148] Preisvergleiche mit Handelsmarken konkurrierender Betriebsformen werden erschwert, da die Handelsmarken jeweils nur in den eigenen Verkaufsstellen bzw. Betriebsformen eines Handelsunternehmens angeboten werden. Bei hohen Verbreitungsgraden von Handelsmarken findet somit eine Abschottung des Interbetriebsformenwettbewerbs statt.[149]

Handelsmarken werden in der Betriebsform **Verbrauchermarkt** sowohl im Preiseinstiegsbereich als Konkurrenz zu Zweit- und Drittmarken der Industrie als auch im höherpreisigen Segment als Alternative zu führenden Markenartikeln angeboten. Bei zunehmender Verbreitung von Handelsmarken kommt es jedoch zu Auslistungen von Zweit- und Drittmarken der Industrie, da diese durch Handelsmarken im Preiseinstiegsbereich ersetzt werden. Die verbleibenden (führenden) Markenartikel dienen in der Regel dazu, die Nachfrage mithilfe gezielter Preistaktiken (insbesondere der Taktik des ‚Umbrella Pricing') auf die angebotenen Handelsmarken zu lenken. Sowohl die

---

146 Vgl. hierzu z. B. OLBRICH 2001a, S. 65 und 2001c, S. 175 sowie OLBRICH/SCHÄFER/BATTENFELD 2006, S. 372.

147 Vgl. OLBRICH 2004, S. 171 sowie Abschnitt 2.1.2.2. der Arbeit.

148 Vgl. zur mangelnden Identifizierbarkeit vieler Handelsmarken WALSH 2002; OLBRICH/BUHR 2005c; OLBRICH/BUHR/GREWE/SCHÄFER 2005, S. 26 ff. sowie WINDBERGS 2007, S. 51 ff.

149 Zur Abschottung des Wettbewerbs infolge der steigenden Verbreitung von Handelsmarken vgl. Olbrich 2004, S. 171 ff. sowie OLBRICH/BUHR 2006b, S. 51 ff.

Auslistung von Zweit- und Drittmarken als auch das ‚Umbrella Pricing' bewirkt einen Anstieg des Preisniveaus von Markenartikeln.[150]

Handelsmarken unterliegen in den Verkaufsstellen der Betriebsform Verbrauchermarkt mit zunehmender Verbreitung einem ‚Uptrading-Prozess'. Das sehr tiefe und breite Sortiment wird durch Handelsmarken ergänzt, deren Preissetzung sich z. T. sogar an der Preisstellung von (führenden) Markenartikeln orientiert. Die optische Ähnlichkeit der angebotenen Handelsmarken zu Markenartikeln und die damit einhergehende mangelnde Identifizierbarkeit erschwert den Verbrauchern Preisvergleiche mit Handelsmarken konkurrierender Betriebsformen. Dies eröffnet den Verbrauchermärkten Spielräume in der Preisgestaltung von Handelsmarken und führt somit zu der oben beschriebenen Abschottung vom Interbetriebsformenwettbewerb. Das Preisniveau von Handelsmarken dürfte insgesamt in den Verbrauchermärkten ansteigen.[151] Da das Preisniveau von Handelsmarken wohl eher stärker ansteigt als das von Markenartikeln, sinkt der Preisabstand:

Hypothese 1a: *In der Betriebsform Verbrauchermarkt steigt das Preisniveau von Markenartikeln infolge der zunehmenden Verbreitung von Handelsmarken.*

Hypothese 1b: *In der Betriebsform Verbrauchermarkt steigt das Preisniveau von Handelsmarken infolge der zunehmenden Verbreitung von Handelsmarken.*

Hypothese 1c: *In der Betriebsform Verbrauchermarkt sinkt der Preisabstand zwischen Markenartikeln und Handelsmarken infolge der zunehmenden Verbreitung von Handelsmarken.*

---

150 Eine deutliche Erhöhung des kg-Preises von Markenartikeln insbesondere in den Verbraucher- und den Supermärkten zeigte sich auch in der empirischen Untersuchung von OLBRICH/GREWE 2007, S. 27.

151 Einen Anstieg des kg-Preises von Handelsmarken in den Verbrauchermärkten konnten auch OLBRICH/GREWE 2007 belegen. Vgl. nochmals OLBRICH/GREWE 2007, S. 27.

In der Betriebsform **Discounter** wurden Handelsmarken im Rahmen ihrer Einführung stark über den Preis profiliert. Die Dauerniedrigpreise von Markenartikeln bewirkten parallel zu diesem Phänomen eine Erosion von Zweit- und Drittmarken der Industrie. In vielen Verkaufsstellen ist infolgedessen lediglich noch ein führender Markenartikel (oder eine begrenzte Anzahl an führenden Markenartikeln) in den betroffenen Artikelgruppen vorhanden. Die noch vorhandenen Markenartikel dienen den Discountern dazu, die Preisgünstigkeit der Verkaufsstellen im Interbetriebsformenwettbewerb zu signalisieren. Es ist somit anzunehmen, dass das Preisniveau von Markenartikeln bei zunehmender Verbreitung von Handelsmarken weiter absinkt.[152] Die ebenfalls sinkenden Ausweichmöglichkeiten für die Nachfrager in den Verkaufsstellen und der mit einem Verkaufsstellenwechsel verbundene Aufwand, ermöglicht es den Discountern, den Preis von Handelsmarken anzuheben, ohne sofort merklich an Nachfrage einzubüßen. Das Preisniveau von Handelsmarken steigt somit bei zunehmender Verbreitung.[153] Der Preisabstand zwischen den Marken sinkt:

Hypothese 2a: *In der Betriebsform Discounter sinkt das Preisniveau von Markenartikeln infolge der zunehmenden Verbreitung von Handelsmarken.*

Hypothese 2b: *In der Betriebsform Discounter steigt das Preisniveau von Handelsmarken infolge der zunehmenden Verbreitung von Handelsmarken.*

Hypothese 2c: *In der Betriebsform Discounter sinkt der Preisabstand zwischen Markenartikeln und Handelsmarken infolge der zunehmenden Verbreitung von Handelsmarken.*

---

152 Diese Annahme steht im Widerspruch zu den Ergebnissen von OLBRICH/GREWE 2007, die einen Anstieg des kg-Preises von Markenartikeln in den Discountern beobachten konnten. Allerdings konnte dort belegt werden, dass die Erhöhung in den Discountern nicht so deutlich ausfällt wie in den Super- und Verbrauchermärkten. Vgl. OLBRICH/GREWE 2007, S. 27 f.

153 Mit Blick auf das Preisniveau von Handelsmarken (kg-Preisniveau) konnten OLBRICH/GREWE 2007 zeigen, dass sich dieses in der Betriebsform Discounter im Jahr 2005 sogar über dem von Herstellermarken im Jahr 2000 befand. Vgl. OLBRICH/GREWE 2007, S. 31.

Die Sortimentstiefe sowie -breite ist in den Verkaufsstellen der Betriebsform **Supermarkt** aufgrund der geringen Verkaufsfläche begrenzt. Die Verkaufsstellen der Betriebsform Supermarkt sind somit insgesamt am stärksten vom Interbetriebsformenwettbewerb betroffen, da diese sich vor allem mithilfe von Markenartikeln profilieren. Da der Wert von Markenartikeln infolge der Nutzung von Preistaktiken in konkurrierenden Betriebsformen sinkt, muss auch in den Verkaufsstellen dieser Betriebsform eine Anpassung der Preise von Markenartikeln stattfinden. Das Preisniveau von Markenartikeln sinkt somit bei zunehmender Verbreitung von Handelsmarken. Das Angebot von Handelsmarken eröffnet den Verkaufsstellen hingegen die Möglichkeit, sich vom Interbetriebsformenwettbewerb zu lösen. Um potenzielle Umsatzverluste infolge des Preisverfalls von Markenartikeln auszugleichen, steigen diese im Preisniveau.[154] D. h. auch in den Verkaufsstellen der Betriebsform Supermarkt wird eine Abschottung angestrebt. Der Preisabstand zwischen den Marken sinkt:

Hypothese 3a: *In der Betriebsform Supermarkt sinkt das Preisniveau von Markenartikeln infolge der zunehmenden Verbreitung von Handelsmarken.*

Hypothese 3b: *In der Betriebsform Supermarkt steigt das Preisniveau von Handelsmarken infolge der zunehmenden Verbreitung von Handelsmarken.*

Hypothese 3c: *In der Betriebsform Supermarkt sinkt der Preisabstand zwischen Markenartikeln und Handelsmarken infolge der zunehmenden Verbreitung von Handelsmarken.*

Darüber hinaus ist anzunehmen, dass mit zunehmender Verbreitung von Handelsmarken auch die Anzahl gelisteter Markenartikel in einer Artikelgruppe abnimmt. So verdrängen Handelsmarken mittelfristig zunächst Zweit- und Drittmarken der In-

154 Ein Anstieg des Preisniveaus von Handelsmarken in der Betriebsform Supermarkt konnte im Rahmen der empirischen Untersuchung von OLBRICH/GREWE 2007 bestätigt werden; ein Rückgang der Preisniveaus von Markenartikeln konnte dort jedoch nicht belegt werden. Vgl. OLBRICH/GREWE 2007, S. 24 ff.

dustrie.[155] Bei hohen Verbreitungsgraden von Handelsmarken kann der Handel Markenartikel vollständig auslisten, um Preisvergleiche mit Markenartikeln in den Filialen der jeweiligen Betriebsformen auszuschließen. Parallel zu diesen Entwicklungen findet eine Ausweitung der Anzahl gelisteter Handelsmarken in den einzelnen Betriebsformen statt, da der Handel sich von diesen u. a. eine höhere Einkaufsstättentreue verspricht.[156]

Insgesamt ist jedoch davon auszugehen, dass die Anzahl gelisteter Handelsmarken weniger stark ansteigt, als die Anzahl gelisteter Markenartikel abnimmt.[157] Als Folge sinkt die Artikelvielfalt in einer Artikelgruppe. Ursächlich hierfür dürfte der Versuch der Betriebsformen sein, mithilfe einer Einschränkung der Auswahl an gelisteten Artikeln eine Abschottung des Wettbewerbs in ihren jeweiligen Filialen zu erreichen:

Hypothese 4a: *Die Anzahl gelisteter Markenartikel sinkt infolge der zunehmenden Verbreitung von Handelsmarken in den untersuchten Betriebsformen.*

Hypothese 4b: *Die Anzahl gelisteter Handelsmarken steigt in den untersuchten Betriebsformen.*

Hypothese 4c: *Die Anzahl gelisteter Artikel sinkt infolge der zunehmenden Verbreitung von Handelsmarken in den untersuchten Betriebsformen.*

Geht man davon aus, dass Markenartikel aufgrund ihres hohen Bekanntheitsgrades häufig Gegenstand von Aktionen sind, so dürfte auch die Aktionshäufigkeit von Markenartikeln (Preis-, Display oder kommunikative Aktionen) mit zunehmender Verbreitung von Handelsmarken abnehmen:

---

155 Vgl. zu den verschiedenen Szenarien der Verdrängung von Markenartikeln infolge der Verbreitung von Handelsmarken und deren Auswirkungen auf den Wettbewerb OLBRICH 2004.

156 Vgl. zur Einkaufsstättentreue durch Handelsmarken z. B. JUNGWIRTH 1997.

157 Vgl. hierzu OLBRICH/GREWE 2007, S. 19 ff.

Hypothese 5a: *Die Anzahl an Preisaktionen von Markenartikeln sinkt infolge der zunehmenden Verbreitung von Handelsmarken in den untersuchten Betriebsformen.*

Hypothese 5b: *Die Anzahl an Displayaktionen von Markenartikeln sinkt infolge der zunehmenden Verbreitung von Handelsmarken in den untersuchten Betriebsformen.*

Hypothese 5c: *Die Anzahl an kommunikativen Aktionen von Markenartikeln sinkt infolge der zunehmenden Verbreitung von Handelsmarken in den untersuchten Betriebsformen.*

3.4. Auswirkungen der zunehmenden Verbreitung von Handelsmarken

3.4.1. Auswirkungen auf das Preisniveau von Markenartikeln und von Handelsmarken sowie den Preisabstand

Die Abbildungen 13 bis 16 zeigen auf der Primärachse das beobachtete (tatsächliche) Preisniveau von Markenartikeln und von Handelsmarken sowie die beobachteten (tatsächlichen) Preisabstände in Abhängigkeit vom Absatzanteil von Handelsmarken in den untersuchten Artikelgruppen getrennt nach Betriebsformen.

Zur grafischen Veranschaulichung der Wirkungszusammenhänge finden sich auf der Sekundärachse jeweils das mittels nichtparametrischer Regression geschätzte Preisniveau von Markenartikeln und von Handelsmarken sowie die geschätzten Preisabstände in Abhängigkeit vom Absatzanteil von Handelsmarken.[158]

---

158 Zu den Nutzenpotenzialen der nichtparametrischen Regression vgl. YATCHEW 1998, S. 669 ff. und BOZTUG/HILDEBRANDT 2001, S. 807 ff.

Der Vorteil der nichtparametrischen Regressionsanalyse besteht darin, dass ein funktionaler Zusammenhang zwischen der unabhängigen Variable (Absatzanteil von Handelsmarken) und der jeweiligen abhängigen Variable (Preis von Markenartikeln, Preis von Handelsmarken, Preisabstand zwischen Markenartikeln und Handelsmarken) nicht ex-ante spezifiziert werden muss.[159] Bei der nichtparametrischen Regression werden keine Parameter geschätzt. Aus der Schätzung resultieren lediglich Funktionswerte.

Es existieren verschiedene Schätzer für nichtparametrische Regressionsfunktionen. In dem vorliegenden Fall wird der Nadaraya-Watson-Schätzer verwendet. Dieser lautet in allgemeiner Form:[160]

$$(1) \quad \hat{m}_{NW}(x) = \frac{\sum_{i=1}^{n} K\left(\frac{x - x_i}{h}\right) \cdot y_i}{\sum_{i=1}^{n} K\left(\frac{x - x_i}{h}\right)}$$

mit	i = 1,...,n	Beobachtungsfälle,
	x	x-Wert, dessen dazugehörige y-Ausprägung geschätzt wird (Kern),
	x_i	beobachtete x-Werte in der Umgebung von x_i, $(x - h) < x_i < (x + h)$,
	y_i	beobachtete y-Werte von x_i,
	h	Bandbreite,
	K	Gewichtung[161].

---

159 Vgl. PODDIG/PETERSMEIER 2002, S. 634.

160 Vgl. HÄRDLE 1990, S. 25.

161 Zur Ermittlung der Gewichtungen für die x-Werte wurde die Epanechnikov-Kernfunktion verwendet: $K\left(\frac{x - x_i}{h}\right) = \frac{3}{4}\left(1 - \left(\frac{x - x_i}{h}\right)^2\right)$. Vgl. PODDIG/PETERSMEIER 2002, S. 635.

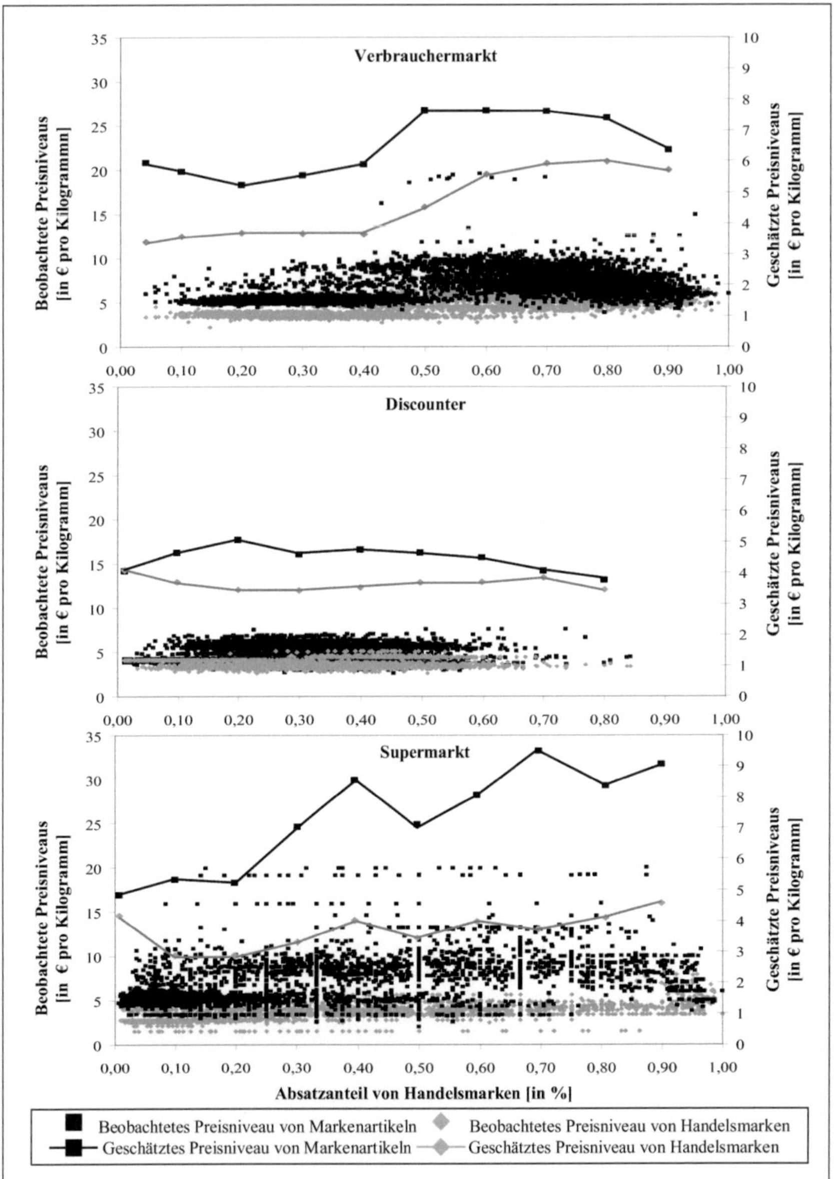

Abb. 13: Absatzanteil von Handelsmarken, beobachtete und geschätzte Preisniveaus von Markenartikeln und von Handelsmarken in Artikelgruppe 1

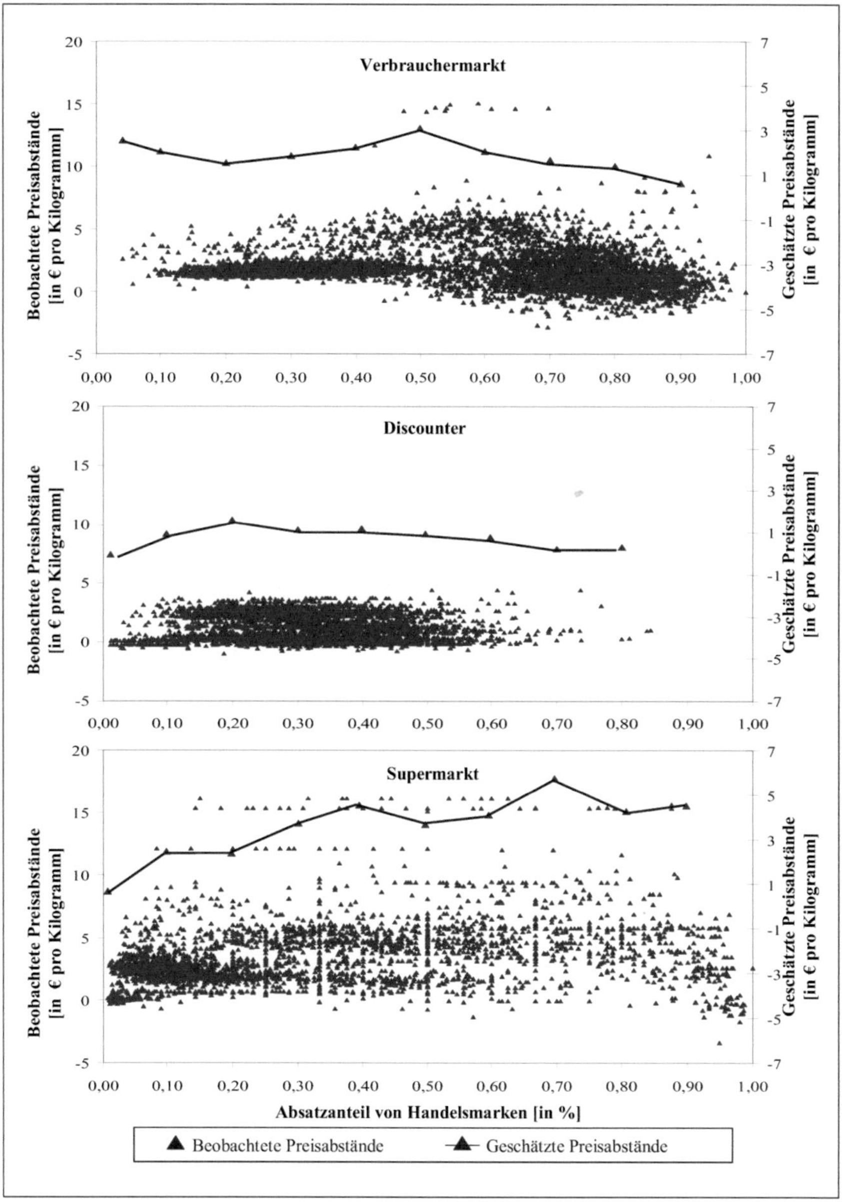

Abb. 14: Absatzanteil von Handelsmarken, beobachtete und geschätzte Preisabstände zwischen Markenartikeln und Handelsmarken in Artikelgruppe 1

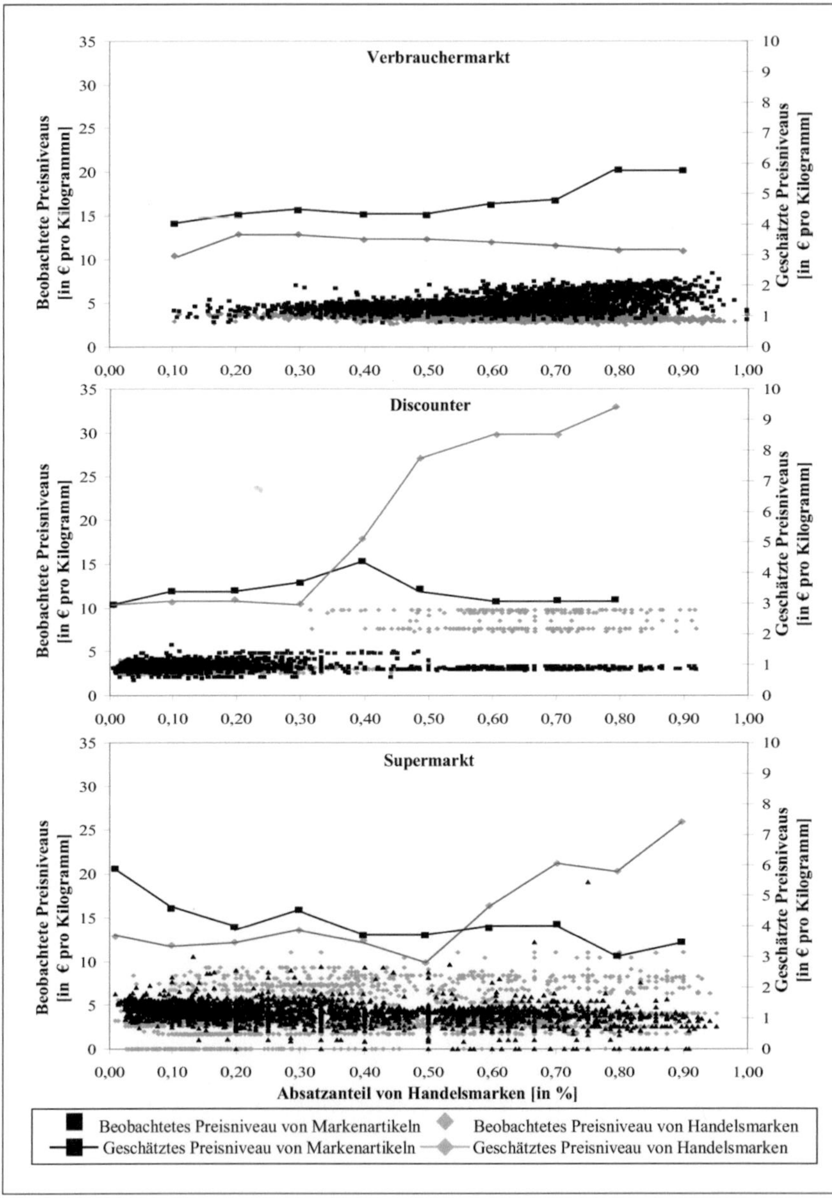

Abb. 15: Absatzanteil von Handelsmarken, beobachtete und geschätzte Preisniveaus von Markenartikeln und von Handelsmarken in Artikelgruppe 2

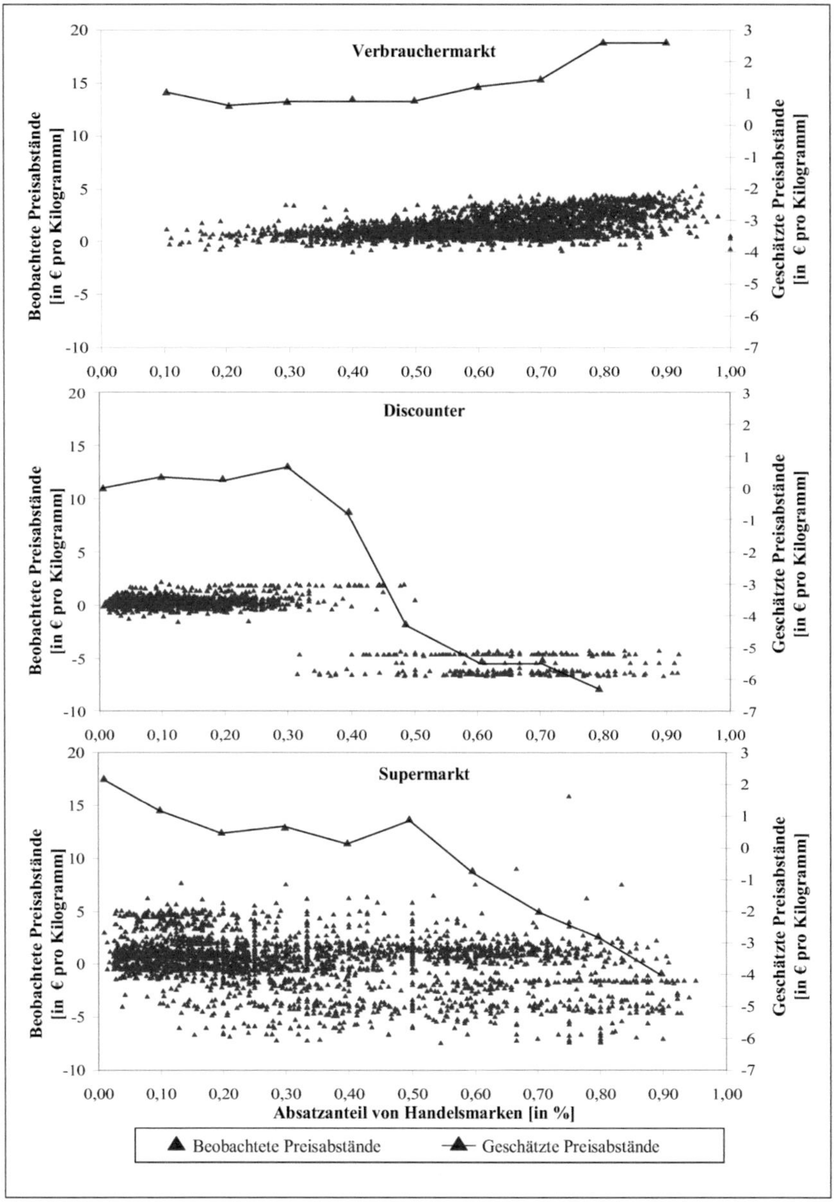

Abb. 16: Absatzanteil von Handelsmarken, beobachtete und geschätzte Preisabstände zwischen Markenartikeln und Handelsmarken in Artikelgruppe 2

	a_{HM}	Verbrauchermarkt						Discounter						Supermarkt					
		P_{MA}	$\hat{P}_{MA}$	P_{HM}	$\hat{P}_{HM}$	PA	$\hat{PA}$	P_{MA}	$\hat{P}_{MA}$	P_{HM}	$\hat{P}_{HM}$	PA	$\hat{PA}$	P_{MA}	$\hat{P}_{MA}$	P_{HM}	$\hat{P}_{HM}$	PA	$\hat{PA}$
Artikelgruppe 1	0,10	7	5,65	3,38	3,57	3,62	2,08	4,25	4,64	4,09	3,69	0,16	0,95	4,93	5,32	3,30	2,88	1,63	2,44
	0,20	5,35	5,22	3,41	3,67	1,94	1,55	4,25	5,05	4,09	3,44	0,16	1,61	4,87	5,23	3,42	2,87	1,45	2,36
	0,30	5,45	5,54	3,7	3,65	1,75	1,89	5,51	4,57	3,28	3,43	2,23	1,14	5,36	7,02	3,70	3,31	1,66	3,71
	0,40	5,13	5,89	3,16	3,64	1,97	2,25	5,49	4,73	4,42	3,53	1,07	1,20	10,19	8,56	3,97	4,02	6,22	4,54
	0,50	6,82	7,64	5,65	4,53	1,17	3,11	5,33	4,64	4,42	3,68	0,91	0,96	5,28	7,10	3,43	3,45	1,85	3,65
	0,60	8,14	7,64	5,69	5,58	2,45	2,06	5,41	4,48	4,42	3,70	0,99	0,78	4,35	8,07	3,35	3,98	1,00	4,09
	0,70	6,41	7,61	6,44	5,92	-0,03	1,69	4,06	4,06	3,83	3,83	0,23	0,23	10,49	9,49	3,79	3,74	6,7	5,75
	0,80	6,92	7,39	5,5	5,89	1,42	1,41	3,76	3,76	3,44	3,44	0,32	0,32	7,97	8,36	4,55	4,09	3,42	4,27
	0,90	5,83	6,36	5,15	5,72	0,68	0,64	-	-	-	-	-	-	8,80	9,07	6,9	4,56	1,9	4,51
	1,00	6,01	6,01	5,98	5,98	-0,03	-0,03	-	-	-	-	-	-	5,98	5,98	3,40	3,39	2,58	2,59
Artikelgruppe 2	0,10	4,11	4,02	2,9	2,97	1,21	1,05	5,76	3,40	3,63	3,04	2,13	0,36	3,72	4,57	7,40	3,38	-3,68	1,19
	0,20	4,62	4,30	3,85	3,67	0,77	0,63	3,03	3,42	2,98	3,13	0,05	0,29	5,22	3,96	7,40	3,48	-2,18	0,48
	0,30	4,46	4,45	4,02	3,68	0,44	0,74	3,72	3,68	3,15	2,99	0,57	0,69	5,99	4,43	7,37	3,88	-1,38	0,65
	0,40	4,63	4,33	3,17	3,50	1,46	0,83	4,84	4,38	3,04	5,11	1,80	-0,73	5,34	3,69	6,39	3,54	-1,05	0,15
	0,50	4,57	4,31	3,14	3,52	1,43	0,79	2,99	3,48	7,65	7,75	-4,66	-4,27	4,12	3,69	2,58	2,80	1,54	0,89
	0,60	6,18	4,64	3,33	3,41	2,85	1,23	3,17	3,06	9,76	8,50	-6,59	-5,44	4,76	3,95	2,98	4,67	1,78	-0,72
	0,70	6,42	4,77	3,32	3,31	3,10	1,46	2,99	3,10	7,65	8,50	-4,66	-5,40	3,90	4,07	5,30	6,06	-1,40	-1,99
	0,80	6,57	5,77	3,04	3,15	3,53	2,62	3,04	3,12	9,76	9,41	-6,72	-6,29	2,55	3,02	4,04	5,80	-1,49	-2,78
	0,90	3,94	5,75	3,20	3,13	0,74	2,62	3,30	3,22	9,73	9,40	-6,43	-6,18	3,55	3,47	4,04	7,40	-1,49	-3,93
	1,00	4,21	3,79	3,67	3,71	0,54	0,08	-	-	-	-	-	-	-	-	-	-	-	-

a_{HM} Absatzanteil von Handelsmarken; P_{MA} Beobachtetes Preisniveau von Markenartikeln; $\hat{P}_{MA}$ Geschätztes Preisniveau von Markenartikeln; P_{HM} Beobachtetes Preisniveau von Handelsmarken; $\hat{P}_{HM}$ Geschätztes Preisniveau von Handelsmarken; PA Beobachteter Preisabstand; $\hat{PA}$ Geschätzter Preisabstand

Abb. 17: Beobachtete und mittels nichtparametrischer Regression geschätzte Preisniveaus und Preisabstände

Die geschätzten Preisniveaus von Markenartikeln und von Handelsmarken sowie der Preisabstand in Abhängigkeit vom Absatzanteil von Handelsmarken können als gewichtete gleitende Durchschnitte interpretiert werden. Ein wesentlicher Nachteil der nichtparametrischen Regressionsanalyse besteht darin, dass zwar Signifikanztests existieren, diese jedoch weitaus komplexer sind als die bekannten t- und F-Tests der linearen Regressionsanalyse.[163]

In Abbildung 17 werden die beobachteten und die geschätzten Werte gegenübergestellt. Trotz einer optisch guten Anpassung der geschätzten an die beobachteten Werte, zeigen sich z. T. recht hohe Abweichungen: so beträgt beispielsweise das beobachtete Preisniveau von Markenartikeln in der Betriebsform Verbrauchermarkt bei einem Absatzanteil von Handelsmarken von 50 % 6,82 € in Artikelgruppe 1, während das geschätzte Preisniveau von Markenartikeln bei 7,64 € liegt (Abweichung von 0,82 €).

Die Ursachen für diese Abweichungen liegen vermutlich in den starken Schwankungen der beobachteten (tatsächlichen) Preisniveaus bzw. Preisabstände.[164] Darüber hinaus wurden aufgrund der Eigenschaft des Schätzers, am Rand der Beobachtungsfälle paradoxe Ergebnisse zu produzieren, im Rahmen der grafischen Darstellung lediglich Werte berücksichtigt, die 10 Prozentpunkte unterhalb des letzten (tatsächlich) zu beobachteten Wertes des Absatzanteils von Handelsmarken lagen. Somit konnte eine nichtparametrische Regression in den Betriebsformen Verbrauchermarkt und Supermarkt bis zu einem Absatzanteil von Handelsmarken von 90 % durchgeführt werden, während in der Betriebsform Discounter die Berechnung schon bei einem Absatzanteil von Handelsmarken von 80 % abgebrochen werden musste.

Infolge der dargestellten Eigenschaften des Nadaraya-Watson-Schätzers sind Aussagen mit Blick auf die Richtung der Wirkungszusammenhänge nur unter Vorbehalt zu

---

163 Vgl. PODDIG/PETERSMEIER 2002, S. 637.

164 So stellen z. B. ARBIA/BASILE/PIRAS fest: „...*as well known the Nadaraya Watson smoother can produce a large bias both on the boundary of the predictor space, due to the asymmetry of the kernel neighbourhood, and in its interior, if the true mean function has substantial curvature or if the design points are very irregularly spaced*". Vgl. ARBIA/BASILE/PIRAS 2005, S. 7 sowie auch BOWMAN/AZZALINI 1997.

treffen. Aus diesem Grund soll eine Analyse der (standardisierten) Regressionskoeffizienten[165] auf der Basis der beobachteten Daten dazu beitragen, eine Gütebeurteilung der grafisch visualisierten Wirkungszusammenhänge vorzunehmen (vgl. Abb. 18). Mit Blick auf die eruierten Hypothesen ergeben sich die folgenden Ergebnisse:

	Artikelgruppe 1			**Artikelgruppe 2**			**Artikelgruppen-übergreifend**		
Betriebsform	$\mathbf{P_{MA}}$	$\mathbf{P_{HM}}$	**PA**	$\mathbf{P_{MA}}$	$\mathbf{P_{HM}}$	**PA**	$\mathbf{P_{MA}}$	$\mathbf{P_{HM}}$	**PA**
Verbrauchermarkt	0,550**	0,809**	-0,114**	0,423**	-0,476**	0,489**	**0,344****	**0,479****	**-0,036****
Discounter	-0,055**	0,102**	-0,084**	-0,086**	0,887**	-0,864**	**0,094****	**0,527****	**-0,315****
Supermarkt	0,397**	0,494**	0,273**	-0,296**	0,169**	-0,299**	**0,195****	**0,230****	**0,030***
Betriebsformen-übergreifend	**0,450****	**0,727****	**0,043****	**0,245****	**0,134****	***0,005^{ns}***	**0,345****	**0,444****	**0,021****

$\mathbf{P_{MA}}$ Preisniveau von Markenartikeln $\mathbf{P_{HM}}$ Preisniveau von Handelsmarken **PA** Preisabstand

ns Der Zusammenhang ist nicht signifikant.
* Der Zusammenhang ist auf dem Niveau von 0,05 signifikant.
** Der Zusammenhang ist auf dem Niveau von 0,01 signifikant.

Abb. 18: Regressionskoeffizienten zwischen dem Absatzanteil von Handelsmarken und dem Preisniveau von Markenartikeln bzw. von Handelsmarken sowie dem Preisabstand

- In der Betriebsform Verbrauchermarkt steigt das **Preisniveau von Markenartikeln** in beiden Artikelgruppen stark an (+0,550 bzw. +0,423). Die *Hypothese 1a* kann somit bestätigt werden. In der Betriebsform Discounter zeigt sich ein schwacher Rückgang des Preisniveaus von Markenartikeln in beiden Artikelgruppen (-0,055 bzw. -0,086). Die *Hypothese 2a* kann somit bestätigt werden. In der Betriebsform Supermarkt steigt das Preisniveau von Markenartikeln in Arti-

165 Durch die Standardisierung können die Regressionskoeffizienten als Maß für die Stärke der Wirkungszusammenhänge interpretiert werden. Eine allgemeine Definition und Interpretation des standardisierten Regressionskoeffizienten findet sich u. a. bei NEWBOLD 1995, S. 385-404 und BORTZ 1999, S. 196-227.

kelgruppe 1 stark an (+0,397), während es in Artikelgruppe 2 moderat sinkt (-0,296). Die *Hypothese 3a* muss somit abgelehnt werden.

- In der Betriebsform Verbrauchermarkt zeigt sich ein starker Rückgang des **Preisniveaus von Handelsmarken** in Artikelgruppe 2 (-0,476), so dass die *Hypothese 1b* nicht bestätigt werden kann. In den Betriebsformen Discounter und Supermarkt steigt das Preisniveau von Handelsmarken moderat bis stark in beiden Artikelgruppen. Die *Hypothesen 2b und 3b* können somit bestätigt werden.

- In der Betriebsform Verbrauchermarkt steigt der **Preisabstand** in Artikelgruppe 2 stark an (+0,489), so dass die *Hypothese 1c* abgelehnt werden muss. In der Betriebsform Discounter sinkt der Preisabstand annahmegemäß in beiden Artikelgruppen (-0,084 bzw. -0,864). Die *Hypothese 2c* kann somit bestätigt werden. In der Betriebsform Supermarkt muss die *Hypothese 3c* jedoch abgelehnt werden; in Artikelgruppe 1 zeigt sich ein moderater Anstieg des Preisabstandes (+0,273).

Insgesamt ist somit zu vermuten, dass in (fast) allen Betriebsformen mit zunehmender Verbreitung von Handelsmarken eine Abschottung des Wettbewerbs angestrebt wird, in dessen Folge das Preisniveau von Handelsmarken z. T. recht stark ansteigt (vgl. hierzu Abb. 83 bis Abb. 86 im Anhang der Arbeit). Darüber hinaus konnten Indizien gefunden werden, die dafür sprechen, dass die einzelnen Betriebsformen mit Blick auf die Abschottung des Wettbewerbs Preistaktiken einsetzen: während die Betriebsform Discounter Dauerniedrigpreise von Markenartikeln einsetzt (das Preisniveau von Markenartikeln sinkt (-0,055 bzw. -0,086), während das Preisniveau von Handelsmarken steigt (+0,102 bzw. +0,887)), wendet die Betriebsform Verbrauchermarkt u. a. in Artikelgruppe 2 die Preistaktik des ‚Umbrella Pricing' an (das Preisniveau von Markenartikeln steigt (+0,423), während das von Handelsmarken sinkt (-0,476)).

Der starke Preisanstieg von Handelsmarken bestätigt sich auch im Rahmen der hochaggregierten Analyse (+0,444). Da auch das Preisniveau von Markenartikeln stark ansteigt (+0,345), kann vermutet werden, dass sich der Wettbewerb insgesamt auf ein höheres Niveau verlagert. Gleichzeitig wird deutlich, dass die stärker aggregierten Analysen die Wirkungszusammenhänge nur bedingt aufdecken und somit einige Schwächen mit Blick auf die Interpretation der Ergebnisse aufweisen: so gelingt es beispielsweise im Rahmen der artikelgruppenübergreifenden Betrachtung nicht, den in Artikelgruppe 2 beobachteten Rückgang des Preisniveaus von Handelsmarken bei gleichzeitig ansteigendem Preisniveau von Markenartikeln in der Betriebsform Verbrauchermarkt offen zu legen. Die Nutzung von Preistaktiken durch einzelne Betriebsformen des Handels ist somit nicht zwingend in einer hochaggregierten Betrachtung zu erkennen. Darüber hinaus zeigen sich z. T. paradoxe Ergebnisse: so konnte im Rahmen der artikelgruppenübergreifenden Analyse ein Anstieg des Preisniveaus von Markenartikeln in den Discountern festgestellt werden, obwohl dieses in Rahmen der disaggregierten Analyse in beiden Artikelgruppen sinkt.[166]

Um die wettbewerbsgerichteten Interaktionen zwischen den einzelnen Betriebsformen zu erfassen, soll im Folgenden eine tiefer gehenden Betrachtung des Preissetzungsverhaltens im Rahmen der zunehmenden Verbreitung von Handelsmarken vorgenommen werden. Zu diesem Zwecke werden drei (idealtypische) Phasen der Verbreitung von Handelsmarken auf Basis der Abbildungen 13 bis 16 unterschieden:

Phase 1: Handelsmarken erreichen einen Absatzanteil von bis zu 20 %.

Absatzanteile von Handelsmarken kleiner als 20 % treten insbesondere in den Betriebsformen Supermarkt und Discounter auf, während in der Betriebsform Verbrauchermarkt nur eine geringe Anzahl an Fällen vorliegt. Das Preisniveau von Markenartikeln liegt über dem von Handelsmarken (der Preisabstand ist positiv).

Phase 2: Handelsmarken weisen einen Absatzanteil von über 20 bis 40 % auf.

In der Betriebsform Discounter findet sich ein erheblicher Anstieg des Preisniveaus von Handelsmarken in Artikelgruppe 2 bei einem Absatzanteil von ca. 35 % (der Preisabstand wird negativ).

---

166 Ursächlich hierfür ist vermutlich die Höhe des Preisniveaus von Markenartikeln in beiden Artikelgruppen. So liegt das Preisniveau von Markenartikeln in Artikelgruppe 1 auf einem höheren Niveau als das in Artikelgruppe 2 (vgl. Abb. 13 und Abb. 15 sowie Abb. 83 und Abb. 84 im Anhang der Arbeit). Dies führt vermutlich im Rahmen der artikelgruppenübergreifenden Analyse zu einem insgesamt positiven Zusammenhang.

Phase 3: Handelsmarken besitzen einen Absatzanteil von über 40 %.

In den Betriebsformen Supermarkt und Verbrauchermarkt treten vereinzelt Fälle auf, in denen Markenartikel bereits vollständig verdrängt wurden (d. h. der Absatzanteil von Handelsmarken beträgt 100 %). Das Preisniveau von Handelsmarken liegt in der Betriebsform Supermarkt in Artikelgruppe 2 ab einem Absatzanteil von ca. 55 % über dem von Markenartikeln (der Preisabstand wird negativ).

In den identifizierten Phasen der Verbreitung von Handelsmarken zeigen sich die folgenden Wirkungszusammenhänge (vgl. die in Abb. 19 dargestellten (standardisierten) Regressionskoeffizienten):

- In **Phase 1** steigt das Preisniveau von Markenartikeln in der Betriebsform Discounter leicht an (+0,260 bzw. +0,101), während es in den Betriebsformen Verbrauchermarkt und Supermarkt in der Regel sinkt. Das Preisniveau von Handelsmarken sinkt in (fast) allen Betriebsformen. Lediglich in der Betriebsform Discounter zeigt sich ein signifikanter, wenn auch schwacher Anstieg des Preisniveaus von Handelsmarken in Artikelgruppe 2 (+0,121). Der negative Preisabstand (-0,011) zeigt in diesem Fall, dass das Preisniveau von Handelsmarken stärker ansteigt als das von Markenartikeln.

- In **Phase 2** zeigt sich ein leichter Rückgang des Preisniveaus von Handelsmarken in der Betriebsform Verbrauchermarkt (-0,067 bzw. -0,083), während es in den Betriebsformen Supermarkt und Discounter teilweise recht stark ansteigt. Das Preisniveau von Markenartikeln steigt in der Betriebsform Verbrauchermarkt (+0,172 bzw. +0,107), so dass dort auch der Preisabstand steigt (+0,206 bzw. +0,129). In der Betriebsform Discounter (Supermarkt) zeigt sich ein Rückgang (Anstieg) des Preisniveaus von Markenartikeln in Artikelgruppe 1, während es in Artikelgruppe 2 steigt (sinkt).

- In **Phase 3** steigt das Preisniveau von Handelsmarken in (fast) allen betrachteten Betriebsformen, während das Preisniveau von Markenartikeln in der Regel sinkt. Lediglich in der Betriebsform Verbrauchermarkt zeigt sich ein starker Rückgang des Preisniveaus von Handelsmarken in Artikelgruppe 2 (-0,429), während das Preisniveau von Markenartikeln stark ansteigt (+0,418).

		ARTIKELGRUPPE 1			ARTIKELGRUPPE 2			ARTIKELGRUPPEN-ÜBERGREIFEND		
Betriebs-form	**Phasen**	P_{MA}	P_{HM}	PA	P_{MA}	P_{HM}	PA	P_{MA}	P_{HM}	PA
VERBRAUCHER-MARKT	**Phase 1**	-0,212**	*0,041*^{ns}	-0,192**	*-0,016*^{ns}	*-0,113*^{ns}	*-0,031*^{ns}	-0,148**	*0,037*^{ns}	-0,145**
	Phase 2	0,172**	-0,067**	0,206**	*0,107*^{ns}	*-0,083*^{ns}	0,129*	0,061**	-0,068**	0,080**
	Phase 3	*-0,019*^{ns}	0,552**	-0,337**	0,418**	-0,429**	0,471**	0,171**	0,343**	-0,103**
DISCOUNTER	**Phase 1**	0,260**	-0,443**	0,350**	0,101**	0,121**	*-0,011*^{ns}	0,424**	0,119**	0,379**
	Phase 2	-0,087**	0,141**	-0,117**	*0,062*^{ns}	0,427**	-0,354**	*-0,032*^{ns}	0,150**	-0,088**
	Phase 3	*-0,003*^{ns}	*0,022*^{ns}	*-0,013*^{ns}	-0,311**	0,336**	-0,364**	-0,356**	0,679**	-0,665**
SUPERMARKT	**Phase 1**	*0,031*^{ns}	-0,141**	0,086**	-0,196**	*-0,046*^{ns}	*-0,045*^{ns}	-0,068**	*-0,039*^{ns}	*-0,020*^{ns}
	Phase 2	0,144**	0,130**	0,123**	-0,134**	*0,066*^{ns}	-0,127**	0,094**	*0,046*^{ns}	0,049*
	Phase 3	0,057*	0,376**	*-0,056*^{ns}	-0,145**	0,172**	-0,228**	0,046**	0,192**	-0,057**
BETRIEBSFORMEN-ÜBERGREIFEND	**Phase 1**	*-0,009*^{ns}	0,081*	*-0,033*^{ns}	0,059**	*0,012*^{ns}	*0,026*^{ns}	0,114**	0,044**	0,072**
	Phase 2	*0,019*^{ns}	0,055**	*0,002*^{ns}	*-0,010*^{ns}	0,084**	-0,088**	0,029*	0,049*	*-0,002*^{ns}
	Phase 3	0,264**	0,602**	-0,083**	0,210**	*0,011*^{ns}	0,084**	0,200**	0,315**	-0,024*

P_{MA} Preisniveau von Markenartikeln **P_{HM}** Preisniveau von Handelsmarken **PA** Preisabstand

ns Der Zusammenhang ist nicht signifikant.
* Der Zusammenhang ist auf dem Niveau von 0,05 signifikant.
** Die Zusammenhang ist auf dem Niveau von 0,01 signifikant.

Abb. 19: Phasenspezifische Regressionskoeffizienten zwischen dem Absatzanteil von Handelsmarken und dem Preisniveau von Markenartikeln bzw. von Handelsmarken sowie dem Preisabstand

Insgesamt ist somit zu vermuten, dass in Phase 1 eine Angleichung der Preisniveaus in den Artikelgruppen zwischen den Betriebsformen stattfindet. So liegen die Preise von Markenartikeln und von Handelsmarken in der Betriebsform Discounter (insbesondere in Artikelgruppe 2) recht deutlich unter dem Niveau konkurrierender Betriebsformen (vgl. Abb. 15). Während in der Betriebsform Discounter vermutlich eine Erhöhung des Preisniveaus stattfindet, ‚korrigieren' die Betriebsformen Verbrauchermarkt und Supermarkt das Preisniveau scheinbar nach unten. Dies geschieht in der Regel über den Preis von Markenartikeln.

Ursächlich für die Anpassung der Preisniveaus dürfte der Preiswettbewerb zwischen den Betriebsformen im Rahmen der **Einführung von Handelsmarken** sein, der insbesondere über den Preis von Markenartikeln ausgetragen wird. Handelsmarken sind von diesem Wettbewerb zunächst weniger betroffen, da es bei diesen aufgrund des ausschließlichen Angebotes in dem jeweiligen Handelssystem nur sehr schwer möglich ist, Preis- bzw. Qualitätsvergleiche vorzunehmen. Sie konkurrieren vielmehr innerhalb der Verkaufsstellen mit den industriellen Markenartikeln und üben dort zusätzlichen Preisdruck aus. Der in dieser Phase der Verbreitung vorherrschende **Intrabetriebsformenwettbewerb** führt somit zu einem ‚Downtrading' der industriellen Markenartikel, in dessen Folge das Preisniveau der Artikelgruppen in den Betriebsformen Verbrauchermarkt und Supermarkt sinkt.

In **Phase 2** ist die Angleichung der Preisniveaus zwischen den Betriebsformen scheinbar weitestgehend vollzogen: das Preisniveau der Artikelgruppen liegt in der Betriebsform Discounter in etwa auf dem Niveau konkurrierender Betriebsformen (vgl. Abb. 13 und Abb. 15). Es ist somit zu vermuten, dass infolge der gestiegenen Verbreitung von Handelsmarken ein verstärkter Wettbewerb auf gleichem Niveau zwischen den Betriebsformen (**Interbetriebsformenwettbewerb**) stattfindet. Die Nachfrager können Preis- und Qualitätsvergleiche nicht mehr über sehr viele Markenartikel vornehmen, sondern müssen versuchen, die angebotenen Handelsmarken zu vergleichen. Im Interbetriebsformenwettbewerb positionieren sich die Betriebsformen sehr unterschiedlich: Die Verbrauchermärkte nutzen scheinbar insbesondere Handelsmarken, um sich im Preiswettbewerb zu profilieren: in beiden Artikelgruppen sinkt das Preisniveau von Handelsmarken (-0,067 bzw. -0,083). Die Discounter und die Supermärkte führen diesen Wettbewerb immer noch stärker über den Preis von Markenartikeln: so sinkt in der Betriebsform Discounter das Preisniveau von Markenartikeln in Artikelgruppe 1 (-0,087); gleiches gilt in der Betriebsform Supermarkt mit Blick auf Artikelgruppe 2 (-0,134; zu den Zusammenhängen vgl. Abb. 19).

Die hohen Verbreitungsgrade von Handelsmarken lassen vermuten, dass sich in **Phase 3** bereits erste Anzeichen einer **Abschottung des Interbetriebsformenwettbewerbs** abzeichnen: das Preisniveau von Handelsmarken steigt in (fast) allen betrachteten Betriebsformen (Verbrauchermarkt: +0,343; Discounter: +0,679; Supermarkt: +0,192). Es ist somit zu vermuten, dass die industriellen Markenartikel weitestgehend (bzw. z. T. sogar vollständig) durch Handelsmarken verdrängt wurden. Die mangelnde Identifizierbarkeit der angebotenen Handelsmarken sowie der mit einem Verkaufsstellenwechsel verbundene Aufwand eröffnen den Betriebsformen Spielräume in der Preisgestaltung von Handelsmarken: das Preisniveau steigt. Die verbliebenen Markenartikel dienen vor allem dazu, die Nachfrage mithilfe von Preistaktiken auf die angebotenen Handelsmarken zu lenken. Das konstant geringe Preisniveau von Markenartikeln in Artikelgruppe 2 (-0,311; zur grafischen Veranschaulichung vgl. Abb. 15) deutet zum einen darauf hin, dass Markenartikel in der Betriebsform Discounter z. T. Gegenstand einer Dauerniedrigpreisstrategie werden, im Rahmen derer sie u. U. sogar unter den Einstandspreisen (Preistaktik der ‚Preisschleuderei') verkauft werden. Der starke Preisanstieg von Markenartikeln in Artikelgruppe 2 lässt zum anderen vermuten, dass in der Betriebsform Verbrauchermarkt die Preistaktik des ‚Umbrella Pricing' eingesetzt wird, um die angebotenen Handelsmarken zu profilieren (das Preisniveau von Markenartikeln steigt (+0,418), während das von Handelsmarken sinkt (-0,429)).

Würde man eine stärker aggregierte Betrachtungsweise wählen, so könnten die wettbewerbsgerichteten Interaktionen zwischen den Betriebsformen nicht im Einzelnen aufgedeckt werden. Gleichwohl bestätigt die hochaggregierte Analyse die sich insgesamt abzeichnende Verlagerung des Wettbewerbs auf ein höheres (Preis-)Niveau: sowohl das Preisniveau von Handelsmarken als auch das von Markenartikeln steigt in allen drei betrachteten Phasen der Verbreitung von Handelsmarken an. Der negative Preisabstand in Phase 2 (-0,002) und Phase 3 (-0,024) der Verbreitung von Handelsmarken zeigt darüber hinaus, dass das Preisniveau von Handelsmarken stärker ansteigt (+0,049 bzw. +0,315) als das von Markenartikeln (+0,029 bzw. +0,200).[167]

Betrachtet man die Ergebnisse dieses Abschnitts im Überblick, so lässt sich zusammenfassend festhalten, dass das Preisniveau von Handelsmarken umso stärker ansteigt, je stärker die Verbreitung von Handelsmarken voranschreitet. Mit Blick auf die Profilierung von Handelsmarken setzen die untersuchten Betriebsformen darüber hinaus Preistaktiken ein, in deren Folge die preisinduzierte Profilierung von Markenartikeln erodiert. So steigt das Preisniveau von Markenartikeln in den Verbrauchermärkten beispielsweise stark an (Preistaktik des Umbrella Pricing), während es in den Discountern stark sinkt (Dauerniedrigpreise, u. U. Preistaktik der Preisschleuderei).[168]

Darüber hinaus konnte – entgegen der Ergebnisse der empirischen Untersuchungen von COTTERILL/PUTSIS/DHAR 2000 sowie BONNANO/LOPEZ 2005 – gezeigt werden, dass die Verbreitung von Handelsmarken nicht zu einem Anstieg des Preisabstandes zwischen Markenartikeln und Handelsmarken führt.[169] Vielmehr sinkt dieser und trägt somit zu einer Erosion der preisinduzierten Profilierung von Markenartikeln bei.

3.4.2. Auswirkungen auf die Artikelvielfalt sowie die Aktionshäufigkeit von Markenartikeln

Um den Wirkungszusammenhang zwischen der Verbreitung von Handelsmarken und der Aktionshäufigkeit von Markenartikeln erfassen zu können (vgl. Abb. 21), muss zunächst der Frage nachgegangen werden, ob die Verbreitung von Handelsmarken zu einer Zu- oder Abnahme der Artikelvielfalt, und insbesondere der Vielfalt an Markenartikeln in den Betriebsformen führt (vgl. Abb. 20).

---

167 Vgl. zu diesen Zusammenhängen auch Abb. 85 und Abb. 86 im Anhang der Arbeit.

168 Ein im Zeitablauf steigendes Preisniveau sowohl von Markenartikeln als auch von Handelsmarken konnten OLBRICH/GREWE 2007, S. 24 ff. belegen.

169 Vgl. die Ergebnisse der empirischen Arbeiten von COTTERILL/PUTSIS/DHAR 2000 und BONANNO/LOPEZ 2005.

Mit Blick auf die eruierten Hypothesen zeigt die Analyse der (standardisierten) Regressionskoeffizienten die folgenden Zusammenhänge:

- Die **Anzahl gelisteter Markenartikel** sinkt in allen betrachteten Betriebsformen mit zunehmendem Absatzanteil von Handelsmarken (mit Ausnahme der Betriebsform Verbrauchermarkt; hier weist die Anzahl gelisteter Markenartikel in Artikelgruppe 2 einen schwachen Anstieg auf, dieser ist jedoch nicht signifikant). Die *Hypothese 4a* kann somit bestätigt werden. Die *Hypothese 4b* muss lediglich in der Betriebsform Discounter mit Blick auf Artikelgruppe 2 abgelehnt werden: es zeigt sich ein schwacher Rückgang der **Anzahl gelisteter Handelsmarken** (-0,076). Die *Hypothese 4c* kann bestätigt werden; die **Anzahl gelisteter Artikel** sinkt in allen betrachteten Betriebsformen mit zunehmender Verbreitung von Handelsmarken.

- Die **Aktionshäufigkeit von Markenartikeln** nimmt in (fast) allen betrachteten Betriebsformen ab. Lediglich in der Betriebsform Supermarkt zeigt sich ein schwacher Anstieg der Anzahl an kommunikativen Aktionen von Markenartikeln in Artikelgruppe 2 (+0,008), während die Anzahl an Preisaktionen sich konstant verhält. Die Wirkungszusammenhänge sind jedoch nicht signifikant. Die *Hypothesen 5a bis 5c* können somit bestätigt werden.

Insgesamt zeigen sowohl die disaggregierte als auch die aggregierten Analysen, dass die Anzahl gelisteter Markenartikel in der Regel in allen untersuchten Artikelgruppen und Betriebsformen (und insbesondere in den Betriebsformen Discounter und Supermarkt) abnimmt.[170] Die Artikelvielfalt nimmt insgesamt ab, obwohl die Anzahl gelisteter Handelsmarken in der Regel recht stark ansteigt. Es ist somit zu vermuten, dass die Betriebsformen eine systematische Reduktion der Ausweichmöglichkeiten in den Verkaufsstellen vornehmen, um die Nachfrage auf die angebotenen Handelsmarken zu lenken.

---

170 Vgl. OLBRICH/GREWE 2007, S. 21 ff.

	Artikelgruppe 1			**Artikelgruppe 2**			**Artikelgruppen-übergreifend**		
Betriebsform	N_{MA}	N_{HM}	N_{AG}	N_{MA}	N_{HM}	N_{AG}	N_{MA}	N_{HM}	N_{AG}
Verbrauchermarkt	-0,851**	0,044**	-0,794**	*0,011*[ns]	0,189**	0,106**	**-0,776****	**-0,076****	**-0,714****
Discounter	-0,289**	0,208**	-0,198**	-0,684**	-0,076**	-0,666**	**-0,457****	**0,179****	**-0,373****
Supermarkt	-0,480**	0,254**	-0,394**	-0,389**	0,404**	-0,199**	**-0,412****	**0,296****	**-0,318****
Betriebsformen-übergreifend	**-0,281****	**0,389****	**-0,150****	**-0,065****	**0,543****	**-0,244****	**-0,221****	**0,368****	**-0,100****

N_{MA} Anzahl gelisteter Markenartikel N_{HM} Anzahl gelisteter Handelsmarken
N_{AG} Anzahl gelisteter Artikel

ns Der Zusammenhang ist nicht signifikant.
* Der Zusammenhang ist auf dem Niveau von 0,05 signifikant.
** Der Zusammenhang ist auf dem Niveau von 0,01 signifikant.

Abb. 20: Regressionskoeffizienten zwischen dem Absatzanteil von Handelsmarken und der Artikelvielfalt

	Artikelgruppe 1			**Artikelgruppe 2**			**Artikelgruppen-übergreifend**		
Betriebsform	AH_p	AH_d	AH_k	AH_p	AH_d	AH_k	AH_p	AH_d	AH_k
Verbrauchermarkt	-0,233**	-0,445**	-0,448**	*-0,015*[ns]	-0,110**	-0,183**	**-0,284****	**-0,439****	**-0,443****
Discounter	-0,065**	*-0,019*[ns]	-0,030**	-0,176**	-0,119**	-0,051**	**-0,108****	**-0,126****	**-0,040****
Supermarkt	-0,103**	-0,098**	-0,055**	*0,000*[ns]	*-0,028*[ns]	*0,008*[ns]	**-0,073****	**-0,076****	**-0,040****
Betriebsformen-übergreifend	**0,107****	**-0,170****	**-0,173****	**0,085****	**-0,072****	**-0,029***	**0,079****	**-0,139****	**-0,138****

AH_p Preisaktion AH_d Displayaktion AH_k Kommunikative Aktion

ns Der Zusammenhang ist nicht signifikant.
* Der Zusammenhang ist auf dem Niveau von 0,05 signifikant.
** Der Zusammenhang ist auf dem Niveau von 0,01 signifikant.

Abb. 21: Regressionskoeffizienten zwischen dem Absatzanteil von Handelsmarken und der Aktionshäufigkeit von Markenartikeln

Eine Ausnahme findet sich in der Betriebsform Verbrauchermarkt: hier nimmt die Artikelvielfalt in Artikelgruppe 2 zu (+0,106). Auch die Anzahl gelisteter Markenartikel ist in dieser Artikelgruppe nicht rückläufig (+0,011). Ursächlich hierfür könnte u. a. sein, dass die Verbraucher in dieser Artikelgruppe (wieder verstärkt) ein breites Sortiment an Markenartikeln verlangen, während Handelsmarken vor allem in konkurrierenden Betriebsformen nachgefragt werden. Dies zeigen auch die im Zeitablauf sinkenden Absatzanteile von Handelsmarken in den Verbrauchermärkten (vgl. nochmals Abb. 12).

Mit Blick auf die Aktionshäufigkeit von Markenartikeln zeigt sich im Rahmen der disaggregierten und den stärker aggregierten Analysen z. T. widersprüchliche Ergebnisse: so weist die Anzahl an Preisaktionen von Markenartikeln in einer betriebsformenspezifischen Analyse einen Rückgang auf, während sich in denjenigen Analysen, die keine Differenzierung nach Betriebsformen vornehmen, ein Anstieg der Anzahl an Preisaktionen von Markenartikeln ergibt.[171]

Dieses paradoxe Ergebnis könnte u. a. dazu geführt haben, dass in Analysen auf der Basis von betriebsformenübergreifenden Daten häufig die Meinung vertreten wird, Preisaktionen von Markenartikeln würden seitens des Herstellers eingesetzt, um das Vordringen von Handelsmarken in einer Artikelgruppe zu verhindern.[172] In diesem Zusammenhang offenbart die betriebsformenspezifische Analyse jedoch, dass der Handel eine systematische Reduktion der Anzahl an Preisaktionen von Markenartikeln vornimmt, in deren Folge die aktionsinduzierte Profilierung von Markenartikeln erodiert.

Die phasenspezifische Betrachtung zeigt auf, dass die wettbewerbsgerichteten Interaktionen zwischen den untersuchten Betriebsformen des Handels ursächlich für die Erosion der artikel- sowie der aktionsinduzierten Profilierung von Markenartikeln sind

---

171 Dies liegt vermutlich daran, dass die Anzahl an Preisaktionen von Markenartikeln in den einzelnen Betriebsformen auf einem unterschiedlichen Niveau absinkt, so dass sich im Rahmen der Aggregation ein insgesamt steigender Zusammenhang ergibt (zur grafischen Veranschaulichung des beschriebenen Zusammenhanges vgl. Abb. 87 bis Abb. 91 im Anhang der Arbeit).

172 Vgl. LAL 1990a und b sowie PAUWELS/SRINIVASAN 2004.

(vgl. die in Abb. 22 und in Abb. 23 dargestellten (standardisierten) Regressionskoeffizienten):

- In **Phase 1** steigt die Anzahl gelisteter Handelsmarken in allen betrachteten Betriebsformen recht stark an. Die Anzahl gelisteter Markenartikel nimmt in den Betriebsformen Discounter und Supermarkt moderat ab. Gleichzeitig sinkt dort die Anzahl gelisteter Artikel. Lediglich in der Betriebsform Verbrauchermarkt steigt die Anzahl gelisteter Markenartikel (+0,124) und somit die Artikelvielfalt insgesamt (+0,176); die Zusammenhänge sind jedoch nicht signifikant. In der Regel nimmt die Aktionshäufigkeit von Markenartikeln in allen untersuchten Betriebsformen zu. Lediglich in der Betriebsform Supermarkt zeigt sich in Artikelgruppe 1 ein signifikanter Rückgang der Anzahl an Preis- (-0,097) sowie an Displayaktionen (-0,067) von Markenartikeln.

- In **Phase 2** sinkt die Anzahl gelisteter Markenartikel in allen betrachten Betriebsformen. Auch die Aktionshäufigkeit von Markenartikeln nimmt ab (in der Betriebsform Supermarkt steigt die Anzahl an Preisaktionen von Markenartikeln in Artikelgruppe 1; dieser Anstieg ist jedoch nicht signifikant). In der Betriebsform Verbrauchermarkt bzw. Discounter nimmt die Anzahl gelisteter Handelsmarken in Artikelgruppe 1 (-0,089) bzw. Artikelgruppe 2 (-0,147) ab. Die Artikelvielfalt sinkt in allen betrachteten Betriebsformen, lediglich in der Betriebsform Verbrauchermarkt zeigt sich ein Anstieg der Anzahl gelisteter Artikel in Artikelgruppe 2 (+0,122); dieser Anstieg ist jedoch nicht signifikant.

- In **Phase 3** nimmt die Anzahl gelisteter Markenartikel in allen betrachteten Betriebsformen ab, während die Anzahl gelisteter Handelsmarken in der Regel steigt. Mit Ausnahme der Betriebsform Verbrauchermarkt (+0,017) nimmt die Artikelvielfalt in allen untersuchten Betriebsformen ab. Auch die Anzahl an Aktionen von Markenartikeln weist in der Regel einen Rückgang auf.

		ARTIKELGRUPPE 1			ARTIKELGRUPPE 2			ARTIKELGRUPPEN-ÜBERGREIFEND		
Betriebs-form	**Phasen**	N_{MA}	N_{HM}	N_{AG}	N_{MA}	N_{HM}	N_{AG}	N_{MA}	N_{HM}	N_{AG}
VERBRAUCHER-MARKT	**Phase 1**	0,268**	0,367**	0,292**	*0,124*^{ns}	*0,185*^{ns}	*0,176*^{ns}	0,229**	0,328**	0,249**
	Phase 2	-0,372**	-0,089**	-0,342**	0,128*	*0,068*^{ns}	*0,122*^{ns}	-0,394**	-0,189**	-0,372**
	Phase 3	-0,593**	0,276**	-0,387**	-0,049*	0,096**	*0,017*^{ns}	-0,402**	0,266**	-0,196**
DISCOUNTER	**Phase 1**	-0,247**	*0,044*^{ns}	-0,225**	-0,149**	0,451**	*-0,037*^{ns}	-0,199**	0,318**	-0,102**
	Phase 2	-0,123**	0,126**	-0,061**	-0,398**	-0,147*	-0,400**	-0,134**	0,113**	-0,080**
	Phase 3	-0,194**	*0,005*^{ns}	-0,162**	-0,369**	-0,376**	-0,418**	-0,552**	-0,365**	-0,569**
SUPERMARKT	**Phase 1**	-0,378**	0,180**	-0,357**	-0,103**	0,232**	*-0,055*^{ns}	-0,322**	0,189**	-0,302**
	Phase 2	-0,128**	0,092**	-0,083**	-0,159**	*0,031*^{ns}	-0,134**	-0,120**	0,072**	-0,082**
	Phase 3	-0,371**	*-0,004*^{ns}	-0,267**	-0,435**	*0,022*^{ns}	-0,315**	-0,375**	*0,005*^{ns}	-0,268**
BETRIEBSFORMEN-ÜBERGREIFEND	**Phase 1**	0,130**	0,345**	0,165**	-0,102**	0,348**	*-0,026*^{ns}	0,159**	0,328**	0,186**
	Phase 2	-0,153**	-0,062**	-0,138**	-0,066*	0,214**	*0,025*^{ns}	-0,124**	-0,035**	-0,110**
	Phase 3	-0,240**	0,433**	*0,011*^{ns}	-0,086**	0,106**	*-0,002*^{ns}	-0,206**	0,341**	*0,004*^{ns}

N_{MA} Anzahl gelisteter Markenartikel N_{HM} Anzahl gelisteter Handelsmarken
N_{AG} Anzahl gelisteter Artikel

ns Der Zusammenhang ist nicht signifikant.
* Der Zusammenhang ist auf dem Niveau von 0,05 signifikant.
** Der Zusammenhang ist auf dem Niveau von 0,01 signifikant.

Abb. 22: Phasenspezifische Regressionskoeffizienten zwischen dem Absatzanteil von Handelsmarken und der Artikelvielfalt

		ARTIKELGRUPPE 1			ARTIKELGRUPPE 2			ARTIKELGRUPPEN-ÜBERGREIFEND		
Betriebs-form	**Phasen**	**AH_p**	**AH_d**	**AH_k**	**AH_p**	**AH_d**	**AH_k**	**AH_p**	**AH_d**	**AH_k**
VERBRAUCHER-MARKT	**Phase 1**	*0,032*^{ns}	*0,047*^{ns}	*0,000*^{ns}	*0,241*^{ns}	*0,232*^{ns}	*0,300*^{ns}	*0,041*^{ns}	*0,053*^{ns}	*0,009*^{ns}
	Phase 2	-0,196**	-0,178**	-0,193**	-0,130*	*-0,088*^{ns}	-0,234**	-0,227**	-0,204**	-0,217**
	Phase 3	-0,155**	-0,258**	-0,161**	*0,013*^{ns}	-0,099**	-0,127**	*-0,011*^{ns}	-0,198**	-0,128**
DISCOUNTER	**Phase 1**	0,112**	*-0,032*^{ns}	0,078*	*-0,038*^{ns}	*0,029*^{ns}	0,104**	*-0,010*^{ns}	-0,058**	0,079**
	Phase 2	-0,063**	*-0,003*^{ns}	*-0,029*^{ns}	*-0,091*^{ns}	*-0,083*^{ns}	-0,162*	-0,063**	-0,044**	-0,046**
	Phase 3	-0,039^{ns}	*-0,040*^{ns}	*-0,024*^{ns}	-0,194**	a	*0,020*^{ns}	-0,127**	-0,053**	-0,036^{ns}
SUPERMARKT	**Phase 1**	-0,097**	-0,067*	*-0,042*^{ns}	*-0,026*^{ns}	*0,050*^{ns}	*0,033*^{ns}	-0,094**	-0,063**	-0,042*
	Phase 2	*0,034*^{ns}	*-0,028*^{ns}	*-0,029*^{ns}	*-0,004*^{ns}	*-0,005*^{ns}	*0,035*^{ns}	*0,031*^{ns}	*-0,014*^{ns}	*-0,008*^{ns}
	Phase 3	-0,139**	-0,119**	-0,105**	-0,073*	-0,084**	-0,076*	-0,118**	-0,101**	-0,090**
BETRIEBSFORMEN-ÜBERGREIFEND	**Phase 1**	0,222**	0,174**	0,201**	-0,050*	*-0,001*^{ns}	0,066**	0,203**	0,165**	0,191**
	Phase 2	-0,133**	-0,124**	-0,133**	*0,033*^{ns}	*-0,024*^{ns}	*-0,026*^{ns}	-0,111**	-0,106**	-0,114**
	Phase 3	0,166**	-0,141**	0,083**	*0,012*^{ns}	-0,082**	-0,103**	0,121**	-0,126**	-0,081**

AH_p Preisaktion **AH_d** Displayaktion **AH_k** Kommunikative Aktion

ns Der Zusammenhang ist nicht signifikant.
* Der Zusammenhang ist auf dem Niveau von 0,05 signifikant.
** Der Zusammenhang ist auf dem Niveau von 0,01 signifikant.
a Der Zusammenhang kann nicht berechnet werden, da mindestens eine der Variablen konstant ist.

Abb. 23: Phasenspezifische Regressionskoeffizienten zwischen dem Absatzanteil von Handelsmarken und der Aktionshäufigkeit von Markenartikeln

Es ist somit zu erkennen, dass in den Discountern und in den Supermärkten bereits in **Phase 1** der Verbreitung von Handelsmarken eine Reduktion der Anzahl gelisteter Markenartikel vorgenommen wird. Gleichzeitig steigt die Anzahl gelisteter Handelsmarken; die artikelinduzierte Profilierung von Markenartikeln erodiert. Insgesamt reicht der Anstieg gelisteter Handelsmarken jedoch nicht aus, um den Rückgang der Anzahl gelisteter Markenartikel auszugleichen; die Artikelvielfalt sinkt insgesamt. In den Verbrauchermärkten kann hingegen kein Rückgang der Anzahl gelisteter Markenartikel festgestellt werden, so dass die Artikelvielfalt insgesamt steigt. Ursächlich hierfür dürfte die sortimentspolitische Strategie der Betriebsform Verbrauchermarkt sein, den Nachfragern eine hohe Sortimentstiefe sowie -breite anzubieten. Gleichzeitig zeigt sich in denjenigen Betriebsformen, in denen die Anzahl gelisteter Markenartikel abnimmt, ein Rückgang der Anzahl an Preisaktionen von Markenartikeln. Während die preissensiblen Nachfrager dort somit auf Handelsmarken ‚umgelenkt' werden sollen, nutzen die Verbrauchermärkte scheinbar weiterhin Preisaktionen von Markenartikeln, um die Nachfrage der preissensiblen Nachfrager im **Intrabetriebsformenwettbewerb** abzuschöpfen.

In **Phase 2** zeigt sich in (fast) allen untersuchten Betriebsformen ein Rückgang der Artikelvielfalt von Markenartikeln. Lediglich in der Betriebsform Verbrauchermarkt steigt die Anzahl gelisteter Markenartikel in Artikelgruppe 2 (+0,128). Ursächlich hierfür konnte das Vorhandensein markentreuer Käufer sein, die eine entsprechend hohe Anzahl an Markenartikeln erwarten. Die Artikelvielfalt von Handelsmarken steigt in der Regel weiter an; lediglich in der Betriebsform Verbrauchermarkt bzw. Discounter wird in Artikelgruppe 1 (-0,089) bzw. Artikelgruppe 2 (-0,147) eine Reduktion der Anzahl gelisteter Handelsmarken vorgenommen. Dies könnte daran liegen, dass einige Handelsmarken sich im **Interbetriebsformenwettbewerb** als nicht profitabel erweisen und demzufolge aus dem Sortiment genommen werden. Gleichzeitig zeigt sich in allen untersuchten Betriebsformen ein Rückgang der Aktionshäufigkeit von Markenartikeln. Es ist somit zu vermuten, dass die zunehmende Verbreitung von Handelsmarken und der damit verbundene Rückgang der Anzahl gelisteter Markenartikel zunehmend dazu führt, dass lediglich die marktführenden Markenartikel (A-Markenartikel) noch in den jeweiligen Verkaufsstellen der einzelnen Betriebsformen enthalten sind. Diese sind in der Regel weniger häufig Gegenstand von Aktionen.

In **Phase 3** erodiert die artikelinduzierte Profilierung von Markenartikeln weiterhin stark (die Anzahl gelisteter Markenartikel nimmt stark ab, während die Anzahl gelisteter Handelsmarken nur noch schwach ansteigt). In einigen Betriebsformen, wie z. B. in der Betriebsform Supermarkt bzw. Discounter wird eine weitere Reduktion der

Anzahl gelisteter Handelsmarken in Artikelgruppe 1 (-0,004) bzw. Artikelgruppe 2 (-0,376) vorgenommen. Es ist somit eine deutliche **Abschottung des Wettbewerbs** zu erkennen, in deren Folge auch die aktionsinduzierte Profilierung von Markenartikeln stark erodiert.

Fasst man die Ergebnisse dieses Abschnitts zusammen, so kann festgehalten werden, dass der Handel eine systematische Reduktion der Anzahl an Preisaktionen von Markenartikeln mit zunehmender Verbreitung von Handelsmarken vornimmt. Somit konnte die These von LAL 1990a und b sowie PAUWELS/SRINIVASAN 2004 widerlegt werden, dass Hersteller von Markenartikeln mit einer Erhöhung der Anzahl an Preisaktionen auf eine zunehmende Verbreitung von Handelsmarken reagieren.[173] Insgesamt zeigt sich, dass der Rückgang der Aktionshäufigkeit von Markenartikeln auf die Abnahme der Anzahl gelisteter Markenartikel in den untersuchten Artikelgruppen zurückgeführt werden kann. Gleichzeitig steigt die Anzahl gelisteter Handelsmarken. Dies führt jedoch in der Regel nicht zu einem Anstieg der Artikelvielfalt, sondern zu einer Abnahme in den untersuchten Artikelgruppen.

3.4.3. Auswirkungen auf den Gesamtabsatz sowie den Gesamtumsatz

In diesem Abschnitt soll der Blick auf die ökonomischen Zielgrößen der zunehmenden Verbreitung von Handelsmarken gelenkt werden. Zu diesem Zwecke wird das Preisniveau der Artikelgruppen, dessen Indikatoren bereits in den vorhergehenden Abschnitten untersucht wurden, mit den exemplarisch gewählten Zielgrößen ‚Gesamtabsatz‘ und ‚Gesamtumsatz‘[174] der Betriebsformen verknüpft.

---

173 Diese findet sich u. a. bei LAL 1990a und b sowie PAUWELS/SRINIVASAN 2004.

174 Hierbei handelt es sich um den normierten Gesamtumsatz, d. h. dieser ergibt sich als Produkt aus dem Gesamtabsatz und dem normierten sowie deflationierten Preisniveau der jeweils betrachteten Artikelgruppe.

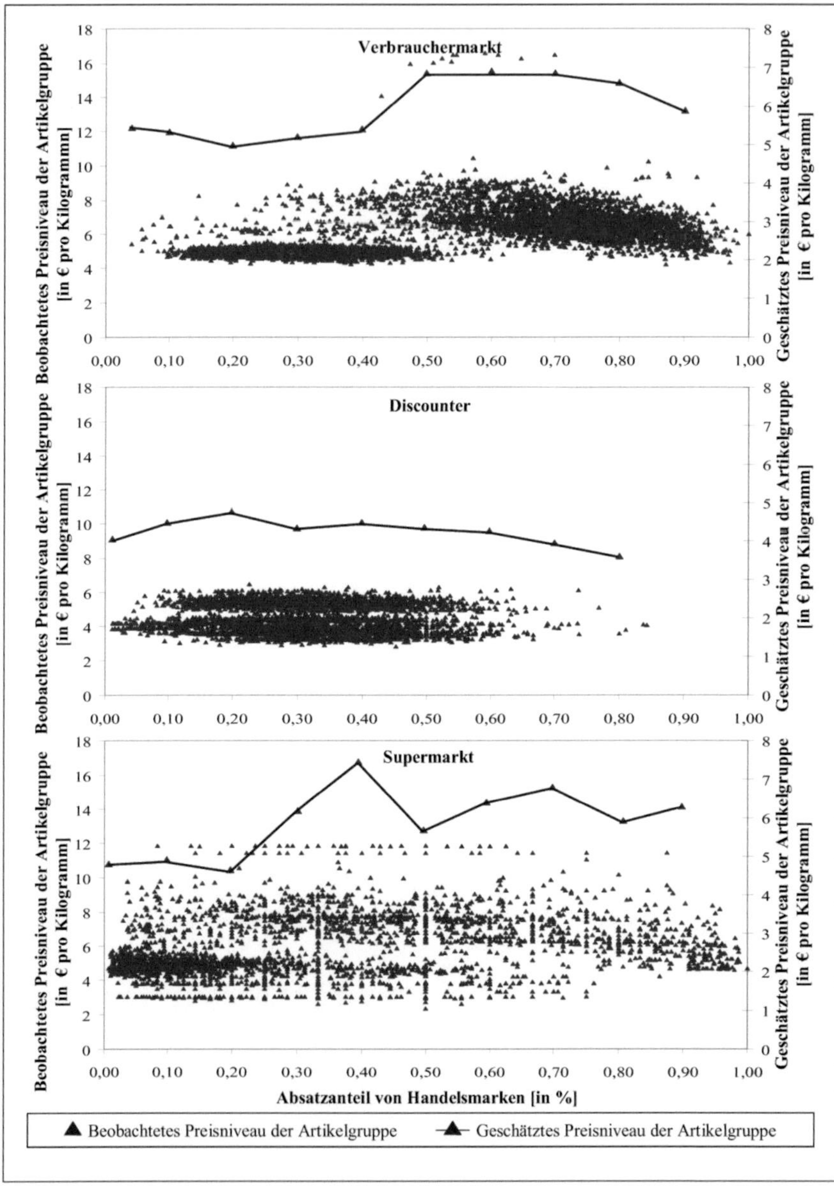

Abb. 24: Absatzanteil von Handelsmarken, beobachtetes und geschätztes Preisniveau der Artikelgruppe 1

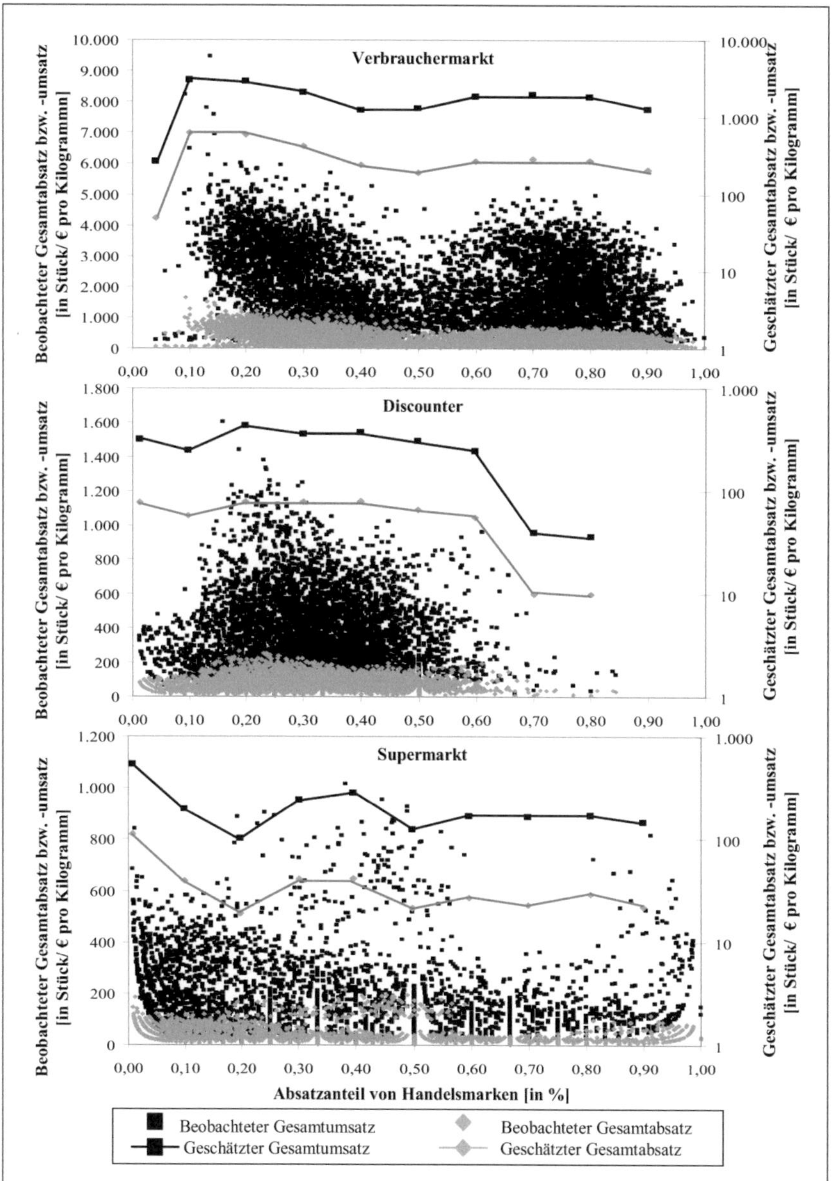

Abb. 25: Absatzanteil von Handelsmarken, beobachteter und geschätzter Gesamtabsatz sowie -umsatz der Artikelgruppe 1

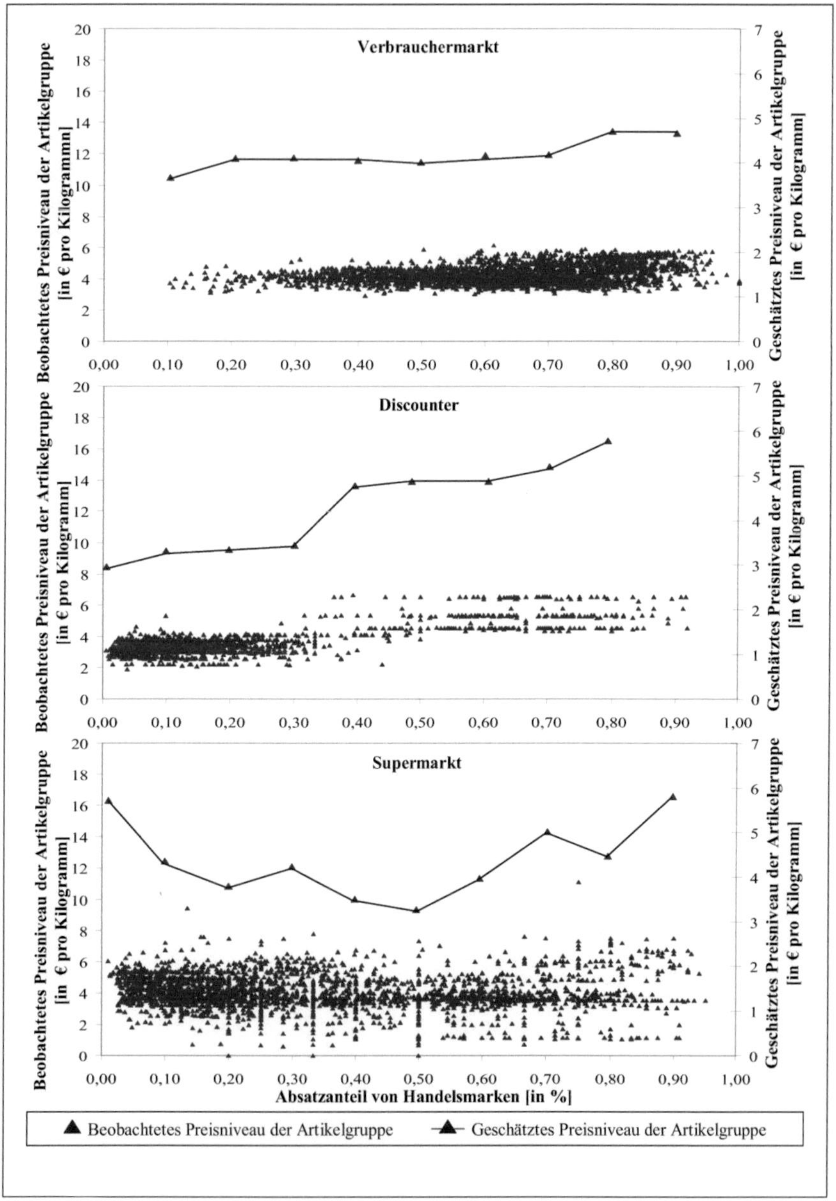

Abb. 26: Absatzanteil von Handelsmarken, beobachtetes und geschätztes Preisniveau der Artikelgruppe 2

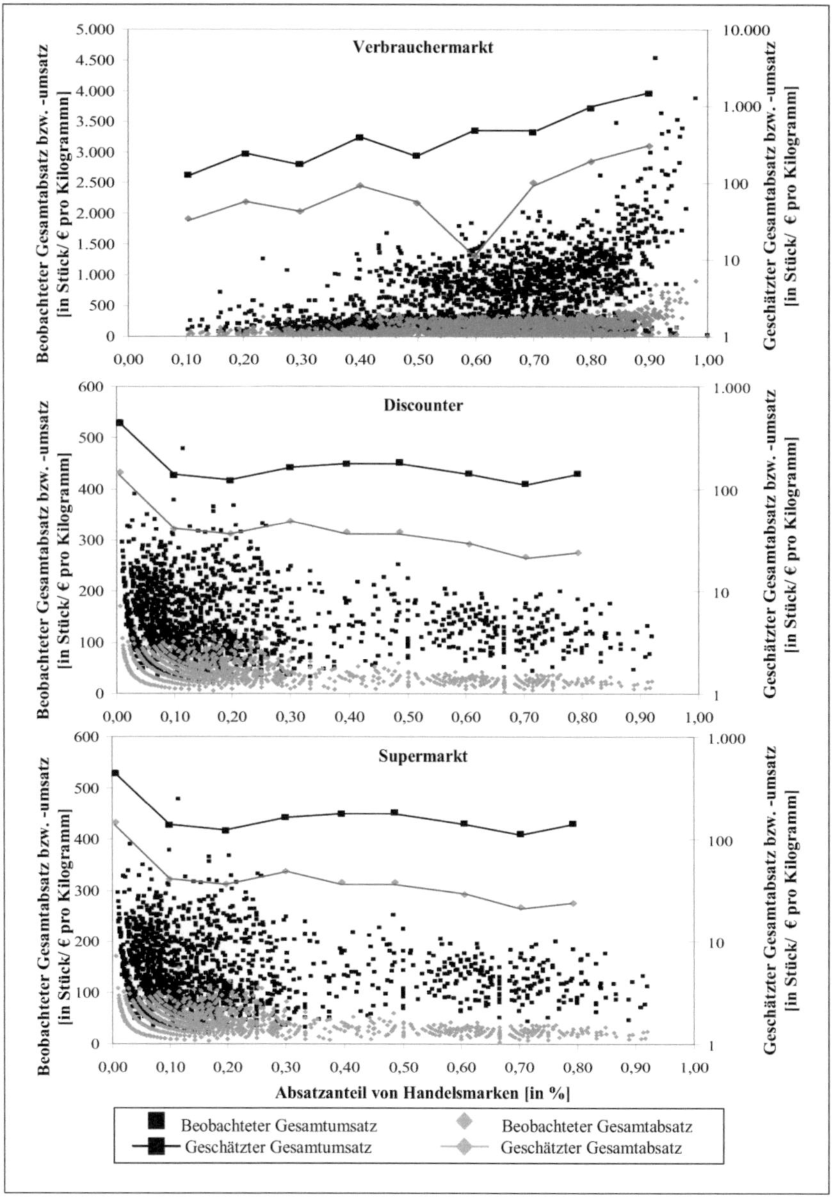

Abb. 27: Absatzanteil von Handelsmarken, beobachteter und geschätzter Gesamtabsatz sowie -umsatz der Artikelgruppe 2

	a_{HM}	VERBRAUCHERMARKT						DISCOUNTER						SUPERMARKT					
		A_{AG}	$\hat{A}_{AG}$	U_{AG}	$\hat{U}_{AG}$	P_{AG}	$\hat{P}_{AG}$	A_{AG}	$\hat{A}_{AG}$	U_{AG}	$\hat{U}_{AG}$	P_{AG}	$\hat{P}_{AG}$	A_{AG}	$\hat{A}_{AG}$	U_{AG}	$\hat{U}_{AG}$	P_{AG}	$\hat{P}_{AG}$
ARTIKELGRUPPE 1	0,10	40	619	259,47	3038,05	6,49	5,33	102	58	429,15	247,34	4,21	4,48	81	40	386,75	197,98	4,77	4,91
	0,20	706	595	3566,67	2958,20	5,05	4,48	161	79	677,39	431,58	4,21	4,76	91	19	431,92	101,16	4,75	4,65
	0,30	637	421	13257,00	2123,87	5,11	5,20	167	79	867,2	360,17	5,19	4,34	146	41	729,06	240,47	4,99	6,18
	0,40	378	239	1828,66	1233,23	4,84	5,40	148	79	776,91	370,44	5,25	4,48	38	42	358,00	285,23	9,42	7,45
	0,50	387	191	2436,65	1315,26	6,30	6,85	165	66	829,43	310,3	5,03	4,36	155	22	736,00	125,37	4,75	5,69
	0,60	547	269	3848,47	1861,39	7,03	6,90	77	56	391,32	244,25	5,08	4,26	37	27	142,30	168,28	3,85	6,41
	0,70	533	286	3424,58	1973,89	6,42	6,85	10	10	39,48	39,48	3,95	3,95	33	23	251,42	164,92	7,62	6,80
	0,80	304	273	1887,82	1829,34	6,21	6,60	10	10	36,00	36,00	3,60	3,60	57	29	324,45	170,37	5,69	5,29
	0,90	101	207	526,37	1260,32	5,21	5,89	-	-	-	-	-	-	59	22	435,32	145,47	7,38	6,30
	1,00	62	62	372,37	372,37	6,00	6,00	-	-	-	-	-	-	32	29	150,08	135,88	4,69	4,68
ARTIKELGRUPPE 2	0,10	29	34	107,53	124,74	3,70	3,67	71	41	378,59	135,72	5,33	3,31	172	40	766,26	176,21	4,46	4,35
	0,20	83	56	366,18	235,69	4,41	4,10	71	36	214,69	121,06	3,02	3,34	96	23	527,50	93,60	5,50	3,79
	0,30	37	43	160,60	173,86	4,34	4,11	10	48	36,05	163,15	3,60	3,44	77	28	482,30	131,60	6,26	4,23
	0,40	273	93	1076,40	383,66	3,94	4,05	43	38	177,32	176,13	4,12	4,78	83	23	457,80	99,90	5,52	3,51
	0,50	239	55	973,70	224,79	4,07	4,02	35	38	158,96	181,15	4,54	4,88	105	33	378,50	122,36	3,60	3,27
	0,60	282	11	1422,12	479,76	5,04	4,16	33	29	177,11	142,11	5,37	4,88	47	37	202,36	148,93	4,31	3,97
	0,70	293	101	1517,15	455,06	5,18	4,18	37	22	168,04	112,71	4,54	5,20	47	32	197,77	142,14	4,20	5,01
	0,80	243	190	1193,43	940,25	5,10	4,70	28	24	185,59	140,83	6,40	5,78	54	23	191,25	94,40	3,54	4,46
	0,90	20	304	67,33	1463,00	3,37	4,66	11	14	71,69	88,38	6,52	6,31	39	18	138,13	96,57	3,54	5,81
	1,00	8	8	31,56	31,06	3,88	3,79	-	-	-	-	-	-	41	41	145,20	145,20	3,54	3,54

a_{HM} Absatzanteil von Handelsmarken A_{AG} Beobachteter Gesamtabsatz $\hat{A}_{AG}$ Geschätzter Gesamtabsatz

U_{AG} Beobachteter Gesamtumsatz $\hat{U}_{AG}$ Geschätzter Gesamtumsatz P_{AG} Beobachtetes Preisniveau der Artikelgruppe $\hat{P}_{AG}$ Geschätztes Preisniveau der Artikelgruppe

Abb. 28: Beobachtetes und mittels nichtparametrischer Regression geschätztes Preisniveau der Artikelgruppen, Gesamtabsatz sowie -umsatz

Die Auswahl erfolgte, um diejenigen Auswirkungen zu bestimmen, die sich aus einer zunehmenden Verbreitung von Handelsmarken auf das Marktvolumen der betrachteten Betriebsformen ergeben. Dieses lässt sich zum einen mengenmäßig über die Summe der Absätze von Markenartikeln und von Handelsmarken und zum anderen wertmäßig über die Summe der Umsätze von Markenartikeln und von Handelsmarken erfassen.[175] Untersuchungen, die sich mit den Auswirkungen von Handelsmarken auf das Marktvolumen befassen, gibt es nur selten im wissenschaftlichen Schrifttum.[176]

Die Abbildungen 24 bis 27 zeigen auf der Primärachse das beobachtete (tatsächliche) Preisniveau der Artikelgruppen sowie die beobachteten (tatsächlichen) Gesamtabsätze bzw. -umsätze in Abhängigkeit vom Absatzanteil von Handelsmarken getrennt nach Betriebsformen. Zur grafischen Veranschaulichung der Wirkungszusammenhänge finden sich auf der Sekundärachse jeweils das mittels nichtparametrischer Regression geschätzte Preisniveau der Artikelgruppen sowie die geschätzten Gesamtabsätze und -umsätze der untersuchten Betriebsformen.

Abbildung 28 zeigt eine Gegenüberstellung des beobachteten sowie des mittels nichtparametrischer Regression geschätzten Preisniveaus der Artikelgruppen, des Gesamtabsatzes sowie -umsatzes in Abhängigkeit vom Absatzanteil von Handelsmarken.

Aufgrund der bereits in *Abschnitt 3.4.1.* dargestellten Eigenschaften des verwendeten Schätzers werden die Wirkungszusammenhänge wiederum mithilfe einer Analyse der (standardisierten) Regressionskoeffizienten überprüft (vgl. Abb. 29). Es ergeben sich die folgenden Ergebnisse:

175 Vgl. hierzu auch OLBRICH/GREWE 2007, S. 16.

176 Vgl. die empirischen Untersuchungen von CHINTAGUNTA/BONFRER/SONG 2002, die im Einzelfall Steigerungen der betrachteten ökonomischen Zielgrößen feststellen konnten sowie die von RAJU/SETHURAMAN/DHAR 1995, die weder einen signifikant positiven noch negativen Einfluss der Einführung von Handelsmarken auf den Gesamtabsatz in einer Artikelgruppe feststellen konnten. Darüber hinaus prognostizierten MCGOLDRICK 2002 und GILBERT 2003 einen Anstieg der Gesamtabsätze bzw. -umsätze als Folge der Verbreitung von Handelsmarken, ohne diesen empirisch aufzuzeigen. Vgl. zu diesen Literaturauswertungen OLBRICH/GREWE 2007, S. 17.

- In der Betriebsform **Verbrauchermarkt** zeigt sich ein starker bzw. moderater Anstieg des Preisniveaus der Artikelgruppen (+0,569 bzw. +0,284). In Artikelgruppe 1 ergibt sich eine z. T. recht ausgeprägte negative Wirkung auf den Gesamtabsatz sowie -umsatz (-0,450 bzw. -0,257). In Artikelgruppe 2 besitzt das steigende Preisniveau der Artikelgruppe sogar positive Auswirkungen auf die gewählten Zielgrößen; Gesamtabsatz und -umsatz steigen stark an (+0,402 bzw. +0,423).

- In der Betriebsform **Discounter** zeigt sich ein schwacher Rückgang des Preisniveaus von Artikelgruppe 1 (-0,081). Dies hat jedoch negative Auswirkungen auf den Gesamtabsatz bzw. -umsatz, diese sinken leicht (-0,072 bzw. -0,076). Im Gegensatz dazu steigt das Preisniveau von Artikelgruppe 2 stark an (+0,800). Auch hier ergeben sich negative Auswirkungen auf die betrachteten Zielgrößen; Gesamtabsatz und -umsatz sinken stark bzw. moderat (-0,397 bzw. -0,135).

	Artikelgruppe 1			Artikelgruppe 2			Artikelgruppen-übergreifend		
Betriebsform	P_{AG}	A_{AG}	U_{AG}	P_{AG}	A_{AG}	U_{AG}	P_{AG}	A_{AG}	U_{AG}
Verbrauchermarkt	0,569**	-0,450**	-0,257**	0,284**	0,402**	0,423**	**0,280****	**-0,405****	**-0,267****
Discounter	-0,081**	-0,072**	-0,076**	0,800**	-0,379**	-0,135**	**0,330****	***0,006*** ns	**0,062****
Supermarkt	0,261**	-0,180**	-0,112**	-0,090**	-0,130**	-0,159**	**0,134****	**-0,161****	**-0,126****
Betriebsformen-übergreifend	**0,459****	**0,053****	**0,182****	**0,236****	**0,388****	**0,405****	**0,342****	**0,088****	**0,174****

P_{AG} Preisniveau der Artikelgruppe A_{AG} Gesamtabsatz der Artikelgruppe
U_{AG} Gesamtumsatz der Artikelgruppe (normiert)

ns Der Zusammenhang ist nicht signifikant.
* Der Zusammenhang ist auf dem Niveau von 0,05 signifikant.
** Der Zusammenhang ist auf dem Niveau von 0,01 signifikant.

Abb. 29: Regressionskoeffizienten zwischen dem Absatzanteil von Handelsmarken, dem Preisniveau der Artikelgruppen sowie dem Gesamtabsatz bzw. -umsatz

- In der Betriebsform **Supermarkt** steigt das Preisniveau von Artikelgruppe 1 moderat an (+0,261). In Artikelgruppe 2 zeigt sich ein schwacher Rückgang des Preisniveaus (-0,090). In beiden Artikelgruppen ergeben sich negative Wirkungen auf den Gesamtabsatz sowie -umsatz, diese sinken schwach.

Insgesamt zeigt sich somit, dass die zunehmende Verbreitung von Handelsmarken lediglich in der Betriebsform Verbrauchermarkt zu einer Steigerung des Gesamtumsatzes von Artikelgruppe 2 führt (+0,423). Ursächlich hierfür ist vermutlich die Preistaktik des ‚Umbrella Pricing'. Das Preisniveau der Artikelgruppe steigt (+0,284) infolge des starken Preisanstiegs von Markenartikeln (vgl. Abb. 18).

Gleichzeitig werden Handelsmarken besonders günstig angeboten (das Preisniveau von Handelsmarken sinkt). Dies bewirkt einen Mehrabsatz von Handelsmarken, der zu einem Anstieg des Gesamtabsatzes der Artikelgruppe führt (+0,402). Im Gegensatz dazu zeigt sich in Artikelgruppe 1 ein Rückgang des Gesamtabsatzes bzw. -umsatzes (-0,450 bzw. -0,257). Den Betriebsformen Discounter und Supermarkt gelingt es ebenfalls nicht, eine positive Wirkung auf den Gesamtabsatz sowie -umsatz der Artikelgruppen zu erzielen.[177]

Sowohl betriebsformen- als auch artikelgruppenübergreifend bestätigt sich der Anstieg des Preisniveaus (vgl. Abb. 92 und Abb. 93 im Anhang der Arbeit). Die hochaggregierte Betrachtung vermag es jedoch nicht, die negativen Wirkungen auf das Marktvolumen einzelner Betriebsformen des Handels aufzudecken: Gesamtabsatz und -umsatz steigen (+0,088 bzw. +0,174).

Die phasenspezifische Betrachtung zeigt die folgenden wettbewerbsgerichteten Interaktionen zwischen den untersuchten Betriebsformen des Handels auf (vgl. die in Abb. 30 dargestellten (standardisierten) Regressionskoeffizienten):

177 OLBRICH/GREWE 2007, S. 36 ff. zeigen, dass die Verbreitung von Handelsmarken einen Rückgang der Gesamtabsätze bzw. -umsätze von Artikelgruppe 1 bewirkt.

		Artikelgruppe 1			Artikelgruppe 2			Artikelgruppen-übergreifend		
Betriebsform	**Phasen**	P_{AG}	A_{AG}	U_{AG}	P_{AG}	A_{AG}	U_{AG}	P_{AG}	A_{AG}	U_{AG}
Verbrauchermarkt	Phase 1	-0,230**	*0,045*^{ns}	*0,044*^{ns}	*-0,028*^{ns}	*0,010*^{ns}	*0,023*^{ns}	-0,156**	*0,055*^{ns}	*0,054*^{ns}
	Phase 2	-0,105**	-0,371**	-0,369**	*0,100*^{ns}	*0,009*^{ns}	0,027*	*-0,005*^{ns}	-0,401**	-0,400**
	Phase 3	*0,007*^{ns}	0,057**	0,094**	0,292**	0,397**	0,423**	0,150**	0,208**	0,221**
Discounter	Phase 1	0,226**	0,230**	0,276**	0,094**	-0,178**	-0,150**	0,415**	0,250**	0,344**
	Phase 2	-0,094**	-0,069**	-0,087**	0,370**	-0,261**	-0,163**	*-0,026*^{ns}	*-0,025*^{ns}	-0,037*
	Phase 3	*-0,026*^{ns}	-0,170**	-0,142**	0,274**	-0,337**	-0,222**	0,362**	-0,456**	-0,363**
Supermarkt	Phase 1	-0,058*	-0,279**	-0,266**	-0,202**	-0,110**	-0,166**	-0,137**	-0,218**	-0,241**
	Phase 2	0,127**	*-0,038*^{ns}	*0,006*^{ns}	-0,100**	*-0,051*^{ns}	*-0,044*^{ns}	0,077**	*-0,044*^{ns}	*-0,006*^{ns}
	Phase 3	*-0,049*^{ns}	-0,131**	-0,126**	0,198**	-0,132**	-0,107**	0,059**	-0,132**	-0,107**
Betriebsformen-übergreifend	Phase 1	-0,049**	0,303**	0,304**	*0,032*^{ns}	-0,158**	-0,122**	0,090**	0,265**	0,271**
	Phase 2	*-0,004*^{ns}	-0,192**	-0,192**	*0,014*^{ns}	*0,046*^{ns}	*0,062*^{ns}	*0,015*^{ns}	-0,154**	-0,153**
	Phase 3	*0,294***	0,267**	0,309**	0,221**	0,318**	0,343**	0,216**	0,259**	0,278**

P_{AG} Preisniveau der Artikelgruppe A_{AG} Gesamtabsatz U_{AG} Gesamtumsatz (normiert)

ns Der Zusammenhang ist nicht signifikant.
* Der Zusammenhang ist auf dem Niveau von 0,05 signifikant.
** Der Zusammenhang ist auf dem Niveau von 0,01 signifikant.

Abb. 30: Phasenspezifische Regressionskoeffizienten zwischen dem Absatzanteil von Handelsmarken, dem Preisniveau der Artikelgruppen sowie dem Gesamtabsatz bzw. –umsatz

- In **Phase 1** steigen Gesamtabsatz und -umsatz der Betriebsform Verbrauchermarkt bei insgesamt moderat bzw. schwach sinkendem Preisniveau (-0,230 bzw. -0,028) leicht an. Auch in der Betriebsform Discounter zeigt sich ein moderater

Anstieg des Gesamtabsatzes und -umsatzes von Artikelgruppe 1 (+0,230 bzw. +0,276). Das Preisniveau steigt moderat (+0,226). In der Betriebsform Supermarkt sinkt das Preisniveau der Artikelgruppen schwach bis moderat (-0,058 bzw. -0,202), dies führt jedoch nicht zu einem Anstieg des Gesamtabsatzes bzw. -umsatzes; diese gehen leicht zurück.

- In **Phase 2** sinken Gesamtabsatz und -umsatz in allen betrachteten Betriebsformen. Lediglich in der Betriebsform Verbrauchermarkt zeigt sich ein schwacher Anstieg des Gesamtabsatzes bzw. -umsatzes (+0,009 bzw. +0,027) bei leicht ansteigendem Preisniveau von Artikelgruppe 2 (+0,100). In der Betriebsform Discounter (Supermarkt) zeigt sich ein moderater (schwacher) Anstieg des Preisniveaus von Artikelgruppe 2 (Artikelgruppe 1) (+0,370 bzw. +0,127), in allen anderen Fällen sinkt es.

- In **Phase 3** steigen Gesamtabsatz und -umsatz der Betriebsform Verbrauchermarkt insbesondere in Artikelgruppe 2 stark an (+0,397 bzw. +0,423). Das Preisniveau beider Artikelgruppen steigt schwach bzw. moderat (+0,007 bzw. +0,292). Den Betriebsformen Discounter und Supermarkt gelingt es hingegen nicht, trotz eines z. T. recht stark sinkenden Preisniveaus, eine positive Wirkung auf den Gesamtabsatz bzw. -umsatz der Artikelgruppen zu erzielen.

Ursächlich für den Anstieg des Gesamtumsatzes der Betriebsform Verbrauchermarkt in **Phase 1** (+0,054) ist vermutlich der Rückgang des Preisniveaus von Markenartikeln im Rahmen der **Angleichung der Preisniveaus der Artikelgruppen** (vgl. Abb. 18).

Dieser führt zu einem Mehrabsatz von Markenartikeln, in dessen Folge der Gesamtabsatz steigt (+0,055). Auch in der Betriebsform Discounter steigt der Gesamtumsatz von Artikelgruppe 1 (+0,276). Ursächlich hierfür ist jedoch vermutlich der Rückgang des Preisniveaus von Handelsmarken, der einem Anstieg des Gesamtabsatzes bewirkt (+0,230). Es ist somit zu vermuten, dass die Nachfrager Markenartikel insbesondere in der Betriebsform Verbrauchermarkt kaufen, während in der Betriebsform Discounter vor allem Handelsmarken nachgefragt werden. In der Folge gelingt es der Betriebsform Supermarkt nicht, trotz eines Rückgangs des Preisniveaus der Artikelgruppe (-0,137), eine Steigerung des Gesamtabsatzes zu erzielen (-0,218). Dies liegt vermutlich daran, dass die Nachfrager das Preisniveau von Markenartikeln (Handelsmarken) im Vergleich zu den Verbrauchermärkten (Discountern) als zu hoch empfinden. In der Folge sinkt der Gesamtumsatz (-0,241).

In **Phase 2** sinkt das Preisniveau der Betriebsform Verbrauchermarkt (-0,005). Ursächlich hierfür ist vermutlich der Rückgang des Preisniveaus von Handelsmarken (vgl. Abb. 18). In der Betriebsform Discounter (Supermarkt) sinkt das Preisniveau von Artikelgruppe 1 (Artikelgruppe 2). Dies geht vermutlich auf den Rückgang des Preisniveaus von Markenartikeln zurück. Der Rückgang des Preisniveaus führt jedoch nicht zu einem Anstieg des Gesamtabsatzes in den Betriebsformen (-0,025 bzw. -0,044). Es ist somit zu vermuten, dass die Nachfrager ein selektives Kaufverhalten zeigen: sie vergleichen die Preise von Markenartikeln und von Handelsmarken und kaufen dort, wo sie diese jeweils am günstigsten erwerben können. Die Preisgestaltungsfreiheit der einzelnen Betriebsformen ist im **Interbetriebsformenwettbewerb** somit gewissermaßen eingeschränkt. Der Preiswettbewerb findet zwischen den Betriebsformen auf gleichem Niveau statt. In der Folge sinkt der Gesamtumsatz in allen Betriebsformen.

In **Phase 3** steigt der Gesamtabsatz der Betriebsform Verbrauchermarkt (+0,208). Dies geht im Wesentlichen auf den starken Anstieg des Gesamtabsatzes von Artikelgruppe 2 zurück (+0,397). Ursächlich hierfür ist das stark sinkende Preisniveau von Handelsmarken (vgl. Abb. 18). Gleichzeitig steigt das Preisniveau von Markenartikeln stark an. Es zeigt sich eine positive Wirkung auf den Gesamtumsatz (+0,423). In Artikelgruppe 1 geht der Anstieg des Gesamtabsatzes (+0,057) vermutlich auf den Rückgang des Preisniveaus von Markenartikeln zurück. Gleichzeitig steigt das Preisniveau von Handelsmarken stark an (vgl. Abb. 18). Es ist somit zu vermuten, dass es den Verbrauchermärkten gelungen ist, eine **Abschottung des Wettbewerbs** zu erreichen, die sich positiv auf den Gesamtumsatz der Verkaufsstellen auswirkt. Den Betriebsformen Discounter und Supermarkt gelingt es hingegen nicht, eine Steigerung des Gesamtabsatzes (-0,456 bzw. -0,132) trotz z. T. sinkender Preise zu erzielen. Auch der Gesamtumsatz sinkt (-0,363 bzw. -0,107).

Betrachtet man die Ergebnisse dieses Abschnitts im Überblick, so fällt auf, dass es nur wenigen Betriebsformen gelingt, im Rahmen der zunehmenden Verbreitung von Handelsmarken eine positive Wirkung auf den Gesamtabsatz bzw. -umsatz der untersuchten Artikelgruppen zu erzielen:

So können insbesondere die Betriebsformen Verbrauchermarkt und Discounter mit der Einführung von Handelsmarken (Phase 1) eine Steigerung des Gesamtsabsatzes bzw. -umsatzes der Artikelgruppen erreichen. Ursächlich hierfür ist der starke Preisrückgang von Markenartikeln in der Betriebsform Verbrauchermarkt sowie z. T. von Handelsmarken (nur Artikelgruppe 1) in der Betriebsform Discounter (vgl. Abb. 18). Der Betriebsform Supermarkt gelingt es trotz einer Absenkung des Preisniveaus der Artikelgruppen nicht, eine positive Wirkung auf den Gesamtabsatz bzw. -umsatz zu erzielen, da sich diese in dieser Phase scheinbar keine Positionierungsvorteile verschaffen kann: Markenartikel werden in der Betriebsform Verbrauchermarkt günstiger angeboten und Handelsmarken in der Betriebsform Discounter.

Findet der Wettbewerb zwischen den Betriebsformen hingegen auf gleichem Preisniveau statt (Phase 2) so ist keine der untersuchten Betriebsformen in der Lage, sich Vorteile im Interbetriebsformenwettbewerb zu verschaffen: Gesamtabsatz und -umsatz aller Betriebsformen sinken. Kann sich eine Betriebsform hingegen von diesem Wettbewerb abschotten (wie es z. B. der Betriebsform Verbrauchermarkt in Phase 3 gelungen ist) so ist es möglich, trotz eines steigenden Preisniveaus eine Steigerung des Gesamtsabsatzes bzw. -umsatzes zu erzielen (vgl. zu diesen Zusammenhängen auch Abb. 94 und Abb. 95 im Anhang der Arbeit).

3.5. Synopse zum dritten Kapitel

Die Auswertung der Literatur lieferte zunächst hinsichtlich der Auswirkungen der zunehmenden Verbreitung von Handelsmarken auf das Preisniveau im Handel ein widersprüchliches Bild: es wird sowohl ein steigendes als auch ein sinkendes Preisniveau von Markenartikeln und auch von Handelsmarken erwartet. Mit Blick auf den Preisabstand zwischen Markenartikeln und Handelsmarken wird hingegen davon ausgegangen, dass dieser mit zunehmender Verbreitung von Handelsmarken steigt.

Auch mit Blick auf die Aktionshäufigkeit von Markenartikeln (insbesondere Preisaktionen von Markenartikeln) konnte mit zunehmender Verbreitung von Handelsmarken bisher ein Anstieg beobachtet werden. In diesem Zusammenhang stellte sich jedoch die Frage, ob sich nicht zwangsläufig ein Rückgang der Aktionshäufigkeit von Markenartikeln einstellt, da die Verbreitung von Handelsmarken in der Regel zu Auslistungen und damit zu einer sinkenden Artikelvielfalt von Markenartikeln führt.

Vor dem Hintergrund, dass die einzelnen Betriebsformen des Handels untereinander im Wettbewerb stehen und in diesem divergierende preis- sowie sortimentspolitische Zielsetzungen mit Blick auf die Einführung von Handelsmarken in einer Artikelgruppe verfolgen, wurde eine Datenbasis aufgezeigt, die zu einer betriebsformenspezifischen Erfassung der Wirkungszusammenhänge geeignet ist. Mit dieser Datengrundlage konnten scheinbare Widersprüche in der Literatur, die im Rahmen von stärker aggregierten Analysen (insbesondere einer betriebsformenübergreifenden Betrachtung) festgestellt wurden, tiefergehend untersucht werden.

Um den im Rahmen der Literaturauswertung vorgefundenen Widersprüchen zu begegnen, wurden Hypothesen mit Blick auf die angenommenen Wirkungszusammenhänge zwischen der zunehmenden Verbreitung von Handelsmarken und dem Preisniveau, der Artikelvielfalt sowie der Aktionshäufigkeit von Markenartikeln in den einzelnen Betriebsformen des Handels abgeleitet.

Die vorgenommene empirische Untersuchung zeigt, dass die untersuchten Betriebsformen mit Blick auf die Profilierung von Handelsmarken Preistaktiken einsetzen, in deren Folge die preisinduzierte Profilierung von Markenartikeln erodiert. So steigt das Preisniveau von Markenartikeln in den Verbrauchermärkten beispielsweise stark an (Preistaktik des Umbrella Pricing), während es in den Discountern stark sinkt (Dauerniedrigpreise, u. U. Preistaktik der Preisschleuderei). Gleichzeitig steigt das Preisniveau von Handelsmarken mit zunehmender Verbreitung stark an, so dass der Preisabstand zwischen Markenartikeln und Handelsmarken sinkt.

Die zunehmende Verbreitung von Handelsmarken bewirkt in (fast) allen untersuchten Betriebsformen eine Erosion der artikelinduzierten Profilierung von Markenartikeln: die Anzahl gelisteter Handelsmarken steigt zulasten der Anzahl gelisteter Markenartikel an. Dies führt letztendlich dazu, dass auch die Aktionshäufigkeit von Markenartikeln erodiert. In Übereinstimmung mit den Ergebnissen der empirischen Untersuchung von OLBRICH/GREWE 2007 konnte somit festgestellt werden, dass der Anstieg der gelisteten Handelsmarken nicht zu einem Anstieg der Artikelvielfalt in den untersuchten Betriebsformen führt.

Die Erosion der preis-, der artikel- sowie der aktionsinduzierten Profilierung von Markenartikeln führt in (fast) allen untersuchten Betriebsformen zu einem Anstieg des Preisniveaus. Wie schon OLBRICH/GREWE 2007 zeigen konnten, gelingt es bei steigenden Preisniveaus nur wenigen Betriebsformen positive Wirkungen auf den Gesamtabsatz bzw. -umsatz zu erzielen. Der Gesamtabsatz bzw. -umsatz der untersuchten Artikelgruppen sinkt in einzelnen Betriebsformen. So verfolgen einzelne Betriebsformen mit der Führung von Handelsmarken also eher das Ziel, Verkaufsstellen konkurrierender Betriebsformen vom Markt zu drängen. Dies trägt u. U. zu einer Verschärfung des Konzentrationsprozesses im Handel bei.

Insgesamt konnte somit im Rahmen des vorliegenden Kapitels festgestellt werden, dass die Verbreitung von Handelsmarken derzeit in den untersuchten Artikelgruppen zu einem Anstieg des Preisniveaus bei abnehmender Artikelvielfalt führt. Diese Entwicklung wirkt sich in vielen Betriebsformen zunehmend negativ auf die Gesamtabsätze sowie -umsätze aus. Die Ergebnisse bestätigen somit in weiten Teilen diejenigen Ergebnisse, die im Rahmen der empirischen Untersuchung von OLBRICH/GREWE 2007 vorgefunden werden konnten.

4. Auswirkungen der Verbreitung von Handelsmarken auf den Wert von Markenartikeln

4.1. Systematisierung, Darstellung und kritische Würdigung von Ansätzen zur Messung des Markenwertes

4.1.1. Systematisierung der Ansätze

Die Notwendigkeit zu einer Erfassung des Wertes von Marken ist in zahlreichen Publikationen diskutiert worden und hat zu einer Vielzahl an Ansätzen geführt, die jeweils bestimmte Teilaspekte dieses komplexen Untersuchungsgegenstandes beleuchten. Die Markenbewertung erfährt in diesem Zusammenhang in der wissenschaftlichen Literatur nach nur einigen wenigen Beiträgen bis Ende der 80er Jahre heute gesteigerte Aufmerksamkeit.[178] Darüber hinaus bestätigen Untersuchungen die auch zukünftig noch steigende Bedeutung der Markenbewertung in der Unternehmenspraxis.[179] Dies führt dazu, dass in letzter Zeit verstärkt praxisorientierte Ansätze der Markenbewertung entwickelt werden.[180]

In der Literatur finden sich bereits einige Vorschläge, die Vielzahl an Ansätzen der Markenbewertung zu systematisieren.[181] So lassen sich die Verfahren zum einen nach dem *Prozess der Markenwertermittlung* strukturieren: RIEDEL 1996 unterscheidet zwischen Global- und Indikatormodellen[182], während KRIEGBAUM 2001 einstufige von

---

178 Vgl. KRANZ 2002, S. 430.

179 So zeigt eine von DREES durchgeführte Studie, dass die Ermittlung des Markenwertes für über die Hälfte der befragten Entscheider in Marketingfunktionen eine große bis sehr große Bedeutung für die Markenführung hat und auch zukünftig von einer steigenden Bedeutung auszugehen ist. Vgl. DREES 1999, S. 5 f. Gestützt werden die Aussagen durch Ergebnisse empirischer Untersuchungen von CRAVENS/GUILDING 2000 und 2001; PRICEWATERHOUSECOOPERS/SATTLER 1999 und 2005 sowie VÖLCKNER/PIRCHEGGER 2005.

180 Vgl. u. a. das ‚Brand Performance System' von AC NIELSEN, das Markenbewertungsmodell der Firma INTERBRAND sowie der ‚Brand Equity Evaluator' von BBDO CONSULTING. Eine ausführliche Darstellung dieser Modellansätze findet sich z. B. bei ZEDNIK/STREBINGER 2005, S. 112 ff.

181 Für einen Überblick vgl. BENTELE/BUCHELE/HOEPFNER/LIEBERT 2005, S. 36 f.

182 Vgl. RIEDEL 1996, S. 44 f.

zweistufigen Modellen abgrenzt[183]. BEKMEIER-FEUERHAHN 1998 bzw. SATTLER 2001 stellen schließlich kompositionelle und dekompositionelle Modelle gegenüber.[184] Andererseits bietet auch der *Zeithorizont der Markenwertermittlung* Möglichkeiten zu einer Systematisierung: Kurzfristige stehen langfristigen Ansätzen gegenüber[185] und substanzorientierte (also vergangenheits- bzw. gegenwartsbezogene) Markenwertbestimmungen werden von erfolgsorientierten (also zukunftsorientierten) Modellen unterschieden[186]. IRMSCHER 1997 stellt hingegen u. a. die *disziplinäre Breite* der Ansätze in den Mittelpunkt der Betrachtung und differenziert Total- von Partialmodellen.[187]

Tragfähig und sinnvoll mit Blick auf die Fragestellung des vorliegenden Kapitels erscheint jedoch eine Systematisierung auf Grundlage der *Zielgröße des Verfahrens*. In diesem Zusammenhang wird eine input-orientierte Perspektive verfolgt, d. h. die Systematisierung setzt an den zur Markenwertermittlung *verwendeten* Zielgrößen an. Sie ist insofern zu unterscheiden von der ebenfalls in der Literatur zu findenden output-orientierten Perspektive, bei der die Systematisierung an der Zielgröße des Verfahrens *selbst*, d. h. dem Markenwert, ansetzt. Eine output-orientierte Perspektive verfolgen z. B. WIRTZ/GÖTTGENS/DUNZ 2001, die monetäre von nichtmonetären Ansätzen unterscheiden.[188]

Somit soll die Vielzahl an Markenbewertungsverfahren ungeachtet aller Divergenzen im Detail zum einen in **vorökonomische Ansätze** und zum anderen in **ökonomische Ansätze** differenziert werden. Zwischen beiden Verfahrensgruppen bestehen insofern Verknüpfungen, als das vorökonomische Größen Effekte auf Zahlungsströme haben können und folglich als dritte Gruppe **integrierte Ansätze** in Betracht zu ziehen sind. Diese Art der Systematisierung wird schon seit geraumer Zeit in der Marketingliteratur

183 Vgl. KRIEGBAUM 2001, S. 89 ff.

184 Vgl. BEKMEIER-FEUERHAHN 1998, S. 68 und SATTLER 2001, S. 155.

185 Vgl. SATTLER 2001, S. 150.

186 Vgl. GREINERT 2002, S. 159.

187 Vgl. IRMSCHER 1997, S. 91.

188 Vgl. WIRTZ/GÖTTGENS/DUNZ 2001, S. 160.

angewandt und erscheint schlüssig.[189] Abbildung 31 zeigt die vorgenommene Systematisierung und gibt beispielhaft an, welche Zielgrößen jeweils Eingang finden können.

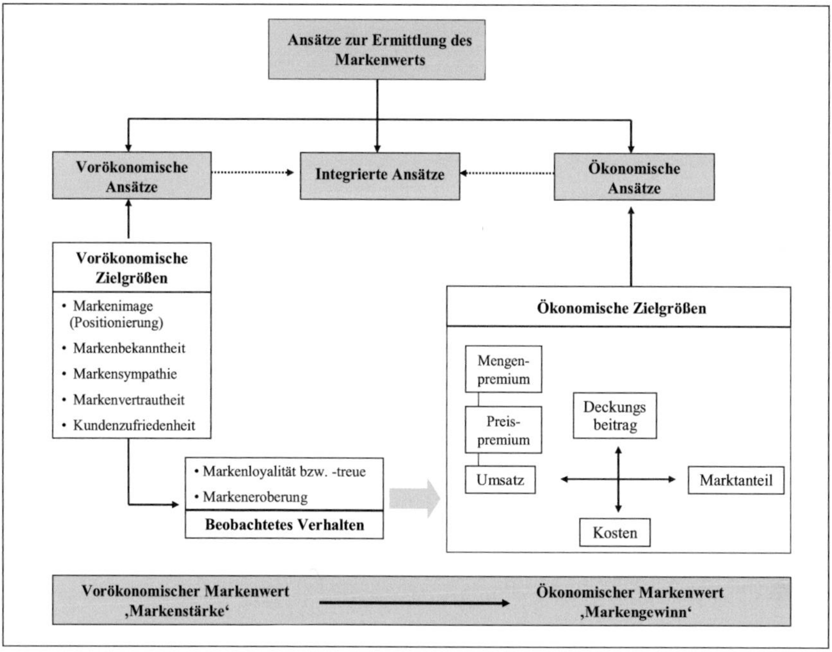

Abb. 31: Systematisierung von Ansätzen zur Ermittlung des Markenwertes[190]

Im Rahmen der weiteren Vorgehensweise sollen die wesentlichen Inhalte der systematisierten Ansätze kurz skizziert werden. Ansätze, die sich als besonders relevant für die Fragestellung des vorliegenden Kapitels erweisen, werden jeweils gesondert dargestellt und erläutert.

---

189 Vgl. BEKMEIER-FEUERHAHN 1998; HEIDER 2001 sowie ansatzweise FRANZEN/TROMMSDORFF/RIEDEL 1994; MEFFERT/KOERS 2001 sowie GERPOTT/THOMAS 2004.

190 Darstellung modifiziert entnommen aus MEFFERT/KOERS 2001, S. 300.

Wie gezeigt werden kann, hat sich bislang noch kein Messansatz als überlegen erwiesen. Nach wie vor stehen die drei Betrachtungsperspektiven nebeneinander. Dies liegt insbesondere daran, dass sich diese innerhalb der jeweiligen Ausrichtung in ihren Grundgedanken und ihrer Methodik stark voneinander unterscheiden.[191]

4.1.2. Vorökonomische Ansätze

Abbildung 32 gibt einen Überblick über ausgewählte Ansätze der Markenbewertung auf der Basis von vorökonomischen Zielgrößen. Ziel ist die Ermittlung eines vorökonomischen Markenwertes. Dieser findet Ausdruck in der sog. **Markenstärke** und wird häufig auch als psychographischer Markenwert bezeichnet.[192]

Eine Erklärung für die Bildung von Markenstärke liefert das Stimulus-Organismus-Response Modell (**SOR-Modell**).[193] Vorökonomische Ansätze der Markenbewertung sind vorrangig **Organismus-orientiert**. D. h. sie gehen von der Annahme aus, dass sich die Markenstärke und somit der vorökonomische bzw. psychographische Wert einer Marke durch kognitive und affektive Verarbeitungs- und Speicherprozesse beschreiben bzw. erfassen lässt.[194] In welchem Maße sich diese Prozesse letztendlich in einem ökonomisch messbaren Verhalten, wie z. B. dem Kauf der Marke niederschlagen, wird im Rahmen von vorökonomischen Ansätzen in der Regel nicht betrachtet (vgl. Abb. 33).

Die vorökonomischen Ansätze zur Markenbewertung setzen somit bei der konsumentenbezogenen Wirkung der Marke an und definieren diese als *„...ein in der Psyche des Konsumenten verankertes, unverwechselbares Vorstellungsbild von einem Produkt*

191 Vgl. BEKMEIER-FEUERHAHN 1998, S. 61.

192 Vgl. FARQUHAR 1990, S. 7 ff.; MEFFERT/KOERS 2001, S. 299 sowie KLANTE 2004, S. 49.

193 Vgl. hierzu ausführlich BEKMEIER-FEUERHAHN 1998, S. 110 f.; KROEBER-RIEL/WEINBERG 1999, S. 318 ff. und KOTLER/BLIEMEL 2001, S. 308 ff.

194 Vgl. ECHTERLING/FISCHER/KRANZ 2002, S. 8.

oder einer Dienstleistung... "[195]. Aufgrund des vorgelagerten Ursprungs der Markenstärke zu einem ökonomisch messbaren Verhalten (dem Kauf) wird in der Regel keine Quantifizierung in Geldeinheiten vorgenommen. Vielmehr ist die Markenstärke als eine dimensionslose Größe zu verstehen, die über ihre Wirkung Erfolgsbeiträge für den Markeninhaber generiert.[196] In der Folge wird der vorökonomische bzw. psychographische Markenwert häufig zur Markensteuerung und zur Wahrung der Markenkontinuität herangezogen.[197]

METHODE	DATENBASIS	ZIELGRÖßEN	ANSÄTZE
KOMPOSITIONELL ISOLIERT	Konsumenten-befragungen	*Isolierte* Messung der Zielgrößen, wie z. B.: - Markenbekanntheit - Markentreue - Markenqualitätseinschätzung	u. a. AAKER 1991; WINTERS 1991; FRANCOIS/MACLACHLAN 1995; AGARWAL/RAO 1996
KOMPOSITIONELL KOMBINIERT	Konsumenten-befragungen	*Kombinierte* Messung der Zielgrößen, wie z. B.: - Markenimage (mehrdimensional) - Markenbekanntheit und -qualität - Markenassoziationen (mehrdimensional) - Qualität, Image, Wert, Vertrauenswürdigkeit und -verbundenheit - Markenvertrautheit/-einschätzung - Markenbekanntheit, -qualität und -präferenz	u. a. AAKER 1991; WINTERS 1991; OWEN 1993; KELLER 1993; AAKER/JACOBSON 1994; COBB-WALGREN/RUBLE/DONTHU 1995; FRANCOIS/ MACLACHLAN 1995; KRISHNAN 1996; BUCHANAN/SIMMONS/BICKART 1999
DEKOMPOSITIONELL	Konsumenten-befragungen/ Paneldaten	- Markenpräferenz/-nutzen - Kaufintention - Marktanteil, der nicht auf kurzfristige Effekte von Marketingmixinstrumenten zurückzuführen ist (GfK-Markensimulator)	u. a. SRINIVASAN 1979; KAMAKURA/RUSSELL 1993; RANGASWAMY/BURKE/OLIVA 1993; MARETZKI/WILDNER 1994; FRANCOIS/MACLACHLAN 1995; AGARWAL/ RAO 1996; RAJH 2005

Abb. 32: Ausgewählte Ansätze der Markenbewertung auf der Basis von vorökonomischen Zielgrößen[198]

195 MEFFERT 2000, S. 847.

196 Vgl. KRANZ 2002, S. 435 f.

197 Vgl. ESCH 2000, S. 965.

198 Darstellung in Anlehnung an SATTLER 2001, S. 156.

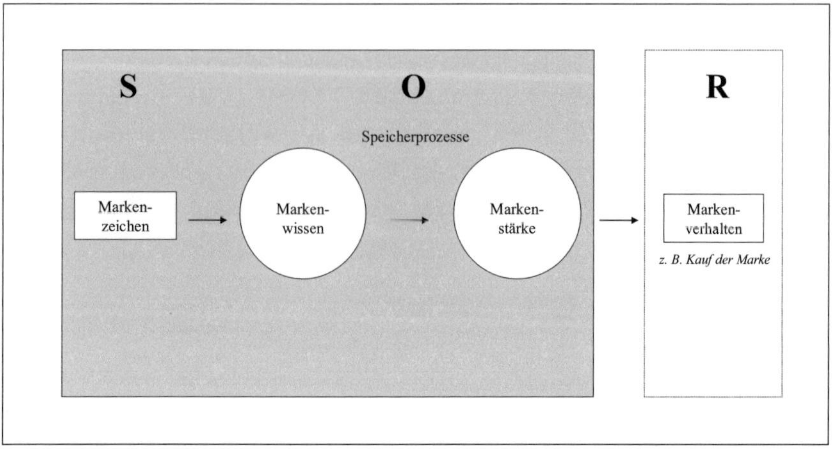

Abb. 33: Organismus-orientierte Markenbewertung (SO-Ansatz)[199]

Einen wesentlichen Beitrag zur Bildung von Markenstärke im Organismus der Konsumenten leistet das **Markenwissen**. Die Repräsentation von Markenwissen kann in Form assoziativer Netzwerke oder Schemata erfolgen.[200] Assoziative Netzwerke setzen sich aus Knoten und Kanten zusammen. Knoten stehen für spezifische Assoziationen bzw. Eigenschaften einer Marke, während die Kanten die einzelnen Assoziationen mit unterschiedlicher Intensität verbinden.[201] Das Markenwissen lässt sich nach KELLER 2001 anhand der Dimensionen Markenbekanntheit und Markenimage beschreiben bzw. operationalisieren (vgl. Abb. 34).[202]

Die **Markenbekanntheit** wird definiert als *„...die Fähigkeit des Verbrauchers, die Marke unter verschiedenen Bedingungen zu erinnern bzw. wieder zu erkennen...“*[203]. Sie kann in eine starke, ungestützte Form (Markenrecall oder aktive Markenbekannt-

---

199 In Anlehnung an KRIEGBAUM 2001, S. 76.

200 Vgl. z. B. ANDERSON 1983; DAWAR 1996; S. 191; SCHWEIGER/OTTER/STREBINGER 1997; ROEDDER JOHN/LOKEN/JOINER 1998, S. 20; MORRIN 1999, S. 518; BAUMGARTH 2001 sowie ESCH 1993 und 2003.

201 Vgl. ECHTERLING/FISCHER/KRANZ 2002, S. 10 ff. sowie CASPAR/METZLER 2002, S. 8.

202 Vgl. KELLER 2001, S. 1061 ff. sowie ESCH/GEUS 2001, S. 1033 ff.

203 KELLER 2001, S. 1061.

heit) und in eine schwächere, gestützte Form (Markenrecognition oder passive Markenbekanntheit) differenziert werden.[204] Die relative Bedeutung der ungestützten oder gestützten Bekanntheit hängt maßgeblich von den Kontextfaktoren und der Kaufsituation ab. So ist z. B. bei einer Entscheidung innerhalb einer Einkaufsstätte die ungestützte Bekanntheit weniger wichtig als bei einer Kaufentscheidung, die weitgehend losgelöst von externen Stimuli getroffen wird. Zudem ist der Grad des Involvement eine relevante Einflussgröße.[205] Bei geringem Involvement und ähnlichen Images zweier Marken kann die höhere Bekanntheit einer Marke u. U. eine positive Kaufentscheidung bewirken.[206]

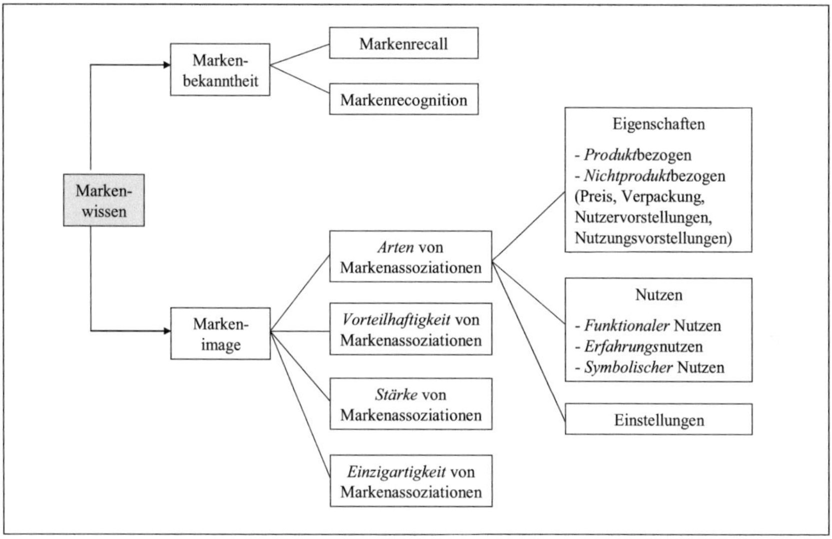

Abb. 34: Operationalisierung des Markenwissens[207]

---

204 Vgl. KELLER/HECKLER/HOUSTON 1998; MACINNIS/SCHAPIRO/MANI 1999 und ANDERSON 2007.

205 Vgl. hierzu vertiefend ECHTERLING/FISCHER/KRANZ 2002, 10 ff.

206 Vgl. ESCH/GEUS 2001, S. 1032 und KELLER 2001, S. 1061.

207 Darstellung entnommen aus KELLER 1993, S. 7 sowie TOMCZAK/REINECKE/KAETZKE 2004, S. 1828.

Nach Ansicht von KELLER 1993 ist die Markenbekanntheit keine hinreichende, sondern lediglich eine notwendige Bedingung dafür, dass eine Marke im Kaufentscheidungsprozess berücksichtigt wird.[208] Daneben spielt das Markenimage eine entscheidende Rolle. Das **Markenimage** bezeichnet die *„... Wahrnehmung und Bevorzugung der Marke auf der Basis verschiedener gespeicherter Markenassoziationen ...“*[209] und stellt somit das Ergebnis der nachfragerseitigen Wahrnehmung, Dekodierung und Akzeptanz der Marke dar.[210] Das Markenimage repräsentiert die Assoziationen innerhalb des Netzwerks. Diese können sowohl inhaltlich typologisiert als auch mit Blick auf ihre Art differenziert werden. Die inhaltlichen Typen von Assoziationen sind Eigenschaften, Nutzen und Gesamteindrücke (Einstellungen). Die Art der Assoziationen ergibt sich aus ihrer Stärke, Vorteilhaftigkeit und Einzigartigkeit.[211]

Neben den zentralen Größen der Markenbekanntheit und des Markenimage wird in der Praxis eine Vielzahl an weiteren vorökonomischen Zielgrößen zur Analyse der Wahrnehmung und Akzeptanz von Marken herangezogen. Als Beispiel seien hier stellvertretend die von AAKER 1991 genutzten Größen Markentreue, Bekanntheit des Namens, angenommene Qualität und andere Markenvorzüge wie z. B. der rechtliche Schutz einer Marke genannt.[212]

Um die vorökonomischen Zielgrößen zu erheben werden in der Regel Konsumentenbefragungen oder Panelerhebungen durchgeführt. Je nach Erhebungsmethode sind hier kompositionelle und dekompositionelle Verfahren zu unterscheiden.[213] Kompositionelle Verfahren[214] sind dadurch charakterisiert, dass die einzelnen Attribute einer

208 Vgl. KELLER 1993, S. 3 ff.

209 KELLER 2001, S. 1061.

210 Vgl. MEFFERT/KOERS 2001, S. 301.

211 Vgl. hierzu vertiefend ESCH 2000, S. 945 f.; KELLER 2001, S. 1062 sowie LANGNER 2003.

212 Vgl. AAKER 1991, S. 85. Weitere Einflussgrößen auf den (vorökonomischen) Markenwert finden sich u. a. bei SCHLABERG 1997, S. 184 ff.

213 Vgl. TROMMSDORFF 2004, S. 1867.

214 Vgl. die Ansätze von AAKER 1991; WINTERS 1991; OWEN 1993; KELLER 1993; AAKER/JACOBSON 1994; COBB-WALGREN/RUBLE/DONTHU 1995; FRANCOIS/MACLACHLAN 1995; KRISHNAN 1996; AGARWAL/RAO 1996 sowie BUCHANAN/SIMMONS/BICKART 1999.

Marke separat erhoben werden und erst im Anschluss daran zu einem Gesamturteil zusammengefügt werden. Im Gegensatz dazu wird im Rahmen von dekompositionellen Ansätzen[215] ein ganzheitlicher Markenwert erhoben, der im Anschluss in seine Einzelgrößen zerlegt wird.[216] Insbesondere dekompositionelle Maße, wie sie z. B. im Rahmen von conjointanalytischen Verfahren eingesetzt werden, weisen nach Ansicht von SATTLER 2000 aufgrund ihrer deutlichen Nähe zum Kaufentscheidungsprozess eine hohe Validität auf.[217]

Als Beispiel für einen Ansatz, der Paneldaten[218] zur Messung des Markenwertes nutzt, soll der Ansatz von KAMAKURA/RUSSELL 1993 einer näheren Betrachtung unterzogen werden. Anschließend soll der Ansatz von RAJH 2005 exemplarisch vorgestellt werden. Dort werden die vorökonomischen Größen des Markenwertes mithilfe einer Konsumentenbefragung erhoben. Der Markenwert wird schließlich im Rahmen einer kausalanalytischen Untersuchung ermittelt. Wie in Abschnitt 4.1.5. gezeigt werden wird, weisen die Ansätze eine besondere Relevanz mit Blick auf die Fragestellung des vorliegenden Kapitels auf.

4.1.2.1. Der Ansatz von KAMAKURA/RUSSEL

Einen Ansatz zur Erfassung der vorökonomischen Größen des Markenwertes auf der Basis von Paneldaten stellen KAMAKURA/RUSSELL 1993 vor. Ursächlich hierfür ist das Bemühen der Autoren, das aktuelle Kaufverhalten der Konsumenten unter realen Marktbedingungen abzubilden.

---

215 Vgl. die Ansätze von SRINIVASAN 1979; KAMAKURA/RUSSELL 1993; RANGASWAMY/BURKE/OLIVA 1993; MARETZKI/WILDNER 1994; FRANCOIS/MACLACHLAN 1995; AGARWAL/RAO 1996 sowie RAJH 2005.

216 Vgl. SATTLER 2000, S. 155.

217 Vgl. SATTLER 2000 sowie bereits FRANCOIS/MACLACHLAN 1995.

218 Zu den Formen und Erhebungsmethoden von Paneldaten vgl. GRÜNBLATT 2004; OLBRICH/GRÜNBLATT 2006 sowie Abschnitt 4.2.1. der Arbeit.

Die inhaltliche Erklärung des Markenwertes, den die Autoren als den *„...intrinsischen Nutzen(...), den ein Konsument einer Marke zuordnet...“*[219] verstehen, erfolgt über dessen Beeinflussbarkeit durch Marketingmaßnahmen.[220] Aus diesem Grund ermitteln die Autoren einen ganzheitlichen Markennutzen, der dann in eine nicht-markenspezifische (tangible) sowie eine markenspezifische (intangible) Nutzenkomponente dekomponiert wird, die den kumulativen Einfluss des Marketing-Mix abbilden sollen. Während die tangible Komponente den Nutzen der Marke abbildet, der aus den physisch-materiellen Eigenschaften der Marke (Name, Symbol, Design u. a.) resultiert, umfasst die intangible Komponente subjektiv wahrgenommene Markeneigenschaften wie z. B. den Wert oder die Personalität, die ein Konsument einer Marke zuschreibt.[221] Darüber hinaus berücksichtigt der Ansatz explizit kurzfristige situative Einflussfaktoren, wie z. B. die Anzahl an kürzlich wahrgenommenen Werbebotschaften oder die momentane Preisbereitschaft der Konsumenten.

Eine Validitätsprüfung wird im Rahmen einer empirischen Untersuchung von sieben führenden Markenartikeln der Artikelgruppe ‚Puderwaschmittel‘ auf dem US amerikanischen Markt vorgenommen. In diesem Zusammenhang berücksichtigen die Autoren auch Handelsmarken, die zu einer homogenen Gruppe zusammengefasst werden. Der Zeitraum der Untersuchung beträgt 51 Wochen (September 1987 bis einschließlich August 1988).

Die Autoren konnten zunächst feststellen, dass der Preis einer Marke einen großen situativen Einfluss auf die Markenwahl besitzt, während die Anzahl an wahrgenommenen Werbebotschaften keinen messbaren Einfluss auf den Markennutzen bzw. -wert ausübt. Darüber hinaus konnten sie zeigen, dass diejenigen Marken, die einen hohen Marktanteil sowie einen hohen Preis besitzen (d. h. die führenden Markenartikel), in der Regel auch einen hohen Markenwert erreichen.[222]

---

219 KAMAKURA/RUSSELL 1993, S. 10.

220 Vgl. FRANZEN/TROMMSDORFF/RIEDEL 1994, S. 1376.

221 Vgl. KAMAKURA/RUSSELL 1993, S. 13. Eine ähnliche Differenzierung findet sich auch bei DE CHERNATONY/DALL'OLMO RILEY 1998; HAIGH/KNOWLES 2004 sowie STERN 2006.

222 Vgl. KAMAKURA/RUSSELL 1993, S. 20.

4.1.2.2. Der Ansatz von RAJH

Auch RAJH 2005 stellt einen Ansatz vor, der darauf abzielt, die vorökonomischen Größen des Markenwertes über dessen Beeinflussbarkeit durch Marketingmaßnahmen zu erklären. In diesem Zusammenhang versteht der Autor den Markenwert als den „*...Unterschied in der Wahl der Konsumenten zwischen einem markierten und einem unmarkierten Produkt bei gleichen Produkteigenschaften*“[223].

Im Gegensatz zu dem Ansatz von KAMAKURA/RUSSELL 1993 beruht die Untersuchung von RAJH 2005 auf einer Befragung von 424 Studenten. Es werden zehn Marken aus drei Artikelgruppen (nichtalkoholische Getränke, Schokolade und Unterhaltungselektronik) untersucht. Der Einfluss der Marketingmaßnahmen auf den Markenwert wird schließlich mithilfe eines kausalanalytischen Strukturmodells überprüft (für eine vereinfachte Darstellung vgl. Abb. 35).

Im Modell von RAJH 2005 umfassen die exogenen latenten Variablen das Preisniveau, das Verkaufsstellenimage, die Distributionsintensität, die Werbung, die Preisaktionen und die Sponsoringaktivitäten einer Marke. Im Rahmen eines Pretest konnte festgestellt werden, dass die Variablen Distributionsintensität, Werbung und Sponsoringaktivitäten stark miteinander korrelieren, so dass diese einem einzigen Faktor zugeordnet werden, den RAJH 2005 im Folgenden als ‚Intensität der Marketingaktivitäten‘ bezeichnet. Die endogenen latenten Variablen stellen den Markenwert sowie dessen Dimensionen, Markenbekanntheit und -image, dar.[224] Die Ergebnisse zeigen, dass die untersuchten Marketingmaßnahmen den Markenwert mit unterschiedlicher Intensität beeinflussen. Darüber hinaus entfalten einige Marketingmaßnahmen (wie z. B. Preisaktionen) einen negativen Einfluss auf den Markenwert. Ebenso wie KAMAKURA/RUSSELL 1993 konnte auch RAJH 2005 feststellen, dass höherpreisige Marken ein besseres Image besitzen und dadurch indirekt einen höheren Markenwert erreichen.

---

223 RAJH 2005, S. 55. Diese Definition findet sich auch bei YOO/DONTHU/LEE 2000.

224 Mit Blick auf die zur Messung herangezogenen manifesten Variablen vgl. RAJH 2005, S. 59 ff.

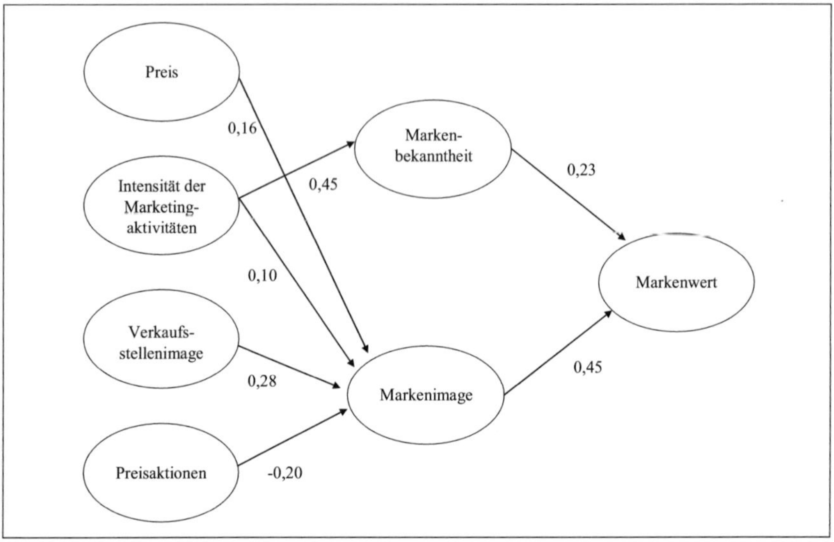

Abb. 35: Vereinfachte Darstellung des kausalanalytischen Strukturmodells von RAJH[225]

4.1.3. Ökonomische Ansätze

Abbildung 36 gibt einen Überblick über ausgewählte Ansätze der Markenbewertung auf der Basis von ökonomischen Zielgrößen. Ziel ist die Ermittlung eines ökonomischen Markenwertes. Dieser ergibt sich unmittelbar aus dem Markenverhalten der Konsumenten, dass durch die vorgelagerte Markenstärke ausgelöst wird.

Greift man auf das **SOR-Modell** zurück, so lassen sich die ökonomischen Ansätze zur Markenbewertung durch eine stark ausgeprägte **Response-Orientierung** charakterisieren (vgl. Abb. 37). Dies bedeutet, dass das Verhalten der Konsumenten (wie z. B. der Kauf der Marke) als Reaktion auf einen beobachtbaren Stimuli (d. h. das Markenzei-

225 Entnommen aus RAJH 2005, S. 57.

chen) interpretiert wird.[226] Verarbeitungs- und Speicherprozesse, die im Organismus der Konsumenten stattfinden und das Verhalten der Konsumenten auslösen, werden bewusst aus der Untersuchung ausgeklammert (‚Black Box‘).

METHODE	DATENBASIS	ZIELGRÖßEN	ANSÄTZE
KOSTEN-ORIENTIERT	Firmeninterne Daten/ Expertenurteile	z. B. historische Kosten bzw. Wiederbeschaffungskosten	u. a. BARWISE/HIGSON/LIKIERMAN/MARSH 1989; BIRKIN 1989; STOBART 1989; AAKER 1991; KAPFERER 1992
ERTRAGSWERT-ORIENTIERT	Firmeninterne Daten/ Expertenurteile	z. B. markenspezifische Ein- und Auszahlungen	u. a. KERN 1962; HERP 1982; ZIMMERMANN/KLEIN-BÖLTIG/SANDER/MURAD-AGA/BAUER/VALTIN 2002
KAPITALMARKT-ORIENTIERT	Firmeninterne Daten/ Marktdaten	z. B. Börsenwert	u. a. SIMON/SULLIVAN 1993
PREIS-ORIENTIERT	Konsumentenbefragungen/ Marktpreisbeobachtungen	z. B. Preis, Absatz, Umsatz	u. a. HOLBROOK 1992; SWAIT/ERDEM/ LOUVIÈRE/ DUBELAAR 1993; PARK/SRINIVASAN 1994; SANDER 1994; AGARWAL/RAO 1996; BROCKHOFF/SATTLER 1996; KALRA/GOODSTEIN 1998; CRIMMINS 2000; AILAWADI/ LEHMANN/NESLIN 2003

Abb. 36: Ausgewählte Ansätze der Markenbewertung auf der Basis von ökonomischen Zielgrößen

Ökonomische Ansätze nehmen demzufolge eine primär unternehmensbezogene Sichtweise der Marke ein und interessieren sich insbesondere für die gegenwärtigen und zukünftigen Erfolgsveränderungen, die durch die Marke hervorgerufen werden.[227] So beschrieb z. B. KERN bereits im Jahre 1962 *„...den Wert von Warenzeichen als die Summe aller auf den gegenwärtigen Zeitpunkt diskontierten Zusatzgewinne“*[228]. Ähnlich, jedoch auf der Basis von Zahlungsströmen, definieren SIMON/SULLIVAN 1993 und KAAS 1990 den Markenwert als *„...Barwert aller zukünftigen Einzahlungsüberschüsse, die der Eigentümer der Marke erwirtschaften kann“*[229].

---

226 Vgl. KLANTE 2004, S. 29 f.

227 Vgl. KRIEGBAUM 2001, S. 75.

228 KERN 1962, S. 18.

229 KAAS 1990, S. 38 und SIMON/SULLIVAN 1993, S. 29.

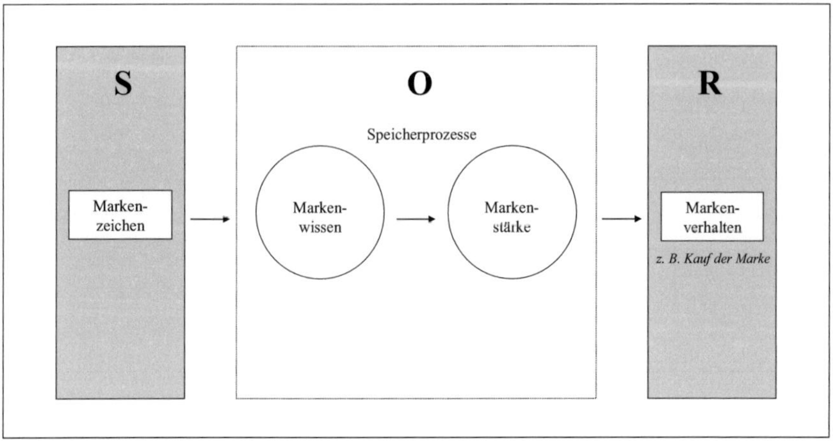

Abb. 37: Response-orientierte Markenbewertung (SR-Ansatz)[230]

Um die Erfolgsveränderungen aus der Sicht des Markeninhabers zu erfassen, setzen die ökonomischen Ansätze zur Markenbewertung an der Messung tatsächlich beobachtbarer Größen, wie z. B. dem Kauf, dem Wiederkauf oder der Preisbereitschaft der Konsumenten an.[231] Häufig werden auch firmeninterne Daten aus dem Rechnungswesen verarbeitet.[232] Die Orientierung an tatsächlich zu beobachtenden Größen verdeutlicht die quantitative Ausrichtung der Ansätze. Da der ökonomisch ermittelte Markenwert auch zu Evaluationszwecken herangezogen wird (wie z. B. im Rahmen von Markenkäufen bzw. -verkäufen sowie der Lizenzierung von Markenrechten[233]) wird dieser häufig in einer einzigen monetären Größe ausgedrückt. Der auf eine monetäre Größe reduzierte Markenwert aus der Sicht des Markeninhabers wird als Markengewinn bezeichnet.[234]

230 In Anlehnung an KRIEGBAUM 2001, S. 76.

231 Vgl. ECHTERLING/ FISCHER/KRANZ 2002, S. 8.

232 Vgl. KRANZ 2002, S. 435.

233 Vgl. zu den Verwendungszwecken des (ökonomischen) Markenwertes KRANZ 2002, S. 439 sowie weiterführend SATTLER 2001, S. 146 ff.

234 Vgl. KRANZ 2002, S. 435.

Je nachdem, welche ökonomischen Zielgrößen in die Ermittlung des Markenwertes einfließen, können kosten-, ertragswert-, kapitalmarkt- und preisorientierte Ansätze differenziert werden:

Bei der Ermittlung des Markenwertes über das interne Rechnungswesen wird von **kostenorientierten** Ansätzen[235] gesprochen. Kostenorientierte Ansätze gehen auf die Vorgehensweise im Rahmen von Unternehmensbewertungen zurück und setzen den Markenwert mit einem zu ermittelnden Substanzwert gleich. Dieser ergibt sich aus den Kosten, die den Aufbau der Marke begründen.[236] In Abhängigkeit vom Zeitpunkt der Betrachtung wird zwischen einer Bewertung nach historischen Kosten[237] und einer gegenwartsbezogenen Bewertung nach Wiederbeschaffungskosten[238] unterschieden. Demzufolge ergibt sich der Markenwert auf Basis historischer Kosten bzw. Wiederbeschaffungskosten durch Addition aller anfallenden Kosten, die durch den Aufbau und den Erhalt der Marke verursacht wurden bzw. würden.[239]

Die zukünftige Ertragskraft einer Marke über den Bewertungszeitraum hinaus ist zentraler Bestandteil der **ertragswertorientierten** Ansätze[240]. Analog zur Ertragswertermittlung in der klassischen Investitionsrechnung für materielle Vermögensgüter erfolgt die Berechnung eines auf den Bewertungszeitpunkt abdiskontierten Barwertes einer Marke aus allen zukünftig markenbedingt zu erwartenden Ein- und Auszahlungen.[241] Die markenbezogenen Auszahlungen entsprechen in diesem Zusammenhang weitestgehend den Größen, die im Rahmen von kostenorientierten Verfahren berücksichtigt werden. Einzahlungen können aus Markttransaktionen (Lizenzierungen, Veräußerungen) und marktinduzierten Mengen- und Preissteigerungen oder Umsatzsteige-

235 Vgl. u. a. die Ansätze von BARWISE/HIGSON/LIKIERMAN/MARSH 1989; BIRKIN 1989; STOBART 1989; AAKER 1991 und KAPFERER 1992.

236 Vgl. KRANZ 2002, S. 441.

237 Vgl. z. B. den Ansatz von BARWISE/HIGSON/LIKIERMAN/MARSH 1989.

238 Vgl. z. B. den Ansatz von KAPFERER 1992.

239 Vgl. STOBART 1989, S. 26.

240 Vgl. u. a. die Ansätze von KERN 1962; HERP 1982 und ZIMMERMANN/KLEIN-BÖLTIG/SANDER/MURAD-AGA/BAUER/VALTIN 2002.

241 Vgl. KAAS 1990, S. 49 ff.

rungen für etablierte oder neue Absatzleistungen bei Markendehnungen/-transfers entstehen.[242] Notwendige Voraussetzung für den Einsatz ertragswertorientierter Verfahren ist somit die Quantifizierung zukünftiger markenspezifischer Ein- und Auszahlungen sowie die Bestimmung des Rentenbarwertfaktors.

Grundgedanke der **kapitalmarktorientierten** Ansätze ist, dass die Börsenentwicklung eines Unternehmens die Zukunftschancen einer Marke widerspiegelt. So separieren SIMON/SULLIVAN 1993 den Marktwert des Unternehmens, der aus der Multiplikation des Aktienpreises mit der Aktienstückzahl resultiert, in materielles und immaterielles Vermögen. Die immateriellen Vermögensbestandteile werden dann wiederum in den Markenwert, den Wert anderer Faktoren (z. B. Forschung) und Branchenfaktoren (z. B. Konzentration) aufgeteilt. Die Autoren definieren den Markenwert als Barwert aller zukünftigen Gewinne, die sich aus der Markierung einer Sach- oder Dienstleistung ergeben.[243] Die Gewinne setzen sich zusammen aus den Komponenten, die aus einer höheren Nachfrage aufgrund der Markierung resultieren (operationalisiert durch die Werbeausgaben und das Alter der Marke), und solchen, die aus einer Reduzierung der Marketingaufwendungen (operationalisiert durch die Reihenfolge des Markteintritts und den Werbeausgaben in Relation zu denen der Konkurrenz) erfolgen. Mithilfe einer Regressionsanalyse wird schließlich der Markenwert sowohl auf Unternehmens- als auch auf Marktebene bestimmt.[244]

Preisorientierte Ansätze[245] gehen davon aus, dass ein Unternehmen aufgrund der Eigenschaften einer Marke (z. B. Bekanntheit, Qualitätsimage) Preisaufschläge erheben kann.[246] Die Messung des Preisaufschlags einer Marke (‚Preisprämie') erfolgt in

---

242 Vgl. GERPOTT/THOMAS 2004, S. 397.

243 Vgl. SIMON/SULLIVAN 1993, S. 30 ff.

244 Vgl. BEKMEIER-FEUERHAHN 1998, S. 74 f.

245 Vgl. u. a. die Ansätze von HOLBROOK 1992; SWAIT/ERDEM/LOUVIÈRE/DUBELAAR 1993; PARK/SRINIVASAN 1994; SANDER 1994; AGARWAL/RAO 1996; BROCKHOFF/SATTLER 1996; KALRA/GOODSTEIN 1998; CRIMMINS 2000 und AILAWADI/LEHMANN/NESLIN 2003.

246 Diese Annahme findet sich u. a. bei WENTZ/MARTIN 1989; KING/COOK 1990; SANDER 1994 sowie CRIMMINS 2000, S. 141.

der Regel mithilfe von Verbraucherbefragungen[247] oder Marktpreisbeobachtungen[248]. Die markeninduzierte Preisprämie kann als „*...Preisabstand der eigenen Absatzleistung gegenüber einer unmarkierten Leistung, einer Durchschnittsmarke oder der direkten Konkurrenzmarke...*“[249] erhoben werden. Durch Multiplikation der Preisprämie mit der Absatzmenge wird schließlich der Wert der Marke bestimmt.

Neben der Ermittlung der Preisprämie mittels der Schätzung einer hedonischen Preisfunktion[250] existieren zwei weitere Arten im Rahmen der preisorientierten Ansätze zur Ermittlung des Markenwertes: zum einen kann die Preisprämie **indirekt** ermittelt werden, indem Konsumenten Präferenzurteile mit Blick auf eine Anzahl von Marken mit unterschiedlichen (systematisch variierten) Preisen abgeben, beispielsweise, indem sie die Marke wählen, die sie am ehesten kaufen würden[251], oder die Marken in eine Präferenzrangfolge[252] bringen. Durch Schätzung von Parametern eines spezifizierten Modells mit den Präferenzurteilen als abhängige und den Preisen sowie gegebenenfalls Eigenschaften als unabhängige Variablen kann die Preisprämie für die Marke ermittelt werden. Zum anderen kann der Markenwert durch **direkte** Fragen an die potenziellen Markenkäufer ermittelt werden, bei dem der/die Befragte indifferent zwischen der betrachteten und einer unbekannten oder konkurrierenden Marke ist. Die Marken werden in diesen Ansätzen anhand von Markennamen und Preisen[253] oder zusätzlich auch durch bestimmte Eigenschaften[254] im Rahmen einer Conjoint-Analyse beschrieben.[255]

---

247 Vgl. die Ansätze von PARK/SRINIVASAN 1994; AGARWAL/RAO 1996; KALRA/GOODSTEIN 1998; CRIMMINS 2000.

248 Vgl. die Ansätze von HOLBROOK 1992 und AILAWADI/LLEHMANN/NESLIN 2003.

249 GERPOTT/THOMAS 2004, S. 398.

250 Vgl. hierzu den Ansatz von SANDER 1995.

251 Vgl. z. B. den Ansatz von SWAIT/ERDEM/LOUVIÈRE/DUBELAAR 1993.

252 Vgl. z. B. den Ansatz von BROCKHOFF/SATTLER 1996.

253 Vgl. CRIMMINS 2000.

254 Vgl. BROCKHOFF/SATTLER 1996.

255 Vgl. SATTLER 2001, S. 159.

Im Folgenden soll der Ansatz von CRIMMINS 2000 als Beispiel für einen Ansatz zur direkten Erfragung des über die Preisprämie operationalisierten Markenwertes tiefer erläutert werden. Im Anschluss daran soll der Ansatz von AILAWADI/LEHMANN/NESLIN 2003 skizziert werden, der die Ermittlung der Preisprämie über Marktpreisbeobachtungen durchführt. Wie in Abschnitt 4.1.5. gezeigt werden wird, besitzen die preisorientierten Ansätze eine besondere Relevanz mit Blick auf die Fragestellung des vorliegenden Kapitels.

4.1.3.1. Der Ansatz von CRIMMINS

CRIMMINS 2000 geht davon aus, dass eine Marke nur dann eine ökonomische Bedeutung für den Hersteller (sowie den Handel) aufweist, wenn diese dem Konsumenten einen Nutzen stiftet.[256] In der Folge sollte die Bestimmung des Markenwertes nach Ansicht von CRIMMINS 2000 drei Dimensionen umfassen: so gilt es zunächst, das Ausmaß bzw. die **Höhe** des Markenwertes bzw. -nutzens aus der Sicht der Nachfrager zu bestimmen. Darüber hinaus muss die **Breite** des Markenwertes, d. h. die Anzahl an Artikelgruppen, in denen eine Marke ihren Nutzen entfalten kann, untersucht werden. Abschließend muss der **Inhalt** des Markenwertes, verstanden als die mit einer Marke verbundenen Assoziationen, die für die Entstehung des Markennutzens verantwortlich sind, untersucht werden.[257] Die genannten Dimensionen werden wie folgt quantifiziert:

Mit Blick auf die Messung der **Höhe** des Markenwertes geht CRIMMINS 2000 von der Annahme aus, dass der Preis des betrachteten Markenprodukts so lange gegenüber dem Preis einer Konkurrenzmarke erhöht bzw. abgesenkt wird, bis beide Marken aus Sicht des Nachfragers gleich wünschenswert sind und diesem somit den gleichen Nutzen stiften. Die relative Preisdifferenz zwischen den Marktpreisen der beiden Marken ergibt dann die Preisprämie. Sind zwei Marken z. B. gleich wünschenswert, wenn Marke A 1,10 € und Marke B 1,00 € kostet, dann beträgt die relative Preisprämie von

---

[256] Vgl. CRIMMINS 2000, S. 136. Der Autor folgt somit der Definition von FARQUHAR 1990.

[257] Vgl. CRIMMINS 2000, S. 141.

Marke A gegenüber Marke B 10 % (1,10 €/1,00 € -1). Im Rahmen einer empirischen Untersuchung von 13 bzw. 14 Artikelgruppen konnte CRIMMINS 2000 feststellen, dass die befragten Konsumenten die in einer Artikelgruppe führende Marke gegenüber einer Handelsmarke bzw. gegenüber der an zweiter Stelle stehenden Marke präferieren, wenn diese jeweils 40 bzw. 10 % teurer angeboten wird (der relative Preispremimum bzw. die Höhe des relativen Wertes der führenden Marke beträgt somit 40 bzw. 10 % gegenüber der Handelsmarke bzw. der an zweiter Stelle stehenden Marke).[258]

Um die **Breite** des Markenwertes zu messen, geht CRIMMINS 2000 auf ähnliche Weise vor, indem er bestimmt, welchen Wert eine in ihrer Artikelgruppe führende Marke besitzen würde, wenn man diese in eine neue Artikelgruppe einführt. Als Vergleichsmarke dient jeweils die in der neuen Artikelgruppe führende Marke oder die dort an zweiter Stelle stehende Marke. Die relative Preisprämie aus der Breite des Markenwertes ergibt sich wiederum aus dem Preisverhältnis der betrachteten Marke zu der Vergleichsmarke.[259] Eine empirische Untersuchung von 15 Artikelgruppen ergab, dass die führende Marke im Durchschnitt in einer neuen Artikelgruppe 19 % unterhalb des Preises der dort führenden Marke angeboten werden muss. Jedoch konnte CRIMMINS 2000 in drei Artikelgruppen feststellen, dass die neu eingeführte Marke die gleiche oder sogar eine höhere Preisprämie als die bisher führende Marke erreichen konnte.

Um diejenigen Faktoren, die den **Inhalt** und die Entstehung des Markenwertes begründen, zu identifizieren, schlägt CRIMMINS 2000 die Durchführung von Längsschnittstudien vor. In diesen sollten auch vorökonomische Größen des Markenwertes untersucht werden. Nach Ansicht des Autors sollte die Messung des Markenwertes Inhalt der Markenführung und der -kontrolle sein. Somit könnte das Markenmanagement bei (negativen) Veränderungen des Markenwertes, wie z. B. im Rahmen einer Markenerosion, entsprechende Maßnahmen durchführen, um diesen (wieder) in die gewünschte Richtung zu lenken.[260]

---

258 Vgl. CRIMMINS 2000, S. 141 f.

259 Vgl. CRIMMINS 2000, S. 142 f.

260 Vgl. CRIMMINS 2000, S. 143 f. sowie bereits auch SANDER 1994, S. 96 f.

4.1.3.2. Der Ansatz von AILAWADI/LEHMANN/NESLIN

Der Ansatz von AILAWADI/LEHMANN/NESLIN 2003 stellt insofern eine Erweiterung des Ansatzes von CRIMMINS 2000 dar, als dass der Markenwert sowohl durch eine Preisprämie als auch über eine Mengenprämie operationalisiert wird. Ursächlich hierfür ist die Annahme, dass eine Marke, in die Investitionen (wie z. B. Werbung) getätigt wurden, gegenüber einer Referenzmarke mit keinen oder nur sehr geringen Investitionen (in der Regel eine schwach profilierte Handelsmarke oder im Extremfall ein nicht markiertes Produkt) am Markt einen höheren Preis (Preisprämie) und/oder eine höhere Absatzmenge (Mengenprämie) erzielen kann.[261] Preis- und Mengenprämie ergeben zusammen die Umsatzprämie und werden im Vergleich zu einer Handelsmarke wie folgt berechnet:[262]

(2) $\text{Umsatzprämie}_{MA} = (\text{Absatzmenge}_{MA}) \bullet (\text{Preis}_{MA}) - (\text{Absatzmenge}_{HM}) \bullet (\text{Preis}_{HM})$

Der Ansatz stellt insofern eine Ausnahme zu den klassischen ökonomischen Ansätzen der Markenbewertung dar, als dass die Beobachtung der Preis- sowie der Mengenprämie auf der Basis von Scanningdaten[263] durchgeführt wird. Je nach Stärke und Richtung der erzielbaren Preis- und Mengenprämie können vier Fälle unterschieden werden (vgl. Abb. 38). Fall A in Abbildung 38 kennzeichnet eine ideale Situation für den Hersteller: der Markenartikel erzielt im Vergleich zur Handelsmarke einen höheren Preis und eine höhere Absatzmenge. Die resultierende Umsatzprämie wird durch die schraffierte Fläche dargestellt. Im Fall B kann der Markenartikel einen höheren Preis als die Handelsmarke erreichen. Der höhere Preis führt jedoch zu einem Rückgang der Absatzmenge des Markenartikels. Je nachdem, ob der Preisanstieg den Mengenrückgang kompensiert oder nicht, fällt die Umsatzprämie positiv oder negativ aus. Im Fall C erzielt der Markenartikel eine Absatzsteigerung, diese bewirkt jedoch einen Preis-

261 Vgl. AILAWADI/LEHMANN/NESLIN 2003, S. 1 sowie SATTLER 2005, S. 12. Auch hier wird somit angenommen, dass der Wert einer Marke aus den Ergebnissen der Marketingaktivitäten resultiert, die eine Marke im Vergleich zu einem unmarkierten Produkt erzielt. Vgl. zu dieser Definition auch LEUTHEUSSER 1988; FARQUHAR 1990; AAKER 1991; DUBIN 1998 sowie KELLER 2003.

262 Vgl. AILAWADI/LEHMANN/NESLIN 2003, S. 3.

263 Zu den Nutzenpotenzialen von Scanningdaten vgl. u. a. GRÜNBLATT 2004 sowie Abschnitt 4.2.1. der Arbeit.

rückgang im Vergleich zur Handelsmarke. Auch in diesem Fall hängt das Vorzeichen der Umsatzprämie des Markenartikels davon ab, ob die Absatzsteigerung den Preisrückgang kompensiert (positives Vorzeichen) oder nicht (negatives Vorzeichen). Fall D charakterisiert die Situation einer negativen Umsatzprämie: Absatz und Preis des Markenartikels sinken im Vergleich zur Handelsmarke.

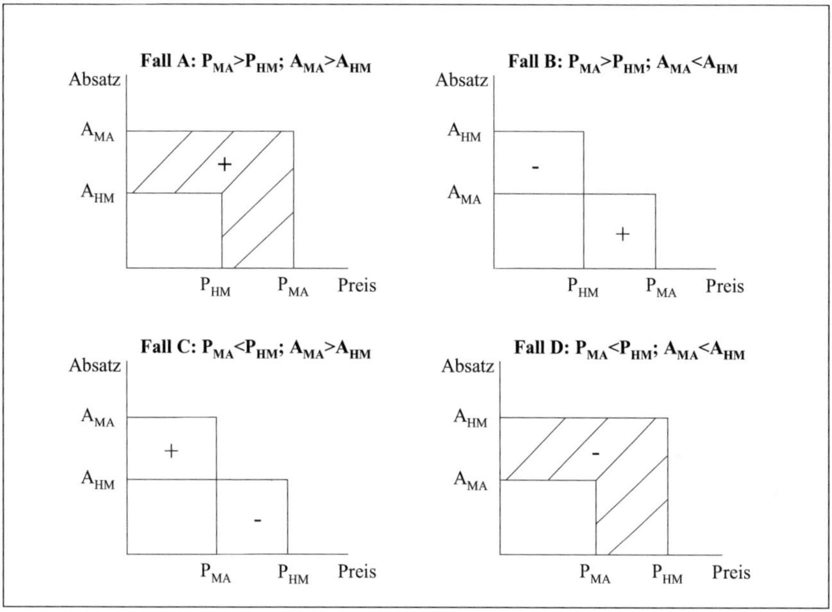

Abb. 38: Alternative Fälle einer Preis- und einer Mengenprämie[264]

Nach Ansicht der Autoren ist die Unterscheidung der vier Fälle insbesondere mit Blick auf die Analyse der Ursachen der ermittelten Umsatzprämie relevant. Aufbauend auf einer solchen Analyse ist zu untersuchen, inwiefern die Umsatzprämie durch den Einsatz markenpolitischer Instrumente gesteuert und u. U. gesteigert werden kann. In diesem Zusammenhang gehen die Autoren davon aus, dass insbesondere die Werbeaus-

264 Vgl. AILAWADI/LEHMANN/NESLIN 2003, S. 5.

gaben zu einer Steigerung der Umsatzprämie einer Marke beitragen können[265], während Aktionen sich negativ auswirken sollten[266].

Zu diesem Zwecke führen AILAWADI/LEHMANN/NESLIN 2003 zwei empirische Untersuchungen durch. Im Rahmen der ersten Untersuchung werden ausschließlich Verkaufsstellen eines Unternehmens des amerikanischen Lebensmitteleinzelhandels im Zeitraum von 1991 bis 1996 untersucht. Als Datenbasis dienen Scanningdaten von 111 Marken aus 17 Artikelgruppen. Im Rahmen der zweiten Untersuchung werden Daten aller Verkaufsstellen des amerikanischen Lebensmitteleinzelhandels betrachtet. Diese beruht auf Scanningdaten von 102 Marken aus 23 Artikelgruppen im Zeitraum von 1991 bis 1996.

Im Rahmen dieser Untersuchungen konnte festgestellt werden, dass die Entwicklung der Umsatzprämie von Markenartikeln dic in früheren empirischen Untersuchungen[267] festgestellte Erosion des Wertes von Markenartikeln bestätigt.[268] Handelsmarken stellen somit eine wesentliche Ursache für einen Rückgang des Wertes von Markenartikeln dar. Darüber hinaus konnte eine hohe Korrelation zwischen Umsatzprämie und markenpolitischen Instrumenten aufgezeigt werden, so dass diese u. U. herangezogen werden können, um der Erosion des Wertes von Markenartikeln entgegenzuwirken.

4.1.4. Integrierte Ansätze

Die integrierten Ansätze zur Erfassung des Markenwertes stellen eine noch relativ junge Forschungsrichtung dar, die insbesondere in den vergangenen Jahren stärkere Beachtung fand. Differenziert werden kann die Vielzahl an integrierten Ansätzen da-

265 Vgl. hierzu auch die Untersuchungen von AAKER/BIEL 1993; KIRMANI/ZEITHAML 1993 und MELA/GUPTA/LEHMANN 1997.

266 Vgl. AILAWADI/LEHMANN/NESLIN 2003, S. 6. Diese Annahme beruht im Wesentlichen auf den Ergebnissen der empirischen Untersuchungen von JEDIDI/MELA/GUPTA 1999; YOO/DONTHU/LEE 2000 sowie KELLER 2003, S. 310.

267 Vgl. z. B. DUNNE/NARASIMHAN 1999.

268 Vgl. AILAWADI/LEHMANN/NESLIN 2003, S. 10.

nach, ob diese ihren methodischen Ursprung vorwiegend in der wissenschaftlichen Literatur oder in der Beratungspraxis haben (vgl. Abb. 39). Während erstere wissenschaftlichen Kriterien verbunden sind, die entsprechend transparent dargelegt werden, greifen letztere auf Erfahrungen aus der Markenanalyse und -beratung zurück. An die Stelle wissenschaftlicher Transparenz und publizierter Validität tritt somit die Referenzliste großer Markenartikelhersteller.[269]

Die integrierten Ansätze gehen von dem Verständnis aus, dass eine ganzheitliche Markenbewertung aus der Sicht des Markeninhabers nur erfolgen kann, wenn sowohl diejenigen Prozesse erfasst werden, die im **O**rganismus des Konsumenten ablaufen, als auch die **R**eaktionen, die zu einem bestimmten Markenverhalten (wie z. B. dem Kauf der Marke) führen (vgl. Abb. 40).[270] Der Wert einer Marke wird somit verstanden als die *„...Gesamtheit aller positiven und negativen Vorstellungen, die im Konsumenten ganz oder teilweise aktiviert werden, wenn er das Markenzeichen wahrnimmt, und die sich in ökonomischen Daten des Wettbewerbs spiegeln...“*[271].

<table>
<tr><th>Methode</th><th>Datenbasis</th><th>Zielgrößen</th><th>Ansätze</th></tr>
<tr><td>Theorie</td><td rowspan="2">Primärdaten aus Befragungen und/oder Beobachtungen/ Sekundärdaten</td><td rowspan="2">ökonomische Größen, wie z. B.
- Marktanteil,
- Gewinn,
- Distributionsquote,
- Wiederkaufrate,
- Erstkauf,
- Preisprämie,
- Absatzmenge usw.

vorökonomische Größen, wie z. B.
- Markentreue,
- Markenimage,
- Markenbekanntheit,
- Markensympathie,
- Markenvertrauen,
- Markenzufriedenheit,
- Markenbindung usw.</td><td>u. a. Riedel 1996; Bekmeier-Feuerhahn 1998; Sattler 1999; Kriegbaum 2001; Meffert/Koers 2002; Klante 2004</td></tr>
<tr><td>Praxis</td><td>u. a. Markengewinn-Markenstärke-Ansatz von Interbrand 1989; Markenbilanz von Nielsen 1989; Brand Performancer von Nielsen 1993; Brand-Broker-Verfahren von Semion 2000; B.E.E.S. Verfahren von BBDO 2001; Brand Scorecard von BBDO 2003</td></tr>
</table>

Abb. 39: Ausgewählte integrierte Ansätze der Markenbewertung

269 Vgl. Trommsdorff 2004, S. 1868.

270 Vgl. Schuster 2006, S, 78.

271 Schulz/Brandmeyer 1989, S. 365.

Zu diesem Zwecke leiten die integrierten Ansätze zur Markenbewertung typischerweise in mehreren Schritten aus vorökonomischen Zielgrößen, die im Rahmen von Befragungen und/oder Beobachtungen erhoben wurden, unter Berücksichtigung von Zielgrößen, wie sie z. B. im Rahmen von ökonomischen Ansätzen Eingang finden, einen monetär dimensionierten Markenwert ab.[272] Somit soll letztendlich eine ganzheitliche Evaluation bzw. Steuerung des Markenwertes ermöglicht werden.

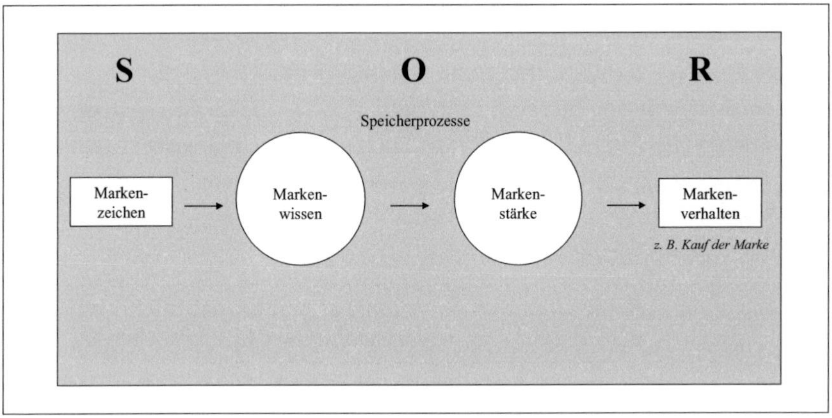

Abb. 40: Integrierte Markenbewertung (SOR-Ansatz)[273]

Ein in der neueren wissenschaftlichen Literatur vermehrt diskutierter integrierter Ansatz zur Markenbewertung stellt die Brand Scorecard dar, die als ein „*...methodisches System zum Management von Marken...*“[274] beansprucht, mehr als nur ein Bewertungsverfahren i. e. S. zu sein.[275] Hierbei wird der Versuch unternommen, das von KAPLAN/NORTON 1992 entwickelte Instrument der Balanced Scorecard, das zur Leistungsbeurteilung des Unternehmens verschiedene Perspektiven heranzieht[276], auf das Markenmanagement zu übertragen. Beispielsweise schlagen MEFFERT/KOERS 2002

272 Vgl. CHERIDITO 2003, S. 111 sowie ESCH/GEUS 2001, S. 1042 f.

273 In Anlehnung an KRIEGBAUM 2001, S. 76.

274 LINXWEILER 2001, S. 121.

275 Vgl. HUBER/HERMANN/PETER 2003, S. 353 sowie MEFFERT/KOERS 2002, S. 413 f.

276 Vgl. KAPLAN/NORTON 1992.

vor, die Markenbewertung über unterschiedliche Blickwinkel vorzunehmen. So unterscheiden die Autoren eine interne Unternehmensperspektive, eine externe Marktperspektive und eine finanzielle Ergebnisperspektive. In diese fließen jeweils sowohl ökonomische Zielgrößen (wie z. B. Umsatz oder Marktanteil) als auch vorökonomische Größen (wie z. B. Markensympathie und -vertrauen) ein.[277]

In der Folge sollen als Beispiel für eine integrierte Markenbewertung die Ansätze von RIEDEL 1996 und von KLANTE 2004 tiefer gehend erläutert werden. Während der Ansatz von RIEDEL 1996 den Vorteil bietet, die kausalen Wirkungsbeziehungen zwischen dem Markenwert und den ihn konstituierenden ökonomischen sowie vorökonomischen Zielgrößen offen zu legen, leistet der Ansatz von KLANTE 2004 einen Beitrag mit Blick auf die explizite Erfassung von Erosionseffekten des Markenwertes. Wie in Abschnitt 4.1.5. gezeigt werden wird, weisen beide Ansätze somit eine hohe Relevanz für die Fragestellung des vorliegenden Kapitels auf.

4.1.4.1. Der Ansatz von RIEDEL

Nach Ansicht von RIEDEL 1996 bleibt im Rahmen der bisherigen Ansätze zur Markenbewertung insbesondere die Frage ungeklärt, durch welche Einzelgrößen der Markenwert beeinflusst wird und welche kausalen Beziehungen zwischen diesen bestehen.[278] Aus diesem Grund konzentriert sich der Autor insbesondere darauf, die kausalen Beziehungen zwischen den operativen Zielgrößen zur Messung des Markenwertes in dem von ihm definierten Gesamtmodell der strategischen Markenführung zu bestimmen (vgl. Abb. 41). Ursächlich hierfür ist die Annahme, dass der monetäre Wert einer Marke relativ einfach mithilfe von finanzmathematischen Diskontierungsverfahren bestimmt werden kann, sobald diejenigen Faktoren sowie deren kausalen Wirkungsbeziehungen untereinander, ermittelt wurden, die die Markenstärke bzw. den vorökonomischen Wert einer Marke konstituieren.

---

277 Vgl. GERPOTT/THOMAS 2004, S. 400.

278 Vgl. RIEDEL 1996, S. 53.

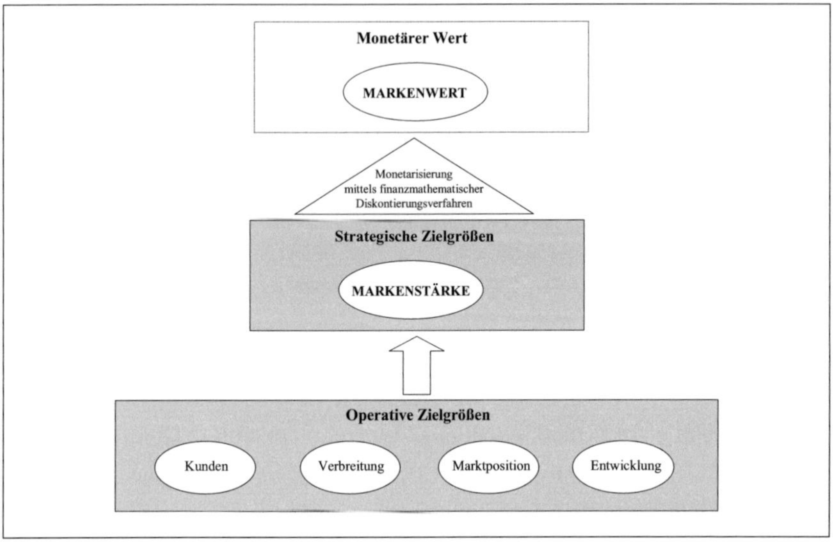

Abb. 41: Gesamtmodell der strategischen Markenführung im Ansatz von RIEDEL[279]

Auf der Basis einer Literaturauswertung sowie einer Expertenbefragung konnte RIEDEL 1996 die in Abbildung 42 dargestellten latenten Einflussgrößen der Markenstärke mit deren jeweiligen manifesten Variablen identifizieren. Die Markenstärke selbst wird durch die manifesten Variablen ‚Beurteilung' sowie ‚Verwendung' operationalisiert, wobei erstere mithilfe von Sekundärdaten und letztere mithilfe einer Konsumentenbefragung erhoben wurde. Insgesamt wird eine Messung der Markenstärke von 56 Marken aus dem Körperpflegebereich durchgeführt.

Abbildung 43 zeigt das Strukturmodell von RIEDEL 1996. Es wird deutlich, dass der Haupteinfluss auf die Markenstärke von der latenten Variable ‚Kunden' ausgeht, so dass ein hoher Bekanntheits- und Sympathiewert eine unabdingbare Voraussetzung für den Erhalt bzw. die Steigerung der Markenstärke zu sein scheint.[280]

---

279 in Anlehnung an RIEDEL 1996, S. 59.

280 Vgl. RIEDEL 1996, S. 150.

Latente Variablen	Manifeste Variablen
KUNDEN	Markenbekanntheit
	Markensympathie
VERBREITUNG	numerische Distribution
	gewichtete Distribution
MARKTPOSITION	mengenmäßiger Marktanteil
	wertmäßiger Marktanteil
ENTWICKLUNG	Entwicklung des mengenmäßigen Marktanteils
	Entwicklung des wertmäßigen Marktanteils

Abb. 42: Latente und manifeste Variablen im Ansatz von RIEDEL[281]

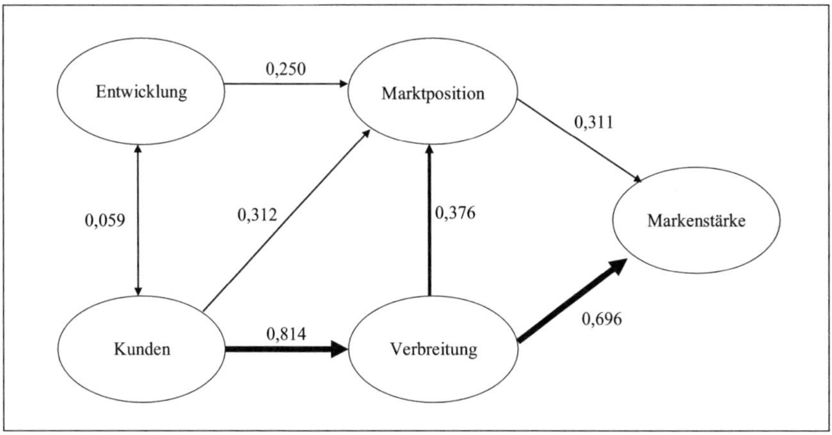

Abb. 43: Kausalanalytisches Strukturmodell von RIEDEL[282]

Abschließend zeigt RIEDEL 1996 die Möglichkeiten und Grenzen der praktischen Anwendbarkeit seines Ansatzes für die strategische Markenführung auf. Zu diesem Zwecke entwickelt er in Zusammenarbeit mit der Firma Nielsen ein Scoring-Modell, in das

281 Darstellung in Anlehnung an RIEDEL 1996, S. 130.

282 RIEDEL 1996, S. 150.

die von ihm ermittelten latenten Variablen der Markenstärke mit unterschiedlichen Gewichtungen einfließen.[283] Anschließend wird über die Werte der einzelnen latenten Variablen ein Gesamtpunktwert ermittelt. Je nach Gesamtpunktwert liegt eine Markenschwäche, d. h. eine Erosion des Markenwertes, oder eine Markenstärke vor.[284]

4.1.4.2. Der Ansatz von KLANTE

KLANTE 2004 differenziert in seinem Ansatz zwischen einem psychographischen und einem ökonomischen Markenwert. Der **psychographische Markenwert** stellt den psychologischen Zusatznutzen dar, den ein Konsument aus dem Vergleich der Marke zu einem technisch-physikalisch gleichen, aber unmarkierten Produkt zieht.[285] Um die Marke als ein unverwechselbares Vorstellungsbild in der Psyche des Konsumenten zu verankern, erfordert es eine Vielzahl an Marketingmaßnahmen. Die Summe der Marketingmaßnahmen zielt letztendlich auf die Steigerung des **ökonomischen Markenwertes** ab, der auf der psychologischen Zusatznutzenwahrnehmung, d. h. dem psychographischen Markenwert basiert.[286]

KLANTE 2004 stellt einen ersten Ansatz vor, der explizit negative Auswirkungen auf den zuvor definierten Markenwert berücksichtigt. Diese negativen Auswirkungen werden unter dem Begriff der Markenerosion zusammengefasst. Unter Markenerosion versteht KLANTE 2004 demzufolge *„...eine durch Stimuli ausgelöste langsame Destruktion des in der Psyche des Konsumenten und sonstiger Bezugsgruppen der Marke verankerten, unverwechselbaren Vorstellungsbildes von einem Produkt oder einer*

283 So dient der Ansatz von RIEDEL als Basis für den ‚Brand Performancer' der Firma AC Nielsen, der den Nachfolger der so genannten ‚Markenbilanz' darstellt.

284 Vgl. RIEDEL 1996, S. 152 ff.

285 Vgl. KLANTE 2004, S. 18. Ähnliche Definitionen finden sich auch bei FARQUHAR 1990, S. 7; KAMAKURA/RUSSELL 1993, S. 10; DYSON/FARR/HOLLIS 1996, S. 9 sowie KELLER 1993, S. 2 und 1998, S. 45.

286 Vgl. ESCH 1998, S. 122; MEFFERT/BURMANN 1998, S. 6; SATTLER 2000, S. 223 sowie KLANTE 2004, S. 20.

Dienstleistung"[287]. In der Folge kommt es laut KLANTE 2004 zu einer von der Markenführung ungewollten Veränderung des verankerten Vorstellungsbildes. Liegt eine Markenerosion vor, so stiftet eine Marke nur noch bedingt einen relevanten psychologischen Zusatznutzen. Folglich sind Zielgrößen des psychographischen Markenwertes erodiert, wobei in diesem Zusammenhang auch von einer psychographischen Markenwerterosion gesprochen werden kann. Eine psychographische Markenwerterosion kann auch ein Auslöser für einen Rückgang des ökonomischen Markenwertes sein. Wenn z. B. die ökonomische Operationalisierung des Markenwertes über die Preisprämie erfolgt, so äußert sich eine ökonomische Markenwerterosion in einer Abnahme der Bereitschaft der Konsumenten diese Preisprämie zu zahlen. Um die Auswirkungen einer Markenwerterosion zu erklären, greift KLANTE 2004 auf das in Abbildung 44 dargestellte Zielsystem zwischen vorökonomischen und ökonomischen Größen zurück.

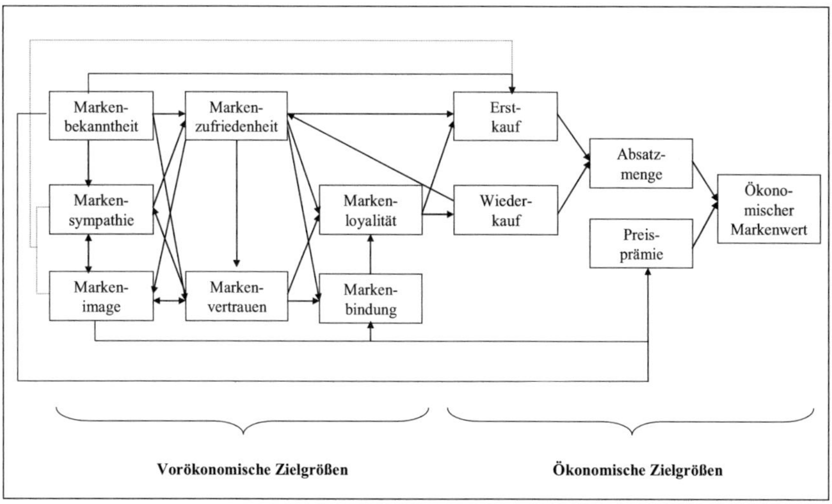

Abb. 44: Größen des Zielsystems der Markenführung im Ansatz von KLANTE[288]

287 KLANTE 2004, S. 25.

288 KLANTE 2004, S. 42.

Darüber hinaus zeigt der Autor im Rahmen einer stimulus- und wirkungsbezogenen Untersuchung den Einfluss einzelner Stimuli[289] auf die psychographischen und ökonomischen Größen im Zeitablauf auf, um daraus mithilfe einer dekompositionellen Analyse der Veränderungen der Größen im Längsschnittvergleich Aussagen über eine der ökonomischen Markenwerterosion vorgelagerten psychographischen Markenwerterosion abzuleiten. Die Erfassung der Wirkungsbeziehungen erfolgt anhand von ‚Erosionsketten', mit deren Hilfe die von den Stimuli ausgehende langsame Veränderung der psychographischen und der ökonomischen Größen im Zeitablauf dargestellt werden sollen.[290]

Um zu überprüfen, welcher Wirkungszusammenhang zwischen den identifizierten Stimuli und der Veränderung der psychographischen und ökonomischen Größen aus Abbildung 44 besteht, wurde eine schriftliche Befragung von Experten verschiedener Werbeagenturen durchgeführt. Auf Basis der erhobenen Einschätzungen der Agenturvertreter über 23 Marken konnten Wirkungsbeziehungen sowohl zwischen den Stimuli als auch von den Stimuli auf die psychographischen und ökonomischen Größen des Markenwertes festgestellt werden.

Insgesamt zeigt KLANTE 2004, dass eine Erosion des Markenwertes in vielen Fällen auf verschiedene Ursachen zurückzuführen ist. Laut Ansicht des Autors kann somit angenommen werden, dass es sowohl im Zuge einer Verringerung als auch einer Vermeidung der Erosion des Markenwertes notwendig ist, sich auf verschiedene Stimuli zu konzentrieren: so dürfte insbesondere eine Analyse der psychographischen Markenwertindikatoren dazu beitragen, noch vor dem Eintreten ökonomischer Effekte auf eine Markenerosion aufmerksam zu machen. Darüber hinaus vermutet KLANTE 2004, dass die frühzeitige Identifikation einer Erosion des Markenwertes vor allem mithilfe

---

289 Die Stimuli wurden im Rahmen von persönlichen Experteninterviews mit ausgewählten Entscheidungsträgern von Markenartikelunternehmen der Nahrungsmittelindustrie und von Handelsunternehmen des Lebensmitteleinzelhandels erhoben. Als wesentliche Stimuli für eine Markenerosion konnten die mangelnde Konsistenz und Kontinuität der Markenführung im vertikalen System, die fehlende Einzigartigkeit und mangelnde Innovationskraft der Markenartikel, die häufigen Preisaktionen im Handel, die Anreizdefizite für Brand Manager zur Langzeitsteuerung von Marken sowie der häufige Wechsel der Entscheidungsträger im Brand Management identifiziert werden. Vgl. KLANTE 2004, S. 159 ff.

290 Vgl. KLANTE 2004, S. 170 ff.

der psychographischen Größen Markenimage und Markenvertrauen möglich ist, während die Größen Markenbekanntheit, Markensympathie und Wiederkaufsabsicht nur z. T. Anhaltspunkte für eine einsetzende Markenerosion liefern.[291]

4.1.5. Kritische Würdigung

In den vorhergehenden Abschnitten konnte die Vielfalt der verwendeten Zielgrößen sowie Methoden im Rahmen der Ansätze zur Ermittlung des Markenwertes aufgezeigt werden. Im vorliegenden Abschnitt soll nun eine kritische Würdigung der dargestellten Ansätze erfolgen. Zu diesem Zwecke werden die folgenden Gütekriterien herangezogen:

- Wie jedes wissenschaftliche Messverfahren sollten auch die Ansätze zur Markenbewertung die Kriterien der **Reliabilität** (Zuverlässigkeit der Messung), **Validität** (Eignung des Messinstrumentes) und **Objektivität** (Personenunabhängigkeit der Messung) erfüllen.[292] Diese Kriterien stellen die konstituierenden Voraussetzungen für die Anwendung eines Forschungsinstruments dar und bilden die Basis für weitere Güteprüfungen.

- Darüber hinaus gilt es, solche Gütekriterien zu berücksichtigen, die sich auf die Prüfung der Eignung zu einer ökonomischen Anwendung des Forschungsinstruments beziehen.[293] Zu diesen gehört u. a. das Kriterium der **Zweckmäßigkeit** der Messung. Je nach Verwendungszweck sind unterschiedliche Anforderungen zu erfüllen. Mit Blick auf die Markenführung und -steuerung sind beispielsweise Ursachen- und Wirkungsanalysen von besonderer Relevanz.[294] Dies bedeutet, dass ein Messansatz die Kausalitäten zwischen den gewählten Zielgrößen und

---

291 Vgl. KLANTE 2004, S. 199.

292 Zu den Kriterien vgl. z. B. LIENERT 1969, S. 16 ff. sowie BEREKOVEN/ECKERT/ELLENRIEDER 2004, S. 88 ff.

293 Vgl. BEKMEIER-FEUERHAHN 1998, S. 66.

294 Vgl. SATTLER 2005, S. 5.

dem Markenwert aufzeigen sollte. Auch der notwendige Zeithorizont der Messung variiert in Abhängigkeit vom Verwendungszweck. Um die Erfolgspotenziale einer Marke abzubilden, sollte der Messansatz eine Zukunftsorientierung aufweisen. Wird hingegen eine Erfassung des Status Quo einer Marke (z. B. im Vergleich zu einer Konkurrenzmarke) angestrebt, genügt in der Regel eine gegenwartsorientierte Betrachtung.

- Ein weiteres Kriterium ist in der **Einfachheit** der Anwendung sowie der Durchführung des Ansatzes zu sehen. Dieses Kriterium bildet eine wesentliche Voraussetzung für die Nutzung des Verfahrens in der Unternehmenspraxis.[295]

- Des Weiteren sollten die Kriterien der **Wirtschaftlichkeit** und der **Praktikabilität** erfüllt sein (Zeit- und Geldaufwand). Über diese Kriterien gilt es in der Regel im Vorfeld der Durchführung des Verfahrens zu entscheiden.[296]

- Kriterien, wie z. B. die **Generalität** (Anwendbarkeit auf verschiedene Objekte und Personengruppen) und die **Vollständigkeit** (umfassende Berücksichtigung aller Bestimmungsfaktoren des Markenwertes) sind in der Regel jedoch kaum zu erfüllen. Somit wird deren Erfüllung als wünschenswert, jedoch nicht als zwingend erforderlich angesehen.[297]

Zieht man die dargestellten Gütekriterien mit Blick auf die Beurteilung **vorökonomischer Ansätze** zur Markenbewertung heran, so erweist sich u. a. als problematisch, dass bislang kein Konsens bezüglich der Auswahl und der Gewichtung der zu erhebenden vorökonomischen Zielgrößen besteht und somit die Kriterien der Reliabilität sowie der Validität häufig nicht erfüllt werden. Denjenigen Ansätzen, die auf Konsumentenbefragungen beruhen, mangelt es darüber hinaus an Objektivität. Auch tritt die Erfassung zukünftiger Marktpotenziale aufgrund des Vergangenheits- bzw. Gegenwartsbezugs der vorökonomischen Ansätze eher in den Hintergrund. Darüber hinaus

---

295 Vgl. ECHTERLING/FISCHER/KRANZ 2002, S. 21.

296 Vgl. ROEB 1996, S. 68.

297 Vgl. u. a. TROMMSDORFF 2004, S. 1866.

weisen die verwendeten Größen zur Messung der Markenstärke häufig erhebliche Operationalisierungsprobleme auf. So ist insbesondere im Rahmen von befragungsgestützten Ansätzen unklar, inwieweit Einstellungen und Verhaltensabsichten der Konsumenten auch tatsächlich zu einem ökonomisch messbaren Verhalten (wie z. B. dem Kauf der Marke) führen.[298] Dies wirkt sich wiederum negativ auf die Einfachheit der Messung aus. Darüber hinaus ist die Erhebung von Einstellungen und Verhaltensabsichten in der Regel mit einem hohen Zeitaufwand verbunden, so dass Wirtschaftlichkeit und Praktikabilität der vorökonomischen Messansätze häufig nicht gegeben sind.

Auch die **ökonomischen Ansätze** der Markenbewertung weisen einige Schwächen mit Blick auf die dargestellten Gütekriterien auf. Zwar zeichnen sich kosten- und preisorientierte Ansätze durch eine einfache mathematische Methodik aus und sind ohne großen personellen und zeitlichen Aufwand durchzuführen[299], jedoch werden zukünftige Erfolgspotenziale in der Regel nicht berücksichtigt, da die Ansätze nur historische Entwicklungen bzw. den Status quo einer Marke erfassen.[300] Insgesamt problematisch ist auch die einseitige Beschränkung auf Kosten- (kostenorientierte Ansätze) bzw. Preisdaten (preisorientierte Ansätze). So ist im Rahmen von kostenorientierten Ansätzen insbesondere fraglich, ob die Kostenerfassung, die hier als Indikator fungiert, den Markenwert tatsächlich widerspiegelt. SANDER 1994 gibt beispielsweise zu bedenken, dass nach dieser Vorgehensweise Marken mit geringen Entwicklungskosten und Marketinginvestitionen einen nur kleinen Markenerfolg zeigen und Marken, die in der Vergangenheit hohe Kosten verursacht haben, automatisch einen hohen Markenwert erhalten würden.[301] Generell besitzen kostenorientierte Verfahren deshalb eine sehr begrenzte Aussagekraft. Auch preisorientierte Ansätze sind lediglich in der Lage, einen ‚Ausschnitt' des Markenwertkonstruktes abzubilden. So kritisieren einige Autoren, dass der *„...Markenwert nicht nur am Preis festzumachen sei"*[302].

---

298 Vgl. GERPOTT/THOMAS 2004, S. 399.

299 Vgl. BEKMEIER-FEUERHAHN 1998, S. 69.

300 Vgl. BEKMEIER-FEUERHAHN 1998, S. 73 und TOMCZAK/REINECKE/KAETZKE 2004, S. 1836.

301 Vgl. SANDER 1994, S. 98.

302 DEVIN 1993, S. 94.

Darüber hinaus ist die objektive Abgrenzung markenwertinduzierter Kosten im Rahmen von kostenorientierten Ansätzen schwierig. Dieses Problem stellt sich gleichermaßen in den ertragswertorientierten Ansätzen, die mit Blick auf die Quantifizierung von Umsätzen, Markennutzungsdauern, Rentenbarwertfaktoren und weiteren Einflussgrößen große Ermessensspielräume aufweisen. Positiv hervorzuheben ist die Zukunftsorientierung der ertragswertorientierten Ansätze. Jedoch werden Veränderungstrends und Unsicherheitsaspekte häufig nicht berücksichtigt.[303] Daher können viele praxisorientierte ertragswertorientierte Verfahren[304] auch nicht den Anspruch erheben, exakte Markenwerte zu generieren, sondern sind eher als Hilfsmittel zur Verdeutlichung der finanziellen Bestimmungsgrößen des Markenwertes zu verstehen.

Im Rahmen von kapitalmarktorientierten Ansätzen, die grundsätzlich nur für börsennotierte Unternehmen geeignet sind, treten z. T. erhebliche Probleme mit Blick auf die Abgrenzung von marken- und nichtmarkenbezogenen Werten auf. Zudem ist die Annahme eines quasi-vollkommenen Kapitalmarktes mit Zweifeln behaftet. In der Folge ist unklar, ob der Börsenwert dem tatsächlichen Wert (der Marken) eines Unternehmens entspricht.[305] Somit kann lediglich die Objektivität des Verfahrens im Ansatz von SIMON/SULLIVAN 1993 als erfüllt betrachtet werden.

Für die **integrierten Ansätze** zur Markenbewertung gelten aufgrund des kombinatorischen Charakters aus vorökonomischen und ökonomischen Zielgrößen zur Erfassung des Markenwertes grundsätzlich die gleichen Schwächen mit Blick auf die dargestellten Gütekriterien, wie sie im Rahmen von ökonomischen bzw. vorökonomischen Ansätzen auftreten. In der Folge wird auf diese nicht im Einzelnen eingegangen, stattdessen werden die jeweils gesondert dargestellten Ansätze einer tiefer gehenden Gütebeurteilung mit Blick auf die Fragestellung des vorliegenden Kapitels unterzogen (für einen Überblick vgl. Abb. 45).

---

303 Vgl. BEKMEIER-FEUERHAHN 1998, S. 75 f.; ESCH/GEUS 2001, S. 1041 und KRANZ 2002, S. 442.

304 Vgl. z. B. das Verfahren von INTERBRAND 1988.

305 Vgl. KRANZ 2002, S. 442 sowie GERPOTT/THOMAS 2004, S. 398.

Kriterien	Vorökonomische Ansätze		Ökonomische Ansätze		Integrierte Ansätze	
	Kamakura/ Russell 1993	Rajh 2005	Crimmins 2000	Ailawadi/ Lehmann/ Neslin 2003	Riedel 1996	Klante 2004
Datenbasis	**Paneldaten**	**Befragung**	**Befragung**	**Paneldaten**	**Befragung**	**Befragung**
Reliabilität	+	-	-	+	-	-
Validität	-	-	+	+	-	-
Objektivität	+	-	-	+	-	-
Zweckmäßigkeit	-	+	-	-	+	-
Einfachheit	+	-	-	+	-	-
Wirtschaftlichkeit/Praktikabilität	+	-	-	+	-	-
Generalität	+	+	+	+	+	+
Vollständigkeit	-	-	+	+	-	-

+ Gütemaß tendenziell erfüllt - Gütemaß unzureichend erfüllt bzw. verletzt

Abb. 45: Gütebeurteilung der Ansätze mit Blick auf die Fragestellung des vorliegenden Kapitels

Um die Auswirkungen der zunehmenden Verbreitung von Handelsmarken auf den Wert von Markenartikeln zu erfassen, sollte eine kontinuierliche und zuverlässige Messung durchgeführt werden (Kriterium der Reliabilität). In diesem Zusammenhang ist davon auszugehen, dass die Reliabilität der Messung in denjenigen Verfahren besser gewährleistet ist, die mit einem geringeren finanziellen Aufwand verbunden sind und bei denen eine weitestgehende Konstanz der Rahmenbedingungen vorliegt.[306] Dies ist in der Regel eher im Rahmen von Verfahren gegeben, in denen der Markenwert auf der Basis von Paneldaten erfasst wird (d. h. die Ansätze von Kamakura/ Russell 1993 und Ailawadi/Lehmann/Neslin 2003). So bieten insbesondere Scan-

306 Vgl. zu dieser Annahme Roeb 1994, S. 61.

ningdaten eines Handelspanels den Vorteil, dass diese bereits vorliegen und nicht mithilfe kostenintensiver Befragungen immer wieder aufs Neue und unter möglicherweise veränderten Rahmenbedingungen erhoben werden müssen.[307]

Darüber hinaus sollte der Ansatz geeignet sein, auch tatsächlich diejenigen Auswirkungen auf den Wert von Markenartikeln zu erfassen, die auf die zunehmende Verbreitung von Handelsmarken zurückzuführen sind (Kriterium der Validität). Dies wird insbesondere von denjenigen Ansätzen geleistet, die explizit Handelsmarken als Referenzprodukt zu Markenartikeln in die Bewertung integrieren. Hierzu gehören die ökonomischen Ansätze von CRIMMINS 2000 sowie von AILAWADI/LEHMANN/NESLIN 2003.

Grundsätzlich sollte der Ansatz in der Lage sein, die Auswirkungen der zunehmenden Verbreitung von Handelsmarken auf den Wert von Markenartikeln frei von Verzerrungen durch die messende Person zu erfassen (Kriterium der Objektivität). Aufgrund des so genannten ‚Interviewereinflusses' im Rahmen von befragungsgestützten Verfahren[308] ist davon auszugehen, dass dieses Kriterium besser von Verfahren erfüllt wird, die Paneldaten zur Messung verwenden. Im Rahmen von kausalanalytischen Ansätzen wie dem von RIEDEL 1996 stellt sich zudem das Problem, dass keine Angaben über die Gewichtung der latenten Variablen gemacht werden, so dass der ermittelte Gesamtwert der Markenstärke als subjektiv zu bezeichnen ist.[309]

Des Weiteren sollte der Ansatz die Kausalität zwischen der Verbreitung von Handelsmarken und der möglicherweise einsetzenden Erosion des Wertes von Markenartikeln aufdecken (Kriterium der Zweckmäßigkeit). Dies leisten insbesondere die kausalanalytischen Messansätze von RIEDEL 1996 und RAJH 2005. In diesen werden jedoch Handelsmarken bislang nicht explizit berücksichtigt

---

307 Vgl. hierzu GRÜNBLATT 2004, S. 43 ff.

308 Vgl. hierzu z. B. TSCHEULIN/HELMIG 2004, S. 257.

309 Vgl. ESCH 2000, S. 961 ff.

Mit Blick auf die Vermeidung möglicherweise auftretender Erosionseffekte sollte der Ansatz darüber hinaus in der Lage sein, diese möglichst einfach und schnell zu erfassen (Kriterien der Einfachheit sowie der Wirtschaftlichkeit/Praktikabilität). Da Befragungen in der Regel einen recht hohen Zeitaufwand benötigen, bieten auch hier Paneldaten wesentliche Nutzenpotenziale.

Darüber hinaus sollte der Ansatz mehrere Betrachtungsperspektiven integrieren (Kriterium der Generalität). So besitzt eine Marke nicht nur einen Wert für den Markeninhaber sowie den Konsumenten, sondern auch aus der Sicht des Handels.[310] Die generelle Anwendbarkeit auf die genannten Bezugsgruppen erfüllen alle Ansätze. In einigen Ansätzen ist es jedoch notwendig, Modifikationen der gewählten Zielgrößen durchzuführen: so müssten beispielsweise im Ansatz von CRIMMINS 2000 nicht Marktpreise für die Markenbewertung aus Handelssicht herangezogen werden, sondern stattdessen u. a. die Deckungsspanne der Marken.

Um die Auswirkungen der zunehmenden Verbreitung von Handelsmarken auf den Wert von Markenartikeln zu erfassen, ist es nicht notwendig, die Veränderung aller Zielgrößen des Markenwertes zu bestimmen (Kriterium der Vollständigkeit). Abgesehen davon, dass dies in vielen Fällen gar nicht möglich ist, erscheint es ausreichend, die Auswirkungen auf diejenigen Zielgrößen zu erfassen, die den Wert von Markenartikeln im Wesentlichen konstituieren. In der Literatur wird insbesondere die Preisprämie von Markenartikeln gegenüber Handelsmarken als ein konstituierender Faktor des Wertes von Markenartikeln gesehen.[311] Es soll somit angenommen werden, dass diejenigen Ansätze, die den Wert von Markenartikeln über die Preisprämie im Vergleich zur Handelsmarke operationalisieren, mit Blick auf die Fragestellung des vorliegenden Kapitels eine höhere Vollständigkeit aufweisen.

Zusammenfassend ist zu konstatieren, dass insbesondere diejenigen Ansätze eine hohe Anpassung an die verwendeten Gütekriterien aufweisen, die Paneldaten zur Messung

---

310 Zu den Funktionen des Markenartikels aus Handelssicht vgl. u. a. DICHTL 1992, S. 21 sowie AHLERT/KÖSTER 2004, S. 188 f.

311 Vgl. u. a. MILLER 1993; AILWADI/LEHMANN/NESLIN 2003, S. 5; KELLER 2003, S. 106; SETHURAMAN 2003, S. 2; STEINER 2004, S. 110 sowie PAUWELS/SRINIVASAN 2004, S. 387.

des Markenwertes verwenden. In diesem Zusammenhang ist davon auszugehen, dass insbesondere Scanningdaten eines Handelspanels aufgrund des kontinuierlichen Charakters der Datenerhebung dazu beitragen, die Auswirkungen der zunehmenden Verbreitung von Handelsmarken auf den Wert von Markenartikeln erfassen sowie bewerten zu können.[312]

Die inhaltliche Wertung der Nutzenpotenziale von Scanningdaten hängt letztlich davon ab, ob ‚feed-back'-Informationen aus den Abverkaufsdaten sehr schnell ausgewertet werden. Eine sofortige computergestützte Analyse (im Sinne des SR-Ansatzes) kann u. U. sehr viel schneller eine Erosion anzeigen als die aufwändige Erhebung psychographischer Indikatoren (im Sinne des SO- oder SOR-Ansatzes). Diese haben den Nachteil, dass sie oft erst nach langwierigen Befragungen, die große Operationalisierungsprobleme besitzen, zu spät eintreffen und zu unscharf sind. Scanningdaten können u. U. in sehr kurzer Zeit Preissenkungen des Handels anzeigen und damit Gefahren der Markenerosion vorbeugen.[313]

Mit Blick auf die Beantwortung der Fragestellung des vorliegenden Kapitels weisen darüber hinaus insbesondere diejenigen Ansätze eine hohe Vollständigkeit auf, die eine Operationalisierung des Wertes von Markenartikeln über die Preisprämie vornehmen. So wird die Preisprämie einer Marke von vielen Autoren als ein konstituierender Faktor des Markenwertes gesehen.[314]

Vor diesem Hintergrund erscheint insbesondere der Ansatz von AILAWADI/LEHMANN/NESLIN 2003 geeignet, um die Auswirkungen einer zunehmenden Verbreitung von Handelsmarken auf den Wert von Markenartikeln zu erfassen. Dieser bildet somit die Grundlage für die Konzeption eines eigenständigen Ansatzes.

---

312 Vgl. hierzu auch SIRIAM/BALACHANDER/KALWANI 2007.

313 Dies widerspricht somit der von KLANTE getroffenen Annahme, dass eine frühzeitige Identifikation einer Markenerosion nur über die Analyse der psychografischen, d. h. vorökonomischen Zielgrößen des Markenwertes möglich ist. Vgl. Klante 2004, S. 199 sowie Abschnitt 4.1.4.2. der Arbeit.

314 Vgl. nochmals u. a. MILLER 1993; AILWADI/LEHMANN/NESLIN 2003, S. 5; KELLER 2003, S. 106; SETHURAMAN 2003, S. 2; STEINER 2004, S. 110 sowie PAUWELS/SRINIVASAN 2004, S. 387.

4.2. Empirische Erfassung der Auswirkungen der zunehmenden Verbreitung von Handelsmarken auf den Wert von Markenartikeln

Auf Basis der Erkenntnisse der vorhergehenden Abschnitte werden nachfolgend zunächst die grundlegenden Erhebungsmethoden sowie die allgemeinen Nutzenpotenziale von Paneldaten kurz erläutert. In diesem Zusammenhang wird insbesondere auf diejenigen Paneldaten eingegangen, die unter Einsatz der so genannten Scannertechnologie (Scanningdaten) gewonnen werden können.

Im Anschluss daran wird ein eigenständiger Ansatz konzipiert und anhand eines empirischen Anwendungsbeispiels demonstriert, der im Wesentlichen auf den ökonomischen Zielgrößen von AILAWADI/LEHMANN/NESLIN 2003 beruht und Scanningdaten als Instrument zur Messung der Auswirkungen der zunehmenden Verbreitung von Handelsmarken auf den Wert von Markenartikeln nutzt.

4.2.1. Scanningdaten als Instrument zur Erfassung der Auswirkungen der zunehmenden Verbreitung von Handelsmarken

4.2.1.1. Erhebungsmethoden von Scanningdaten

Um die Auswirkungen der zunehmenden Verbreitung von Handelsmarken auf den Wert von Markenartikeln zu erfassen, muss sichergestellt sein, dass die verwendeten Daten regelmäßig in gleich bleibender Form und Qualität erhoben werden.[315] Einen wesentlichen Beitrag hierzu leisten Scanningdaten.

Laut OLBRICH/GRÜNBLATT 2006 sind **Scanningdaten i. w. S.** *„...codierte Informationen, die erst durch den Einsatz eines Scanners und einer entsprechenden Software de-*

---

315 Vgl. KLANTE 2004, S. 85. Zur Reliabilität (Verlässlichkeit) von Scanningdaten vgl. HUPPERT 1985, S. 29; VOSSEBEIN 1993, S. 25 sowie OLBRICH/GRÜNBLATT 2006, S. 105 f.

codiert werden können"[316]. Scanningdaten i. w. S. können im Rahmen von Verbraucher- sowie Handelspanels erhoben werden.

Verbraucherpanels[317] können in Haushaltspanels und Individualpanels unterschieden werden: während Haushaltspanels Aufschluss über das Einkaufsverhalten eines gesamten Haushalts geben, steht im Rahmen von Individualpanels die Gewinnung von Informationen über quantitative und qualitative Aspekte des Einkaufsverhaltens von Einzelpersonen im Vordergrund.[318]

Die Datenerhebung kann für Verbraucherpanels einerseits nach der traditionellen Methode erfolgen, im Rahmen derer einer manuelle Erfassung der Einkäufe der Konsumenten mittels entsprechender Erhebungsformularen erfolgt. In diese werden neben dem Kaufdatum weitere Informationen, wie z. B. die Packungsgrößen, Mengen und Preise der gekauften Artikel und die entsprechenden Einkaufsstätten vermerkt.[319] Andererseits besteht jedoch auch die Möglichkeit, im Rahmen von Verbraucherpanels Verfahren einzusetzen, die auf der Erhebung von Scanningdaten beruhen. Hierbei handelt es sich um die Systeme POS-Scanning, Inhome Scanning sowie die Datenerfassung über das Electronic Diary.

Bei dem Verfahren des **POS-Scanning** wird jeder Panelhaushalt mit einer oder mehreren Identifikationskarten ausgestattet, auf die die Haushaltsnummer als Barcode aufgedruckt ist. Die Karte wird bei jedem Einkauf vorgezeigt, mit über den Scanner gezogen und die Haushaltsnummer mit den EAN-Codes sowie mit den Preisen und Mengen der gekauften Artikel in einem Einkaufssatz gespeichert. Das **Inhome-Scanning** erfasst die Informationen über ein mobiles elektronisches Gerät mit den Ausmaßen eines größeren Taschenrechners, das den Panelteilnehmern zur Verfügung gestellt

316 OLBRICH/GRÜNBLATT 2006, S. 95. Zu den technischen Voraussetzungen mit Blick auf die Erhebung von Scanningdaten vgl. darüber hinaus GRÜNBLATT 2004, S. 21 ff.

317 Laut GÜNTHER/VOSSEBEIN/WILDNER 1998, S. 46 stellen Verbraucherpanels *„...Erhebungen dar, die bei einem gleich bleibenden Kreis von Verbrauchern in regelmäßigen Abständen über einen längeren Zeitraum hinweg zum gleichen Untersuchungsgegenstand durchgeführt werden"*.

318 Vgl. hierzu vertiefend MEFFERT 1992, S. 215.

319 Vgl. GRÜNBLATT 2004, S. 56 sowie OLBRICH/GRÜNBLATT 2006, S. 106.

wird. Zum Gerät gehört eine Basisstation, in die ein Modem zur Datenübertragung über die Telefonleitung eingebaut ist. Jeder EAN-codierte Artikel wird eingescannt und die Stückzahl und der Preis per Hand eingegeben. Die Datenerfassung über das **Electronic Diary** ist ähnlich dem Inhome-Scanning, jedoch ist das Codebuch durch einen intelligenten Dialog ersetzt, der das Heraussuchen der Codes für nicht EAN-codierte Artikel überflüssig macht.[320]

Laut BEREKOVEN/ECKERT/ELLENRIEDER 2004 stellen **Handelspanels** „*...Erhebungen dar, die bei einem gleich bleibenden Kreis von Absatzmittlern in regelmäßigen Abständen über einen längeren Zeitraum hinweg zum gleichen Untersuchungsgegenstand durchgeführt werden*"[321] Somit erlauben diese die Verfolgung von Veränderungen und Entwicklungen vertriebsorientierter Kennzahlen. Die im Rahmen des Kassiervorgangs gewonnenen Informationen betreffen u. a. die Entwicklung von Warenbewegungen und Lagerbeständen der in das Panel einbezogenen Absatzmittler und Produkte.[322] Auch im Rahmen von Handelspanels können die notwendigen Daten entweder nach der traditionellen Methode oder durch Scannerkassen (POS-Scanning) ermittelt werden.

Bei einem traditionellen Handelspanel stellt das Belieferungswesen zwischen der Handelszentrale und den angeschlossenen Einzelhandelsgeschäften den Ausgangspunkt der Datenerhebung dar. Die Handelszentralen agieren als Informationslieferanten, da sie zur Ermittlung der Einkäufe und der Lieferarten die notwendigen Lieferscheine erstellen. Zur Bestimmung der Höhe der Regal- und der Lagerbestände einzelner Geschäfte werden manuelle Inventuren durchgeführt.[323]

Beim traditionellen Handelspanel ist die Messstelle für die Datenerfassung der Point of Sale (POS-Scanning). Im Rahmen eines **POS-Scanningpanels** werden Scanningdaten in den kooperierenden Einzelhandelsgeschäften während des Kassiervorgangs erhoben und einem Marktforschungsinstitut zur Verfügung gestellt. In der Bundesre-

---

320 Vgl. URL 5.

321 BEREKOVEN/ECKERT/ELLENRIEDER 2004, S. 140 ff.

322 Vgl. MEFFERT 2000, S. 162.

323 Vgl. OLBRICH 1997b, S. 146 sowie OLBRICH/GRÜNBLATT 2006, S. 102.

publik Deutschland bieten die Information Resources GmbH (InfoScan) und die A.C. Nielsen GmbH (MarketTrack) POS-Scanningpanels an.[324]

Bei den zur Verfügung gestellten Daten handelt es sich um ‚Rohdaten' oder so genannte Warenkörbe. Besondere Erhebungskosten fallen für die Datenerhebung in den kooperierenden Einzelhandelsgeschäften nicht an.[325] Ein Warenkorb enthält sämtliche Artikel eines einkaufenden Konsumenten. Darüber hinaus liefert er u. a. Informationen bezüglich der jeweils aufgesuchten Einkaufsstätte, Datum und Uhrzeit des Kaufs sowie der Häufigkeit des Kaufs.[326]

Die kooperierenden Einzelhandelsgeschäfte aggregieren die Warenkorbdaten mit dem Ziel, Speicherkapazitäten einzusparen.[327] Dies bedeutet, dass zunächst alle Abverkäufe desselben Artikels, die an einem Tag stattgefunden haben, zusammengefasst werden, so dass in diesem Zusammenhang auch von ‚tagesgenauen Scanning(roh)daten' gesprochen wird. Somit bestehen tagesgenaue Scanningdaten ähnlich wie Warenkörbe aus einzelnen Datensätzen. Da die Verwaltung und die Analyse von tagesgenauen Daten in der Praxis recht kostenintensiv sind, wird in den kooperierenden Einzelhandelsgeschäften in der Regel eine Aggregation auf der Basis von Kalenderwochen vorgenommen.[328]

Wie gezeigt werden konnte, werden Scanningdaten i. w. S. sowohl im Rahmen von Verbraucher- als auch Handelspanels erhoben. In der Wissenschaft und der Praxis werden mit Scanningdaten jedoch häufig nur solche Informationen in Verbindung gebracht, die während des Kassiervorgangs erhoben werden.[329] Unter **Scanningdaten**

---

324 Vgl. OLBRICH/GRÜNBLATT 2006, S. 103 f.

325 Vgl. OLBRICH/GRÜNBLATT 2006, S. 104.

326 Vgl. GRÜNBLATT 2004, S. 37 f. sowie OLBRICH/GRÜNBLATT 2006, S. 96.

327 Die Aggregation geschieht in der Regel dann, wenn der Aufwand für die Aggregation geringer ist als der zusätzliche Speicher- und Übertragungsaufwand für die Warenkörbe. Vgl. GERLING 1994, S. 31 ff.

328 Vgl. GERLING 1994, S. 47 sowie GRÜNBLATT 2004, S. 41.

329 Vgl. z. B. SIMON/KUCHER/SEBASTIAN 1982, S. 555 ff.; VOSSEBEIN 1993, S. 23 ff. sowie OLBRICH 1993, S. 1 ff.

i. e. S. werden in Übereinstimmung mit GRÜNBLATT 2004 somit Warenausgangsdaten des Handels verstanden.[330] An diese Definition sollen sich die weiteren Ausführungen anlehnen.

4.2.1.2. Nutzenpotenziale von Scanningdaten

Der Einsatz der Scannertechnologie im Einzelhandel hat dazu geführt, dass artikelgenaue Informationen im Bereich des Warenausgangs automatisch erhoben und EDV-technisch aufbereitet werden können. Neben der Scannertechnologie hat insbesondere die Entwicklung computergestützter Verfahren zur Analyse von Scanningdaten dazu beigetragen, dass diese für verschieden Zwecke verwendet werden können und somit eine Vielzahl an Nutzenpotenzialen aufweisen.[331]

Neben den bereits in Abschnitt 4.1.5. genannten Vorteilen, die insbesondere in der Einfachheit sowie der Wirtschaftlichkeit und Praktikabilität von Scanningdaten liegen, weisen diese auch mit Blick auf die Steuerung bzw. Kontrolle des Wertes von Markenartikeln ein breites Spektrum an Nutzenpotenzialen auf.

Einerseits können Scanningdaten dazu beitragen, einen Überblick über den Abverkauf bzw. den Marktanteil einer Marke, die im Einzelhandel für eine Marke tatsächlich verlangten Preise und/oder die eingesetzten verkaufsfördernden Instrumente zu gewinnen. Diese Informationen können dazu beitragen, Veränderungen des Wertes einer Marke (u. a. im Vergleich zu einer Konkurrenzmarke, wie z. B. Handelsmarken) im Zeitablauf zu erfassen. In der Folge ermöglichen diese, eine u. U. auftretende Erosion des Wertes von Markenartikeln anzuzeigen. Beispiele für derartige Analysen sind:

- Abverkaufs-/Marktanteilsanalysen,
- Ermittlung des Distributionsgrads,

---

330 Vgl. GRÜNBLATT 2004, S. 37.

331 Zu den Nutzenpotenzialen von Scanningdaten vgl. OLBRICH/GRÜNBLATT 2006, S. 121 ff.

- Preisklassen/-stellungsanalyse,
- Ermittlung von Aktionshäufigkeiten (Promotionsintensitätsanalyse),
- Ermittlung von Käuferfrequenzen und Einkaufsbeiträgen.[332]

Andererseits können Scanningdaten dazu beitragen, kausale Zusammenhänge zwischen dem Einsatz einzelner Marketinginstrumente und dem Abverkauf bzw. dem Marktanteil einer Marke herzustellen. Diese Analysen eignen sich insbesondere dazu, die Ursachen einer möglicherweise auftretenden Erosion des Wertes von Markenartikeln aufzudecken. Beispielhaft sind zu nennen:

- Preis-Absatz-Analysen,
- Preis-Promotionanalysen,
- Werbewirkungsanalysen,
- Verbund- und Substitutionseffekte bei mehreren Marken im Portfolio,
- Platzierungsanalysen.[333]

Demzufolge ermöglichen Scanningdaten eine zielgerichtete Steuerung und Kontrolle des Wertes einer Marke im Zeitablauf. Auch der im Folgenden präsentierte Ansatz besitzt den Anspruch, die Veränderungen des Wertes von Markenartikeln infolge der zunehmenden Verbreitung von Handelsmarken im Zeitablauf zu erfassen und somit möglicherweise auftretende Erosionseffekte aufzudecken.

---

332 Vgl. hierzu vertiefend GRÜNBLATT 2004, S. 97 sowie OLBRICH/GRÜNBLATT 2006, S. 125.

333 Vgl. zu einer Wirkungsanalyse mittels Scanningdaten OLBRICH/BATTENFELD/GRÜNBLATT 2001b, S. 5 ff.; GRÜNBLATT 2001, S. 4 f. sowie OLBRICH/GRÜNBLATT 2006, S. 126.

4.2.2. Konzeption eines eigenständigen Ansatzes auf der Basis von Scanningdaten

Konzeptionell weist der im Folgenden vorgestellte Ansatz eine starke Ähnlichkeit zu dem Ansatz von AILAWADI/LEHMANN/NESLIN 2003 auf. Beide Ansätze gehen von der Prämisse aus, dass Markenartikel aufgrund der in sie getätigten Investitionen (wie z. B. Werbung), gegenüber Handelsmarken einen höheren Preis *(,Preisprämie')* sowie eine höhere Absatzmenge *(,Mengenprämie')* erzielen können. Mit Blick auf die Erfassung der Erosionseffekte von Markenartikeln als Folge der Verbreitung von Handelsmarken weisen die von AILAWADI/LEHMANN/NESLIN 2003 verwendeten Zielgrößen jedoch einige Schwächen auf:

So zeigt die von AILAWADI/LEHMANN/NESLIN 2003 verwendete Zielgröße *,Mengenprämie'* (bei gleichen Preisen von Markenartikeln und Handelsmarken c. p.) an, wie viele Mengeneinheiten von Markenartikeln im Vergleich zu Handelsmarken **absolut** gesehen mehr bzw. weniger nachgefragt werden. Bei einem Absatz von 100 Mengeneinheiten (ME) von Markenartikeln bzw. 70 ME von Handelsmarken in t_1 und einem Absatz von 200 ME von Markenartikeln bzw. 150 ME von Handelsmarken in t_2 würden die Autoren somit von einer Mengenprämie von +20 Mengeneinheiten ausgehen (vgl. Spalte 5 in Abb. 46). Diese Vorgehensweise zieht jedoch kaum in Betracht, dass der Absatz von Handelsmarken (+114 %) **relativ** gesehen stärker ansteigt als der von Markenartikeln (+100 %). Dies ist insofern problematisch, als das die verstärkte Nachfrage nach Handelsmarken u. U. eine Erosion des Wertes von Markenartikeln bewirken kann, in deren Folge das Preisniveau von Markenartikeln (u. U. langfristig) sinkt. Um diese Entwicklungen erfassen zu können, erscheint eine Modifikation der von AILAWADI/LEHMANN/NESLIN 2003 verwendeten absoluten Zielgröße *,Mengenprämie'* notwendig.

Aus diesem Grund wird im Rahmen der vorliegenden Untersuchung die relative Zielgröße *,Absatzanteil von Markenartikeln'* genutzt. Diese ermöglicht, den stärkeren Anstieg des Absatzvolumens von Handelsmarken im Vergleich zu Markenartikeln zu quantifizieren und damit eine Erosion des Wertes von Markenartikeln auch bei steigendem Absatzvolumen anzuzeigen. So weist der Absatzanteil von Markenartikeln im Anschauungsbeispiel trotz steigendem Absatzvolumen von Markenartikeln eine negative Entwicklung auf, da das Absatzvolumen von Handelsmarken relativ gesehen stärker ansteigt (vgl. Spalte 7 in Abb. 46).

<table>
<tr><th>1</th><th>2</th><th>3</th><th>4</th><th>5</th><th>6</th><th>7</th></tr>
<tr><th>Zeit</th><th>Markenartikel</th><th>Handelsmarken</th><th>absolute Betrachtung</th><th>absolute Veränderung (Differenz t_2-t_1)</th><th>relative Betrachtung</th><th>relative Veränderung (Differenz t_2-t_1)</th></tr>
<tr><td colspan="7">Mengenprämie versus Absatzanteil</td></tr>
<tr><td>t_1</td><td>100 ME</td><td>70 ME</td><td>+ 30 ME</td><td rowspan="2">+ 20 ME</td><td>58,82 %</td><td rowspan="2">- 1,70 %</td></tr>
<tr><td>t_2</td><td>200 ME</td><td>150 ME</td><td>+ 50 ME</td><td>57,14 %</td></tr>
<tr><td colspan="7">Preisprämie versus Preisquotient</td></tr>
<tr><td>t_1</td><td>1,00 €</td><td>0,70 €</td><td>+ 0,30 €</td><td rowspan="2">+ 0,20 €</td><td>1,43</td><td rowspan="2">- 0,10</td></tr>
<tr><td>t_2</td><td>2,00 €</td><td>1,50 €</td><td>+ 0,50 €</td><td>1,33</td></tr>
</table>

Abb. 46: Anschauungsbeispiel

Auch die von AILWADI/LEHMANN/NESLIN 2003 verwendete Zielgröße *'Preisprämie'* zeigt (bei gleichem Absatzvolumen von Markenartikeln und von Handelsmarken c. p.) lediglich an, ob der Preis von Markenartikeln im Vergleich zu Handelsmarken **absolut** gesehen steigt oder fällt. So würden die Autoren bei einem Preis von Markenartikeln von 1,00 € bzw. 0,70 € von Handelsmarken in t_1 und einem Preis von Markenartikeln von 2,00 € bzw. 1,50 € von Handelsmarken in t_2 von einer Preisprämie von + 0,20 € ausgehen (vgl. Spalte 5 in Abb. 46).

Auch in diesem Fall würde der **relativ** stärkere Preisanstieg von Handelsmarken (+114 %) im Vergleich zu Markenartikeln (+100 %) nicht in Betracht gezogen werden. Da der Preisabstand zwischen Markenartikeln und Handelsmarken einen wesentlicher Bestandteil des Wertes von Markenartikeln darstellt, könnte eine Verringerung des Preisabstandes jedoch u. U. eine Erosion des Wertes von Markenartikeln bewirken, die langfristig zu einem Rückgang des Absatzvolumens von Markenartikeln führt.[334] In der Folge muss auch die absolute Zielgröße *,Preisprämie'* modifiziert werden.

Demzufolge wird im Rahmen der vorliegenden Untersuchung die relative Zielgröße *,Preisquotient'* zur Messung der Auswirkungen der zunehmenden Verbreitung von Handelsmarken auf den Wert von Markenartikeln herangezogen. Dieser beruht auf den absoluten Zielgrößen *,Preisniveau der Markenartikel'* sowie *,Preisniveau der Handelsmarken'* und ermöglicht, den stärkeren Anstieg des Preisniveaus von Handelsmarken im Vergleich zu Markenartikeln zu quantifizieren und damit eine Erosion des Wertes von Markenartikeln auch bei steigendem Preisniveaus anzuzeigen. So weist der Preisquotient im Anschauungsbeispiel bei steigendem Preisniveau von Markenartikeln eine negative Entwicklung auf, da das Preisniveau von Handelsmarken relativ stärker ansteigt (vgl. Spalte 7 in Abb. 46).

Mithilfe der modifizierten Zielgrößen *,Absatzanteil von Markenartikeln'* und *,Preisquotient'* können die ökonomischen Auswirkungen der zunehmenden Verbreitung von Handelsmarken auf den Wert von Markenartikeln in einer Artikelgruppe erfasst werden. Die Zielgrößen werden für die hier präsentierte empirische Untersuchung wie folgt operationalisiert:[335]

Die Zielgröße *,Absatzanteil von Markenartikeln'* (a_{MA}) beschreibt das Verhältnis des Absatzvolumens von Markenartikeln in der betrachteten Artikelgruppe zum Absatzvolumen der gesamten Artikelgruppe. Die Zielgröße stellt ein Maß für die Wettbewerbsstärke von Markenartikeln im Vergleich zu Handelsmarken dar. Ein Rückgang des Absatzanteils von Markenartikeln bedeutet somit, dass der Handel den verloren gegangenen Absatzanteil mit Handelsmarken realisiert. In diesem Sinne verschlechtert sich die Wettbewerbsposition der Industrie gegenüber dem Handel.

Die Zielgröße *,Preisquotient'* ($PQ_{MA/HM}$) beschreibt, wie sich das Preisniveau von Markenartikeln im Verhältnis zum Preisniveau von Handelsmarken in einer Artikel-

334 Vgl. z. B. OLBRICH 2001b und 2001c, KÖHLER 2003 sowie KLANTE 2004.

335 Vgl. zu der hier präsentierten Operationalisierung auch OLBRICH/SCHÄFER/BATTENFELD 2006, S. 354 ff.

gruppe verhält. Wird der Preisquotient kleiner, so sinkt das Preisniveau von Markenartikeln im Vergleich zu dem von Handelsmarken bzw. steigt in geringerem Maße als das von Handelsmarken. Ein Rückgang des Preisniveaus von Markenartikeln im Vergleich zu dem von Handelsmarken kann ein Ausdruck dafür sein, dass die Markenartikel in den Augen der Konsumenten den die Preisprämie legitimierenden Zusatznutzen gegenüber Handelsmarken in der Artikelgruppe verloren haben. Wird der Preisquotient im Zeitablauf größer, so steigt das Preisniveau von Markenartikeln im Vergleich zu dem von Handelsmarken bzw. sinkt in geringerem Maße als das von Handelsmarken. Ein Anstieg des Preisniveaus von Markenartikeln kann z. B. ein Ausdruck dafür sein, dass der die Preisprämie legitimierenden Zusatznutzen von Markenartikeln in Relation zu Handelsmarken gestiegen ist, z. B. durch Innovationen.

Die dem Preisquotient zugrunde liegende absolute Zielgröße *‚Preisniveau der Markenartikel' (P_{MA})* ergibt sich als Quotient der Summe der Umsätze von Markenartikeln und der Summe der Absätze von Markenartikeln in der betrachteten Artikelgruppe. Die Zielgröße *‚Preisniveau der Handelsmarken' (P_{HM})* errechnet sich analog als Quotient der Summe der Umsätze von Handelsmarken und der Summe der Absätze von Handelsmarken in einer Artikelgruppe. Die Zielgröße stellt – sofern nennenswerte Absätze vorhanden sind – ein Maß für die Qualitätserwartungen der Nachfrager an die in einer Artikelgruppe enthaltenen Markenartikel dar. Er zeigt, in welchem Maße Konsumenten bereit sind, für den Erwerb von Markenartikeln einen höheren Preis als den Durchschnittspreis zu zahlen und gibt dementsprechend Auskunft über den Preis-Qualitätszusammenhang.

Insgesamt ist zu erwarten, dass sich die zunehmende Profilierung von Handelsmarken zulasten von Markenartikeln wie folgt in den betrachteten Zielgrößen niederschlägt:

Zunächst könnte sich die zunehmende Verbreitung von Handelsmarken in einer Abnahme der Bereitschaft der Nachfrager äußern, eine Preisprämie für die industriellen Marken zu zahlen. Entsteht bei den Nachfragern z. B. der Eindruck, Handelsmarken und Markenartikel seien qualitativ gleichwertig, verlieren Markenartikel den die Preisprämie legitimierenden Zusatznutzen gegenüber Handelsmarken. Hieraus resultiert häufig ein Rückgang der Absatzmenge von Markenartikeln. Senkt nun der Handel tatsächlich die Preise der betroffenen Marken, sinkt auch das Preisniveau von Markenartikeln im Vergleich zu dem von Handelsmarken (der Preisquotient wird kleiner). Im Ergebnis hat eine Erosion des Wertes von Markenartikeln stattgefunden.

Ein Rückgang des Wertes von Markenartikeln und somit ein möglicher Hinweis auf eine Markenerosion kann jedoch auf zwei weitere Konstellationen der betrachteten Zielgrößen zurückgeführt werden:

1. Einerseits kann das Preisniveau von Markenartikeln im Vergleich zu dem von Handelsmarken sinken (d. h. der Preisquotient wird kleiner), ohne dass es zu einem Rückgang der Absatzmenge der Markenartikel kommt. Dies ist bspw. der Fall, wenn der Handel die preisliche Positionierung der Markenartikel unterläuft, indem er diese sehr niedrig, u. U. sogar unter den Einstandspreisen, anbietet (Preistaktik der ‚gezielten Preisschleuderei'). Kurzfristig bewirkt diese Vorgehensweise einen Mehrabsatz der Markenartikel in der Artikelgruppe, da die Konsumenten aufgrund der gesunkenen Preise die Markenartikel verstärkt nachfragen. Kommt es jedoch langfristig nicht zu einer Preisanpassung, d. h. zu einem Preisanstieg der Markenartikel, sinkt die Zahlungsbereitschaft der Konsumenten für die betroffenen Markenartikel systematisch ab. Auch in diesem Fall findet eine Erosion des Wertes von Markenartikeln statt.

2. Andererseits kann das Preisniveau von Markenartikeln im Vergleich zu dem von Handelsmarken steigen (d. h. der Preisquotient wird größer), während der Absatzanteil der Markenartikel im Zeitablauf sinkt. Dies ist z. B. der Fall, wenn der Handel den Preis der industriellen Markenartikel derart hoch setzt, dass die Nachfrager aufgrund der deutlich niedrigeren Preise von Handelsmarken eine besondere Preisgünstigkeit der Handelsmarken vermuten und diese daher verstärkt nachfragen. Somit sinkt der Absatzanteil von Markenartikeln. Das langfristige Ziel dieser als ‚Umbrella Pricing' bezeichneten Preistaktik des Handels besteht in einer systematischen Unterwanderung der Preisbereitschaften der Nachfrager gegenüber den Markenartikeln zugunsten des Verkaufs von Handelsmarken.[336] U. U. kann somit ein langfristiger Wechsel zu Handelsmarken hervorgerufen werden, in dessen Folge der Wert von Markenartikeln erodiert.

---

336 Vgl. OLBRICH 2001c, S. 175.

Auf Basis der vorgestellten Zielgrößen ‚Absatzanteil von Markenartikeln' und ‚Preisquotient' kann nun eine zweidimensionale Matrix aufgespannt und darin eine Positionierung der Artikelgruppen vorgenommen werden. Zur Beurteilung der Entwicklung der Zielgrößen im Zeitablauf werden diese je nach Ausprägung den Klassen ‚sinkt' (negative Differenz) und ‚steigt' (positive Differenz) zugeordnet, so dass sich die Matrix in vier Felder aufteilen lässt (vgl. Abb. 47).

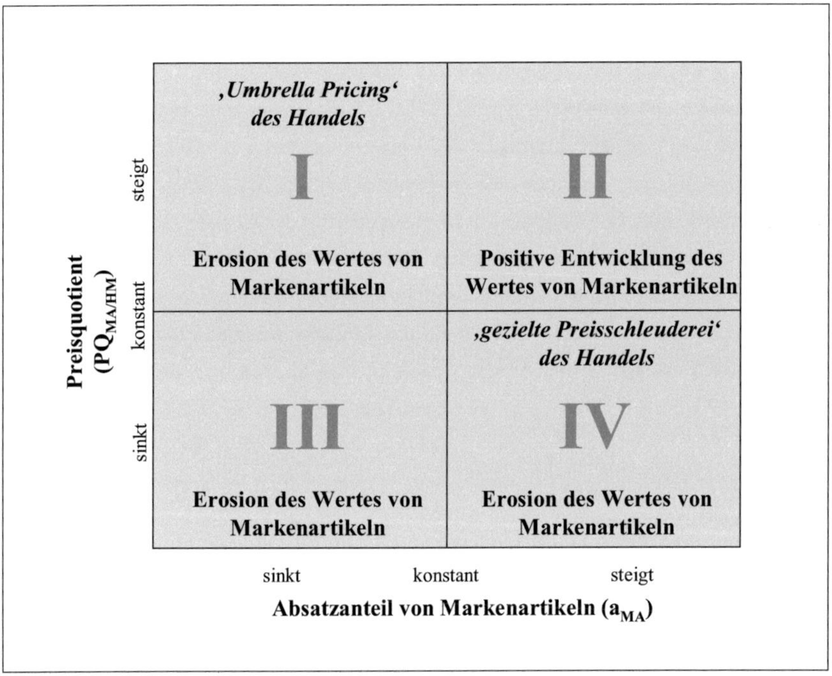

Abb. 47: Die Markenerosionsmatrix

In **Feld I** befinden sich Artikelgruppen, in denen das Preisniveau von Markenartikeln stärker steigt bzw. in geringerem Maße sinkt als das von Handelsmarken (der Preisquotient wird größer). Gleichzeitig sinkt der Absatzanteil von Markenartikeln. Wenn das Preisniveau von Markenartikeln bei sinkendem oder konstantem Preisniveau von Handelsmarken steigt, können sich in diesem Feld der Markenerosionsmatrix Artikelgruppen finden, in denen der Wert der Markenartikel von einer Erosion durch die

Preistaktik des ‚Umbrella Pricing' bedroht wird. Gemäß den oben dargestellten Zusammenhängen kann der Handel diese Preistaktik nutzen, um seine Handelsmarken im Wettbewerb mit Markenartikeln zu profilieren.

Das **Feld II** enthält Artikelgruppen, in denen sowohl der Absatzanteil als auch das Preisniveau von Markenartikeln eine positive Entwicklung im Zeitablauf aufweisen. In diesen Artikelgruppen wendet der Handel offensichtlich keine der erläuterten Taktiken an oder diese tragen zumindest nicht zur Erosion von Markenartikeln bei. Somit scheint der Wert der Markenartikel im Zeitablauf nicht von einer Erosion betroffen zu sein. Gleichwohl ist denkbar, dass der Handel in diesen Artikelgruppen alternative Vorgehensweisen zur Profilierung seiner Handelsmarken im Wettbewerb mit Markenartikeln einsetzt (wie z. B. produkt-, kommunikations- sowie distributionspolitische Maßnahmen), deren Auswirkungen die untersuchten Zielgrößen noch nicht widerspiegeln.[337]

In **Feld III** befinden sich Artikelgruppen, in denen sowohl das Preisniveau von Markenartikeln in Relation zu dem von Handelsmarken als auch der Absatzanteil von Markenartikeln sinkt. In den dort positionierten Artikelgruppen ist der Wert der Markenartikel bereits erodiert (u. U. infolge der Durchführung einer der erläuterten Preistaktiken).

In **Feld IV** finden sich Artikelgruppen, in denen das Preisniveau von Markenartikeln sinkt bzw. in geringerem Maße steigt als das von Handelsmarken (der Preisquotient wird kleiner). Dies führt allerdings nicht zu einem Rückgang des Absatzanteils von Markenartikeln. Sinkt das Preisniveau von Markenartikeln deutlich, dann können sich in diesem Feld der Markenerosionsmatrix Artikelgruppen befinden, in denen der Wert der Markenartikel infolge der Preistaktik der ‚gezielten Preisschleuderei' bedroht wird. Entsprechend der oben dargestellten Zusammenhänge kann der Handel diese Preistaktik zur Profilierung seiner Handelsmarken im Wettbewerb mit Markenartikeln nutzen.

---

337 Vgl. zu produkt-, kommunikations- sowie distributionspolitischen Maßnahmen des Handels im Rahmen der Profilierung von Handelsmarken OLBRICH/BUHR/GREWE/SCHÄFER 2005, S. 9 ff. sowie Abschnitt 2.1.2. der Arbeit.

Im folgenden Abschnitt wird anhand eines empirischen Beispiels gezeigt, wie eine Analyse mittels der erläuterten Zielgrößen und eine Interpretation der Ergebnisse durchgeführt werden kann.

4.2.3. Demonstration anhand eines empirischen Anwendungsbeispiels

4.2.3.1. Vorgehensweise der Datenanalyse und Datengrundlage

Um die Auswirkungen des Verdrängungswettbewerbs durch Handelsmarken auf den Wert von Markenartikeln zu erfassen, erfolgt die Datenanalyse im Rahmen des vorliegenden Kapitels in zwei Schritten:

In einem **ersten Schritt** wird die Entwicklung der Absatzanteile von Markenartikeln und des Preisquotienten sowohl auf Warengruppen- *(Abschnitt 4.2.3.2.)* als auch auf Betriebsformenebene *(Abschnitt 4.2.3.3.)* untersucht. Ziel ist es, diejenigen Artikelgruppen bzw. Betriebsformen zu identifizieren, in denen Markenartikel von einer Erosion ihres Wertes als Folge der zunehmenden Verbreitung von Handelsmarken betroffen sind. Darüber hinaus gibt die Analyse Hinweise darauf, welche Preistaktiken in den einzelnen Artikelgruppen bzw. Betriebsformen Anwendung finden, um die angebotenen Handelsmarken zu profilieren.

Ziel in einem **zweiten Schritt** der Datenanalyse ist es, das Ausmaß des Verdrängungswettbewerbs durch Handelsmarken auf den Wert von Markenartikeln in exemplarisch ausgewählten Artikelgruppen zu identifizieren *(Abschnitt 4.2.3.4.)*. Dies geschieht vor dem Hintergrund, dass es aus der Sicht der Industrie von Bedeutung ist, zu wissen, in welchen Preislagen einer Artikelgruppe eine Profilierung von Markenartikeln grundsätzlich noch möglich ist. Da Handelsmarken sich häufig im Preiseinstiegsbereich positionieren[338], ist davon auszugehen, dass Markenartikel insbesondere in den unteren Preislagen von einer Erosion ihres Wertes betroffen sein dürften. Darüber hinaus unternimmt der Handel seit geraumer Zeit den Versuch, Handelsmarken auch in den

338 Vgl. URL 6.

oberen Preislagen (so genannte Premium-Handelsmarken) zu positionieren[339] und trägt somit auch dort zu einer Erosion des Wertes von Markenartikeln bei.

Mit Blick auf die dargestellten Analyseschritte soll im Folgenden die jeweils zugrunde liegende Datenbasis sowie die grundlegenden Arbeitsschritte zur Berechnung der Zielgrößen näher erläutert werden:

Schritt 1 : Analyse auf Warengruppen- und auf Betriebsformenebene

Um die Auswirkungen der zunehmenden Verbreitung von Handelsmarken auf den Wert von Markenartikeln auf **Warengruppenebene** zu erfassen, werden 11 Artikelgruppen der exemplarisch untersuchten Warengruppe ‚Fleisch' betrachtet. Die Analyse erfolgt aggregiert über alle Betriebsformen.

Eine Disaggregation nach Betriebsformen findet schließlich im Rahmen der Analyse auf **Betriebsformenebene** statt. Insgesamt umfasst die Datengrundlage 810 Verkaufsstellen des Lebensmittelhandels. Darin sind 492 Verkaufsstellen der Betriebsform Verbrauchermarkt, 89 Verkaufsstellen der Betriebsform Discounter und 229 Verkaufsstellen der Betriebsform Supermarkt enthalten.

Nicht in jeder Betriebsform wurden in allen 11 Artikelgruppen der exemplarisch untersuchten Warengruppe ‚Fleisch' gleichzeitig Markenartikel und Handelsmarken angeboten. Da die Analyse auf Betriebsformenebene darauf abzielt, die Auswirkungen der zunehmenden Verdrängung von Handelsmarken auf den Wert von Markenartikeln zu untersuchen, mussten diejenigen Artikelgruppen, in denen lediglich ein Markentyp (d. h. Markenartikel oder Handelsmarke) angeboten wurde, aus der Datengrundlage eliminiert werden. Somit konnten in der Betriebsform Discounter bzw. Supermarkt nur jeweils 8 bzw. 10 Artikelgruppen untersucht werden. In der Betriebsform Verbrauchermarkt wurden in allen 11 Artikelgruppen Markenartikel und Handelsmarken angeboten.

---

339 Vgl. zur preislichen Positionierung so genannter Premium-Handelsmarken des Handels vertiefend WINDBERGS 2007, S. 81 ff.

Der insgesamt zur Verfügung stehende Untersuchungszeitraum umfasst 152 Wochen. Zur Bestimmung der Zielgrößen und deren Ausprägungen im gewählten Untersuchungszeitraum wurden die folgenden Arbeitsschritte vorgenommen:[340]

(1) In einem ersten Schritt wurden innerhalb des gesamten Untersuchungszeitraumes zwei repräsentative Zeiträume ausgewählt. Die entsprechenden Zeiträume wurden so gewählt, dass kalendarische Einflüsse, wie bspw. Vorratskäufe vor Feiertagen, weit gehend ausgeschlossen werden können.[341] Die Zeiträume umfassen in der vorliegenden Untersuchung 27 Wochen des Jahres 2000 (t_1) sowie die entsprechenden 27 Wochen des Jahres 2002 (t_2).

(2) Im nächsten Schritt wurden die durchschnittlichen Absatzanteile von Markenartikeln und von Handelsmarken, das durchschnittliche Preisniveau von Markenartikeln und von Handelsmarken sowie der durchschnittlichen Preisquotient für die Zeiträume t_1 und t_2 jeweils aggregiert über alle 27 Wochen berechnet.

(3) Um zu Aussagen über die Entwicklung des Wertes von Markenartikeln zu gelangen, wurde in einem letzten Schritt untersucht, wie sich die Zielgrößen im Zeitablauf verhalten. Hierbei wurde jeweils die Differenz der Zielgrößen zwischen den betrachteten Zeiträumen (t_2-t_1) gebildet. Ist die Differenz positiv, so steigen Absatzanteil bzw. Preisniveau. Der Preisquotient wird im Zeitablauf größer. Ist die Differenz negativ, so sinken Absatzanteil und Preisniveau. Der Preisquotient wird im Zeitablauf kleiner. Darüber hinaus kann der Fall eintreten, dass sich Absatzanteil und Preisniveau sowie Preisquotient im Zeitablauf konstant verhalten.

Schritt 2 : Analyse auf Artikelgruppenebene

Um das Ausmaß der zunehmenden Verbreitung von Handelsmarken auf den Wert von Markenartikeln in einzelnen Artikelgruppen zu bestimmen, wird eine weitere Disaggregation der Datengrundlage vorgenommen, indem die im dritten Kapitel der Ar-

---

340 Vgl. zu dieser Vorgehensweise auch OLBRICH/SCHÄFER/BATTENFELD 2006, S. 356 f.

341 Vgl. zur Berücksichtigung von Saisonalitäten im Rahmen von Verfahren der Scanningdatenanalyse GRÜNBLATT 2004, S. 254 ff.

beit bereits exemplarisch betrachteten Artikelgruppen der Warengruppe ‚Fleisch' einer näheren Betrachtung unterzogen werden.[342] Auch die Länge des Untersuchungszeitraumes (312 Kalenderwochen der Jahre 2000 bis 2005) sowie die Anzahl der betrachteten Verkaufsstellen einer Betriebsform (jeweils 24 (14) Verkaufstellen der Betriebsformen Verbrauchermarkt, Supermarkt und Discounter in Artikelgruppe 1 (Artikelgruppe 2)) entspricht der im dritten Kapitel der Arbeit verwendeten Datengrundlage. Darüber hinaus wurden wiederum solche Wochen aus der Datenbasis eliminiert, in denen nur jeweils ein Markentyp (d. h. Markenartikel oder Handelsmarke) enthalten war.[343]

Insgesamt sind die in diesem Analyseschritt verwendete Datengrundlage und die im dritten Kapitel der Arbeit analysierte Datenbasis somit identisch.

Die Ausweitung des Untersuchungszeitraumes beugt Nachteilen kurzfristiger Untersuchungen – wie in einem ersten Analyseschritt vorgenommen – vor: so können im Rahmen von kurzfristigen Untersuchungen lediglich zeitweilige ‚Sprünge' nach oben oder unten abgelesen werden, während der langfristigen Entwicklungspfad dort u. U. nicht zu erkennen ist. Infolgedessen ist die Gefahr von Fehlinterpretationen deutlich höher als bei langfristigen Untersuchungen. Diese Gefahr wird im Rahmen des zweiten Schritts der Analyse demnach vermieden.

Im Datenbeispiel können im Wesentlichen drei verschiedene Preislagen differenziert werden (vgl. Abb. 48): Die Preislage C entspricht der unteren Preislage (sog. ‚Einstiegspreislage') in einer Artikelgruppe. Die Preislage B beschreibt die mittlere Preislage in einer Artikelgruppe. Die Preislage A bezeichnet die hohe Preislage in einer Artikelgruppe. Diese Preislagen sind in allen untersuchten Betriebsformen zu finden. In den Betriebsformen Verbrauchermarkt und Supermarkt findet sich darüber hinaus noch eine Preislage oberhalb von Preislage A, die im Folgenden als Premium-

---

342 Hierbei handelt es sich um die Artikelgruppe ‚Nassfertiggerichte' (im Folgenden als Artikelgruppe 1 bezeichnet) und die Artikelgruppe ‚Fleischkonserven' (im Folgenden als Artikelgruppe 2 bezeichnet). Zu den Eigenschaften der untersuchten Artikelgruppen vgl. Abschnitt 3.2. der Arbeit.

343 Einen Überblick über die in der Analyse verbleibenden Wochen geben die Abbildungen 11 und 12 in Abschnitt 3.2. der Arbeit.

Preislage A+ bezeichnet werden soll. Insgesamt liegen die Preislagen in Artikelgruppe 1 auf einem höheren Niveau als in Artikelgruppe 2.

	ARTIKELGRUPPE 1	ARTIKELGRUPPE 2
Premium-Preislage A+	> 3,31 €	> 2,19 €
Preislage A	2,51 € - 3,31 €	1,77 € - 2,19 €
Preislage B	1,70 € - 2,50 €	1,34 € - 1,76 €
Preislage C	0,89 € - 1,69 €	0,91 € -1,33 €

Abb. 48: Preislagen auf Artikelgruppenebene

Um die Preislagen zu bestimmen, wurden die folgenden Arbeitsschritte vorgenommen:

(1) In einem ersten Schritt wurden die in einer Artikelgruppe vorhandenen Markenartikel nach ihren Preisen aufsteigend sortiert.

(2) Im zweiten Schritt wurde die Preisspanne aus dem kleinsten und dem höchsten beobachteten Preis von Markenartikeln in drei gleiche Teile geteilt, wodurch sich die Grenzen der Preislagen ergeben.

(3) Im letzten Schritt können dann für die jeweils betrachteten Verkaufsstellen einer Betriebsform die zur Erfassung des Wertes von Markenartikeln herangezogenen Zielgrößen in einer Preislage pro Woche bestimmt werden.

4.2.3.2. Analyse auf Warengruppenebene

Die vorgenommene Analyse zeigt das Ausmaß der Verdrängungsprozesse auf den Wert von Markenartikeln in den untersuchten Artikelgruppen.[344] Zudem leistet sie einen Beitrag zur Beantwortung der Frage, welche Preistaktik der Handel zur Profilie-

---

344 Vgl. hierzu auch OLBRICH/SCHÄFER/BATTENFELD 2006, S. 361 f.

rung seiner Handelsmarken in der Warengruppe ‚Fleisch' vorzugsweise anwendet (vgl. Abb. 49).

Die Erosion des Wertes von Markenartikeln infolge der zunehmenden Verbreitung von Handelsmarken ist in der Warengruppe ‚Fleisch' bereits weit vorangeschritten. Lediglich in der Artikelgruppe ‚Wurstkonserven inkl. Geflügelwurst' weisen Markenartikel einen steigenden Absatzanteil bei konstantem Preisniveau auf.

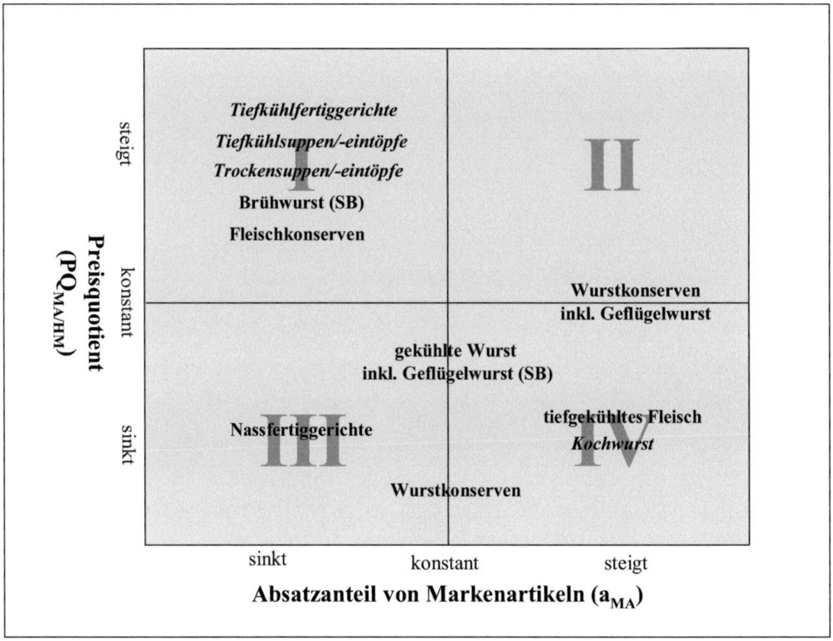

Abb. 49: Positionierung der Artikelgruppen innerhalb der Markenerosionsmatrix auf Warengruppenebene

Die Erosion des Wertes von Markenartikeln in der Warengruppe kann u. U. auf die Preistaktik des ‚Umbrella Pricing' zurückgeführt werden. So steigt in den in Feld I kursiv hervorgehobenen Artikelgruppen das Preisniveau von Markenartikeln, während das Preisniveau von Handelsmarken sinkt oder sich konstant verhält. Gleichzeitig sinken die Absatzanteile von Markenartikeln in diesen Artikelgruppen.

Ein möglicher Grund für die Nutzung dieser Preistaktik ist in den Besonderheiten der Warengruppe ‚Fleisch' zu vermuten. So kommt dem Preis der Markenartikel in vielen Warengruppen eine gewisse Orientierungsfunktion zu. Diese bewirkt, dass Konsumenten von dem Preis der Markenartikel auf die Qualität vermeintlich vergleichbarer, günstigerer Artikel schließen. Ist der Preisabstand zu groß, werden diese als qualitativ minderwertig wahrgenommen. Ist jedoch der Preisabstand zwischen Markenartikeln und Handelsmarken zu gering, da die Markenartikel u. U. unter Einstandspreisen angeboten werden, schließen die Konsumenten möglicherweise auf eine geringe Qualität aller angebotenen Marken. In einem sensiblen Warenbereich wie der Warengruppe ‚Fleisch' könnte dies sogar zu einem Konsumverzicht führen. Daraus lässt sich schließen, dass der Handel in der Regel solche Preistaktiken bevorzugen wird, die auf einem hohen Preis von Markenartikeln beruhen.

4.2.3.3. Analyse auf Betriebsformenebene

Mithilfe der Analyse auf Betriebsformenebene soll die für Herstellerunternehmen wichtige Frage beantwortet werden, in welchen Betriebsformen des Handels der Verdrängungswettbewerb stärker ausgeprägt ist. Darüber hinaus gibt die Analyse Hinweise darauf, welche Preistaktiken in den einzelnen Betriebsformen Anwendung finden, um die in den Artikelgruppen enthaltenen Handelsmarken im Wettbewerb mit Markenartikeln zu profilieren.[345] Abbildung 50 zeigt die Ergebnisse der Analyse auf Betriebsformenebene:

- Markenartikel sind in der Betriebsform Verbrauchermarkt in 8 der 11 untersuchten Artikelgruppen und in der Betriebsform Discounter in 5 der 8 untersuchten Artikelgruppen von einer Erosion ihres Wertes infolge der zunehmenden Verbreitung von Handelsmarken betroffen. In der Betriebsform Supermarkt sind Markenartikel in 6 der 11 untersuchten Artikelgruppen von einer Erosion ihres Wertes betroffen.

345 Vgl. hierzu auch OLBRICH/SCHÄFER/BATTENFELD 2006, S. 362 ff.

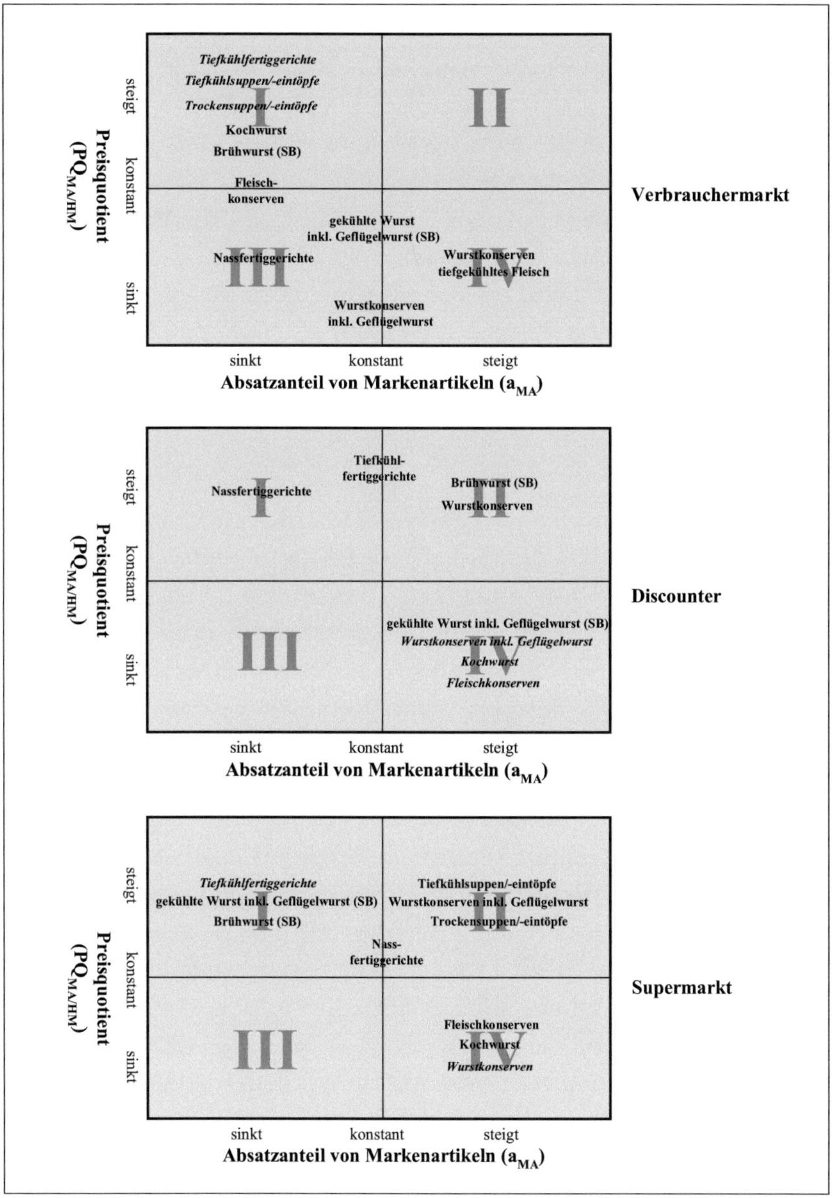

Abb. 50: Positionierung der Artikelgruppen innerhalb der Markenerosionsmatrix auf Betriebsformenebene

- In der Betriebsform Verbrauchermarkt befinden sich 5 der 11 untersuchten Artikelgruppen in Feld I der Matrix. In der Betriebsform Discounter befinden sich 4 der 8 untersuchten Artikelgruppen in Feld IV der Matrix. In den jeweils kursiv hervorgehobenen Artikelgruppen nutzt der Handel u. U. Preistaktiken. D. h. Verkaufsstellen der Betriebsform Verbrauchermarkt setzen vermutlich die Preistaktik des ‚Umbrella Pricing' zur Profilierung von Handelsmarken ein (3 kursiv hervorgehobene Artikelgruppen in Feld I der Matrix), während Verkaufsstellen der Betriebsform Discounter offenbar extreme Niedrigpreise (u. U. die Taktik der ‚gezielten Preisschleuderei') nutzen (3 kursiv hervorgehobene Artikelgruppen in Feld IV der Matrix). Geschäfte der Betriebsform Supermarkt besitzen anscheinend keine bevorzugte Preistaktik mit Blick auf die Profilierung von Handelsmarken.

Insgesamt zeigt die Analyse auf Betriebsformenebene, dass der Verdrängungswettbewerb in der Betriebsform Verbrauchermarkt und Discounter vermutlich stärker ausgeprägt ist als in der Betriebsform Supermarkt. Dies bestätigt der Blick in die Praxis: Viele große Verbrauchermärkte reagieren seit geraumer Zeit auf den zunehmenden Wettbewerb der Discounter mit dauerhaften Preissenkungen von Markenartikeln sowie der Einführung von Handelsmarken. Verkaufsstellen der Betriebsform Supermarkt versuchen hingegen, mithilfe des Angebotes von Markenartikeln (in entsprechender Preisstellung und einer entsprechenden Beratung), eine Entkopplung von den rivalisierenden Preiskämpfen der Discounter zu erreichen. Gleichwohl sind bereits auch in dieser Betriebsform Markenartikel in einigen Artikelgruppen von einer Erosion ihres Wertes betroffen. Dies lässt vermuten, dass Geschäfte dieser Betriebsform in Zukunft verstärkt Handelsmarken zur Profilierung der Geschäftsstätten nutzen werden.

Darüber hinaus besteht offenbar ein Zusammenhang zwischen der preislichen Positionierung der Betriebsformen Verbrauchermarkt sowie Discounter und der angewandten Preistaktik zur Profilierung von Handelsmarken. So nutzen Betriebsformen, die sich stark über den Preis positionieren (Discounter), möglicherweise vor allem die Preistaktik der ‚gezielten Preisschleuderei'. Das Preisniveau der Markenartikel liegt sogar unter dem von Handelsmarken in den betroffenen Artikelgruppen.[346] Demgegenüber

---

[346] Vgl. zu diesem Zusammenhang auch OLBRICH/GREWE/BATTENFELD 2006.

nutzen Betriebsformen, die sich vergleichsweise weniger stark über den Preis, sondern vielmehr über ein entsprechend breites und hochwertiges Sortiment, dass u. U. auf den Aufbau von qualitätsgerichteten Präferenzen auf Seite der Nachfrager abzielt, profilieren (Verbrauchermarkt), vermutlich vor allem die Preistaktik des ‚Umbrella Pricing'. Das Preisniveau von Markenartikeln steigt bei sinkendem oder konstantem Preisniveau von Handelsmarken in den betroffenen Artikelgruppen.

4.2.3.4. Analyse auf Artikelgruppenebene

Die nachfolgende Analyse deckt auf, in welchen Preislagen der Wert von Markenartikeln von einer Erosion als Folge der zunehmenden Verbreitung von Handelsmarken in den exemplarisch untersuchten Artikelgruppen betroffen ist. Um die Preislagen in die Markenerosionsmatrix einzugruppieren, werden die in Abbildung 51 dargestellten Regressionskoeffizienten[347] verwendet. Diese können für unterschiedliche Aggregationsniveaus berechnet werden und geben an, wie sich die gewählten Zielgrößen im Zeitablauf verhalten.

Abbildung 52 zeigt exemplarisch die Positionierung der Preislagen innerhalb der Markenerosionsmatrix auf Basis derjenigen Regressionskoeffizienten, die das insgesamt geringste Aggregationsniveau aufweisen (in Abb. 51 grau unterlegt). Es ergeben sich die folgenden Zusammenhänge:

- In der Betriebsform **Verbrauchermarkt** befindet sich die Premium-Preislage von Artikelgruppe 2 (Preislage A+) in Feld II der Matrix. In dieser Preislage weist der Wert von Markenartikeln scheinbar eine positive Entwicklung auf. In den übrigen Preislagen ist der Wert von Markenartikeln jedoch von einer Erosion betroffen; diese befinden sich in Feld IV der Matrix. Die Preislagen der Artikelgruppe 1 befinden sich insbesondere in Feld III der Matrix (lediglich die

347 Hierbei handelt es sich um die standardisierten Regressionskoeffizienten. Diese besitzen den Vorteil, dass sie als Maß für die Stärke eines Zusammenhanges interpretiert werden können. Vgl. BACKHAUS/ERICHSON/PLINKE/WEBER 2006, S. 45 ff.

Preislage C befindet sich in Feld I), so dass auch hier von einer Erosion des Wertes von Markenartikeln auszugehen ist.

		Artikelgruppe 1		Artikelgruppe 2		Artikelgruppen-übergreifend	
		a_{MA}	PQ	a_{MA}	PQ	a_{MA}	PQ
Verbrauchermarkt	Preislage A+	*-0,218*^{ns}	*-0,209*^{ns}	0,251**	*0,044*^{ns}	0,184**	*0,065*^{ns}
	Preislage A	-0,834**	-0,623**	0,229**	-0,233**	-0,223**	-0,077**
	Preislage B	-0,870**	-0,730**	0,308*	-0,338**	-0,674**	-0,447**
	Preislage C	-0,811**	0,195**	0,314**	-0,396**	-0,224**	0,097**
Discounter	Preislage A	0,202**	-0,761**	*0,145*^{ns}	-0,785**	-0,263**	*-0,092*^{ns}
	Preislage B	0,232**	-0,546**	*-0,050*^{ns}	-0,564**	-0,129**	-0,450**
	Preislage C	-0,376**	-0,738**	0,373**	-0,325**	-0,161**	-0,571**
Supermarkt	Preislage A+	*0,104*^{ns}	0,187*	0,111**	-0,369**	-0,130**	-0,333**
	Preislage A	-0,253**	*-0,070*^{ns}	*-0,144*^{ns}	-0,418**	-0,389**	-0,283**
	Preislage B	-0,419**	-0,147**	-0,152*	-0,449**	-0,377**	-0,209**
	Preislage C	-0,229**	0,186**	*-0,101*^{ns}	-0,432**	-0,173**	-0,376**
Betriebsformen-übergreifend	Preislage A+	*0,097*^{ns}	0,185*	-0,176**	-0,387**	-0,241**	-0,367**
	Preislage A	-0,272**	-0,167**	0,295**	-0,184**	*0,012*^{ns}	-0,114**
	Preislage B	-0,472**	-0,400**	0,203**	-0,165**	-0,371**	-0,160**
	Preislage C	-0,371**	-0,680**	0,279**	-0,191**	-0,116**	-0,178**

a_{MA} Absatzanteil von Markenartikeln PQ Preisquotient

ns Der Zusammenhang ist nicht signifikant.
* Der Zusammenhang ist auf dem Niveau von 0,05 signifikant.
** Der Zusammenhang ist auf dem Niveau von 0,01 signifikant.

Abb. 51: Regressionskoeffizienten der Preislagen

- In der Betriebsform **Discounter** befindet sich die mittlere Preislage von Artikelgruppe 2 (Preislage B) sowie die untere Preislage von Artikelgruppe 1 (Preislage C) in Feld III der Matrix. Die übrigen Preislagen finden sich in Feld IV der Matrix. In den kursiv hervorgehobenen Preislagen (Preislage A in Artikelgruppe 1 und Preislage C in Artikelgruppe 2) nutzen die Verkaufsstellen der Betriebsform Discounter scheinbar die Preistaktik der ‚gezielten Preisschleuderei' mit Blick auf die Profilierung der angebotenen Handelsmarken.

- In der Betriebsform **Supermarkt** weisen Markenartikel lediglich in der Premium-Preislage (Preislage A+) von Artikelgruppe 1 eine positive Entwicklung auf. In Preislage C der Artikelgruppe 1 nutzen die Verkaufsstellen scheinbar die Preistaktik des ‚Umbrella Pricing', während in Preislage A+ der Artikelgruppe 2 u. U. die Preistaktik der ‚gezielten Preisschleuderei' Anwendung findet.

Die Analyse zeigt, dass Markenartikel in denjenigen Preislagen, die in allen untersuchten Betriebsformen angeboten werden (d. h. die Preislagen A bis C), bereits von einer Erosion ihres Wertes betroffen sind. Ursächlich hierfür ist vermutlich der starke Preiswettbewerb zwischen den Betriebsformen, der oftmals über den Preis von Markenartikeln ausgetragen wird (nur in Preislage C steigt der Preisquotient).

Eine Profilierung der industriellen Markenartikel scheint hingegen lediglich in denjenigen Preislagen möglich, die (noch) nicht in der Betriebsform Discounter angeboten werden (Preislage A+). So weist der Wert von Markenartikeln in der Premium-Preislage von Artikelgruppe 1 in der Betriebsform Supermarkt sowie von Artikelgruppe 2 in der Betriebsform Verbrauchermarkt eine positive Entwicklung auf.

Betriebsformenübergreifend zeigt sich, dass in Artikelgruppe 1 in der Einstiegspreislage sowie der mittleren Preislage (Preislage C und B) kaum noch Profilierungsmöglichkeiten für die industriellen Markenartikel bestehen. Ursächlich hierfür könnte die Preistaktik des ‚Umbrella Pricing' sein, die dazu geführt hat, dass Konsumenten nicht länger bereit sind, eine Preisprämie für die industriellen Markenartikel in diesen Preislagen zu bezahlen, da diese als zu teuer im Vergleich zu Handelsmarken angesehen werden. Profilierungsmöglichkeiten bieten infolgedessen lediglich die obere bzw. die Premium-Preislage (Preislage A bzw. A+):

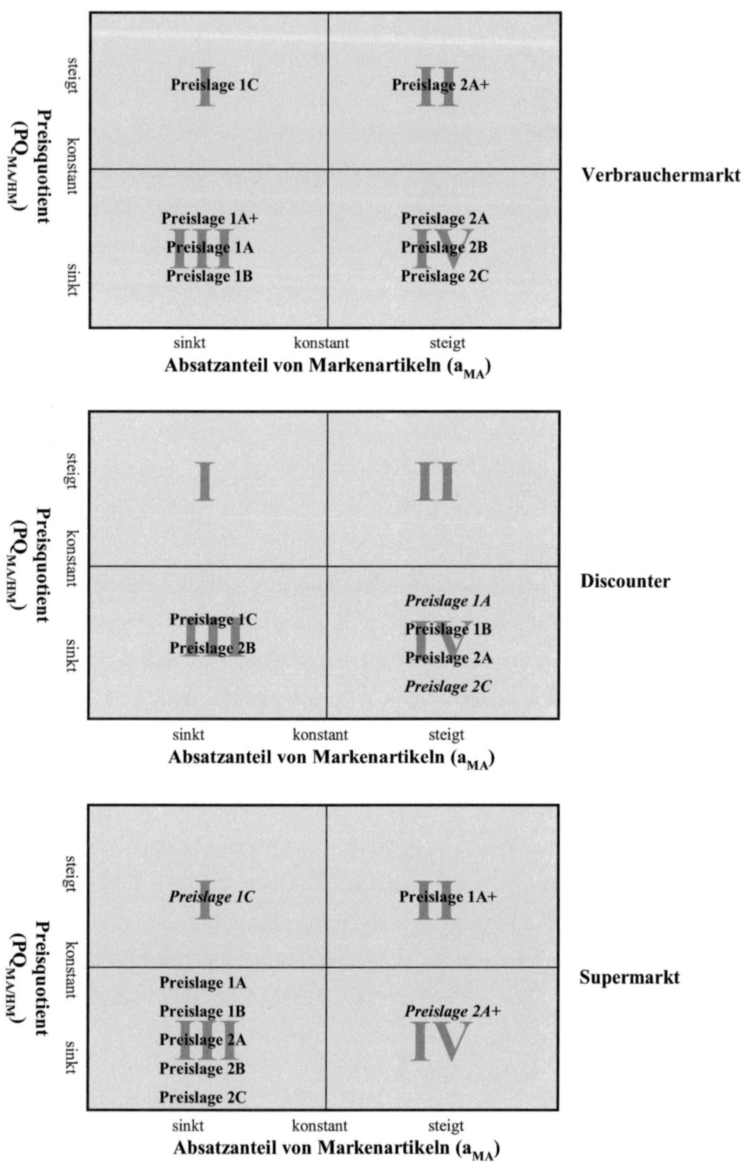

Abb. 52: Positionierung der Preislagen innerhalb der Markenerosionsmatrix

Insbesondere in der Betriebsform Supermarkt scheint der Preisabstand von Markenartikeln zu Handelsmarken noch als glaubwürdig aus der Sicht der Nachfrager empfunden zu werden. Bei näherer Betrachtung zeigt sich jedoch, dass Markenartikel auch in diesen Preislagen (vor allem in der Betriebsform Verbrauchermarkt) von einer Erosion ihres Wertes betroffen sind. Ursächlich hierfür könnte die seit geraumer Zeit zunehmende Verbreitung von Premium-Handelsmarken[348] in den Verkaufsstellen der Betriebsform Verbrauchermarkt sein, die dazu führt, dass Konsumenten auch in diesen Preislagen nicht länger bereit sind, eine Preisprämie für die industriellen Markenartikel zu bezahlen.

In Artikelgruppe 2 bieten insbesondere die mittlere und die obere Preislage (Preislage B und A) kaum noch Profilierungsmöglichkeiten aus der Sicht der industriellen Markenartikel. Dies liegt u. U. daran, dass in diesen Preislagen die Preistaktik der ‚gezielten Preisschleuderei' genutzt wurde, in deren Folge der Zusatznutzen der Markenartikel im Vergleich zu Handelsmarken infolge des geringen (bzw. u. U. sogar negativen) Preisabstandes aus der Sicht der Konsumenten nicht länger erkennbar ist. In der Folge scheinen lediglich die Einstiegspreislage (Preislage C) sowie die Premium-Preislage (Preislage A+) von Artikelgruppe 2 noch Profilierungsmöglichkeiten aus der Sicht der industriellen Markenartikel aufzuweisen. In diesen Preislagen gelingt es scheinbar insbesondere denjenigen Markenartikeln, die in der Betriebsform Verbrauchermarkt angeboten werden, einen die Preisprämie rechtfertigenden Zusatznutzen aufzuweisen.

Im Rahmen einer artikelgruppenübergreifende Analyse offenbart sich, dass eine Profilierung von Markenartikeln grundsätzlich nur in der Premium-Preislage (Preislage A+) der Betriebsform Verbrauchermarkt noch möglich erscheint. In den übrigen Preislagen weist der Wert von Markenartikeln in allen betrachteten Betriebsformen eine Erosion auf. Darüber hinaus ergeben sich paradoxe Ergebnisse: so weist der Absatzanteil der Markenartikel beispielsweise in Preislage A in der Betriebsform Discounter in beiden Artikelgruppen eine positive Entwicklung auf (+0,202 bzw. +0,145), während sich im Rahmen einer artikelgruppenübergreifenden Betrachtung eine negative Entwicklung ergibt (-0,263). Ursächlich hierfür ist vermutlich die Höhe des Preisniveaus von Markenartikeln in beiden Artikelgruppen; so liegt das Preisniveau von Markenartikeln in

---

348 Zur Verbreitung von Premium-Handelsmarken vgl. WINDBERGS 2007.

Artikelgruppe 1 auf einem höheren Niveau als das in Artikelgruppe 2.[349] Im Rahmen der Aggregation beider Artikelgruppen führt dies zu einem insgesamt positiven Zusammenhang.

Die hochaggregierte Analyse zeigt, dass Markenartikel bereits in einer Vielzahl an Preislagen von einer Erosion ihres Wertes betroffen sind. So ist der Verdrängungswettbewerb durch Handelsmarken nicht nur in der Einstiegspreislage stark ausgeprägt. Vielmehr scheint auch in den höheren Preislagen eine Profilierung von Markenartikeln kaum noch möglich, da in diesen seit geraumer Zeit zunehmend so genannte Premium-Handelsmarken verbreitet werden.

4.3. Synopse zum vierten Kapitel

Die Zielsetzung des vorliegenden Kapitels war es, die Auswirkungen der zunehmenden Verbreitung von Handelsmarken auf den Wert von Markenartikeln zu erfassen. Zu diesem Zwecke wurde auf die bereits in der Literatur bestehenden Ansätze zur Messung des Markenwertes zurückgegriffen.

Um die Vielzahl an Ansätzen zu systematisieren, erwies sich insbesondere eine Systematisierung auf Grundlage der zur Markenwertmessung herangezogenen Zielgrößen als sinnvoll. Somit konnten vorökonomische von ökonomischen Ansätzen differenziert werden. Als dritte Gruppe ergaben sich aus der Kombination vorökonomischer und ökonomischer Größen zur Markenwertmessung die integrierten Ansätze.

Legt man das klassische SOR-Paradigma zur inhaltlichen Erläuterung der Zielsetzungen der systematisierten Ansätze zugrunde, so konnte gezeigt werden, dass die **vorökonomischen Ansätze** eine vorrangig Organismus-orientierte Perspektive verfolgen. D. h. diese gehen von der Annahme aus, dass sich der Wert einer Marke durch die im Organismus der Konsumenten stattfindenden Verarbeitungs- und Speicherprozesse

349 Vgl. hierzu Abschnitt 4.2.3.1. der Arbeit.

beschreiben bzw. erfassen lässt. In welchem Maße sich diese Prozesse in einem tatsächlich messbaren Verhalten, wie z. B. dem Kauf der Marke, niederschlagen, wird im Rahmen von vorökonomischen Ansätzen in der Regel nicht betrachtet. In der Folge ziehen die Organismus-orientierten Ansätze (SO-Ansätze) vor allem vorökonomische Zielgrößen wie z. B. die Markenbekanntheit oder das Markenimage zur Messung des Markenwertes heran.

Im Gegensatz dazu weisen die **ökonomischen Ansätze** eine verstärkte Response-Orientierung auf und setzen zur Messung des Markenwertes am tatsächlich beobachtbaren Verhalten der Konsumenten, wie z. B. dem Kauf der Marke, an. Diejenigen Prozesse, die im Organismus der Konsumenten stattfinden und das Verhalten der Konsumenten auslösen, werden bewusst aus der Untersuchung ausgeklammert (‚Black Box'). Die Response-orientierten Ansätze (SR-Ansätze) nutzen infolgedessen vor allem ökonomische Zielgrößen, wie den Absatz, den Preis oder den Umsatz einer Marke zur Erfassung des Markenwertes.

Eine ganzheitliche Markenbewertung streben die **integrierten Ansätze** an, d. h. diese gehen davon aus, dass der Wert einer Marke nur dann vollständig erfasst werden kann, wenn sowohl diejenigen Prozesse, die im Organismus des Konsumenten stattfinden, als auch das daraus resultierende Markenverhalten, wie z. B. der Kauf der Marke, abgebildet wird. In der Folge nutzen die integrierten Ansätze (SOR-Ansätze) sowohl vorökonomische als auch ökonomische Zielgrößen mit Blick auf die Erfassung des Markenwertes.

Im Rahmen einer kritischen Würdigung konnte schließlich gezeigt werden, dass insbesondere diejenigen Ansätze geeignet erscheinen, die Auswirkungen der zunehmenden Verbreitung von Handelsmarken auf den Wert von Markenartikeln zu erfassen, die eine Operationalisierung des Markenwertes über die Preisprämie vornehmen. In diesem Zusammenhang weisen Ansätze, die **Scanningdaten** zur Messung des Markenwertes verwenden, den Vorteil auf, eine u. U. auftretende Erosion sehr viel schneller anzuzeigen, als die aufwändige Erhebung vorökonomischer Zielgrößen. Diese haben oft den Nachteil, dass sie erst nach langwierigen Befragungen, die große Operationalisierungsprobleme besitzen, zu spät eintreffen und zu unscharf sind.

Auf Grundlage dieser Erkenntnisse konnte schließlich ein eigenständiger Ansatz auf der Basis von Scanningdaten konzipiert werden. Dieser orientiert sich im Wesentlichen an den von AILWADI/LEHMANN/NESLIN 2003 verwendeten Zielgrößen. Jedoch sind diese Zielgrößen aufgrund ihres **absoluten Charakters** nur bedingt geeignet, die Auswirkungen der zunehmenden Verbreitung von Handelsmarken auf den Wert von Markenartikeln zu erfassen. Um diese Schwäche zu beheben, wurden die gewählten Zielgrößen insofern modifiziert, als das sie eine **relative Erfassung** ermöglichen. Als Instrument zur Visualisierung der Veränderung des Wertes von Markenartikeln im Zeitablauf wurde die so genannte Markenerosionsmatrix konstruiert.

Im Anschluss daran wurde der konzipierte Ansatz einer Validitätsprüfung im Rahmen eines empirischen Anwendungsbeispiels unterzogen. Die exemplarisch zur Verfügung stehende Datengrundlage ermöglichte in diesem Zusammenhang sowohl eine Analyse auf Warengruppen- und auf Betriebsformenebene als auch auf der Ebene einzelner Artikelgruppen. Es konnten die folgenden Zusammenhänge festgestellt werden:[350]

1. Auf **Warengruppenebene** konnte mithilfe der Markenerosionsmatrix exemplarisch visualisiert werden, dass Markenartikel in vielen Artikelgruppen der Warengruppe ‚Fleisch' von einer Erosion ihres Wertes betroffen sind.

2. Zudem offenbarte die Analyse auf **Betriebsformenebene,** dass der Verdrängungswettbewerb in der Betriebsform Verbrauchermarkt und Discounter stärker ausgeprägt ist als in der Betriebsform Supermarkt. Ursächlich hierfür können vor allem die Preistaktiken des Handels sein. In diesem Zusammenhang ist zu vermuten, dass die Betriebsform Verbrauchermarkt vor allem die Preistaktik des ‚Umbrella Pricing' zur Profilierung von Handelsmarken nutzt, während die Betriebsform Discounter vor allem extreme Niedrigpreise (u. U. die Preistaktik der ‚gezielten Preisschleuderei') einsetzt.

3. Auf **Artikelgruppenebene** konnte schließlich gezeigt werden, dass Markenartikel bereits in einer Vielzahl an Preislagen von einer Erosion ihres Wertes betrof-

350 Vgl. zu den dargestellten Ergebnissen auch die Untersuchung von OLBRICH/SCHÄFER/BATTENFELD 2006, S. 365.

fen sind. So ist der Verdrängungswettbewerb durch Handelsmarken nicht nur in der Einstiegspreislage stark ausgeprägt. Vielmehr scheint auch in den höheren Preislagen eine Profilierung von Markenartikeln kaum noch möglich, da in diesen seit geraumer Zeit zunehmend so genannte Premium-Handelsmarken verbreitet werden.

Jedoch weist der konzipierte Ansatz auch einige Schwächen auf. So war eine Anwendung auf der Ebene einzelner Marken in der vorliegenden Untersuchung aufgrund des anonymisierten Charakters der verwendeten Scanningdaten nicht möglich. Grundsätzlich sollten jedoch einzelne Markenartikel auch Unterschiede im Erosionsverlauf aufweisen. Somit wäre es nicht nur möglich, die Erosion des Wertes einzelner Marken frühzeitig zu erkennen, sondern auch Maßnahmen zu einer gezielten Steuerung des Wertes dieser Marken zu ergreifen.

Darüber hinaus setzt die gewählte Vorgehensweise zur Einteilung der Preislagen auf Artikelgruppenebene voraus, dass die Preislagen jeweils die gleiche Größe haben. Problematisch ist jedoch die Behandlung von Ausreißern nach oben und nach unten, die die Preisspannen stark auseinander reißen können. Häufig gibt es einzelne Markenartikel, die sehr viel billiger oder teurer angeboten werden als der Durchschnitt und damit die Preisspanne stark vergrößern. Im Extremfall ist dadurch eine sinnvolle Einteilung der Preislagen nicht mehr möglich, da die zugrunde gelegte Spanne so groß ist, dass fast alle Markenartikel preislich in eine bestimmte Preislage fallen und die übrigen kaum besetzt sind. Dies führt zu einer Einschränkung der Reliabilität des Verfahrens. Auf der anderen Seite lässt sich das Verfahren leicht anwenden und bietet die Möglichkeit, die Entwicklung des Wertes von Markenartikeln in einzelnen Preislagen im Zeitablauf zu erfassen.

Insgesamt leistet die vorliegende Untersuchung einen Beitrag dazu, die Effekte einer zunehmenden Verbreitung von Handelsmarken auf den Wert von Markenartikeln zu erfassen. Aufgrund der hohen Relevanz der Thematik ‚Markenerosion' in der Praxis gilt es jedoch, das vorgestellte Instrumentarium auf der Ebene weiterer Waren- bzw. Artikelgruppen anzuwenden.[351] In der Folge wäre es möglich, auch in diesen die

351 Vgl. OLBRICH/SCHÄFER/BATTENFELD 2006, S. 367.

Veränderung des Wertes von Markenartikeln infolge der zunehmenden Verbreitung von Handelsmarken im Zeitablauf zu erfassen und möglicherweise auftretende Erosionseffekte aufzudecken.

5. Auswirkungen der Erosion von Markenartikeln auf den Markterfolg des Herstellers sowie des Handels

5.1. Markenerosion und Markterfolg im Konsumgüterhandel

Wie bereits im Rahmen der vorhergehenden Kapitel gezeigt werden konnte, findet in vielen Artikelgruppen des Handels infolge der Verbreitung von Handelsmarken (und der damit u. a. verbundenen Preistaktiken) eine Erosion des Wertes von Markenartikeln statt. Im Rahmen des vorliegenden Kapitels soll nun der Frage nachgegangen werden, wie sich diese Entwicklung auf den Markterfolg des Herstellers sowie des Handels auswirkt.

Ein Blick in die veröffentlichte Literatur zeigt, dass der Markterfolg von Markenartikeln bislang insbesondere über deren Fähigkeit ermittelt wurde, Marktanteile von konkurrierenden Marken (Markenartikel und Handelsmarken) innerhalb eines Handelssystems zu erwerben.[353] Eine Erosion des Wertes von Markenartikeln liegt demzufolge vor, wenn diese Fähigkeit im Zeitablauf nachlässt bzw. wenn diese im Beobachtungszeitraum Marktanteile an konkurrierende Marken verlieren.

Voraussetzung für die Generierung eines hohen Marktanteils ist in der Regel eine hohe Marktdurchdringung in einer Artikelgruppe. So kann der mit einer hohen Marktdurchdringung verbundene Bekanntheitsgrad dazu führen[354], dass der Handel nur schwer auf diese Marken verzichten kann, da Konsumenten bei deren Nichtverfügbarkeit u. U. die Einkaufsstätte wechseln. Aus der Sicht des Herstellers verringert sich somit die Wahrscheinlichkeit, dass die Marken zugunsten von Handelsmarken ausgelistet werden. Aus diesem Grund wird in der vorliegenden Untersuchung die Marktdurchdringung von Markenartikeln im Vergleich zur Marktdurchdringung von Handelsmarken

---

353 Vgl. hierzu die empirischen Untersuchungen von GUADAGNI/LITTLE 1983; COOPER/NAKANISHI 1988; BUCKLIN/LATTIN 1991; COOPER 1993; RUSSELL/KAMAKURA 1994; GUPTA/CHINTAGUNTA/KAUL/WITTINK 1996; FOK/FRANSES/PAAP 2002 sowie VAN OEST/FRANSES 2003.

354 In der Literatur herrscht einheitlich die Meinung vor, dass ein hoher Bekanntheitsgrad zusammen mit einem unverwechselbaren Markenimage dazu beiträgt, Markenpräferenzen zu schaffen und somit für den Erfolg der Marke in den Augen der Konsumenten sorgt. Vgl. hierzu ESCH/WICKE 2000, S. 44 und ESCH 2003, S. 63.

herangezogen, um den Markterfolg von Markenartikeln aus der Sicht des Herstellers zu erfassen.

Um einen Einfluss auf den Markterfolg von Markenartikeln zu nehmen, ist es für Herstellerunternehmen entscheidend zu wissen, *wie* bzw. über *welche Faktoren* eine Erosion der Marktdurchdringung von Markenartikeln als Folge der Verbreitung von Handelsmarken zustande kommt. In der Literatur wird häufig die Meinung vertreten, dass der Wert von Markenartikeln aus den ‚Ergebnissen' der Marketingaktivitäten resultiert, die Markenartikel im Vergleich zu Handelsmarken erzielen (können).[355] Aus der Sicht der Markenartikelindustrie stellt das ‚Ergebnis' der Marketingaktivitäten in der Regel die Profilierung dar, die Markenartikel im Vergleich zu anderen Marken (und insbesondere Handelsmarken) am Point of Sale (POS) erreichen. In der Folge wird im Rahmen der vorliegenden Untersuchung exemplarisch untersucht, welchen Einfluss die zunehmende Verbreitung von Handelsmarken auf die preis-, die artikel- sowie die aktionsinduzierte Profilierung von Markenartikeln im Vergleich zu Handelsmarken besitzt.

Gleichzeitig tragen Markenartikel zum Markterfolg des Handels bei. Im Gegensatz zum Hersteller ist der Handel jedoch weniger an der Marktdurchdringung einzelner Marken interessiert, als vielmehr daran, eine möglichst hohe Marktdurchdringung der gesamten Artikelgruppe in den eigenen Verkaufsstellen zu erzielen. Da er sich durch Handelsmarken eine höhere Einkaufsstättentreue verspricht[356], führt der Handel die Erosion der industriellen Markenartikel oftmals gezielt herbei, um die angebotenen Handelsmarken zu profilieren.

Forschungsansätze, die die Erosion von Markenartikeln mit ökonomischen Zielgrößen des Handels verknüpfen, sind in der Literatur bisher nicht bekannt. So eignen sich die eingangs dargestellten Ansätze zwar, um eine Erosion einzelner Markenartikel bzw. Handelsmarken aufzuzeigen, jedoch erlauben diese keine Aussagen darüber, wie sich die Erosion von Markenartikeln auf die Marktdurchdringung einer Artikelgruppe im

355 Vgl. zu dieser Annahme AILAWADI/LEHMANN/NESLIN 2003, S. 1 sowie SATTLER 2005, S. 12.

356 Vgl. zur Einkaufsstättentreue durch Handelsmarken z. B. JUNGWIRTH 1997.

Handel auswirkt.[357] Im Rahmen der vorliegenden Untersuchung soll eine Schließung dieser Forschungslücke vorgenommen werden.

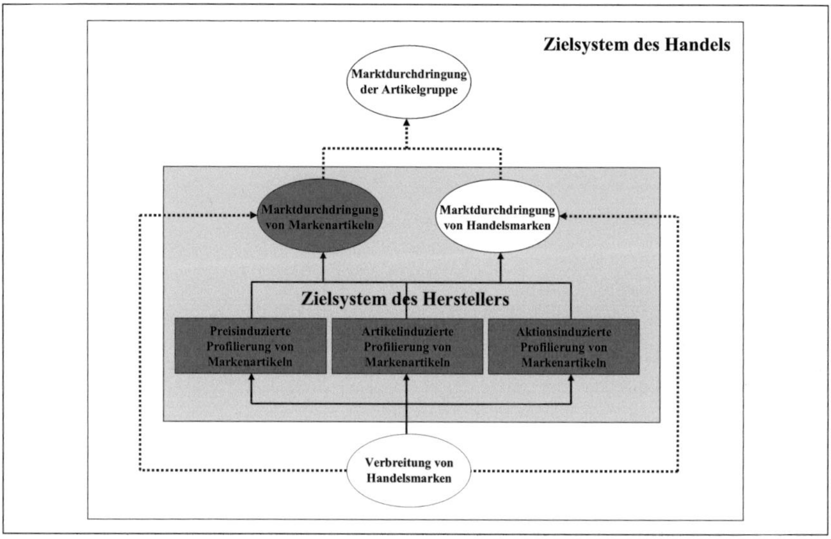

Abb. 53: Die Verbreitung von Handelsmarken im Zielsystem des Herstellers bzw. des Handels

Ein übergreifender Blick auf die Handlungsoptionen von Industrie und Handel macht Folgendes deutlich: Während Herstellerunternehmen im Wesentlichen über die Faktoren bestimmen können, die die Marktdurchdringung von Markenartikeln beeinflussen, kann der Handel durch die Verbreitung von Handelsmarken sowohl über die Marktdurchdringung von Markenartikeln als auch über die Marktdurchdringung von Handelsmarken Einfluss auf die Marktdurchdringung der gesamten Artikelgruppe nehmen. Indirekt kann der Hersteller Einfluss auf die Marktdurchdringung der Artikelgruppe nehmen, indem er eine möglichst hohe Marktdurchdringung der eigenen Marken erreicht. Andererseits kann der Handel durch entsprechende gegen Markenartikel gerichtete Verhaltensweisen, Einfluss auf die Profilierung der industriellen Marken nehmen, und somit deren Bemühungen, eine möglichst hohe Marktdurchdringung zu erreichen, gezielt unterlaufen (vgl. Abb. 53).

---

357 Vgl. hierzu u. a. VAN OEST/FRANSES 2003, S. 26.

Ziel der nachfolgenden Untersuchung ist es, die dargestellten Handlungsoptionen im Rahmen eines kausalen Wirkungsmodells näher zu beleuchten und somit die aufgezeigten Forschungslücken zu schließen. Über eine Integration der Hersteller- sowie der Handelsperspektive in ein geschlossenes Kausalmodell kann eine umfassende Bewertung der Konsequenzen einer Markenerosion als Folge der zunehmenden Verbreitung von Handelsmarken erfolgen.

5.2. Hypothesen und Modellentwicklung

Um die aufgezeigten Wirkungszusammenhänge abzubilden, wird auf der Basis von Hypothesen ein kausalanalytisches Gesamtmodell hergeleitet *(Abschnitt 5.2.4.)*, das insgesamt drei Ebenen umfasst:

Zunächst werden Hypothesen erarbeitet, die einen Wirkungszusammenhang zwischen der Verbreitung von Handelsmarken und der Profilierung von Markenartikeln und von Handelsmarken am Point of Sale (POS) unterstellen *(Abschnitt 5.2.1.)*. Auf einer **ersten Ebene des Gesamtmodells** wird somit exemplarisch untersucht, ob die Verbreitung von Handelsmarken zu einer Erosion der preis-, der artikel- sowie der aktionsinduzierten Profilierung von Markenartikeln im Vergleich zu Handelsmarken führt.

Darauf folgend werden Hypothesen formuliert, die sich auf den Wirkungszusammenhang zwischen den exemplarisch untersuchten Elementen der Profilierung der Marken am POS und der Marktdurchdringung von Markenartikeln bzw. von Handelsmarken beziehen *(Abschnitt 5.2.2.)*. Die Erfassung derjenigen Faktoren, die den Markterfolg von Markenartikeln aus Herstellersicht begründen, bildet die **zweite Ebene des Gesamtmodells**.

Abschließend werden Hypothesen hergeleitet, die zur Erfassung des Wirkungszusammenhanges zwischen der Marktdurchdringung von Markenartikeln bzw. von Handelsmarken und der Marktdurchdringung der gesamten Artikelgruppe herangezogen werden *(Abschnitt 5.2.3.)*. Aus der Betrachtung der Determinanten, die den Markterfolg des Handels verursachen, ergibt sich die **dritte Ebene des Gesamtmodells**.

5.2.1. Hypothesen mit Blick auf die Erosion von Markenartikeln (erste Ebene des Gesamtmodells)

Eine **Erosion der preisinduzierten Profilierung von Markenartikeln** dürfte zunächst dadurch zustande kommen, dass sich die zunehmende Verbreitung von Handelsmarken in einer Abnahme der Bereitschaft der Nachfrager äußern, eine Preisprämie für die industriellen Markenartikel zu zahlen. Dies ist z. B. dann der Fall, wenn der Handel bei den Nachfragern bewusst den Eindruck erweckt, dass Markenartikel und Handelsmarken qualitativ gleichwertig seien, Handelsmarken jedoch wesentlich günstiger angeboten werden als Markenartikel. Ziel ist die Erhöhung des Abverkaufs von Handelsmarken zulasten des Abverkaufs von Markenartikeln.[358]

Wie in der Literatur gezeigt werden konnte, weist dies insbesondere negative Konsequenzen für ‚schwächere' Markenartikel (vor allem Zweit- und Drittmarken der Industrie) auf.[359] Werden diese zugunsten von Handelsmarken ausgelistet, ist oftmals lediglich noch ein führender Markenartikel (oder eine geringe Anzahl an führenden Markenartikeln) in einer Artikelgruppe vorhanden. Da diese in der Regel ubiquitär erhältlich sind, dienen sie dem Handel dazu, die Preisgünstigkeit der Verkaufsstellen zu signalisieren. Demzufolge dürfte das Preisniveau von Markenartikeln infolge der Verbreitung von Handelsmarken sinken:

Hypothese 1a: *Die Verbreitung von Handelsmarken wirkt sich negativ auf das Preisniveau von Markenartikeln aus, d. h. je höher (geringer) die Verbreitung von Handelsmarken ist, umso geringer (höher) ist das Preisniveau von Markenartikeln.*

Im Gegensatz zu den ubiquitär erhältlichen Markenartikeln ist das Angebot an Handelsmarken auf die Verkaufsstellen des jeweiligen Handelsunternehmens begrenzt. Preisvergleiche mit Handelsmarken von konkurrierenden Handelsunternehmen werden erschwert. Infolge der sinkenden Ausweichmöglichkeiten in den Verkaufsstellen und

---

358 Vgl. hierzu u. a. OLBRICH 2004, S. 171.

359 Aufgrund empirischer Analysen kommen z. B. SHORE/RANGACHARI/SCOTT 2003, S. 35 zu dem Ergebnis, dass die Markenartikel, die nicht Marktführer sind, die schwierigste Position haben, weil sie im Wettbewerb sowohl mit dem Marktführer als auch mit Handelsmarken stehen.

dem mit einem Verkaufsstellenwechsel verbundenen Aufwand, ist der Handel in der Lage, das Preisniveau von Handelsmarken anzuheben, ohne sofort merklich an Nachfrage einzubüßen. In der Folge dürfte das Preisniveau von Handelsmarken bei zunehmender Verbreitung von Handelsmarken ansteigen:

Hypothese 1b: *Die Verbreitung von Handelsmarken wirkt sich positiv auf das Preisniveau von Handelsmarken aus, d. h. je höher (geringer) die Verbreitung von Handelsmarken ist, umso höher (geringer) ist das Preisniveau von Handelsmarken.*

Eine **Erosion der artikelinduzierten Profilierung von Markenartikeln** dürfte sich dadurch ergeben, dass seitens des Handels eine Erhöhung der Anzahl gelisteter Handelsmarken vorgenommen wird, während die Anzahl gelisteter Markenartikel mit zunehmender Verbreitung von Handelsmarken in den Verkaufsstellen systematisch reduziert wird. Auch in der Literatur konnte festgestellt werden, dass eine zunehmende Verbreitung von Handelsmarken vor allem zulasten der Anzahl an Zweit- und Drittmarken der Industrie stattfindet.[360] So konnten u. a. OLBRICH/GREWE 2007 beispielhaft anhand von Scanningdaten einer Artikelgruppe aus dem Konsumgüterbereich zeigen, dass die Anzahl gelisteter Handelsmarken im Zeitablauf deutlich zunimmt, während die Anzahl gelisteter Markenartikel stark rückläufig ist:[361]

Hypothese 2a: *Die Verbreitung von Handelsmarken wirkt sich negativ auf die Anzahl gelisteter Markenartikel aus, d. h. je höher (geringer) die Verbreitung von Handelsmarken ist, umso geringer (höher) ist die Anzahl gelisteter Markenartikel.*

Hypothese 2b: *Die Verbreitung von Handelsmarken wirkt sich positiv auf die Anzahl gelisteter Handelsmarken aus, d. h. je höher (geringer) die Verbreitung von Handelsmarken ist, umso höher (geringer) ist die Anzahl gelisteter Handelsmarken.*

---

360 Belege für diese Annahme finden sich z. B. bei OLBRICH/BUHR/GREWE/SCHÄFER 2005, S. 75 ff. und S. 99 ff.

361 Vgl. OLBRICH/GREWE 2007, S. 23.

Eine **Erosion der aktionsinduzierten Profilierung von Markenartikeln** als Folge der Verbreitung von Handelsmarken dürfte sich in einem Rückgang der Anzahl an Preis- sowie Nichtpreisaktionen (Display- sowie kommunikative Aktionen) von Markenartikeln äußern. Ursächlich hierfür ist insbesondere die Reduktion der Anzahl gelisteter Markenartikel zugunsten der Anzahl gelisteter Handelsmarken im Rahmen der artikelinduzierten Profilierung der handelseigenen Marken:

Hypothese 3a: *Die Verbreitung von Handelsmarken wirkt sich negativ auf die Anzahl an Preisaktionen von Markenartikeln aus, d. h. je höher (geringer) die Verbreitung von Handelsmarken ist, umso geringer (höher) ist die Anzahl an Preisaktionen von Markenartikeln.*

Hypothese 3b: *Die Verbreitung von Handelsmarken wirkt sich negativ auf die Anzahl an Displayaktionen von Markenartikeln aus, d. h. je höher (geringer) die Verbreitung von Handelsmarken ist, umso geringer (höher) ist die Anzahl an Displayaktionen von Markenartikeln.*

Hypothese 3c: *Die Verbreitung von Handelsmarken wirkt sich negativ auf die Anzahl an kommunikativen Aktionen von Markenartikeln aus, d. h. je höher (geringer) die Verbreitung von Handelsmarken ist, umso geringer (höher) ist die Anzahl an kommunikativen Aktionen von Markenartikeln.*

5.2.2. Hypothesen mit Blick auf den Markterfolg des Herstellers (zweite Ebene des Gesamtmodells)

Mit Blick auf den Markterfolg des Herstellers dürfte zunächst gelten, dass je stärker das **Preisniveau von Markenartikeln** sinkt, umso höher ist die Marktdurchdringung von Markenartikeln. Es ist jedoch anzunehmen, dass ein zu geringes Preisniveau von Markenartikeln u. U. dazu führen kann, dass die Konsumenten auf eine geringe Qualität der angebotenen Artikel schließen und diese in der Folge nicht mehr nachfragen. Dies würde sich letztendlich negativ auf die Marktdurchdringung von Markenartikeln auswirken. Jedoch kann ein Rückgang des Preisniveaus von Markenartikeln dazu beitragen, die Marktdurchdringung von Handelsmarken zu begrenzen, so dass in der vorliegenden Untersuchung die folgenden Hypothesen überprüft werden sollen:

Hypothese 1c: *Das Preisniveau von Markenartikeln wirkt sich negativ auf deren Marktdurchdringung aus, d. h. je geringer (höher) das Preisniveau von Markenartikeln ist, umso höher (geringer) ist die Marktdurchdringung von Markenartikeln.*

Hypothese 1d: *Das Preisniveau von Markenartikeln wirkt sich positiv auf die Marktdurchdringung von Handelsmarken aus, d. h. je geringer (höher) das Preisniveau von Markenartikeln ist, umso geringer (höher) ist die Marktdurchdringung von Handelsmarken.*

Auch mit Blick auf das **Preisniveau von Handelsmarken** ist anzunehmen, dass ein Rückgang sich positiv auf die Marktdurchdringung von Handelsmarken auswirken dürfte. Darüber hinaus dürfte ein Rückgang des Preisniveaus von Handelsmarken aufgrund des höheren Preisabstandes auch zu einem Rückgang der Marktdurchdringung von Markenartikeln führen:

Hypothese 1e: *Das Preisniveau von Handelsmarken wirkt sich positiv auf die Marktdurchdringung von Markenartikeln aus, d. h. je geringer (höher) das Preisniveau von Handelsmarken ist, umso geringer (höher) ist die Marktdurchdringung von Markenartikeln.*

Hypothese 1f: *Das Preisniveau von Handelsmarken wirkt sich negativ auf deren Marktdurchdringung aus, d. h. je geringer (höher) das Preisniveau von Handelsmarken ist, umso höher (geringer) ist die Marktdurchdringung von Handelsmarken.*

Mit Blick auf die **Anzahl gelisteter Markenartikel** ist einerseits anzunehmen, dass deren Zunahme sich positiv auf die Marktdurchdringung von Markenartikeln auswirkt. So konnten beispielsweise DHAR/HOCH 1997 zeigen, dass eine hohe Anzahl bzw. ein tiefes Sortiment an Markenartikeln die Marktdurchdringung von Markenartikeln zulasten von Handelsmarken erhöht. Zu diesem Zwecke untersuchten die Autoren 34 Artikelgruppen des Lebensmitteleinzelhandels in 50 amerikanischen Nielsen SCAN-

TRACK Märkten über einen Zeitraum von 3 Jahren.[362] Andererseits ist zu berücksichtigen, dass ein Anstieg der Anzahl gelisteter Markenartikel in einer Artikelgruppe nicht generell positiv mit Blick auf die Marktdurchdringung einzelner Markenartikel zu bewerten ist. So kann die Erhöhung der Anzahl gelisteter Markenartikel in einer Artikelgruppe u. U. zu einem verstärkten Wettbewerb unter den vorhandenen Markenartikeln führen, in dessen Folge die Marktdurchdringung einzelner Markenartikel sinkt. Im Rahmen der vorliegenden Untersuchung soll jedoch der Sichtweise von DHAR/HOCH 1997 gefolgt werden, indem die folgende Hypothese geprüft wird:

Hypothese 2c: *Die Anzahl gelisteter Markenartikel wirkt sich positiv auf deren Marktdurchdringung aus, d. h. je höher (geringer) die Anzahl gelisteter Markenartikel ist, umso höher (geringer) ist die Marktdurchdringung von Markenartikeln.*

Andererseits ist zu vermuten, dass ein negativer Wirkungszusammenhang zwischen der Anzahl gelisteter Markenartikel und der Marktdurchdringung von Handelsmarken besteht. So kritisieren DHAR/HOCH 1997, dass eine Reduktion der Anzahl an Markenartikeln seitens der Hersteller, die nur geringe Marktanteile erreichen, die Marktdurchdringung von Handelsmarken fördere.[363] In der Folge raten sie dazu, dass die Markenartikelindustrie den Handel ermutigen solle, eine hohe Anzahl an Markenartikeln zu führen, um die eigene Marktposition gegenüber Handelsmarken zu verteidigen:

Hypothese 2d: *Die Anzahl gelisteter Markenartikel wirkt sich negativ auf die Marktdurchdringung von Handelsmarken aus, d. h. je höher (geringer) die Anzahl gelisteter Markenartikel ist, umso geringer (höher) ist die Marktdurchdringung von Handelsmarken.*

Mit Blick auf die **Anzahl gelisteter Handelsmarken** existieren derartige Untersuchungen nicht; es ist jedoch davon auszugehen, dass die seit geraumer Zeit steigende Marktdurchdringung von Handelsmarken in vielen Artikelgruppen des Handels auf

362 Vgl. DHAR/HOCH 1997, S. 214 ff.

363 Vgl. DHAR/HOCH 1997, S. 223.

eine Ausweitung der Anzahl gelisteter Handelsmarken zurückzuführen ist. Darüber hinaus dürfte eine hohe Anzahl gelisteter Handelsmarken auch mit einer hohen Marktdurchdringung einhergehen, so dass sich eine Zunahme der Anzahl gelisteter Handelsmarken negativ auf die Marktdurchdringung von Markenartikeln auswirken dürfte. Auch in diesem Zusammenhang ist zu vermuten, dass eine zu starke Ausweitung der Anzahl gelisteter Handelsmarken dazu führt, dass die Marktdurchdringung einzelner Handelsmarken sinkt.[364] Da der Handel derzeit eher eine geringe Anzahl gelisteter Handelsmarken in einer Artikelgruppe führt, soll im Rahmen der vorliegenden Untersuchung die folgende Hypothese geprüft werden:

Hypothese 2e: *Die Anzahl gelisteter Handelsmarken wirkt sich negativ auf die Marktdurchdringung von Markenartikeln aus, d. h. je höher (geringer) die Anzahl gelisteter Handelsmarken ist, umso geringer (höher) ist die Marktdurchdringung von Markenartikeln.*

Hypothese 2f: *Die Anzahl gelisteter Handelsmarken wirkt sich positiv auf deren Marktdurchdringung aus, d. h. je höher (geringer) die Anzahl gelisteter Handelsmarken ist, umso höher (geringer) ist die Marktdurchdringung von Handelsmarken.*

In der Literatur wird eine Vielzahl an Gründen genannt, die auf einen positiven Wirkungszusammenhang zwischen der **Anzahl an Preis- sowie Nichtpreisaktionen von Markenartikeln** und der Marktdurchdringung von Markenartikeln schließen lassen. Beispielsweise führen Aktionen von Markenartikeln zu einer Absatzsteigerung in denjenigen Verkaufsstellen, die die aktionierten Artikel anbieten.[365] In der Regel werden in diesem Zusammenhang kurzfristige von langfristigen Wirkungen unterschieden. So konnte u. a. GUPTA 1988 im Rahmen einer empirischen Untersuchung, die auf Scanningdaten der Artikelgruppe ‚Kaffee' basiert, feststellen, dass mehr als 98 % der inkrementalen (durch die Aktionen zusätzlich erwirtschafteten) Verkäufe aus einem

364 Vgl. hierzu z. B. die empirische Untersuchung von GÉRADON DE VERA 2006, S. 3 f., der zeigen konnte, dass mit zunehmender Anzahl an gelisteten Handelsmarken die Besuchshäufigkeit in den Verkaufsstellen abnimmt.

365 Vgl. u. a. GEDENK 2002, S. 112.

kurzfristigen Markenwechsel resultieren.[366] Zu diesem Zwecke analysierte der Autor insbesondere Preisaktionen. Mit Blick auf die Langzeitwirkung von Preisaktionen wird jedoch von einigen Autoren vermutet, dass diese eine negative Wirkung auf die Wiederkaufrate der betroffenen Artikel besitzen.[367] KOPALLE/MELA/MARSH 1999 erklären dies durch den Anstieg der Preissensibilität der Konsumenten.[368] Jedoch erläutern GEDENK/NESLIN 1999, dass durch die mittels (Preis-)aktion erzielte höhere installierte Basis von Konsumenten die Absätze in den (auf die Aktion) folgenden Perioden, trotz sinkender Wiederkaufrate, im Gegensatz zu Situationen ohne Aktion steigen.[369] VAN HEERDE 1999 analysiert in seinem Modell die Nachfrage in den Perioden nach der Durchführung von Aktionen, und kommt zu dem Schluss, dass Erstkäufe aufgrund von Aktionen zu einer langfristigen Erhöhung der Wiederkaufrate führen.[370] Somit soll im Rahmen der vorliegenden Untersuchung davon ausgegangen werden, dass die Anzahl an Preis- sowie Nichtpreisaktionen (Display- oder kommunikative Aktionen) sich jeweils positiv auf die Marktdurchdringung von Markenartikeln auswirkt.

Mit Blick auf die Marktdurchdringung von Handelsmarken ist anzunehmen, dass eine Zunahme der Aktionshäufigkeit von Markenartikeln zu einer Verringerung der Marktdurchdringung von Handelsmarken führt. So wird in der Literatur häufig angenommen, dass Hersteller von Markenartikeln Aktionen nutzen, um das Vordringen von Handelsmarken in einer Artikelgruppe zu verhindern.[371] Zwar werden Aktionen in der Regel vom Handel durchgeführt, jedoch weisen einige Autoren darauf hin, dass die Häufigkeit und die zeitliche Verteilung von Aktionen einzelner Marken im Handel (‚Händlerpromotions') häufig stark von den Marketingentscheidungen der Hersteller

---

366 Vgl. GUPTA 1988, S. 342 sowie VAN HEERDE/GUPTA/WITTINK 2003. AILAWADI ist jedoch der Meinung, dass darüber hinaus analysiert werden sollte, ob die festgestellte Absatzsteigerung der aktionierten Artikel einen inkrementalen Gewinn mit sich bringt, der ausreichend ist, um zwischen Industrie und Handel aufgeteilt zu werden, so dass auch der Handel von dem ausgelösten Markenwechsel profitiert und somit einen Anreiz besitzt, die Aktion an den Konsumenten ‚weiterzureichen'. Vgl. AILAWADI 2001, S. 304.

367 Vgl. u. a. GEDENK/NESLIN 1999, S. 449.

368 Vgl. KOPALLE/MELA/MARSH 1999.

369 Vgl. GEDENK/NESLIN 1999, S. 449 f.

370 Vgl. VAN HEERDE 1999, S. 61. Laut Ansicht des Autors ist dies insbesondere im Rahmen von Produktneueinführungen von Bedeutung, die oftmals von Aktionen begleitet werden.

371 Vgl. hierzu u. a. die Ergebnisse der Untersuchungen von LAL 1990a und b; QUELCH/HARDING 1996 sowie AILAWADI/NESLIN/GEDENK 2001.

beeinflusst sind.[372] Somit können auch die Hersteller von Markenartikeln mithilfe von an den Handel gerichteter Verkaufsförderungsaktionen (‚Handelspromotions') u. U. indirekt die Wirkung einzelner Marketing Maßnahmen beeinflussen.[373]

Darüber hinaus konnten AILAWADI/NESLIN/GEDENK 2001 im Rahmen einer empirischen Untersuchung aufzeigen, dass Aktionen von Markenartikeln im Segment der Käufer vorteilhaft sein können, die aufgrund ihrer psychografischen Eigenschaften sowohl Handelsmarken als auch aktionierte Markenartikel nachfragen. In diesem Zusammenhang steht jedoch weniger der kurzfristige Gewinn der aktionierten Markenartikel als die langfristige Generierung von Markentreue im Wettbewerb mit Handelsmarken im Vordergrund.[374] Im Rahmen der vorliegenden Untersuchung wird somit angenommen, dass die Zunahme der Markentreue, die mithilfe von Preis- bzw. Nichtpreisaktionen von Markenartikeln im Vergleich zu Handelsmarken erzielt werden kann, sich negativ auf die Marktdurchdringung von Handelsmarken auswirkt:

Hypothese 3d: *Die Anzahl an Preisaktionen von Markenartikeln wirkt sich positiv auf deren Marktdurchdringung aus, d. h. je höher (geringer) die Anzahl an Preisaktionen von Markenartikeln ist, umso höher (geringer) ist die Marktdurchdringung von Markenartikeln.*

Hypothese 3e: *Die Anzahl an Preisaktionen von Markenartikeln wirkt sich negativ auf die Marktdurchdringung von Handelsmarken aus, d. h. je höher (geringer) die Anzahl an Preisaktionen von Markenartikeln ist, umso geringer (höher) ist die Marktdurchdringung von Handelsmarken.*

Hypothese 3f: *Die Anzahl an Displayaktionen von Markenartikeln wirkt sich positiv auf deren Marktdurchdringung aus, d. h. je höher (geringer) die*

---

372 Vgl. u. a. KLAPPER 2000, S. 140 ff.

373 Allerdings werden Handelspromotions nicht immer an die Nachfrager weitergegeben. So zeigen z. B. DRÈZE/BELL, dass nur 16 % aller Handelspromotions profitabel sind und dass 30 % vom Handel ohne Gegenleistung beansprucht werden. Vgl. DRÈZE/BELL 2001, S. 1. Zur sog. ‚Pass-Through-Problematik' vgl. darüber hinaus vertiefend GEDENK 2002.

374 Vgl. AILAWADI/NESLIN/GEDENK 2001, S. 86.

Anzahl an Displayaktionen von Markenartikeln ist, umso höher (geringer) ist die Marktdurchdringung von Markenartikeln.

Hypothese 3g: *Die Anzahl an Displayaktionen von Markenartikeln wirkt sich negativ auf die Marktdurchdringung von Handelsmarken aus, d. h. je höher (geringer) die Anzahl an Displayaktionen von Markenartikeln ist, umso geringer (höher) ist die Marktdurchdringung von Handelsmarken.*

Hypothese 3h: *Die Anzahl an kommunikativen Aktionen von Markenartikeln wirkt sich positiv auf deren Marktdurchdringung aus, d. h. je höher (geringer) die Anzahl an kommunikativen Aktionen von Markenartikeln ist, umso höher (geringer) ist die Marktdurchdringung von Markenartikeln.*

Hypothese 3i: *Die Anzahl an kommunikativen Aktionen von Markenartikeln wirkt sich negativ auf die Marktdurchdringung von Handelsmarken aus, d. h. je höher (geringer) die Anzahl an kommunikativen Aktionen von Markenartikeln ist, umso geringer (höher) ist die Marktdurchdringung von Handelsmarken.*

5.2.3. Hypothesen mit Blick auf den Markterfolg des Handels (dritte Ebene des Gesamtmodells)

Der Markterfolg des Handels bestimmt sich über die Marktdurchdringung, die er mit beiden Markentypen (Markenartikel und Handelsmarken) in einer Artikelgruppe erzielen kann. In der Folge besteht das vorrangige Ziel des Handels darin, mithilfe des Angebotes von Markenartikeln und von Handelsmarken die Marktdurchdringung einer Artikelgruppe zu maximieren.[375] In diesem Zusammenhang ist davon auszugehen,

375 Vgl. hierzu RAJU 1992; BAYUS/PUTSIS 1999 sowie DELEERSNYDER/DEKIMPE/STEENKAMP/KOLL 2005, S. 3.

dass die **Marktdurchdringung von Markenartikeln und von Handelsmarken** die Marktdurchdringung einer Artikelgruppe jeweils positiv beeinflussen:

Hypothese 4a: *Die Marktdurchdringung von Markenartikeln wirkt sich positiv auf die Marktdurchdringung der Artikelgruppe aus, d. h. je höher (geringer) die Marktdurchdringung von Markenartikeln ist, umso höher (geringer) ist die Marktdurchdringung der Artikelgruppe.*

Hypothese 4b: *Die Marktdurchdringung von Handelsmarken wirkt sich positiv auf die Marktdurchdringung der Artikelgruppe aus, d. h. je höher (geringer) die Marktdurchdringung von Handelsmarken ist, umso höher (geringer) ist die Marktdurchdringung der Artikelgruppe.*

5.2.4. Das Gesamtmodell der Untersuchung im Überblick

Abbildung 54 zeigt das Gesamtmodell der Untersuchung auf der Basis der eruierten Hypothesen im Überblick:

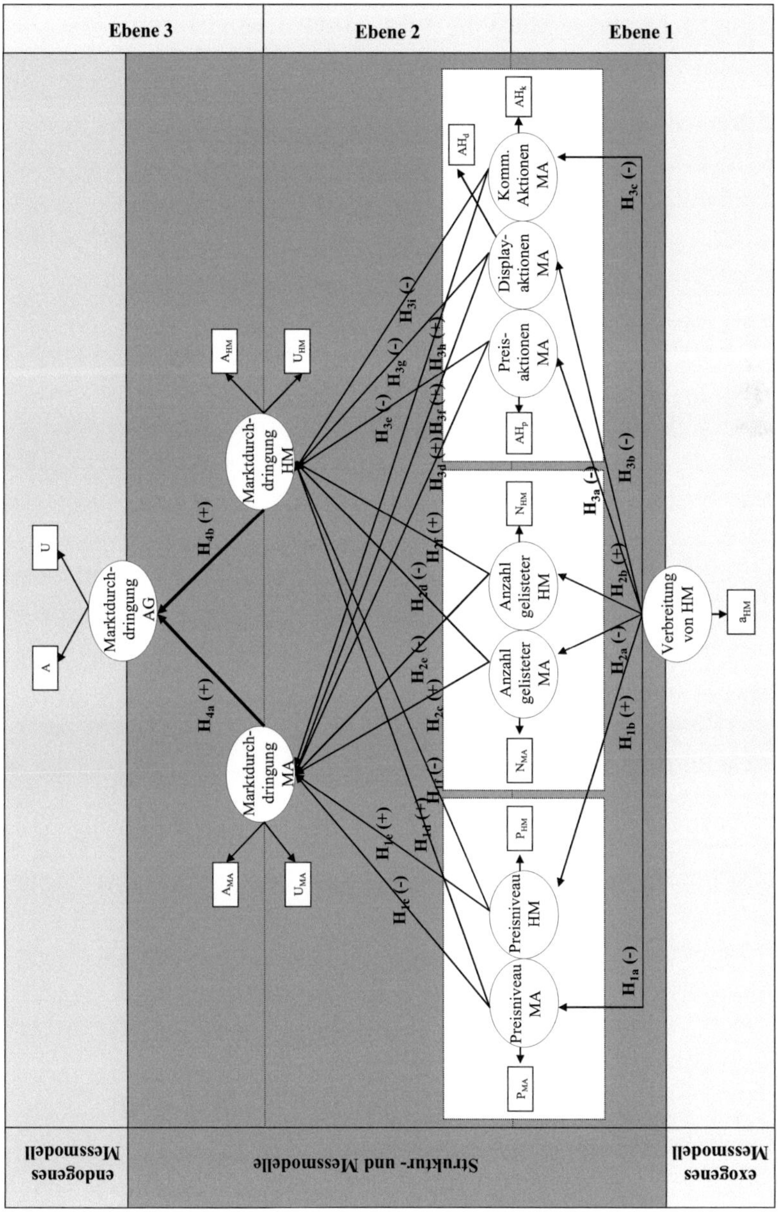

Abb. 54: Das Gesamtmodell der Untersuchung im Überblick

5.3. Konzeptualisierung und Operationalisierung der Konstrukte

Auf der **ersten Ebene des Gesamtmodells** sollen die Auswirkungen der Verbreitung von Handelsmarken auf die Profilierung der industriellen Markenartikel im Vergleich zu Handelsmarken am Point of Sale (POS) erfasst werden. Somit stellt die Verbreitung von Handelsmarken auf dieser Modellebene das Ausgangskonstrukt dar, während die exemplarisch untersuchten Profilierungselemente die Zielkonstrukte bilden.

Die **Verbreitung von Handelsmarken** wird über den Absatzanteil konzipiert, den Handelsmarken in einer Artikelgruppe erreichen. Dieser beschreibt, wie stark Handelsmarken in einer Artikelgruppe tatsächlich nachgefragt werden und bildet ab, in welchem Maße Markenartikel durch Handelsmarken verdrängt werden. Der Indikator *‚Absatzanteil von Handelsmarken' (a_{HM})* wird ermittelt, indem der Quotient aus dem Absatzvolumen von Handelsmarken und dem Absatzvolumen der gesamten Artikelgruppe in Woche y $(y = 1,...,n)$ in Verkaufsstelle i $(i = 1,...,m)$ gebildet wird. Eine Diskussion der Festlegung des Messmodells erübrigt sich an dieser Stelle, da von PLS ein solches Ein-Indikator-Konstrukt automatisch auf reflektiv gesetzt wird.[376]

Das **Preisniveau von Markenartikeln** und das **Preisniveau von Handelsmarken** spiegeln die preisinduzierte Profilierung von Markenartikeln und von Handelsmarken wider. Beide Konstrukte werden mithilfe eines jeweils gleich lautenden Indikators operationalisiert: der Indikator *‚Preisniveau von Markenartikeln' (P_{MA})* wird als Quotient der Summe der Preise von Markenartikeln und der Anzahl gelisteter Markenartikel in Woche y $(y = 1,...,n)$ in Verkaufsstelle i $(i = 1,...,m)$ ermittelt. Der Indikator *‚Preisniveau von Handelsmarken' (P_{HM})* berechnet sich als Quotient der Summe der Preise von Handelsmarken und der Anzahl gelisteter Handelsmarken in *Woche* y $(y = 1,...,n)$ in Verkaufsstelle i $(i = 1,...,m)$.[377] Beide Ein-Indikator-Konstrukte werden durch ein reflektives Messmodell abgebildet.

---

376 Vgl. hierzu FRITZ/MÖLLENBERG/DEES 2005, S. 263.

377 Die Preise von Markenartikeln bzw. von Handelsmarken wurden jeweils auf ein Kilogramm (1000 Gramm) normiert und mithilfe des Verbraucherpreisindex für Nahrungsmittel und alkoholfreie Getränke auf der Basis des Jahres 2000 deflationiert.

Die artikelinduzierte Profilierung von Markenartikeln und von Handelsmarken ergibt sich aus der **Anzahl gelisteter Markenartikel** und der **Anzahl gelisteter Handelsmarken** in der untersuchten Artikelgruppe. Beide Konstrukte werden unter Zuhilfenahme jeweils eines gleich lautenden Indikators operationalisiert: Der Indikator *‚Anzahl gelisteter Markenartikel'* (N_{MA}) beschreibt die Summe aller gelisteten Markenartikel in einer Woche y ($y = 1,...,n$) in Verkaufsstelle i ($i = 1,...,m$), während der Indikator *‚Anzahl gelisteter Handelsmarken'* (N_{HM}) als Summe aller gelisteten Handelsmarken in einer Woche y ($y = 1,...,n$) in Verkaufsstelle i ($i = 1,...,m$) berechnet wird. Auch diese Ein-Indikator-Konstrukte werden von PLS reflektiv gemessen.

Die aktionsinduzierte Profilierung von Markenartikeln[378] setzt sich aus den **Preisaktionen, Displayaktionen sowie kommunikativen Aktionen von Markenartikeln** zusammen. Die Konstrukte entsprechen ihren jeweils gleich lautenden Indikatoren *‚Preisaktionen von Markenartikeln'* (AH_p), *‚Displayaktionen von Markenartikeln'* (AH_d) und *‚kommunikative Aktionen von Markenartikeln'* (AH_k). Die einzelnen Indikatoren berechnen sich jeweils als Anzahl aller Preis-, Display- oder kommunikativen Aktionen von Markenartikeln in Woche y ($y = 1,...,n$) in Verkaufsstelle i ($i = 1,...,m$). Alle Ein-Indikator-Konstrukte werden von PLS reflektiv gemessen.

Auf der **zweiten Ebene des Gesamtmodells** soll untersucht werden, welchen Einfluss die exemplarisch untersuchten Elemente der Profilierung der Marken am Point of Sale (POS) auf die Marktdurchdringung von Markenartikeln und von Handelsmarken besitzen. Somit stellen die zuvor erläuterten Konstrukte der Profilierung von Markenartikeln und Handelsmarken auf dieser Modellebene die Ausgangskonstrukte dar, während die Marktdurchdringung von Markenartikeln und von Handelsmarken die Zielkonstrukte bilden.

Die **Marktdurchdringung von Markenartikeln** bzw. die **Marktdurchdringung von Handelsmarken** wird mithilfe eines absatz- und eines umsatzgerichteten Indikators operationalisiert. Der absatzgerichtete Indikator *‚Gesamtabsatz von Markenartikeln'*

378 Die aktionsinduzierte Profilierung von Markenartikeln wird nicht ergänzt um Handelsmarken analysiert, da Handelsmarken im Untersuchungszeitraum keinen Aktionen ausgesetzt wurden. Ursächlich hierfür ist vermutlich, dass der Handel mit Blick auf die angebotenen Handelsmarken oftmals eine Dauerniedrigpreisstrategie verfolgt.

(A_{MA}) bzw. *‚Gesamtabsatz von Handelsmarken‘ (A_{HM})* umfasst das Absatzvolumen von Markenartikeln bzw. von Handelsmarken in Woche *y (y = 1,...,n)* in Verkaufsstelle *i (i = 1,...,m)*. Der umsatzgerichtete Indikator *‚Gesamtumsatz von Markenartikeln‘ (U_{MA})* bzw. *‚Gesamtumsatz von Handelsmarken‘ (U_{HM})* berechnet sich als Summe der Produkte der normierten sowie deflationierten Preise von Markenartikeln bzw. von Handelsmarken und dem Absatzvolumen von Markenartikeln bzw. von Handelsmarken in Woche *y (y = 1,...,n)* in Verkaufsstelle *i (i = 1,...,m)*. Da eine Veränderung der Marktdurchdringung von Markenartikeln bzw. von Handelsmarken sich in einer Veränderung des zugehörigen absatz- sowie umsatzgerichteten Indikators zeigt, wird eine reflektive Spezifikation des Messmodells vorgenommen.

Auf der **dritten Ebene des Gesamtmodells** soll schließlich analysiert werden, wie sich die Marktdurchdringung von Markenartikeln und von Handelsmarken auf die Marktdurchdringung der gesamten Artikelgruppe im Handel auswirken. Somit stellen die Marktdurchdringung von Markenartikeln und von Handelsmarken auf dieser Modellebene die Ausgangskonstrukte dar, während die Marktdurchdringung der gesamten Artikelgruppe das Zielkonstrukt bildet.

Die **Marktdurchdringung der Artikelgruppe** wird – ebenso wie die ihr zugrunde liegenden Ausgangskonstrukte Marktdurchdringung von Markenartikeln bzw. Marktdurchdringung von Handelsmarken – mithilfe eines absatz- sowie eines umsatzgerichteten Indikators operationalisiert. Eine Besonderheit der Konstruktmessung ergibt sich in diesem Zusammenhang dadurch, dass die Marktdurchdringung der Artikelgruppe vollständig durch die ihr zugrunde liegenden Ausgangskonstrukte erklärt wird, da diese letztendlich ihre Summanden darstellen. Der Indikator *‚Gesamtabsatz der Artikelgruppe‘ (A)* umfasst das Absatzvolumen aller Artikel (Handelsmarken und Markenartikel) in Woche *y (y = 1,...,n)* in Verkaufsstelle *i (i = 1,...,m)*. Der Indikator *‚Gesamtumsatz der Artikelgruppe‘ (U)* berechnet sich aus der Summe der Produkte der normierten sowie deflationierten Preise aller Artikel (Markenartikel und Handelsmarken) und dem Absatzvolumen aller Artikel in Woche *y (y = 1,...,n)* in Verkaufsstelle *i (i = 1,...,m)*. Auch an dieser Stelle wird ein reflektives Messmodell verwendet.

Das Gesamtmodell der Untersuchung ergibt sich, indem die auf den einzelnen Ebenen betrachteten Ausgangs- bzw. Zielkonstrukte jeweils durch ein Strukturmodell miteinander verbunden werden. Mithilfe der im Gesamtmodell zu beobachtenden **Totalef-**

fekte[379] kann schließlich eine umfassende Bewertung der Auswirkungen einer Erosion von Markenartikeln als Folge der Verbreitung von Handelsmarken vorgenommen werden.

Um diese zu erfassen, werden zunächst Totaleffekte berechnet, die sich mit Blick auf den **Markterfolg des Herstellers** ergeben (d. h. mit Blick auf die Marktdurchdringung von Markenartikeln im Vergleich zur Marktdurchdringung von Handelsmarken).

Darüber hinaus kann mit Blick auf den **Markterfolg des Handels** aufgezeigt werden, dass die Erosion von Markenartikeln, die vom Handel in der Regel bewusst hervorgerufen wird, um eine Profilierung der angebotenen Handelsmarken herbeizuführen, auch für diesen u. U. negative Effekte aufweist, wenn der durch die Verbreitung von Handelsmarken verursachte Anstieg der Marktdurchdringung von Handelsmarken nicht ausreicht, um den durch die Erosion hervorgerufenen Rückgang der Marktdurchdringung von Markenartikeln in einer Artikelgruppe zu kompensieren. Das Zielkonstrukt der zu berechnenden Totaleffekte bildet in diesem Fall die Marktdurchdringung der Artikelgruppe.

5.4. Datengrundlage und Auswahl eines geeigneten Analyseverfahrens

Die im vorliegenden Kapitel verwendete Datengrundlage entspricht der im dritten sowie der im vierten Kapitel im zweiten Analyseschritt verwendeten Datenbasis und weist die folgenden Besonderheiten auf, die an dieser Stelle noch einmal kurz skizziert werden sollen:

- Der Untersuchungszeitraum umfasst **312 Kalenderwochen der Jahre 2000 bis 2005**. Um die Auswirkungen des Verdrängungswettbewerbs, der durch Handelsmarken ausgelöst wird, erfassen zu können, wurden solche Wochen aus der

379 Mit Blick auf die Erfassung von Totaleffekten vgl. FRITZ/DEES 2004 sowie FRITZ/MÖLLENBERG/DEES 2005, S. 272.

Datengrundlage eliminiert, in denen nur jeweils ein Markentyp (d. h. Markenartikel oder Handelsmarke) enthalten war.[380]

- Die Auswirkungen der Erosion von Markenartikeln als Folge der zunehmenden Verbreitung von Handelsmarken werden exemplarisch anhand der **Artikelgruppen ‚Nassfertiggerichte'** (im Folgenden als Artikelgruppe 1 bezeichnet) **sowie ‚Fleischkonserven'** (im Folgenden als Artikelgruppe 2 bezeichnet) untersucht.[381]

- Die Datengrundlage ermöglichte eine Auswertung von jeweils **24 Verkaufsstellen** der Betriebsformen ‚Verbrauchermarkt' (über 800 qm Verkaufsfläche), ‚Discounter' und ‚Supermarkt' (unter 800 qm Verkaufsfläche) in Artikelgruppe 1. In Artikelgruppe 2 konnten jeweils **14 Verkaufsstellen** ausgewertet werden. Insgesamt basiert die Untersuchung auf 380.271 Scanningdatensätzen.[382]

Zur Analyse der Datengrundlage wird das **Partial-Least-Squares Verfahren (PLS)** verwendet. Dies hat im Wesentlichen zwei Gründe:

Zum einen besitzt das Verfahren eine Prognoseorientierung und ist somit in besonderem Maße geeignet, um die Auswirkungen auf den Markterfolg (bzw. auf dessen Indikatoren) als unmittelbare unternehmerische Zielgröße des Herstellers sowie des Handels zu untersuchen.

Zum anderen handelt es sich bei dem Wirkungszusammenhang zwischen der Erosion von Markenartikeln als Folge der zunehmenden Verbreitung von Handelsmarken und dem Markterfolg des Herstellers sowie des Handels aus Sicht der Marketingforschung um ein theoretisch kaum untersuchtes Konstrukt, so dass nur begrenzt auf bewährte Theorien und Messmodelle zurückgegriffen werden konnte. Demzufolge liegt das Ziel

---

380 Für einen Überblick über die verbleibenden Wochen vgl. die Abbildungen 11 und 12 in Abschnitt 3.2. der Arbeit.

381 Eine Begründung für die Auswahl der analysierten Artikelgruppen liefert Abschnitt 3.2. der Arbeit.

382 Zur Erläuterung eines Scanningdatensatzes vgl. u. a. OLBRICH/SCHÄFER/BATTENFELD 2006, S. 252 f.

der nachfolgenden Untersuchung weniger im Vergleich konkurrierender theoretischer Modelle auf der Basis von globalen Anpassungsgütemaßen, wie sie die Kovarianzstrukturanalyse aus Maximum-Likelihood-Schätzungen bereitstellen kann (‚Hard Modeling‘). Vielmehr steht in dieser frühen Phase der Theoriebildung die (explorative) Aufdeckung kausaler Zusammenhänge zwischen der Erosion von Markenartikeln und dem Markterfolg des Herstellers bzw. des Handels im Vordergrund (‚Soft Modeling‘).[383]

5.5. Modellmessung und Gütebeuteilung

Die Modellbeurteilung ist im Rahmen des PLS Verfahrens für die Feststellung wichtig, ob zuverlässige Schätzergebnisse vorliegen. Da für die PLS-Schätzung kein geeignetes globales Gütemaß existiert, wird ein Katalog verfahrensgeeigneter (nicht parametrischer) Gütemaße herangezogen.[384]

Um eine hohe Zuverlässigkeit des Gesamtmodells sicherzustellen, müssen die auf den einzelnen Ebenen jeweils konstruierten Mess- und Strukturmodelle bestimmte Mindestanforderungen erfüllen. Diese Mindestanforderungen werden im Rahmen der vorliegenden Untersuchung sowohl auf der Basis aggregierter (*Abschnitt 5.5.1.*) als auch auf der Basis disaggregierter Daten (*Abschnitt 5.5.2.*) überprüft.

5.5.1. Modellmessung und Gütebeurteilung auf der Basis aggregierter Daten

Die Abbildungen 55 bis 60 stellen die Ergebnisse der PLS-Schätzungen auf der Basis aggregierter Daten als Pfadmodell dar.

---

383 Aus welchen Gründen das PLS Verfahren den so genannten ‚Soft Modeling‘ Ansätzen zuzuordnen ist zeigt u. a. WOLD 1982.

384 Einen Überblick über die verwendeten Gütemaße geben u. a. RINGLE 2004; GÖTZ/LIEHR-GOBBERS 2004; HERMANN/HUBER/KRESSMANN 2004 sowie RINGLE/SPREEN 2007.

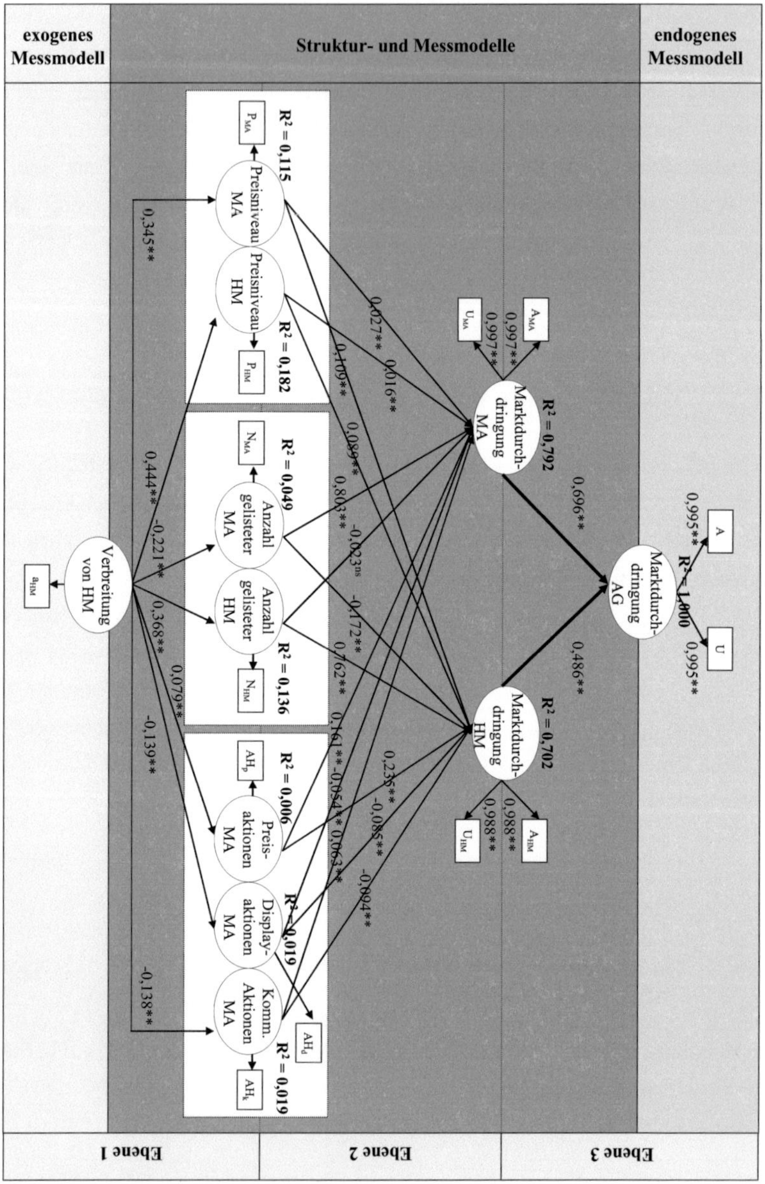

Abb. 55: Ergebnisse der PLS-Schätzung auf aggregierter Ebene

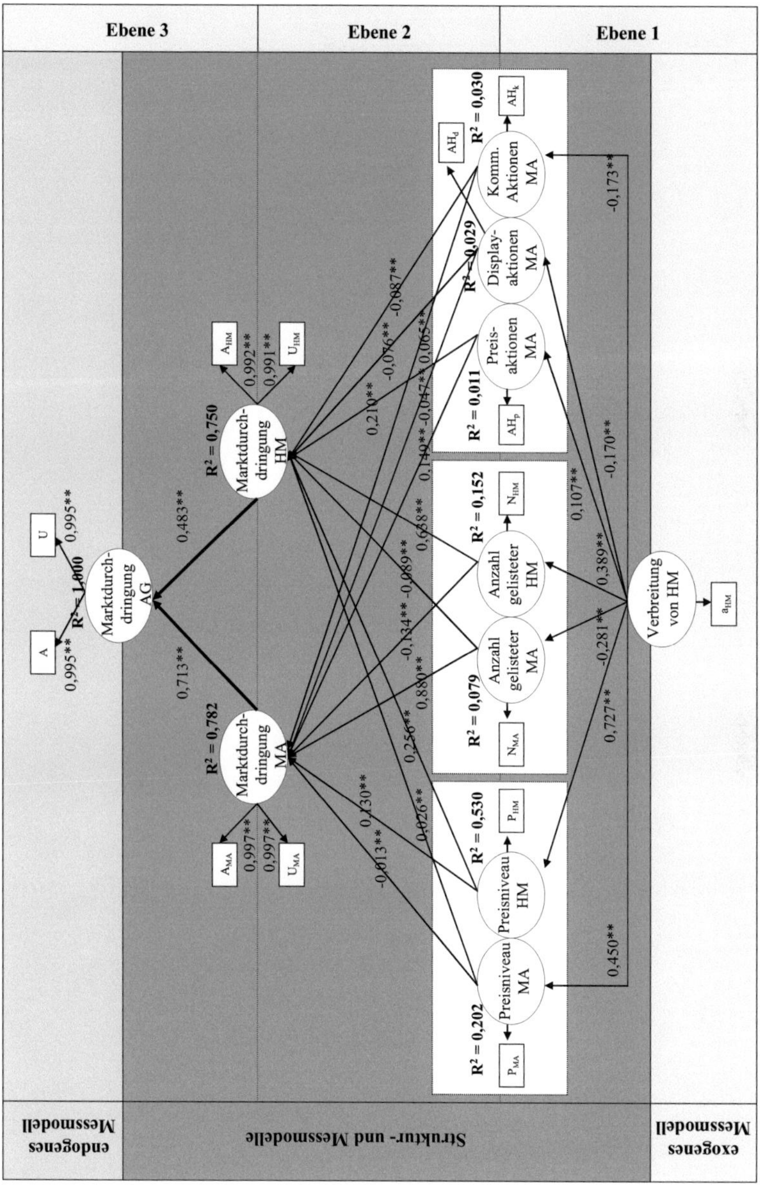

Abb. 56: Ergebnisse der PLS-Schätzung auf aggregierter Ebene für Artikelgruppe 1

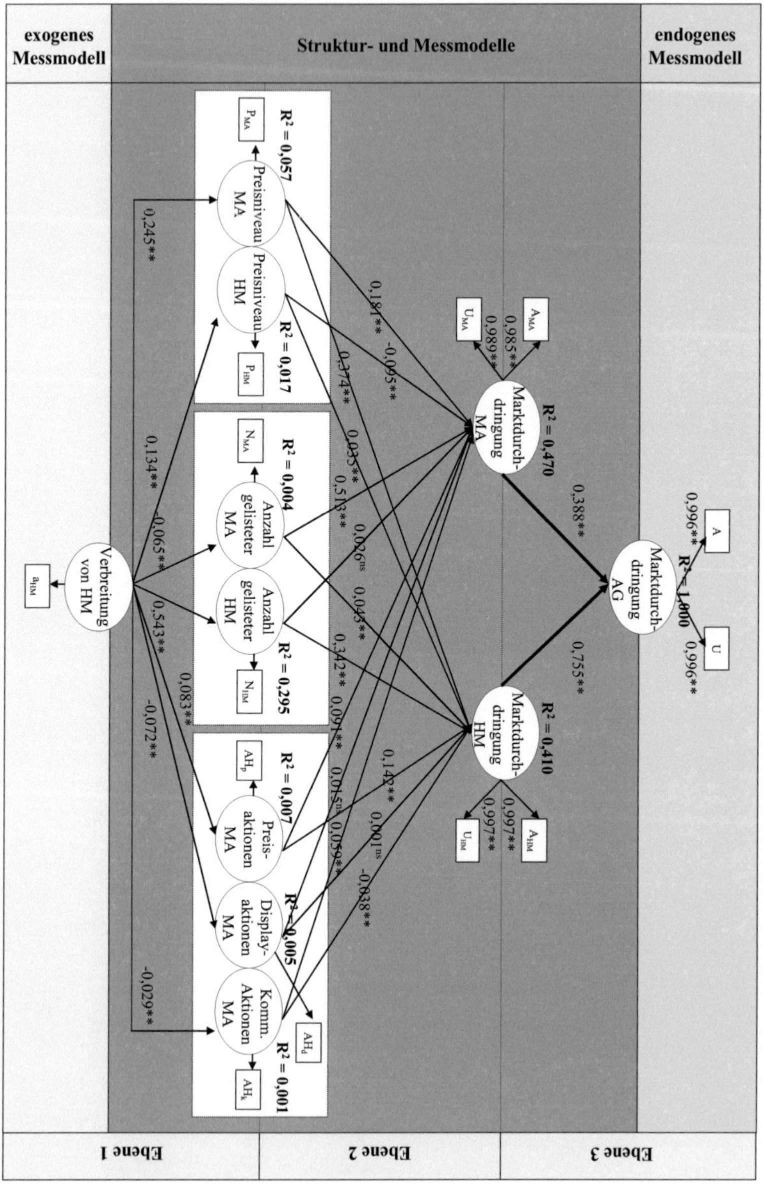

Abb. 57: Ergebnisse der PLS-Schätzung auf aggregierter Ebene für Artikelgruppe 2

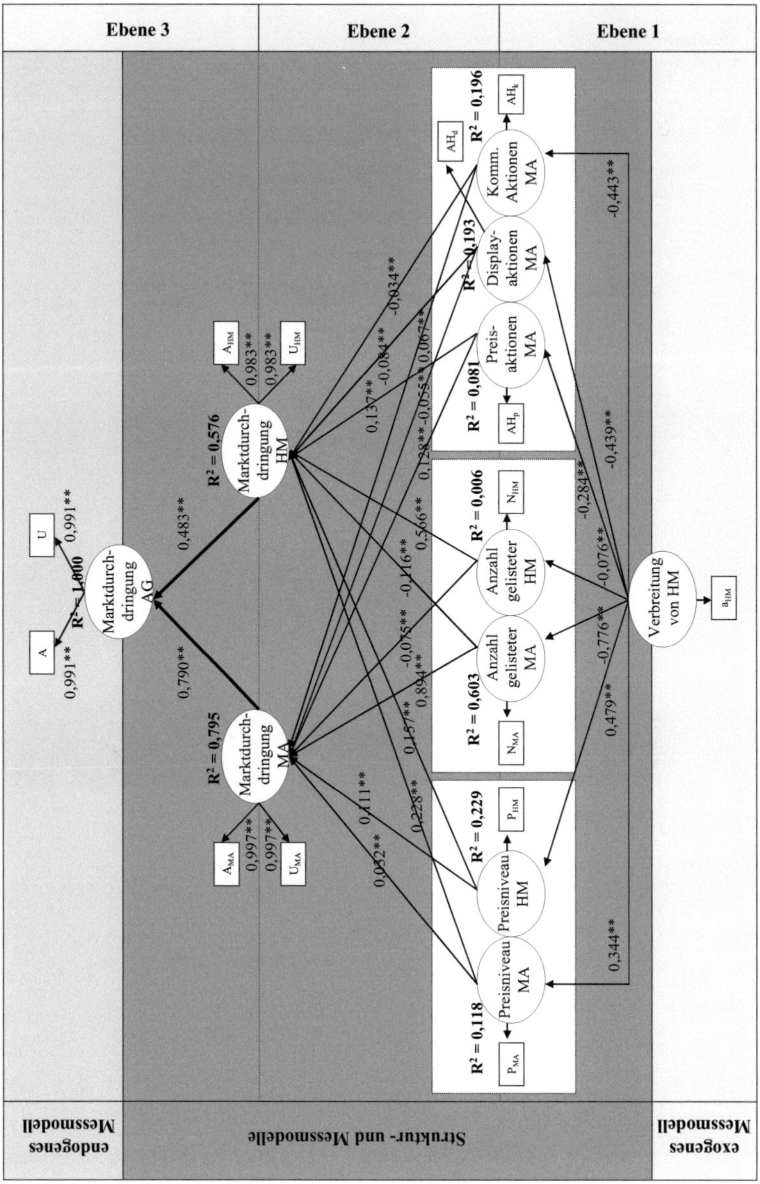

Abb. 58: Ergebnisse der PLS-Schätzung auf aggregierter Ebene für die Betriebsform Verbrauchermarkt

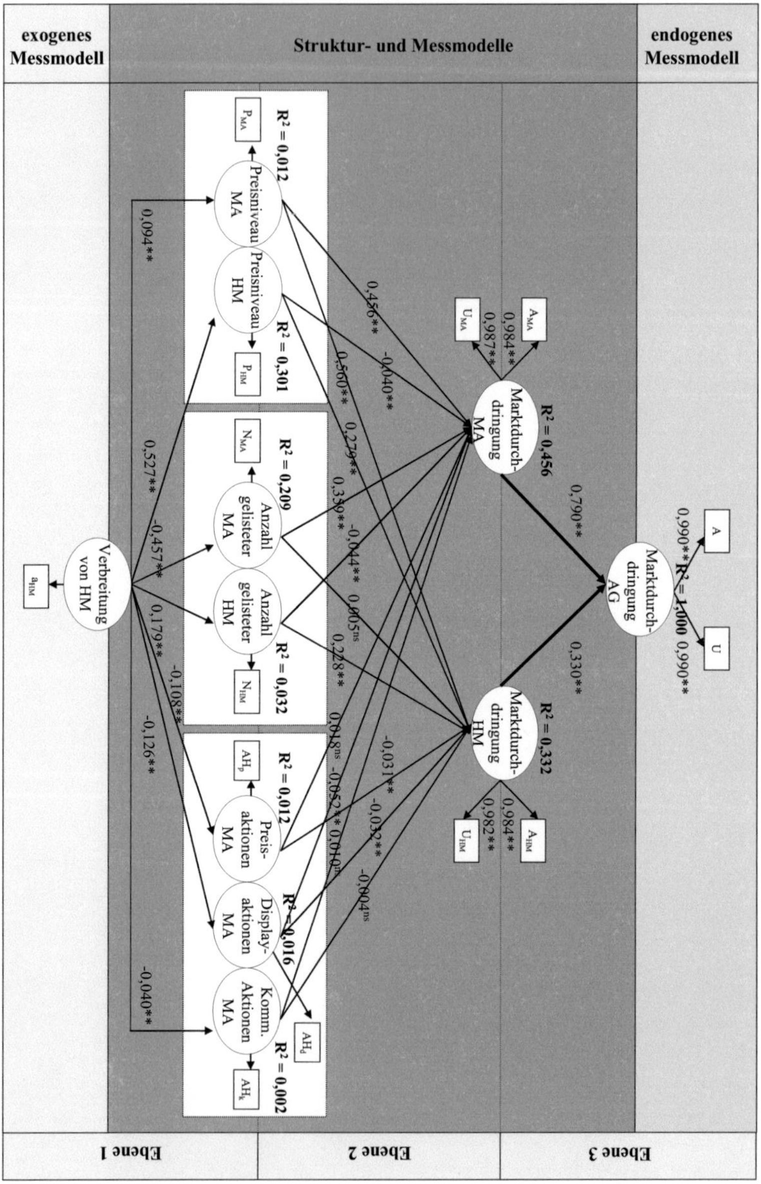

Abb. 59: Ergebnisse der PLS-Schätzung auf aggregierter Ebene für die Betriebsform Discounter

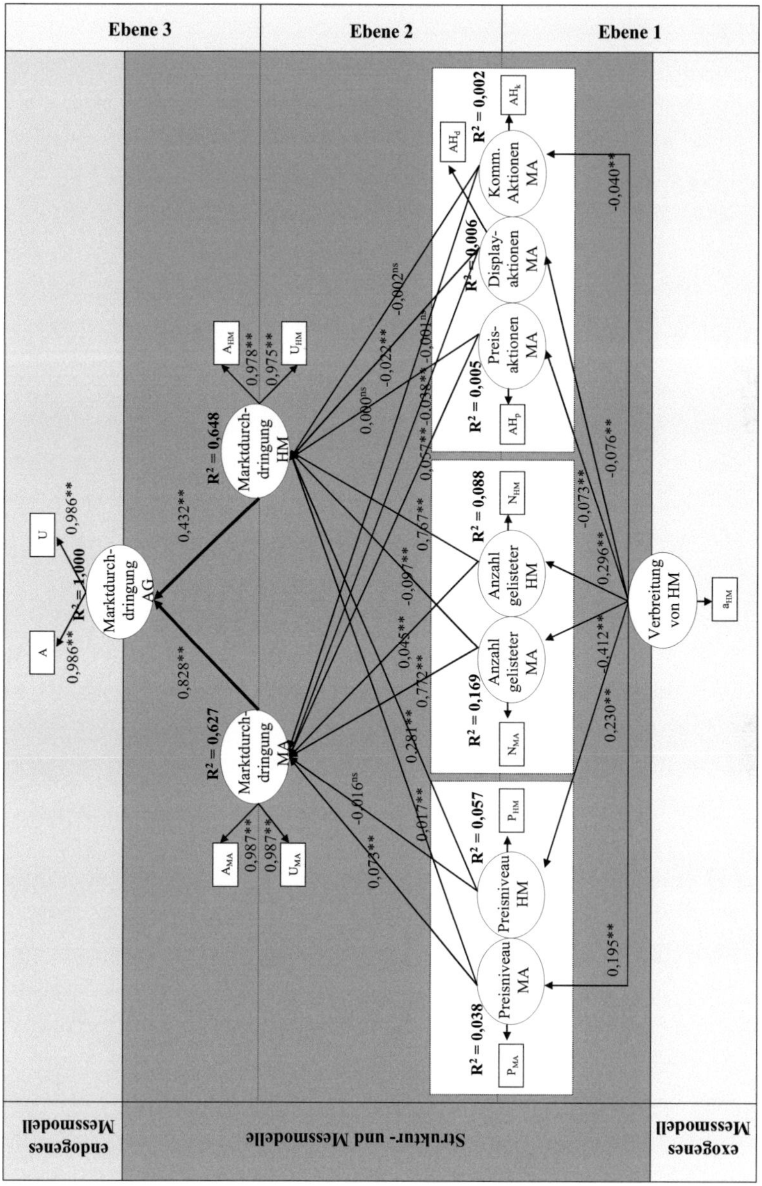

Abb. 60: Ergebnisse der PLS-Schätzung auf aggregierter Ebene für die Betriebsform Supermarkt

Darin sind die Pfadkoeffizienten sowie deren Signifikanzen (ns = der Zusammenhang ist nicht signifikant; * = der Zusammenhang ist auf einem Niveau von 0,05 signifikant; ** = der Zusammenhang ist auf einem Niveau von 0,01 signifikant) zu erkennen. Darüber hinaus wird das Bestimmtheitsmaß R^2 abgebildet, das die erklärten Varianzen der Konstrukte erläutert.

5.5.1.1. Beurteilung der ersten Ebene des Gesamtmodells

Auf der **ersten Ebene des Gesamtmodells** gilt es zunächst zu überprüfen, ob die Verbreitung von Handelsmarken eine Erosion der Profilierung der industriellen Markenartikel im Vergleich zu Handelsmarken am Point of Sale (POS) bewirkt *(Hypothesen 1a bis 3c)*. Zu diesem Zwecke wurde beispielhaft die preis-, die artikel- sowie die aktionsinduzierte Profilierung von Markenartikeln untersucht.

Da die Messmodelle der exogenen bzw. der endogenen latenten Variablen jeweils lediglich ein exogenes bzw. ein endogenes Konstrukt enthalten und PLS davon ausgeht, dass die Konstrukte in diesem Fall vollständig durch die zugrunde liegenden Indikatoren erklärt werden, erübrigt sich an dieser Stelle eine Gütebeurteilung. Die Gütebeurteilung beschränkt sich somit auf das Strukturmodell. Es zeigen sich die folgenden Zusammenhänge (vgl. Abb. 61):

- Mit Blick auf das Preisniveau von Markenartikeln fällt im Rahmen der aggregierten Analysen auf, dass dieses infolge der Verbreitung von Handelsmarken ansteigt. Die *Hypothese 1a* muss abgelehnt werden. Die hochaggregierte Analyse zeigt, dass das Preisniveau von Handelsmarken (+0,444) stärker ansteigt als das von Markenartikeln (+0,345), so dass die *Hypothese 1b* bestätigt werden kann. Der Preisabstand zwischen Markenartikeln und Handelsmarken dürfte sich somit insgesamt verringern. Geht man davon aus, dass die Nachfrager bei einem geringen Preisabstand auf eine gleiche Qualität von Markenartikeln und Handelsmarken schließen, kann u. U. eine **Erosion der preisinduzierten Profilierung von Markenartikeln** stattfinden, die dazu führt, dass die Nachfrager nicht länger bereit sind, eine Preisprämie für die industriellen Markenartikel zu zahlen.

	endogene Konstrukte	Pfadkoeffizient	t-Wert	R^2	Q^2	Hypo-these
		/ / > 0,1	> 1,98	> 0	> 0	
ANALYSE AUF ARTIKELGRUPPEN- UND BETRIEBSFORMENEBENE						
Gesamt	Preisniveau Markenartikel	0,345	10,933	0,115	0,115	- (×)
	Preisniveau Handelsmarken	0,444	13,301	0,182	0,182	+ (✓)
	Anzahl gelisteter Markenartikel	-0,221	11,892	0,049	0,049	- (✓)
	Anzahl gelisteter Handelsmarken	0,368	17,334	0,136	0,136	+ (✓)
	Preisaktionen Markenartikel	*0,079*	2,882	0,006	0,006	- (×)
	Displayaktionen Markenartikel	-0,139	26,644	0,019	0,019	- (✓)
	Komm. Aktionen Markenartikel	-0,138	45,135	0,019	0,019	- (✓)
ANALYSE AUF ARTIKELGRUPPENEBENE						
Artikelgruppe 1	Preisniveau Markenartikel	0,450	59,124	0,202	0,202	- (×)
	Preisniveau Handelsmarken	0,727	178,483	0,530	0,530	+ (✓)
	Anzahl gelisteter Markenartikel	-0,281	61,865	0,079	0,079	- (✓)
	Anzahl gelisteter Handelsmarken	0,389	54,599	0,152	0,152	+ (✓)
	Preisaktionen Markenartikel	0,107	13,824	0,011	0,011	- (×)
	Displayaktionen Markenartikel	-0,170	42,162	0,029	0,029	- (✓)
	Komm. Aktionen Markenartikel	-0,173	40,649	0,030	0,030	- (✓)
Artikelgruppe 2	Preisniveau Markenartikel	0,245	20,265	0,057	0,057	- (×)
	Preisniveau Handelsmarken	0,134	13,278	0,017	0,017	+ (✓)
	Anzahl gelisteter Markenartikel	*-0,065*	6,463	0,004	0,004	- (✓)
	Anzahl gelisteter Handelsmarken	0,543	83,560	0,295	0,295	+ (✓)
	Preisaktionen Markenartikel	*0,083*	7,559	0,007	0,007	- (×)
	Displayaktionen Markenartikel	*-0,072*	7,154	0,005	0,005	- (✓)
	Komm. Aktionen Markenartikel	*-0,029*	3,261	0,001	0,001	- (✓)
ANALYSE AUF BETRIEBSFORMENEBENE						
Verbraucher-markt	Preisniveau Markenartikel	0,344	45,536	0,118	0,118	- (×)
	Preisniveau Handelsmarken	0,479	69,484	0,229	0,229	+ (✓)
	Anzahl gelisteter Markenartikel	-0,776	170,950	0,603	0,603	- (✓)
	Anzahl gelisteter Handelsmarken	*-0,076*	8,303	0,006	0,006	+ (×)
	Preisaktionen Markenartikel	-0,284	32,494	0,081	0,081	- (✓)
	Displayaktionen Markenartikel	-0,439	73,030	0,193	0,193	- (✓)
	Komm. Aktionen Markenartikel	-0,443	73,255	0,196	0,196	- (✓)
Discounter	Preisniveau Markenartikel	*0,094*	8,323	0,012	0,012	- (×)
	Preisniveau Handelsmarken	0,527	48,088	0,301	0,301	+ (✓)
	Anzahl gelisteter Markenartikel	-0,457	46,997	0,209	0,209	- (✓)
	Anzahl gelisteter Handelsmarken	0,179	15,020	0,032	0,032	+ (✓)
	Preisaktionen Markenartikel	-0,108	10,891	0,012	0,012	- (✓)
	Displayaktionen Markenartikel	-0,126	12,437	0,016	0,016	- (✓)
	Komm. Aktionen Markenartikel	*-0,040*	4,060	0,002	0,002	- (✓)
Supermarkt	Preisniveau Markenartikel	0,195	16,403	0,038	0,038	- (×)
	Preisniveau Handelsmarken	0,230	21,204	0,057	0,057	+ (✓)
	Anzahl gelisteter Markenartikel	-0,412	53,248	0,169	0,169	- (✓)
	Anzahl gelisteter Handelsmarken	0,296	27,595	0,088	0,088	+ (✓)
	Preisaktionen Markenartikel	*-0,073*	7,398	0,005	0,005	- (✓)
	Displayaktionen Markenartikel	*-0,076*	9,740	0,006	0,006	- (✓)
	Komm. Aktionen Markenartikel	*-0,040*	4,620	0,002	0,002	- (✓)

Abb. 61: Überprüfung der Hypothesen (erste Ebene des Gesamtmodells)

- Die hochaggregierte Analyse offenbart, dass sich eine **Erosion der artikelinduzierten Profilierung von Markenartikeln** dadurch ergibt, dass die Anzahl gelisteter Handelsmarken (+0,368) zulasten der Anzahl gelisteter Markenartikel

(-0,221) bei zunehmender Verbreitung von Handelsmarken ansteigt. Lediglich die Analyse auf Betriebsformenebene weist in den Verbrauchermärkten einen schwachen Rückgang der Anzahl gelisteter Handelsmarken (-0,076) auf. Dieser liegt zwar unterhalb des Wertes von 0,1, ist jedoch signifikant (t-Wert > 1,98). Die *Hypothese 2a* kann bestätigt werden, während die *Hypothese 2b* abgelehnt werden muss.

- Die Anzahl an Preisaktionen von Markenartikeln weist auf Betriebsformenebene einen Rückgang auf. Im Rahmen der hochaggregierten Analyse (+0,079) sowie der Analyse auf Artikelgruppenebene (+0,107 bzw. +0,083) zeigt sich jedoch ein schwacher Anstieg der Anzahl an Preisaktionen von Markenartikeln.[385] Die *Hypothese 3a* muss somit abgelehnt werden. Scheinbar setzt der Handel im Rahmen der zunehmenden Verbreitung von Handelsmarken in den untersuchten Artikelgruppen Preisaktionen von Markenartikeln ein, um über eine Erhöhung der Preissensibilität der Nachfrager die Marktdurchdringung von Handelsmarken zulasten von Markenartikeln zu steigern. So konnte u. a. AILAWADI 2001 zeigen, dass (Preis-)aktionen nicht nur die Nachfrage nach dem jeweils aktionierten Artikel erhöhen, sondern auch die Nachfrage in der gesamten Artikelgruppe, also auch nach Handelsmarken, stimulieren.[386] Eine **Erosion der aktionsinduzierten Profilierung von Markenartikeln** zeigt sich darüber hinaus mit Blick auf Nichtpreisaktionen von Markenartikeln: im Rahmen der hochaggregierten Analyse nimmt sowohl die Anzahl an Display- (-0,139) als auch an kommunikativen Aktionen (-0,138) von Markenartikeln als Folge der Verbreitung von Handelsmarken ab. Die *Hypothesen 3b und 3c* können bestätigt werden.

Die Güte des Strukturmodells wird anhand des **Bestimmtheitsmaßes R^2** bewertet, das den durch die latente exogene Variable (Absatzanteil von Handelsmarken) erklärten Varianzanteil angibt. Im vorliegenden Fall zeigt sich, dass die Verbreitung von Handelsmarken in der Regel nur einen sehr geringen Anteil an der Varianz einzelner Ele-

---

385 Ursächlich für die widersprüchlichen Ergebnisse ist vermutlich die Tatsache, dass das Niveau der Anzahl an Preisaktionen in den einzelnen Betriebsformen sich deutlich voneinander unterscheidet: so führen die Betriebsformen Verbrauchermarkt und Supermarkt in der Regel häufiger Preisaktionen durch als die Betriebsform Discounter. Im Rahmen der Aggregation der Betriebsformen führt dies dann zu einem insgesamt schwach positiven Zusammenhang.

386 Vgl. AILAWADI 2001, S. 305.

mente der Profilierung der Marken am Point of Sale (POS) erklärt. Es ist somit davon auszugehen, dass neben der Verbreitung von Handelsmarken weitere Faktoren existieren, die die Profilierung von Markenartikeln bzw. von Handelsmarken am Point of Sale (POS) beeinflussen.

Grundsätzlich dürften auch Interdependenzen zwischen den einzelnen Profilierungselementen bestehen. So sollte sich beispielsweise die Anzahl an Preisaktionen von Markenartikeln positiv auf die Anzahl an Display- oder kommunikativen Aktionen auswirken, da diese oftmals in Kombination eingesetzt werden.[387] Da im Rahmen des Gesamtmodells jedoch diejenigen Auswirkungen der Erosion von Markenartikeln untersucht werden sollten, die unmittelbar auf die Verbreitung von Handelsmarken zurückzuführen sind, wurden diese Interdependenzen (bzw. weitere Einflussfaktoren) auf der vorliegenden Ebene vernachlässigt.

Das **Bootstrapping-Verfahren** und zweiseitige **t-Tests** zeigen, dass sämtliche Beziehungen im Strukturmodell **hochsignifikant** sind (t-Werte größer als 1,98). Die Berechnung der **Effektstärke f^2** ist bei nur einer exogenen latenten Variable nicht möglich. Die Bestimmung des **Stone-Geisser-Kriteriums Q^2** erfolgt über die Blindfolding Prozedur und ergibt einen Wert größer als null (vgl. nochmals Abb. 61). Der ersten Ebene des Gesamtmodells kann somit insgesamt Schätzrelevanz zugesprochen werden.

387 So konnten z. B. BLAIR/LANDON sowie WINER feststellen, dass insbesondere Zeitungsanzeigen aber auch Zweitplatzierungen oder Sonderplatzierungen sowie so genannte ‚Regalsprecher' das Bewusstsein der Nachfrager für den aktuellen Abverkaufspreis von Markenartikeln erhöhen. Vgl. BLAIR/ LONDON 1981 sowie WINER 1986. Darüber hinaus fand MORIARTY heraus, dass Handelsaktionen bei spezifischen Marken die Preiswahrnehmung der gesamten Artikelgruppe erhöhen können. Vgl. MORIARTY 1985. KLAPPER geht deshalb von der Hypothese aus, dass eine *„...generelle Zunahme an Nichtpreisaktionen im Handel die Wirkung der Preisaktionen erhöht"*. Obwohl er dies nur für den Zusammenhang von gleichzeitigen Preis- und Displayaktionen und nicht für den Zusammenhang von Preis- und Handzettelaktionen beobachten konnte, sieht der Autor seine Hypothese als bestätigt an. Vgl. KLAPPER 2000.

5.5.1.2. Beurteilung der zweiten Ebene des Gesamtmodells

Auf der **zweiten Ebene des Gesamtmodells** wird betrachtet, wie sich die exemplarisch untersuchten Elemente der Profilierung der Marken am Point of Sale (POS) auf die Marktdurchdringung von Markenartikeln bzw. von Handelsmarken auswirken *(Hypothesen 1c bis 3i)*. Somit können Handlungsempfehlungen aus der Sicht des Herstellers abgeleitet werden.

	endogene Konstrukte	Indikator	Indikatorebene		Konstruktebene			
			Ladung	t-Wert	DEV	Interne Konsistenz	Q^2	Cronbachs Alpha
			≥ 0,7	> 1,98	≥ 0,5	≥ 0,6	> 0	≥ 0,7
ANALYSE AUF ARTIKELGRUPPEN- UND BETRIEBSFORMENEBENE								
Gesamt	Marktdurchdringung von Markenartikeln	A_{MA}	0,997	2202,75	0,9943	0,9971	0,9943	0,9943
		U_{MA}	0,997	2352,55				
	Marktdurchdringung von Handelsmarken	A_{HM}	0,988	698,34	0,9761	0,9879	0,9761	0,9755
		U_{HM}	0,988	769,58				
ANALYSE AUF ARTIKELGRUPPENEBENE								
Art.gr. 1	Marktdurchdringung von Markenartikeln	A_{MA}	0,997	10621,50	0,9944	0,9972	0,9944	0,9944
		U_{MA}	0,997	11236,32				
	Marktdurchdringung von Handelsmarken	A_{HM}	0,992	6593,07	0,9833	0,9916	0,9833	0,9830
		U_{HM}	0,991	5220,50				
Art.gr. 2	Marktdurchdringung von Markenartikeln	A_{MA}	0,985	1928,40	0,9742	0,9870	0,9742	0,9742
		U_{MA}	0,989	3015,38				
	Marktdurchdringung von Handelsmarken	A_{HM}	0,997	6270,40	0,9942	0,9971	0,9942	0,9942
		U_{HM}	0,997	5997,75				
ANALYSE AUF BETRIEBSFORMENEBENE								
VM	Marktdurchdringung von Markenartikeln	A_{MA}	0,997	10347,61	0,9947	0,9973	0,9947	0,9946
		U_{MA}	0,997	10837,63				
	Marktdurchdringung von Handelsmarken	A_{HM}	0,983	1680,50	0,9960	0,9827	0,9960	0,9648
		U_{HM}	0,983	2192,42				
D	Marktdurchdringung von Markenartikeln	A_{MA}	0,984	1732,739	0,9716	0,9856	0,9716	0,9708
		U_{MA}	0,987	2417,986				
	Marktdurchdringung von Handelsmarken	A_{HM}	0,984	1403,084	0,9664	0,9829	0,9664	0,9653
		U_{HM}	0,982	1098,291				
SM	Marktdurchdringung von Markenartikeln	A_{MA}	0,987	2042,84	0,9748	0,9872	0,9748	0,9742
		U_{MA}	0,987	2051,77				
	Marktdurchdringung von Handelsmarken	A_{HM}	0,978	1204,49	0,9534	0,9762	0,9534	0,9512
		U_{HM}	0,975	1057,53				

VM Verbrauchermarkt **D** Discounter **SM** Supermarkt

Abb. 62: Gütebeurteilung der endogenen Konstrukte der Marktdurchdringung von Markenartikeln bzw. von Handelsmarken (zweite Ebene des Gesamtmodells)

Abbildung 62 zeigt die Gütebeurteilung des reflektiven Messmodells der endogenen Konstrukte (Marktdurchdringung von Markenartikeln und Marktdurchdringung von Handelsmarken). Betrachtet man zunächst die Indikatorebene, so zeigt sich, dass alle **Faktorladungen** einen Wert größer als 0,7 aufweisen. Sämtliche Ladungen sind **hochsignifikant** und weisen **t-Werte** deutlich größer als 1,98 auf.

		Marktdurchdringung von Markenartikeln	Marktdurchdringung von Handelsmarken
ANALYSE AUF ARTIKELGRUPPEN- UND BETRIEBSFORMENEBENE			
Gesamt	Absatz von Markenartikeln	**0,9971**	0,3701
	Umsatz von Markenartikeln	**0,9972**	0,4488
	Absatz von Handelsmarken	0,4746	**0,9884**
	Umsatz von Handelsmarken	0,3349	**0,9875**
ANALYSE AUF ARTIKELGRUPPENEBENE			
Art.gr. 1	Absatz von Markenartikeln	**0,9971**	0,3349
	Umsatz von Markenartikeln	**0,9972**	0,4141
	Absatz von Handelsmarken	0,4608	**0,9922**
	Umsatz von Handelsmarken	0,2768	**0,9911**
Art.gr. 2	Absatz von Markenartikeln	**0,9855**	0,3943
	Umsatz von Markenartikeln	**0,9886**	0,5369
	Absatz von Handelsmarken	0,4796	**0,9971**
	Umsatz von Handelsmarken	0,4698	**0,9971**
ANALYSE AUF BETRIEBSFORMENEBENE			
VM	Absatz von Markenartikeln	**0,9973**	0,1506
	Umsatz von Markenartikeln	**0,9974**	0,2243
	Absatz von Handelsmarken	0,2267	**0,9826**
	Umsatz von Handelsmarken	0,1046	**0,9832**
D	Absatz von Markenartikeln	**0,9844**	0,4671
	Umsatz von Markenartikeln	**0,9870**	0,5410
	Absatz von Handelsmarken	0,5748	**0,9842**
	Umsatz von Handelsmarken	0,4294	**0,9820**
SM	Absatz von Markenartikeln	**0,9873**	0,1745
	Umsatz von Markenartikeln	**0,9874**	0,1797
	Absatz von Handelsmarken	0,2150	**0,9779**
	Umsatz von Handelsmarken	0,1328	**0,9749**

VM Verbrauchermarkt **D** Discounter **SM** Supermarkt

Abb. 63: Korrelationen zwischen manifesten und latenten Variablen der Marktdurchdringung von Markenartikeln bzw. von Handelsmarken

Im nächsten Schritt erfolgt die Gütebeurteilung auf Konstruktebene. Diese offenbart, dass die Unidimensionalität der Messung gegeben ist (**Cronbachs Alpha** der Konstrukte ist größer als 0,7). Alle Konstrukte besitzen eine **durchschnittlich erfasste Varianz (DEV)** von über 0,5. Auch die **interne Konsistenz** der Konstrukte liegt über dem Grenzwert von 0,6. Zur Beurteilung der Prognosevalidität eines reflektiv operationalisierten endogenen Konstrukts wird das **Stone-Geisser-Kriterium Q^2** in Bezug auf die Kommunalität herangezogen. Der Grenzwert von 0 wird von allen Konstrukten überschritten. Zur Überprüfung der Diskriminanzvalidität dient die **Korrelationsmatrix zwischen den manifesten und den latenten Variablen** (vgl. Abb. 63).

Diese zeigt, dass die manifesten Variablen jeweils stärker mit ‚ihrer' latenten Variable korrelieren als mit anderen latenten Variablen. Um die Diskriminanzvalidität der Messung abschließend beurteilen zu können, wird das **Fornell-Larcker-Kriterium** genutzt. Abbildung 64 zeigt, dass das Fornell-Larcker-Kriterium im Rahmen der aggregierten Analysen erfüllt wird:

		DEV	**Marktdurchdringung von Markenartikeln**	**Marktdurchdringung von Handelsmarken**
	ANALYSE AUF ARTIKELGRUPPEN- UND BETRIEBSFORMENEBENE			
Gesamt	Marktdurchdringung von Markenartikeln	**0,9943**		0,1689
	Marktdurchdringung von Handelsmarken	**0,9761**	0,000	
	ANALYSE AUF ARTIKELGRUPPENEBENE			
Art.gr. 1	Marktdurchdringung von Markenartikeln	**0,9944**		0,1413
	Marktdurchdringung von Handelsmarken	**0,9833**	0,000	
Art.gr. 2	Marktdurchdringung von Markenartikeln	**0,9742**		0,2267
	Marktdurchdringung von Handelsmarken	**0,9942**	0,000	
	ANALYSE AUF BETRIEBSFORMENEBENE			
VM	Marktdurchdringung von Markenartikeln	**0,9947**		0,0354
	Marktdurchdringung von Handelsmarken	**0,9660**	0,000	
D	Marktdurchdringung von Markenartikeln	**0,9716**		0,2633
	Marktdurchdringung von Handelsmarken	**0,9664**	0,0000	
SM	Marktdurchdringung von Markenartikeln	**0,9748**		0,0322
	Marktdurchdringung von Handelsmarken	**0,9534**	0,0000	

VM Verbrauchermarkt **D** Discounter **SM** Supermarkt

Abb. 64: Überprüfung des Fornell-Larcker-Kriteriums der Marktdurchdringung von Markenartikeln bzw. von Handelsmarken

Nachdem gezeigt werden konnte, dass die Schätzung des reflektiven Messmodells der zweiten Ebene des Gesamtmodells sehr zuverlässig ist, wird die Güte des Strukturmodells getestet, indem die Strukturgleichungspfade des Modells im Hinblick auf ihre Richtung, ihre Signifikanz sowie ihre Erklärungskraft mit Blick auf die kausal nachfolgenden Konstrukte beurteilt werden (vgl. Abb. 65). Die hochaggregierte Analyse zeigt, dass insbesondere denjenigen Faktoren, auf die der Hersteller einen Einfluss besitzt, eine hohe Erklärungskraft mit Blick auf die Marktdurchdringung von Markenartikeln zukommt:

- Der Anstieg des **Preisniveaus von Markenartikeln** wirkt sich schwach positiv auf deren Marktdurchdringung aus (+0,027). Die *Hypothese 1c* kann nicht bestätigt werden. Gleichzeitig führt der Anstieg des Preisniveaus von Markenartikeln dazu, dass die Marktdurchdringung von Handelsmarken schwach ansteigt (+0,109). Die *Hypothese 1d* kann bestätigt werden. Der Anstieg des **Preisniveaus von Handelsmarken** besitzt keine Erklärungskraft mit Blick auf die Marktdurchdringung von Markenartikeln ($f^2 = 0{,}000$); die *Hypothese 1e* kann jedoch bestätigt werden. Darüber hinaus wirkt sich dieser schwach positiv auf die Marktdurchdringung von Handelsmarken aus (+0,089), so dass die *Hypothese 1f* abgelehnt werden muss.

Um die Marktdurchdringung von Handelsmarken zu begrenzen, sollten Hersteller von Markenartikeln somit darauf achten, dass ein entsprechender Preisabstand zu Handelsmarken hergestellt wird, der von den Nachfragen als glaubwürdig empfunden wird, um die von Markenartikeln geforderte Preisprämie im Vergleich zu Handelsmarken zu rechtfertigen. So konnte gezeigt werden, dass sich der Preisabstand insbesondere in den Supermärkten und den Discountern infolge des starken Preisanstiegs von Handelsmarken verringert (vgl. Abb. 61). Dies führt in den Discountern dazu, dass Handelsmarken bei steigenden Preisniveaus stärker nachgefragt werden als Markenartikel, d. h. deren Marktdurchdringung (+0,560) steigt stärker an als die von Markenartikeln (+0,456).

Da Hersteller von Markenartikeln oftmals kaum einen Einfluss auf die preisliche Positionierung der Marken im Handel besitzen, sollten diese darüber hinaus Maßnahmen ergreifen, um die Qualität ihrer Marken im Wettbewerb mit Handelsmarken zu erhöhen bzw. zumindest konstant zu halten. Dies bietet sich insbesondere in Artikelgruppe

1 an. Dort kann vermutet werden, dass sich der Preisabstand zwischen Markenartikeln und Handelsmarken bereits so stark verringert hat, dass die Nachfrager verstärkt Handelsmarken nachfragen, da sie u. U. von einer identischen Qualität der Marken ausgehen (vgl. nochmals Abb. 61). In der Folge sinkt die Marktdurchdringung von Markenartikeln (-0,013) zugunsten von Handelsmarken (+0,026).

- Darüber hinaus besitzt insbesondere der Anstieg der **Anzahl gelisteter Markenartikel** einen stark positiven Einfluss auf deren Marktdurchdringung (+0,803), so dass die *Hypothese 2c* bestätigt werden kann. Gleichzeitig bewirkt dieser einen moderaten Rückgang der Marktdurchdringung von Handelsmarken (-0,172), so dass auch die *Hypothese 2d* bestätigt werden kann. Die **Anzahl gelisteter Handelsmarken** besitzt hingegen keine Erklärungskraft mit Blick auf die Marktdurchdringung von Markenartikeln (f^2 = 0,000), sondern leistet lediglich einen Beitrag mit Blick auf die Erklärung der Marktdurchdringung von Handelsmarken (f^2 = 0,076). Während die *Hypothese 2e* abgelehnt werden muss, kann die *Hypothese 2f* bestätigt werden: der Anstieg der Anzahl gelisteter Handelsmarken wirkt sich stark positiv auf deren Marktdurchdringung aus (+0,762).

Um die Marktdurchdringung von Handelsmarken zu begrenzen, sollten Herstellerunternehmen somit den Versuch unternehmen, die Anzahl ihrer Produkte im Vergleich zu Handelsmarken in einer Artikelgruppe konstant zu halten bzw. mithilfe von Produktneueinführungen (Brand Extensions oder echte Innovationen) zu steigern. Wie die Analyse auf Betriebsformenebene zeigt, bietet sich dies insbesondere in den Verbraucher- und Supermärkten an, da die Anzahl gelisteter Markenartikel dort dazu beiträgt, die Marktdurchdringung von Handelsmarken zu begrenzen (-0,116 bzw. -0,097). In den Discountern zeigt sich hingegen kein signifikanter Wirkungszusammenhang zwischen der Anzahl gelisteter Markenartikel und der Marktdurchdringung von Handelsmarken, so dass in dieser Betriebsform eine Erhöhung der Anzahl gelisteter Markenartikel lediglich dazu beitragen könnte, die Marktdurchdringung von Markenartikeln zu vertiefen (+0,359) und somit u. U. dem negativen Einfluss einer Ausweitung der Anzahl gelisteter Handelsmarken (-0,044) entgegenzuwirken. In diesem Zusammenhang offenbart die Analyse auf Artikelgruppenebene, dass insbesondere in Artikelgruppe 1 eine Erhöhung der Anzahl gelisteter Markenartikel dazu beitragen könnte, die Marktdurchdringung von Markenartikeln (+0,880) zulasten der Marktdurchdringung von Handelsmarken (-0,089) zu steigern.

	Ausgangs-konstrukte	Marktdurchdringung von Markenartikeln						Marktdurchdringung von Handelsmarken					
		Pfadkoeff.	t-Wert	R^2	Q^2	f^2	Hypo-these	Pfadkoeff.	t-Wert	R^2	Q^2	f^2	Hypo-these
		// > 0,1	> 1,98	> 0	> 0	> 0		// > 0,1	> 1,98	> 0	> 0	> 0	
ANALYSE AUF ARTIKELGRUPPEN- UND BETRIEBSFORMENEBENE													
Gesamt	Preisniveau Markenartikel	*0,027*	2,602			0,000	- (✗)	0,109	6,436			0,037	+(✓)
	Preisniveau Handelsmarken	*0,016*	2,995			0,000	+ (✓)	*0,089*	6,117			0,002	- (✗)
	Anzahl gelisteter Markenartikel	0,803	24,422			1,341	+ (✓)	-0,172	6,386			0,044	- (✓)
	Anzahl gelisteter Handelsmarken	*-0,023*	*1,122*	0,792	*-0,0267*	0,000	- (✓)	0,762	27,829	0,702	0,5900	0,076	+(✓)
	Preisaktionen Markenartikel	0,161	4,349			0,048	+ (✓)	0,235	6,190			0,070	- (✗)
	Displayaktionen Markenartikel	*-0,054*	4,449			0,005	+ (✗)	*-0,085*	7,132			0,010	- (✓)
	Komm. Aktionen Markenartikel	*0,063*	2,839			0,005	+ (✓)	*-0,094*	7,335			0,010	- (✓)
ANALYSE AUF ARTIKELGRUPPENEBENE													
Artikelgruppe 1	Preisniveau Markenartikel	*-0,013*	6,437			0,000	- (✓)	*0,026*	7,900			0,004	+(✓)
	Preisniveau Handelsmarken	0,130	18,158			0,023	+ (✓)	0,256	30,242			0,076	- (✗)
	Anzahl gelisteter Markenartikel	0,880	98,545			1,028	+ (✓)	*-0,089*	11,618			0,008	- (✓)
	Anzahl gelisteter Handelsmarken	-0,134	15,048	0,782	*-0,1634*	0,018	- (✓)	0,638	64,690	0,750	0,5945	0,348	+(✓)
	Preisaktionen Markenartikel	0,149	15,434			0,042	+ (✓)	0,210	23,182			0,068	- (✗)
	Displayaktionen Markenartikel	*-0,047*	3,523			0,005	+ (✓)	*-0,076*	9,216			0,008	- (✓)
	Komm. Aktionen Markenartikel	*0,065*	4,628			0,005	+ (✓)	*-0,087*	8,769			0,008	- (✓)
Artikelgruppe 2	Preisniveau Markenartikel	0,181	15,778			0,051	- (✗)	0,374	26,536			0,197	+(✓)
	Preisniveau Handelsmarken	*-0,095*	13,193			0,017	+ (✗)	0,035	6,091			0,002	- (✗)
	Anzahl gelisteter Markenartikel	0,513	38,863			0,340	+ (✓)	*0,043*	3,635			0,002	- (✗)
	Anzahl gelisteter Handelsmarken	*0,026*	*1,932*	0,470	0,0156	0,002	- (✗)	0,342	31,532	0,410	0,2197	0,154	+(✓)
	Preisaktionen Markenartikel	*0,091*	6,777			0,011	+ (✓)	*0,142*	8,187			0,025	- (✗)
	Displayaktionen Markenartikel	*0,015*	*0,865*			0,000	+ (✓)	*0,001*	*0,088*			0,000	- (✗)
	Komm. Aktionen Markenartikel	*0,059*	3,441			0,004	+ (✓)	*-0,038*	3,615			0,002	- (✓)

	Ausgangs-konstrukte	Marktdurchdringung von Markenartikeln						Marktdurchdringung von Handelsmarken					
		Pfadkoeff.	t-Wert	R^2	Q^2	f^2	Hypo-these	Pfadkoeff.	t-Wert	R^2	Q^2	f^2	Hypo-these
		//> 0,1	> 1,98	> 0	> 0	> 0		//> 0,1	> 1,98	> 0	> 0	> 0	
ANALYSE AUF BETRIEBSFORMENEBENE													
Verbrauchermarkt	Preisniveau Markenartikel	*0,032*	7,809			0,000	-(✗)	0,228	23,787			0,068	+(✓)
	Preisniveau Handelsmarken	0,111	16,837			0,020	+(✓)	0,157	11,474			0,019	-(✗)
	Anzahl gelisteter Markenartikel	0,894	113,714			1,454	+(✓)	-0,116	12,027			0,012	-(✓)
	Anzahl gelisteter Handelsmarken	*-0,075*	12,299	0,795	-0,0696	0,010	-(✓)	0,566	56,102	0,576	0,3605	0,283	+(✓)
	Preisaktionen Markenartikel	0,128	12,637			0,030	+(✓)	0,137	12,992			0,017	-(✗)
	Displayaktionen Markenartikel	*-0,055*	4,164			0,005	+(✗)	*-0,084*	8,750			0,005	-(✓)
	Komm. Aktionen Markenartikel	*0,067*	4,432			0,005	+(✓)	*-0,034*	2,935			0,000	-(✓)
Discounter	Preisniveau Markenartikel	0,456	54,403			0,318	-(✗)	0,560	72,743			0,389	+(✓)
	Preisniveau Handelsmarken	*-0,040*	8,680			0,002	+(✗)	0,279	30,435			0,099	-(✗)
	Anzahl gelisteter Markenartikel	0,359	38,702			0,191	+(✓)	*0,005*	*0,526*			0,000	-(✗)
	Anzahl gelisteter Handelsmarken	*-0,044*	5,224	0,456	0,0151	0,004	-(✓)	0,228	24,462	0,332	*-0,0161*	0,072	+(✓)
	Preisaktionen Markenartikel	*0,018*	1,889			0,000	+(✓)	*-0,031*	3,334			0,001	-(✓)
	Displayaktionen Markenartikel	*-0,052*	5,306			0,004	+(✗)	*-0,032*	3,993			0,001	-(✓)
	Komm. Aktionen Markenartikel	*0,010*	*1,028*			0,000	+(✓)	*-0,004*	*0,282*			0,000	-(✓)
Supermarkt	Preisniveau Markenartikel	*0,073*	14,557			0,013	-(✗)	*0,017*	2,639			0,000	+(✓)
	Preisniveau Handelsmarken	*-0,016*	*1,710*			0,000	+(✗)	0,281	30,482			0,210	-(✗)
	Anzahl gelisteter Markenartikel	0,772	89,308			1,343	+(✓)	-0,097	14,012			0,023	-(✓)
	Anzahl gelisteter Handelsmarken	*0,045*	4,932	0,627	0,0229	0,003	-(✗)	0,767	65,770	0,648	0,5253	1,434	+(✓)
	Preisaktionen Markenartikel	*0,057*	3,602			0,003	+(✓)	*0,000*	*0,013*			0,000	-(✗)
	Displayaktionen Markenartikel	*-0,038*	2,948			0,000	+(✗)	*-0,022*	2,587			0,000	-(✓)
	Komm. Aktionen Markenartikel	*-0,001*	*0,095*			0,000	+(✗)	*-0,002*	*0,134*			0,000	-(✓)

Abb. 65: Überprüfung der Hypothesen (zweite Ebene des Gesamtmodells)

- Die Anzahl an **Preisaktionen von Markenartikeln** besitzt eine geringe Erklärungskraft mit Blick auf deren Marktdurchdringung. Zwar kann die *Hypothese 3d* bestätigt werden, die besagt, dass ein Anstieg der Anzahl an Preisaktionen von Markenartikeln zu einer Zunahme der Marktdurchdringung von Markenartikeln (+0,161) führt; jedoch muss die *Hypothese 3e* abgelehnt werden, da ein Anstieg der Anzahl an Preisaktionen von Markenartikeln eine Zunahme der Marktdurchdringung von Handelsmarken (+0,235) bewirkt, die insgesamt sogar stärker ausfällt. Scheinbar werden Preisaktionen von Markenartikeln seitens des Handels genutzt, um die Marktdurchdringung von Handelsmarken zu erhöhen.

Die Analyse auf Betriebsformenebene zeigt, dass eine Ausweitung der Anzahl an Preisaktionen von Markenartikeln lediglich in den Discountern dazu beiträgt, die Marktdurchdringung von Handelsmarken zu begrenzen (-0,031). Dort sollten Hersteller von Markenartikeln somit verstärkt den Versuch unternehmen, ihre Marken mithilfe von gezielten Preisaktionen im Wettbewerb mit Handelsmarken zu profilieren. Indessen erscheint eine Ausweitung der Anzahl an Preisaktionen insbesondere in den Verbrauchermärkten wenig sinnvoll, da hierdurch die Marktdurchdringung von Handelsmarken (+0,137) stärker gefördert wird als die Marktdurchdringung von Markenartikeln (+0,128).

- Die Anzahl an **Nichtpreisaktionen von Markenartikeln** besitzt insgesamt nur eine geringe Erklärungskraft mit Blick auf die Marktdurchdringung von Markenartikeln. Während kommunikative Aktionen einen Anstieg der Marktdurchdringung von Markenartikeln bewirken (*Hypothese 3h* bestätigt), gilt dies nicht für Displayaktionen (*Hypothese 3f* abgelehnt). Jedoch tragen beide dazu bei, die Marktdurchdringung von Handelsmarken zu begrenzen (-0,085 bzw. -0,094), so dass die *Hypothesen 3g und 3i* bestätigt werden können.

Somit sollten Hersteller von Markenartikeln insbesondere in der Betriebsform Verbrauchermarkt Anstrengungen unternehmen, die Anzahl an Nichtpreisaktionen, wie Display- oder kommunikative Aktionen von Markenartikeln zu erhöhen, da diese sich negativ auf die Marktdurchdringung von Handelsmarken (-0,084 bzw. -0,034) auswirken. Dies könnte z. B. im Rahmen von an den Handel gerichteter Verkaufsförderungsaktionen (Handelspromotions) erfolgen.

Der erklärte Varianzanteil der latenten endogenen Variablen ‚Marktdurchdringung von Markenartikeln' bzw. ‚Marktdurchdringung von Handelsmarken', liegt insgesamt bei 0,792 bzw. 0,702. Im vorliegenden Fall ist das **Bestimmtheitsmaß R^2** für beide Konstrukte als ‚substanziell' zu bezeichnen. Somit ist der zweiten Ebene des Gesamtmodells ebenfalls Schätzrelevanz zuzusprechen. Die Überprüfung der **Effektstärke f^2** bestätigt die hohe Relevanz der Anzahl gelisteter Markenartikel bzw. Handelsmarken mit Blick auf die Marktdurchdringung von Markenartikeln bzw. von Handelsmarken. Lediglich das **Stone-Geisser-Kriterium Q^2** der endogenen Variable ‚Marktdurchdringung von Markenartikeln' liegt unter dem zu fordernden Mindestwert (vgl. nochmals Abb. 65). Dies deutet darauf hin, dass die Marktdurchdringung von Markenartikeln u. U. durch weitere Faktoren beeinflusst wird, die im Modell nicht untersucht werden.[388]

5.5.1.3. Beurteilung der dritten Ebene des Gesamtmodells

Auf der **dritten Ebene des Gesamtmodells** wird untersucht, wie sich die Marktdurchdringung von Markenartikeln bzw. von Handelsmarken auf die Marktdurchdringung der Artikelgruppen im Handel auswirkt *(Hypothesen 4a und 4b)*. Somit können Aussagen mit Blick auf den Markterfolg des Handels getroffen werden.

Entsprechend der auf der zweiten Modellebene angewandten Vorgehensweise, wird auch an dieser Stelle zunächst eine Gütebeurteilung des reflektiven Messmodells des endogenen Konstrukts (Marktdurchdringung der Artikelgruppe) vorgenommen (vgl. Abb. 66), bevor die im Strukturmodell abgebildeten Beziehungen zwischen den Konstrukten beurteilt werden.

---

388 Denkbar sind z. B. Faktoren, auf die der Hersteller einen Einfluss besitzt, wie u. a. die Kontinuität der Markenführung oder Investitionen in die Qualität der Marken oder in Produktneueinführungen. Vgl. zu diesen Faktoren auch KLANTE 2004, S. 163 ff.

	endogenes Konstrukt	Indikator	Indikatorebene: Ladung	Indikatorebene: t-Wert	Konstruktebene: DEV	Konstruktebene: Interne Konsistenz	Konstruktebene: Q^2	Konstruktebene: Cronbachs Alpha
			≥ 0,7	> 1,98	≥ 0,5	≥ 0,6	> 0	≥ 0,7
ANALYSE AUF ARTIKELGRUPPEN- UND BETRIEBSFORMENEBENE								
Gesamt	Marktdurchdringung der Artikelgruppe	A	0,995	1796,92	0,9891	0,9945	0,9891	0,9890
		U	0,995	1796,52				
ANALYSE AUF ARTIKELGRUPPENEBENE								
Artikelgruppe 1	Marktdurchdringung der Artikelgruppe	A	0,995	10740,86	0,9896	0,9948	0,9896	0,9895
		U	0,995	10739,22				
Artikelgruppe 2	Marktdurchdringung der Artikelgruppe	A	0,996	6063,32	0,9916	0,9958	0,9916	0,9915
		U	0,996	6040,93				
ANALYSE AUF BETRIEBSFORMENEBENEEBENE								
Verbrauchermarkt	Marktdurchdringung der Artikelgruppe	A	0,991	4895,30	0,9830	0,9915	0,9830	0,9828
		U	0,991	4889,12				
Discounter	Marktdurchdringung der Artikelgruppe	A	0,990	3389,85	0,9805	0,9902	0,9805	0,9801
		U	0,990	3400,32				
Supermarkt	Marktdurchdringung der Artikelgruppe	A	0,986	1839,69	0,9719	0,9858	0,9719	0,9711
		U	0,986	1828,99				

Abb. 66: Gütebeurteilung des endogenen Konstrukts der Marktdurchdringung der Artikelgruppe (dritte Ebene des Gesamtmodells)

Abbildung 66 zeigt, dass das endogene Konstrukt der Marktdurchdringung der Artikelgruppe alle geforderten Gütekriterien sowohl auf Indikator- als auch auf Konstruktebene erfüllt. Auch die Diskriminanzvalidität der Messung ist gegeben.[389]

In einem nächsten Schritt gilt es, die auf der dritten Ebene des Gesamtmodells eruierten Hypothesen zu testen. Zu diesem Zwecke werden die Strukturgleichungspfade des Modells mit Blick auf ihre Richtung sowie ihre Signifikanz beurteilt (vgl. Abb. 67). Es zeigen sich die folgenden Zusammenhänge:

389 Diese wurde entsprechend der auf der zweiten Modellebene angewandten Vorgehensweise sowohl mithilfe der Korrelationsmatrix als auch mithilfe des Fornell-Larcker Kriteriums geprüft.

	Ausgangs-konstrukte	Marktdurchdringung der Artikelgruppe				Hypo-these
		Pfadkoeffizient	t-Wert	R^2	Q^2	
		// > 0,1	> 1,98	> 0	> 0	
ANALYSE AUF ARTIKELGRUPPEN- UND BETRIEBSFORMENEBENE						
Gesamt	Marktdurchdringung von Markenartikeln	0,696	35,681	1,000	*-0,0005*	+ (✓)
	Marktdurchdringung von Handelsmarken	0,486	20,528			+ (✓)
ANALYSE AUF ARTIKELGRUPPENEBENE						
Artikel-gruppe 1	Marktdurchdringung von Markenartikeln	0,713	187,113	1,000	0,4895	+ (✓)
	Marktdurchdringung von Handelsmarken	0,483	100,900			+ (✓)
Artikel-gruppe 2	Marktdurchdringung von Markenartikeln	0,388	52,350	1,000	0,8412	+ (✓)
	Marktdurchdringung von Handelsmarken	0,755	91,703			+ (✓)
ANALYSE AUF BETRIEBSFORMENEBENE						
Verbraucher-markt	Marktdurchdringung von Markenartikeln	0,790	190,417	1,000	0,0035	+ (✓)
	Marktdurchdringung von Handelsmarken	0,483	82,970			+ (✓)
Discounter	Marktdurchdringung von Markenartikeln	0,790	249,780	1,000	0,3578	+ (✓)
	Marktdurchdringung von Handelsmarken	0,330	80,914			+ (✓)
Supermarkt	Marktdurchdringung von Markenartikeln	0,828	114,573	1,000	0,3060	+ (✓)
	Marktdurchdringung von Handelsmarken	0,432	50,974			+ (✓)

Abb. 67: Überprüfung der Hypothesen (dritte Ebene des Gesamtmodells)

- Sowohl die **Marktdurchdringung von Markenartikeln** (+0,696) als auch die **Marktdurchdringung von Handelsmarken** (+0,486) wirken sich annahmegemäß stark positiv auf die Marktdurchdringung einer Artikelgruppe aus; d. h. je höher die Marktdurchdringung von Markenartikeln bzw. von Handelsmarken umso höher ist die Marktdurchdringung der Artikelgruppe. Alle Zusammenhänge sind signifikant. Die *Hypothesen 4a und 4b* können bestätigt werden.

- Die Analyse auf Artikelgruppenebene offenbart **wesentliche Unterschiede zwischen den untersuchten Artikelgruppen**: während sich die Marktdurchdringung von Artikelgruppe 1 stärker über Markenartikel (+0,713) als über Handelsmarken (+0,483) bestimmt, tragen in Artikelgruppe 2 Handelsmarken (+0,755) stärker als Markenartikel (+0,388) zur Marktdurchdringung der gesamten Artikelgruppe bei.

Ob eine zunehmende Verbreitung von Handelsmarken zu einer Steigerung der Marktdurchdringung einer Artikelgruppe führt, hängt somit davon ab, ob der durch Handelsmarken hervorgerufene Rückgang der Marktdurchdringung von Markenartikel durch einen Anstieg der Marktdurchdringung von Handelsmarken in einer Artikelgruppe kompensiert werden kann oder nicht.

Das **Bestimmtheitsmaß R^2** des Strukturmodells liegt infolge der vorgenommenen Modellierung bei 1,000 (vgl. *Abschnitt 5.3.*). Damit ist die Berechnung der **Effektstärke f^2** nicht möglich. Alle Zusammenhänge sind **hochsignifikant** (t-Werte größer als 1,98). Die Bestimmung des **Stone-Geisser-Kriteriums Q^2** über die **Blindfolding-Prozedur** ergibt sowohl auf Artikelgruppen- als auch Betriebsformenebene Werte größer null, so dass der dritten Ebene des Gesamtmodells insgesamt Schätzrelevanz zugesprochen werden kann.

Damit ist die Überprüfung relevanter Beurteilungskriterien für das PLS Verfahren abgeschlossen. Es hat sich gezeigt, dass ein zuverlässig geschätztes Modell vorliegt. Bevor eine Schlussbetrachtung der im Rahmen der Modellevaluation vorgestellten Ergebnisse erfolgt, werden abschließend die im Gesamtmodell zu beobachtenden Totaleffekte dargestellt.

5.5.1.4. Beurteilung der Totaleffekte des Gesamtmodells

Betrachtet man die Totaleffekte, die sich mit Blick auf den **Markterfolg des Herstellers** ergeben (vgl. Abb. 68), so zeigt die hochaggregierte Analyse, dass die Verbreitung von Handelsmarken sich negativ auf die Marktdurchdringung von Markenartikeln auswirkt (-0,158), während die Marktdurchdringung von Handelsmarken durch diese positiv beeinflusst wird (+0,440). Ursächlich hierfür ist insbesondere die Erosion der artikelinduzierten Profilierung von Markenartikeln (vgl. Abb. 61), die sich einerseits negativ über den Rückgang der Anzahl gelisteter Markenartikel (-0,177) und andererseits negativ über den Anstieg der Anzahl gelisteter Handelsmarken (-0,008) auf die Marktdurchdringung von Markenartikeln auswirkt.

	Totaleffekte von	auf den Markterfolg des Herstellers		auf den Markterfolg des Handels	
		Marktdurchdringung von MA	Marktdurchdringung von HM	über Marktdurchdringung von MA	über Marktdurchdringung von HM
Analyse auf Artikelgruppen- und Betriebsformenebene					
Gesamt	P_{MA}	0,009	0,038	0,006	0,018
	P_{HM}	0,007	0,040	0,005	0,019
	N_{MA}	-0,177	0,038	-0,124	0,018
	N_{HM}	-0,008	0,280	-0,006	0,136
	AH_P	0,013	0,019	0,008	0,009
	AH_d	0,007	0,012	0,005	0,006
	AH_k	-0,009	0,013	-0,006	0,006
	Σ	**-0,158**	**0,440**	**-0,112**	**0,212**
Analyse auf Artikelgruppenebene					
Artikelgruppe 1	P_{MA}	-0,006	0,012	-0,004	0,006
	P_{HM}	0,095	0,186	0,067	0,090
	N_{MA}	-0,247	0,025	-0,176	0,012
	N_{HM}	-0,052	0,248	-0,037	0,120
	AH_P	0,016	0,022	0,011	0,011
	AH_d	0,008	0,013	0,006	0,006
	AH_k	-0,011	0,015	-0,008	0,007
	Σ	**-0,197**	**0,521**	**-0,141**	**0,252**
Artikelgruppe 2	P_{MA}	0,044	0,092	0,017	0,069
	P_{HM}	-0,013	0,005	-0,005	0,003
	N_{MA}	-0,033	-0,003	-0,013	-0,002
	N_{HM}	0,014	0,186	0,005	0,140
	AH_p	0,008	0,012	0,003	0,009
	AH_d	-0,001	-0,000	-0,000	-0,000
	AH_k	-0,002	0,001	-0,000	0,000
	Σ	**0,017**	**0,293**	**0,007**	**0,219**
Analyse auf Betriebsformenebene					
Verbrauchermarkt	P_{MA}	0,011	0,078	0,008	0,038
	P_{HM}	0,053	0,075	0,042	0,036
	N_{MA}	-0,694	0,090	-0,548	0,043
	N_{HM}	0,006	-0,043	0,005	-0,021
	AH_P	-0,036	-0,039	-0,029	-0,019
	AH_d	0,024	0,037	0,019	0,018
	AH_k	-0,030	0,015	-0,023	0,007
	Σ	**-0,666**	**0,213**	**-0,526**	**0,102**
Discounter	P_{MA}	0,043	0,053	0,034	0,017
	P_{HM}	-0,021	0,147	-0,017	0,049
	N_{MA}	-0,164	-0,002	-0,130	-0,000
	N_{HM}	-0,008	0,041	-0,006	0,013
	AH_P	-0,001	0,003	-0,000	0,001
	AH_d	0,006	0,004	0,005	0,001
	AH_k	-0,000	0,000	-0,000	0,000
	Σ	**-0,145**	**0,246**	**-0,114**	**0,081**
Supermarkt	P_{MA}	0,014	0,003	0,012	0,001
	P_{HM}	-0,004	0,065	-0,003	0,030
	N_{MA}	-0,318	0,040	-0,263	0,017
	N_{HM}	0,013	0,227	0,011	0,098
	AH_P	-0,004	0,000	-0,003	0,000
	AH_d	0,002	0,002	0,002	0,000
	AH_k	0,000	0,000	0,000	0,000
	Σ	**-0,297**	**0,337**	**-0,244**	**0,146**

Abb. 68: Totaleffekte auf den Markterfolg des Herstellers sowie des Handels

Im Rahmen der Analyse auf Artikelgruppenebene zeigt sich in Artikelgruppe 1 eine Abnahme der Marktdurchdringung von Markenartikeln (-0,197), während die Marktdurchdringung von Handelsmarken bei zunehmender Verbreitung stark ansteigt (+0,521). Ursächlich hierfür ist neben der Erosion der artikelinduzierten Profilierung von Markenartikeln vermutlich der starke Anstieg des Preisniveaus von Markenartikeln (vgl. Abb. 61). In Artikelgruppe 2 zeigt sich ein schwacher Anstieg der Marktdurchdringung von Markenartikeln als Folge der Verbreitung von Handelsmarken (+0,017). Dies könnte auf die Existenz markentreuer Käufer zurückzuführen sein, die weder durch den Anstieg des Preisniveaus von Markenartikeln noch durch die Ausweitung der Anzahl gelisteter Handelsmarken zu einem Wechsel zu Handelsmarken zu bewegen sind.

Im Rahmen der Analyse auf Betriebsformenebene kann in allen untersuchten Betriebsformen ein Rückgang der Marktdurchdringung von Markenartikeln bei zunehmender Verbreitung von Handelsmarken festgestellt werden. Dieser ist insbesondere in den Verbrauchermärkten recht stark ausgeprägt (-0,666) und wird vermutlich durch den starken Rückgang der Anzahl gelisteter Markenartikel verursacht (vgl. Abb. 61). In den Discountern und den Supermärkten weist neben dem durch die Verbreitung von Handelsmarken hervorgerufenen Rückgang der Anzahl gelisteter Markenartikel (-0,164 bzw. -0,318) auch der Rückgang der Anzahl an Preisaktionen (-0,001 bzw. -0,004) einen schwach negativen Einfluss auf die Marktdurchdringung von Markenartikeln auf.

Betrachtet man die Totaleffekte die sich mit Blick auf den **Markterfolg des Handels** ergeben, so zeigt die hochaggregierte Analyse, dass die durch die Verbreitung von Handelsmarken hervorgerufene Erosion der Marktdurchdringung von Markenartikeln sich negativ auf die Marktdurchdringung der Artikelgruppen (-0,112) auswirkt.

Darüber hinaus offenbart die Analyse auf Betriebsformenebene, dass die Marktdurchdringung von Markenartikeln in allen untersuchten Betriebsformen (und insbesondere in den Verbraucher- und den Supermärkten) deutlich stärker sinkt, als die Marktdurchdringung von Handelsmarken ansteigt. Es ist somit davon auszugehen, dass es den einzelnen Betriebsformen nicht gelingt, den als Folge der Verbreitung von Handelsmarken hervorgerufenen Rückgang der Marktdurchdringung von Markenartikeln durch eine höhere Marktdurchdringung von Handelsmarken zu kompensieren.[390]

Ursächlich hierfür ist vermutlich, dass die Nachfrager mit einem Konsumverzicht auf die zunehmende Verbreitung von Handelsmarken in den untersuchten Betriebsformen reagieren. Infolge der reduzierten Ausweichmöglichkeiten in den Verkaufsstellen (die Anzahl der verfügbaren Markenartikel wird systematisch reduziert), können die Nachfrager nicht länger auf Markenartikel zurückgreifen, so dass deren Marktdurchdringung ebenfalls abnimmt.

5.5.2. Modellmessung und Gütebeurteilung auf der Basis disaggregierter Daten

Die Abbildungen 69 bis 74 stellen die Ergebnisse der PLS-Schätzungen auf der Basis disaggregierter Daten als Pfadmodell dar:

390 Zu ähnlichen Ergebnissen kommt auch GREWE 2009 auf der Basis einer abweichenden Stichprobenziehung sowie einer auf die Sichtweise des Handels gestützten Modellspezifikation.

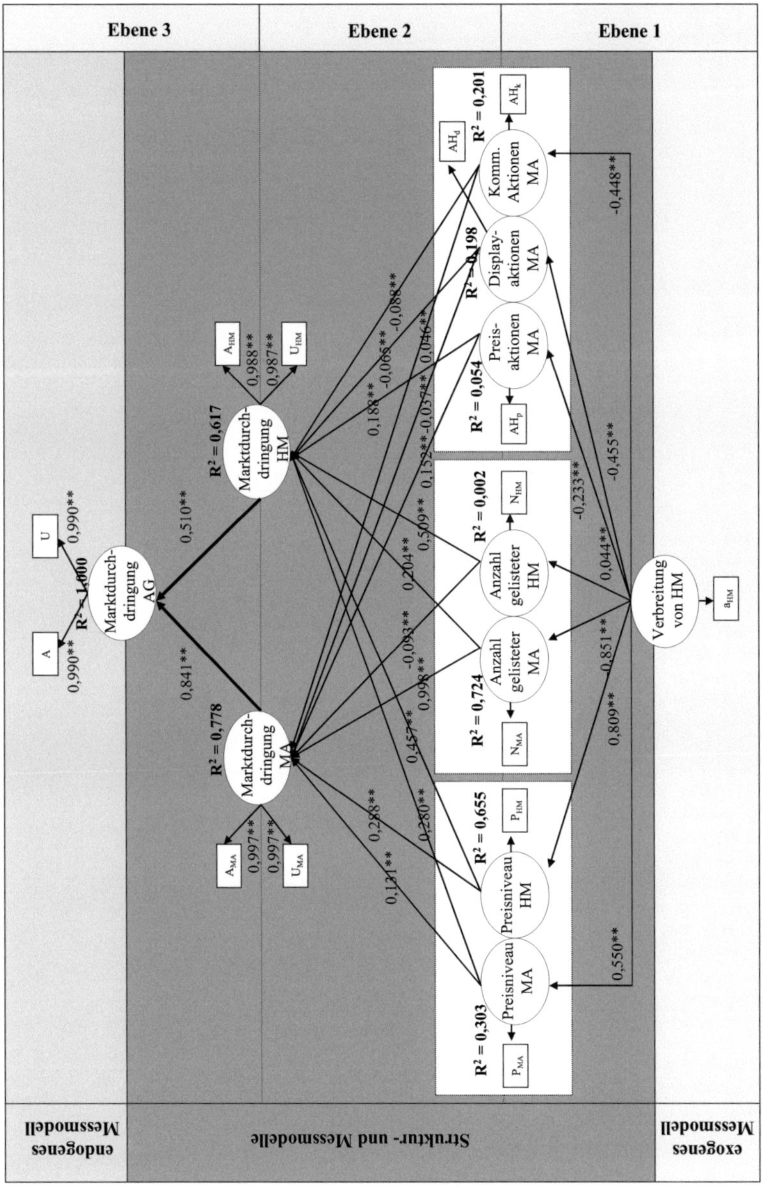

Abb. 69: Ergebnisse der PLS-Schätzung auf disaggregierter Ebene für die Betriebsform Verbrauchermarkt in Artikelgruppe 1

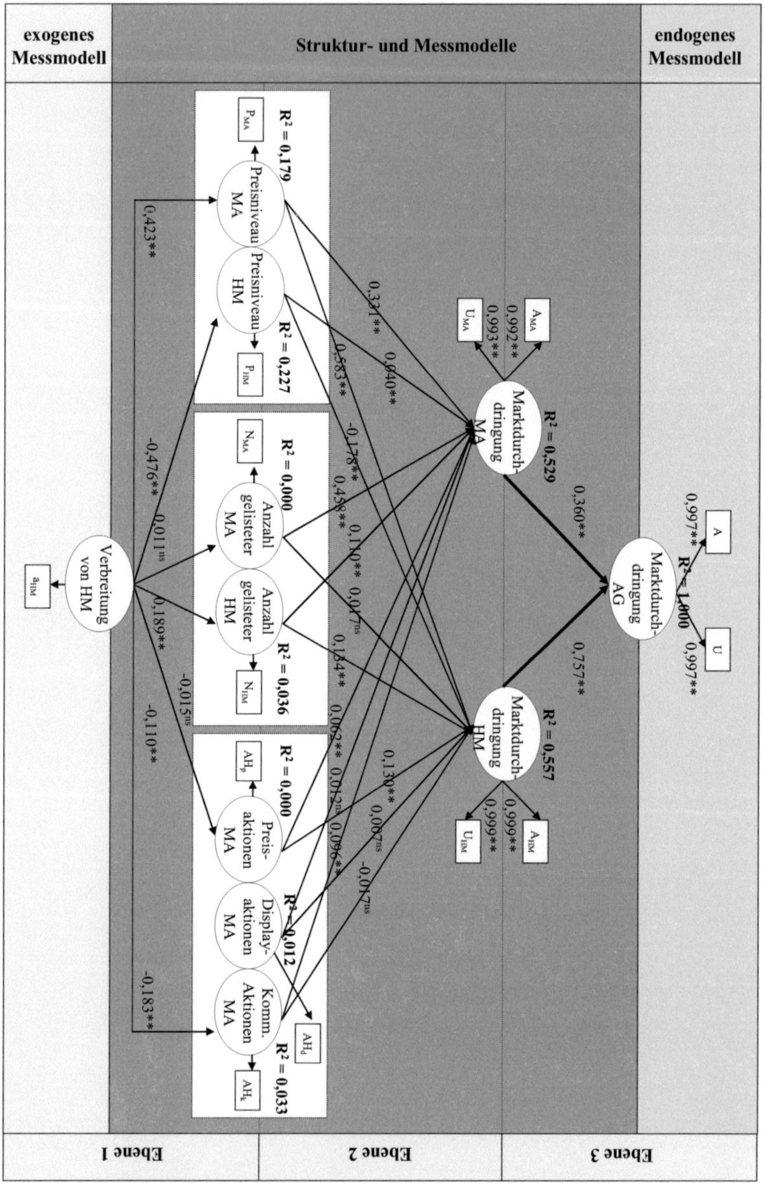

Abb. 70: Ergebnisse der PLS-Schätzung auf disaggregierter Ebene für die Betriebsform Verbrauchermarkt in Artikelgruppe 2

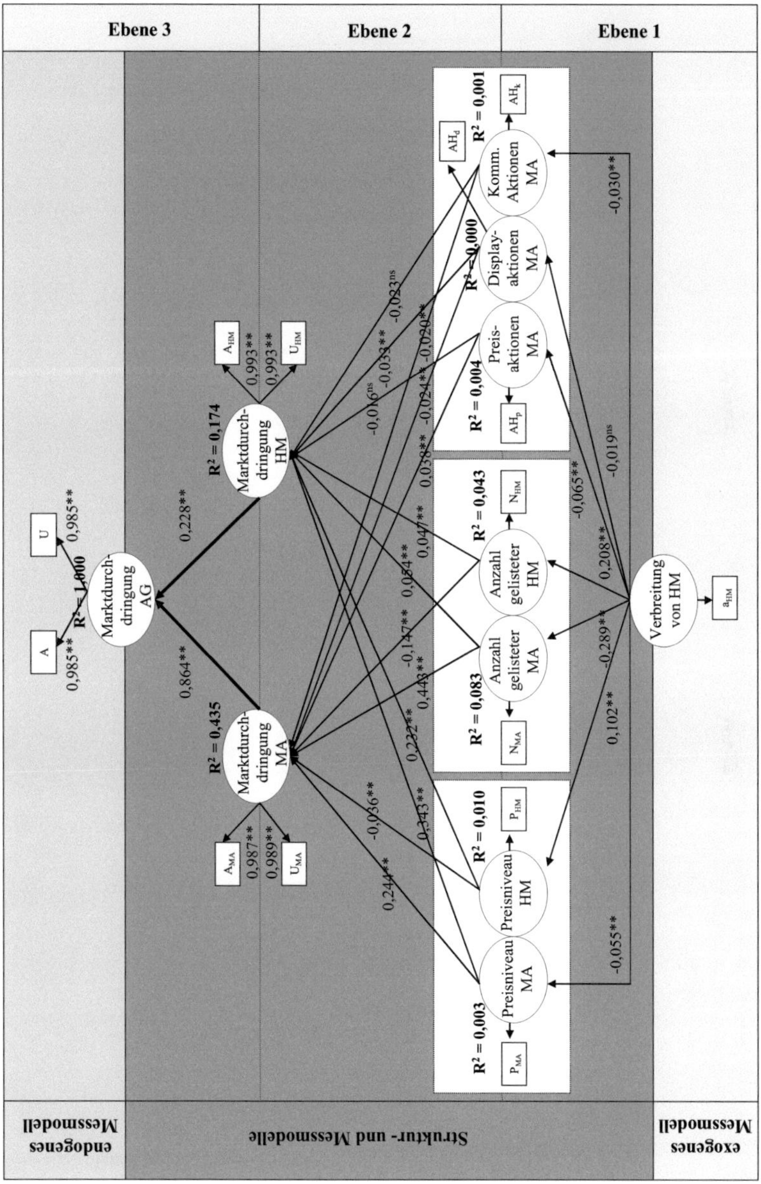

Abb. 71: Ergebnisse der PLS-Schätzung auf disaggregierter Ebene für die Betriebsform Discounter in Artikelgruppe 1

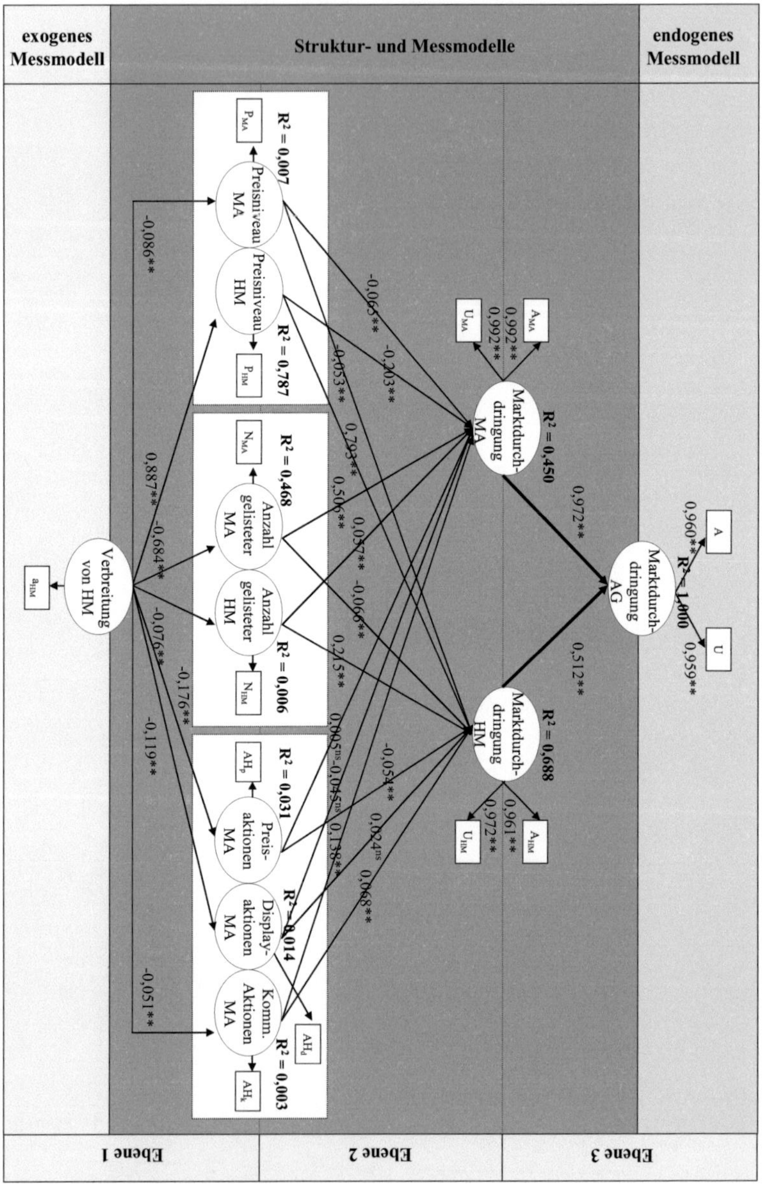

Abb. 72: Ergebnisse der PLS-Schätzung auf disaggregierter Ebene für die Betriebsform Discounter in Artikelgruppe 2

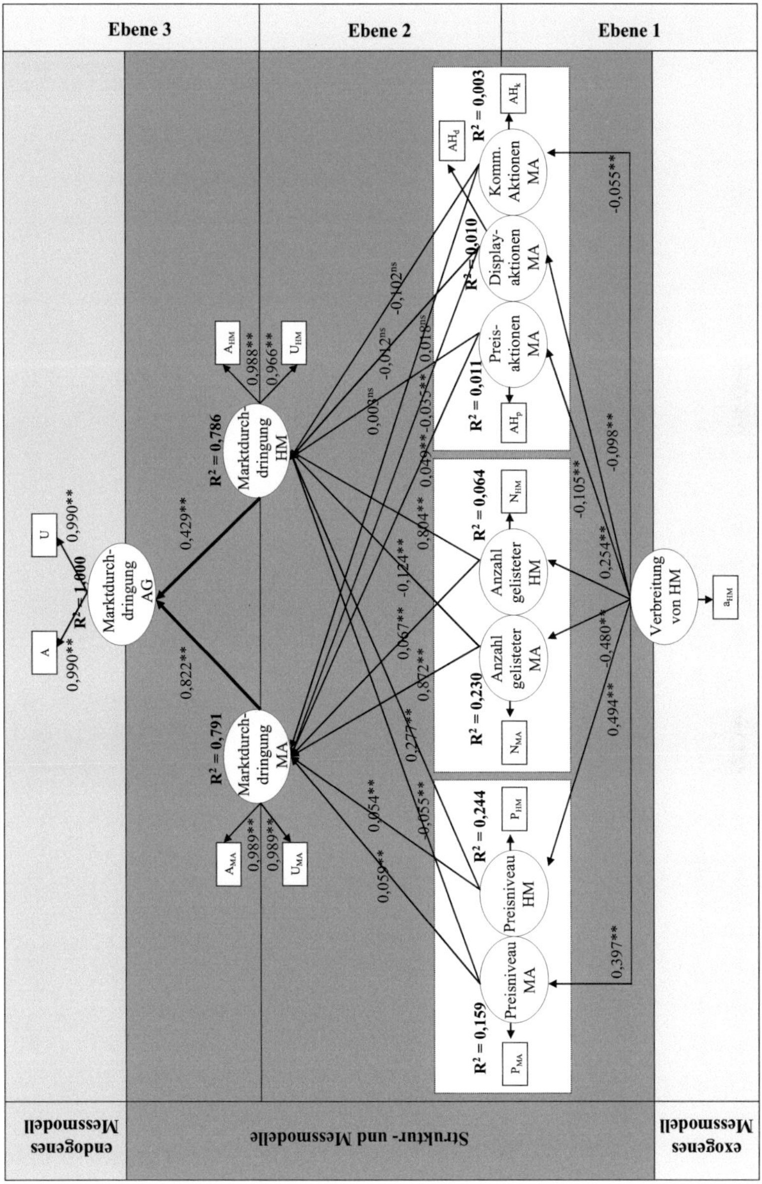

Abb. 73: Ergebnisse der PLS-Schätzung auf disaggregierter Ebene für die Betriebsform Supermarkt in Artikelgruppe 1

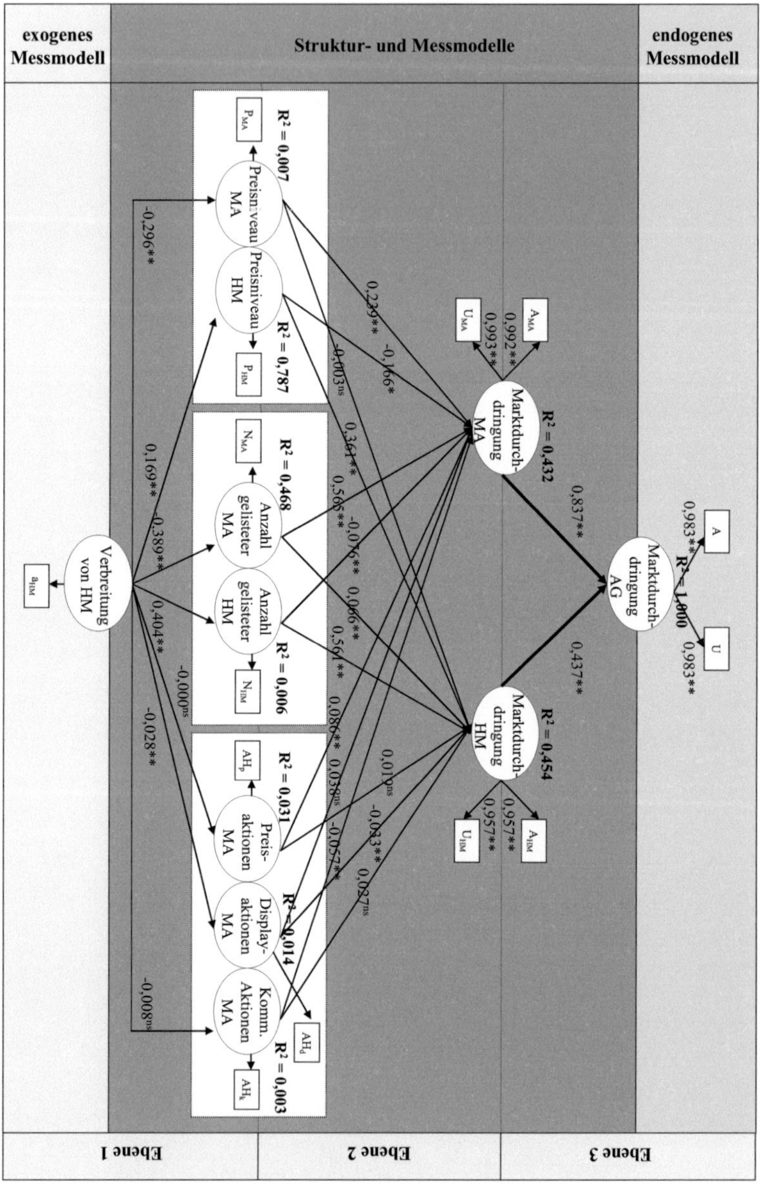

Abb. 74: Ergebnisse der PLS-Schätzung auf disaggregierter Ebene für die Betriebsform Supermarkt in Artikelgruppe 2

5.5.2.1. Beurteilung der ersten Ebene des Gesamtmodells

Mit Blick auf die Gütebeurteilung des Strukturmodells zeigen sich die folgenden Zusammenhänge (vgl. Abb. 75):

- Eine **Erosion der preisinduzierten Profilierung von Markenartikeln** liegt insbesondere in den Discountern vor: dort sinkt das Preisniveau von Markenartikeln in beiden Artikelgruppen schwach (-0,055 bzw. -0,086), während das Preisniveau von Handelsmarken bei zunehmender Verbreitung z. T. recht stark ansteigt (+0,102 bzw. +0,887). Auch in den Supermärkten liegt eine Erosion der preisinduzierten Profilierung von Markenartikeln in Artikelgruppe 2 vor: es zeigt sich ein moderater Rückgang des Preisniveaus von Markenartikeln (-0,296), während das Preisniveau von Handelsmarken moderat ansteigt (+0,169). In Artikelgruppe 1 steigt das Preisniveau von Markenartikeln bei zunehmender Verbreitung von Handelsmarken (+0,397). Gleiches gilt in den Verbrauchermärkten (+0,550). In beiden Fällen dürfte sich der Preisabstand infolge des starken Preisanstiegs von Handelsmarken (+0,494 bzw. +0,809) verringern. Somit ist anzunehmen, dass die preisinduzierte Profilierung von Markenartikeln erodiert. Mit Blick auf Artikelgruppe 2 ist in den Verbrauchermärkten hingegen keine Erosion der preisinduzierten Profilierung von Markenartikeln zu beobachten: das Preisniveau von Markenartikeln steigt (+0,423), während das Preisniveau von Handelsmarken sinkt (-0,476). Die *Hypothesen 1a und 1b* müssen somit in der Betriebsform Verbrauchermarkt für Artikelgruppe 2 abgelehnt werden. Alle Zusammenhänge sind **hochsignifikant (t-Werte** größer als 1,98).

- Es ist in (fast) allen betrachteten Betriebsformen von einer **Erosion der artikelinduzierten Profilierung von Markenartikeln** als Folge der Verbreitung von Handelsmarken auszugehen. Lediglich in den Verbrauchermärkten zeigt sich mit Blick auf Artikelgruppe 2 ein Anstieg der Anzahl gelisteter Markenartikel (+0,011), so dass die *Hypothese 2a* abgelehnt werden muss. Dieser Anstieg ist jedoch **nicht signifikant**. Gleichzeitig nimmt die Anzahl gelisteter Handelsmarken zu (+0,189), so dass die *Hypothese 2b* bestätigt werden kann.

endogene Konstrukte	Artikelgruppe 1					Artikelgruppe 2				
	Pfadkoeffizient	t-Wert	R^2	Q^2	Hypothese	Pfadkoeffizient	t-Wert	R^2	Q^2	Hypothese
	/ / > 0,1	> 1,98	> 0	> 0		/ / > 0,1	> 1,98	> 0	> 0	
VERBRAUCHERMARKT										
Preisniveau Markenartikel	0,550	52,848	0,303	0,303	- (✗)	0,423	29,913	0,179	0,179	- (✗)
Preisniveau Handelsmarken	0,809	206,055	0,655	0,655	+ (✓)	-0,476	30,050	0,227	0,227	+ (✗)
Anzahl gelisteter Markenartikel	-0,851	221,205	0,724	0,724	- (✓)	*0,011*	*0,704*	0,000	0,000	- (✗)
Anzahl gelisteter Handelsmarken	*0,044*	3,817	0,002	0,002	+ (✓)	0,189	12,107	0,036	0,036	+ (✓)
Preisaktionen Markenartikel	-0,233	19,790	0,054	0,054	- (✓)	*-0,015*	*0,830*	0,000	0,000	- (✓)
Displayaktionen Markenartikel	-0,455	62,747	0,198	0,198	- (✓)	-0,110	6,479	0,012	0,012	- (✓)
Komm. Aktionen Markenartikel	-0,448	59,283	0,201	0,201	- (✓)	-0,183	8,897	0,033	0,033	- (✓)
DISCOUNTER										
Preisniveau Markenartikel	*-0,055*	4,217	0,003	0,003	- (✓)	*-0,086*	5,080	0,007	0,007	- (✓)
Preisniveau Handelsmarken	0,102	6,610	0,010	0,010	+ (✓)	0,887	158,819	0,787	0,787	+ (✓)
Anzahl gelisteter Markenartikel	-0,289	22,663	0,083	0,083	- (✓)	-0,684	54,705	0,468	0,468	- (✓)
Anzahl gelisteter Handelsmarken	0,208	16,954	0,043	0,043	+ (✓)	*-0,076*	5,403	0,006	0,006	+ (✗)
Preisaktionen Markenartikel	*-0,065*	5,005	0,004	0,004	- (✓)	-0,176	15,377	0,031	0,031	- (✓)
Displayaktionen Markenartikel	*-0,019*	*1,318*	0,000	0,000	- (✓)	-0,119	11,510	0,014	0,014	- (✓)
Komm. Aktionen Markenartikel	*-0,030*	2,468	0,001	0,001	- (✓)	*-0,051*	4,104	0,003	0,003	- (✓)
SUPERMARKT										
Preisniveau Markenartikel	0,397	28,717	0,159	0,159	- (✗)	-0,296	12,654	0,007	0,088	- (✓)
Preisniveau Handelsmarken	0,494	33,886	0,244	0,244	+ (✓)	0,169	8,799	0,787	0,029	+ (✓)
Anzahl gelisteter Markenartikel	-0,480	46,285	0,230	0,230	- (✓)	-0,389	26,968	0,468	0,151	- (✓)
Anzahl gelisteter Handelsmarken	0,254	18,067	0,064	0,064	+ (✓)	0,404	34,053	0,006	0,163	+ (✓)
Preisaktionen Markenartikel	-0,105	6,186	0,011	0,011	- (✓)	*-0,000*	*0,022*	0,031	0,000	- (✓)
Displayaktionen Markenartikel	*-0,098*	8,981	0,010	0,010	- (✓)	*-0,028*	2,217	0,014	0,001	- (✓)
Komm. Aktionen Markenartikel	*-0,055*	4,824	0,003	0,003	- (✓)	*0,008*	*0,534*	0,003	0,000	- (✓)

Abb. 75: Überprüfung der Hypothesen (erste Ebene des Gesamtmodells)

- In den untersuchten Betriebformen liegt vermutlich eine **Erosion der aktionsinduzierten Profilierung von Markenartikeln** vor: sowohl die Anzahl an Preis- als auch an Nichtpreisaktionen von Markenartikeln (Display- und kommunikative Aktionen) nimmt infolge der Verbreitung von Handelsmarken ab, so dass die *Hypothesen 3a, 3b und 3c* bestätigt werden können. Die Pfadkoeffizienten sind jedoch **nur z. T. signifikant**.

Auch im Rahmen der disaggregierten Analysen zeigt sich, dass die Verbreitung von Handelsmarken in der Regel nur einen sehr geringen Anteil an der Varianz einzelner Profilierungselemente erklärt (das **Bestimmheitsmaß R^2** der latenten endogenen Variablen ist z. T. sehr gering). Darüber hinaus besitzen nicht alle disaggregierten Messungen eine Prognosevalidität (**Stone-Geissers Q^2** ist z. T. gleich null). So konnte beispielsweise festgestellt werden, dass der Anstieg der Anzahl gelisteter Markenartikel in Artikelgruppe 2 in den Verbrauchermärkten scheinbar nicht auf die Verbreitung von Handelsmarken zurückzuführen ist und demzufolge von anderen, modellexogenen Faktoren getrieben wird.

Jedoch leistet die disaggregierte Datengrundlage einen Beitrag dazu, Zusammenhänge, die im Rahmen der Analyse auf der Basis aggregierter Daten verdeckt wurden, offen zu legen: So konnte z. B. der Anstieg der Anzahl gelisteter Markenartikel und der Rückgang des Preisniveaus von Handelsmarken in der Betriebsform Verbrauchermarkt in Artikelgruppe 2 im Rahmen der aggregierten Analysen nicht aufgedeckt werden (vgl. Abb. 61). Zudem produzieren die Analysen z. T. paradoxe Ergebnisse: so zeigt sich im Rahmen der disaggregierten Analyse in den Discountern in beiden Artikelgruppen ein Rückgang des Preisniveaus von Markenartikeln (-0,055 bzw. -0,086). Im Rahmen der Analyse auf Betriebsformenebene konnte jedoch ein Anstieg des Preisniveaus von Markenartikeln (+0,094) festgestellt werden (vgl. nochmals Abb. 61). Ursächlich hierfür ist vermutlich die Höhe des Preisniveaus von Markenartikeln in beiden Artikelgruppen; so liegt das Preisniveau von Markenartikeln in Artikelgruppe 1 auf einem höheren Niveau als das in Artikelgruppe 2. Im Rahmen der Aggregation beider Artikelgruppen führt dies zu einem insgesamt positiven Zusammenhang.

Auch im Rahmen der Disaggregation der Datengrundlage konnte somit eine Erosion der preis-, der artikel- sowie der aktionsinduzierten Profilierung von Markenartikeln im Vergleich zu Handelsmarken beobachtet werden. Lediglich in der Betriebsform

Verbrauchermarkt zeigt sich in Artikelgruppe 2 keine Erosion der preis- sowie der artikelinduzierten Profilierung von Markenartikeln. Die Erosion der aktionsinduzierten Profilierung von Markenartikeln erklärt sich in dieser Artikelgruppe vermutlich dadurch, dass markentreue Käufer in der Regel kaum auf Aktionen reagieren und der Handel diese somit systematisch reduziert.

5.5.2.2. Beurteilung der zweiten Ebene des Gesamtmodells

Die Abbildungen 76 bis 78 zeigen die Gütebeurteilung des reflektiven Messmodells der endogenen Konstrukte. Alle Gütekriterien werden erfüllt. Mit Blick auf die Überprüfung des Strukturmodells ergeben sich die folgenden Zusammenhänge (vgl. Abb. 79):

- Ein Anstieg des **Preisniveaus von Markenartikeln** wirkt sich in den Discountern schwach negativ auf deren Marktdurchdringung in Artikelgruppe 2 aus (-0,065). In allen anderen Fällen steigt die Marktdurchdringung von Markenartikeln mit steigendem Preisniveau. Die *Hypothese 1c* muss in diesen Fällen abgelehnt werden. Die Marktdurchdringung von Handelsmarken nimmt bei sinkendem Preisniveau von Markenartikeln in den Discountern (in Artikelgruppe 1) und den Verbrauchermärkten (in beiden Artikelgruppen) signifikant ab, so dass die *Hypothese 1d* dort bestätigt werden kann.

- Der Anstieg des **Preisniveaus von Handelsmarken** führt in den Verbrauchermärkten in beiden Artikelgruppen (+0,288 bzw. +0,040) sowie in den Supermärkten in Artikelgruppe 1 (+0,054) zu einem signifikanten Anstieg der Marktdurchdringung von Markenartikeln, so dass die *Hypothese 1e* dort bestätigt werden kann. Insbesondere in den Discountern ist diese jedoch abzulehnen (-0,036 bzw. -0,203). Die *Hypothese 1f* kann lediglich in den Verbrauchermärkten mit Blick auf Artikelgruppe 2 bestätigt werden: es zeigt sich ein moderater Anstieg der Marktdurchdringung von Handelsmarken, wenn deren Preisniveau sinkt (-0,178).

Art.gr.	endogene Konstrukte	Indikator	Indikatorebene: Ladung	Indikatorebene: t-Wert	Konstruktebene: DEV	Konstruktebene: Interne Konsistenz	Konstruktebene: Q^2	Konstruktebene: Cronbachs Alpha
			≥ 0,7	> 1,98	≥ 0,5	≥ 0,6	> 0	≥ 0,7
	VERBRAUCHERMARKT							
1	Marktdurchdringung von Markenartikeln	A_{MA} U_{MA}	0,997 0,997	10394,86 10670,62	0,9947	0,9974	0,9947	0,9947
1	Marktdurchdringung von Handelsmarken	A_{HM} U_{HM}	0,988 0,987	2810,124 2569,135	0,9745	0,9871	0,9745	0,9738
2	Marktdurchdringung von Markenartikeln	A_{MA} U_{MA}	0,992 0,993	3248,962 4308,853	0,9855	0,9927	0,9855	0,9854
2	Marktdurchdringung von Handelsmarken	A_{HM} U_{HM}	0,999 0,999	13043,36 12901,09	0,9986	0,9993	0,9986	0,9854
	DISCOUNTER							
1	Marktdurchdringung von Markenartikeln	A_{MA} U_{MA}	0,987 0,989	2079,106 2681,712	0,9763	0,9880	0,9763	0,9758
1	Marktdurchdringung von Handelsmarken	A_{HM} U_{HM}	0,993 0,993	4404,472 5175,183	0,9856	0,9928	0,9856	0,9758
2	Marktdurchdringung von Markenartikeln	A_{MA} U_{MA}	0,992 0,992	1669,479 1733,572	0,9842	0,9920	0,9842	0,9839
2	Marktdurchdringung von Handelsmarken	A_{HM} U_{HM}	0,961 0,972	395,553 630,007	0,9345	0,9661	0,9345	0,9839
	SUPERMARKT							
1	Marktdurchdringung von Markenartikeln	A_{MA} U_{MA}	0,989 0,989	1887,059 1771,770	0,9740	0,9868	0,9740	0,9733
1	Marktdurchdringung von Handelsmarken	A_{HM} U_{HM}	0,988 0,966	1070,664 865,928	0,9783	0,9891	0,9783	0,9779
2	Marktdurchdringung von Markenartikeln	A_{MA} U_{MA}	0,992 0,993	2680,158 2855,385	0,9851	0,9925	0,9851	0,9848
2	Marktdurchdringung von Handelsmarken	A_{HM} U_{HM}	0,957 0,957	624,472 719,845	0,9163	0,9563	0,9163	0,9087

Abb. 76: Gütebeurteilung der endogenen Konstrukte der Marktdurchdringung von Markenartikeln bzw. von Handelsmarken (zweite Ebene des Gesamtmodells)

In den Verbrauchermärkten fällt auf, dass Handelsmarken in Artikelgruppe 1 sowohl von einem Anstieg des Preisniveaus von Markenartikeln (+0,280) als auch von einem Anstieg des eigenen Preisniveaus (+0,457) im Vergleich zu Markenartikeln profitieren (deren Marktdurchdringung steigt stärker als die von Markenartikeln). In Artikelgruppe 2 profitieren Handelsmarken hingegen von einem Preisanstieg von Markenartikeln (+0,583), während sich ein Anstieg des Preisniveaus von Handelsmarken negativ auf deren Marktdurchdringung auswirkt (-0,178). Dies lässt vermuten, dass Markenartikel in Artikelgruppe 1 stärker nachgefragt werden als Handelsmarken, wenn das Preisniveau von Handelsmarken zu stark ansteigt bzw. wenn der Preisabstand zwischen Markenartikeln und Handelsmarken sich zu stark verringert. Somit sollten Herstellerunternehmen versuchen, einen Anstieg des Preisniveaus von Markenartikeln (und damit des Preisabstandes) mithilfe geeigneter Maßnahmen, wie z. B. Investitionen in die Qualität der Produkte oder in Innovationen, zu erreichen. In Artikelgruppe 2 sollte hingegen versucht werden, den Preisabstand zu Handelsmarken so gering wie möglich zu halten

Artikelgruppe		Marktdurchdringung von Markenartikeln	Marktdurchdringung von Handelsmarken
Verbrauchermarkt			
1	Absatz von Markenartikeln	**0,9973**	-0,0229
	Umsatz von Markenartikeln	**0,9974**	0,0394
	Absatz von Handelsmarken	0,1215	**0,9876**
	Umsatz von Handelsmarken	-0,1086	**0,9867**
2	Absatz von Markenartikeln	**0,9921**	0,4887
	Umsatz von Markenartikeln	**0,9933**	0,5863
	Absatz von Handelsmarken	0,5509	**0,9993**
	Umsatz von Handelsmarken	0,5509	**0,9993**
Discounter			
1	Absatz von Markenartikeln	**0,9872**	0,4914
	Umsatz von Markenartikeln	**0,9890**	0,5054
	Absatz von Handelsmarken	0,5339	**0,9928**
	Umsatz von Handelsmarken	0,4682	**0,9928**
2	Absatz von Markenartikeln	**0,9920**	-0,3135
	Umsatz von Markenartikeln	**0,9921**	-0,3129
	Absatz von Handelsmarken	-0,1726	**0,9612**
	Umsatz von Handelsmarken	-0,4182	**0,9721**
Supermarkt			
1	Absatz von Markenartikeln	**0,9893**	0,1890
	Umsatz von Markenartikeln	**0,9889**	0,2020
	Absatz von Handelsmarken	0,2479	**0,9878**
	Umsatz von Handelsmarken	0,1382	**0,9860**
2	Absatz von Markenartikeln	**0,9924**	0,1482
	Umsatz von Markenartikeln	**0,9926**	0,1568
	Absatz von Handelsmarken	0,1603	**0,9570**
	Umsatz von Handelsmarken	0,1340	**0,9575**

Abb. 77: Korrelationen zwischen manifesten und latenten Variablen der Marktdurchdringung von Markenartikeln bzw. von Handelsmarken

In den Discountern führt der Anstieg des Preisniveaus von Markenartikeln in Artikelgruppe 1 dazu, dass die Marktdurchdringung von Handelsmarken (+0,343) stärker ansteigt, als die von Markenartikeln (+0,244). Hersteller von Markenartikeln sollten somit Maßnahmen ergreifen, um (zumindest kurzfristig) eine Absenkung des Preisniveaus von Markenartikeln zu erreichen. In Artikelgruppe 2 trägt ein Rückgang des

Preisniveaus von Markenartikeln dazu bei, die Marktdurchdringung von Handelsmarken zu begrenzen (-0,053). Um der Negativspirale eines abnehmenden Preisniveaus im Wettbewerb mit Handelsmarken in den Discountern entgegenzuwirken, sollten Herstellerunternehmen temporäre Preisaktionen nutzen und gleichzeitig in Maßnahmen investieren, um die Qualität der angebotenen Marken im Wettbewerb mit Handelsmarken hervorzuheben.In den Supermärkten trägt der Anstieg des Preisniveaus von Markenartikeln dazu bei, die Marktdurchdringung von Handelsmarken zu begrenzen (-0,055 bzw. -0,003). Es ist zu vermuten, dass die Nachfrager in dieser Betriebsform einen hohen Preisabstand zu Handelsmarken erwarten. Demzufolge sollten Hersteller von Markenartikeln Maßnahmen ergreifen, um den Preisabstand zu Handelsmarken im Preiswettbewerb zwischen den Betriebsformen zu wahren. Zu diesem Zwecke könnten neben Investitionen in die Qualität der angebotenen Marken z. B. Display- oder kommunikative Aktionen genutzt werden.

- Eine Zunahme der **Anzahl gelisteter Markenartikel** trägt in den untersuchten Betriebsformen dazu bei, deren Marktdurchdringung zu erhöhen. Die *Hypothese 2c* kann bestätigt werden. Ein Rückgang der Marktdurchringung von Handelsmarken wird durch diese lediglich in den Discountern in Artikelgruppe 2 (-0,066) sowie in den Supermärkten in Artikelgruppe 1 (-0,124) erreicht, so dass die *Hypothese 2d* in diesen Fällen bestätigt werden kann.

- Die Zunahme der **Anzahl gelisteter Handelsmarken** führt in beiden Fällen zu einem Anstieg der Marktdurchdringung von Markenartikeln (+0,057 bzw. +0,067). Dies gilt auch in den Verbrauchermärkten mit Blick auf Artikelgruppe 2 (+0,110), so dass die *Hypothese 2e* in diesen Fällen abgelehnt werden muss. Die *Hypothese 2f* kann bestätigt werden: in allen untersuchten Betriebsformen wirkt sich ein Anstieg der Anzahl gelisteter Handelsmarken positiv auf deren Marktdurchdringung aus.

Artikelgruppe		DEV	Marktdurchdringung von Markenartikeln	Marktdurchdringung von Handelsmarken
		VERBRAUCHERMARKT		
1	Marktdurchdringung von Markenartikeln	**0,9947**		0,0001
	Marktdurchdringung von Handelsmarken	**0,9745**	0,0000	
2	Marktdurchdringung von Markenartikeln	**0,9855**		0,2954
	Marktdurchdringung von Handelsmarken	**0,9986**	0,0000	
		DISCOUNTER		
1	Marktdurchdringung von Markenartikeln	**0,9763**		0,2547
	Marktdurchdringung von Handelsmarken	**0,9856**	0,0000	
2	Marktdurchdringung von Markenartikeln	**0,9842**		0,0997
	Marktdurchdringung von Handelsmarken	**0,9345**	0,0000	
		SUPERMARKT		
1	Marktdurchdringung von Markenartikeln	**0,9783**		0,0000
	Marktdurchdringung von Handelsmarken	**0,9740**	0,0390	
2	Marktdurchdringung von Markenartikeln	**0,9851**		0,0236
	Marktdurchdringung von Handelsmarken	**0,9163**	0,0000	

Abb. 78: Ergebnisse der Überprüfung des Fornell-Larcker-Kriteriums der Marktdurchdringung von Markenartikeln bzw. von Handelsmarken

Entgegen der Ergebnisse der Analyse auf Betriebsformenebene (vgl. Abb. 65) zeigt sich, dass in Artikelgruppe 2 eine Ausweitung der Anzahl gelisteter Markenartikel sinnvoll erscheint, um die Marktdurchdringung von Markenartikeln zulasten der Marktdurchdringung von Handelsmarken in den Discountern zu steigern. Demzufolge sollten Herstellerunternehmen Maßnahmen ergreifen, um eine Erhöhung der Anzahl gelisteter Markenartikel zu erreichen. Dies könnte z. B. mithilfe von exklusiv für den Discounter hergestellten Markenartikeln erreicht werden. In den Verbrauchermärkten zeigt sich ein recht starker positiver Effekt mit Blick auf die Marktdurchdringung von Markenartikeln in Artikelgruppe 2 (+0,458), während der Anstieg der Marktdurchdringung von Handelsmarken nur sehr gering und zudem nicht signifikant ist (+0,017). Auch in den Verbrauchermärkten sollte somit in Artikelgruppe 2 eine Ausdehnung der Anzahl gelisteter Markenartikel angestrebt werden. Gleiches gilt in den Supermärkten mit Blick auf Artikelgruppe 1.

- Ein Anstieg der Anzahl an **Preisaktionen von Markenartikeln** wirkt sich in (fast) allen untersuchten Betriebsformen positiv auf deren Marktdurchdringung aus. Lediglich in den Discountern zeigt sich in Artikelgruppe 2 ein Rückgang der Marktdurchdringung von Markenartikeln bei zunehmender Anzahl an Preisaktionen (-0,005), so dass die *Hypothese 3d* dort abgelehnt werden muss. Darüber hinaus eignen sich Preisaktionen in den Discountern, um die Marktdurchdringung von Handelsmarken zu begrenzen (-0,016 bzw. -0,054). Mit Blick auf die übrigen Betriebsformen muss die *Hypothese 3e* jedoch abgelehnt werden.

- Die Hypothese 3f muss in den Verbraucher- und Supermärkten mit Blick auf Artikelgruppe 1 abgelehnt werden; die Marktdurchdringung von Markenartikeln sinkt mit zunehmender Anzahl an **Displayaktionen von Markenartikeln** (-0,037 bzw. -0,035). Gleiches gilt in den Discountern mit Blick auf beide Artikelgruppen (-0,024 bzw. -0,045). In Artikelgruppe 1 tragen Displayaktionen von Markenartikeln in den Verbraucher- und Supermärkten dazu bei, die Marktdurchdringung von Handelsmarken zu begrenzen (-0,065 bzw. -0,012), so dass die Hypothese 3g bestätigt werden kann. In Artikelgruppe 2 gelingt dies hingegen nur in den Supermärkten (-0,033). **Kommunikative Aktionen von Markenartikeln** eignen sich insbesondere in den Verbrauchermärkten, um deren Marktdurchdringung zu steigern (+0,046 bzw. +0,094), so dass die Hypothese 3h bestätigt werden kann. Darüber hinaus tragen kommunikative Aktionen insbesondere in Artikelgruppe 1 dazu bei, die Marktdurchdringung von Handelsmarken in den untersuchten Betriebsformen zu begrenzen, so dass die Hypothese 3i bestätigt werden kann.

Art.gr.	Ausgangs-konstrukte	Marktdurchdringung von Markenartikeln						Marktdurchdringung von Handelsmarken					
		Pfadkoeff.	t-Wert	R^2	Q^2	f^2	Hypo-these	Pfadkoeff.	t-Wert	R^2	Q^2	f^2	Hypo-these
		// > 0,1	> 1,98	> 0	> 0	> 0		// > 0,1	> 1,98	> 0	> 0	> 0	
VERBRAUCHERMARKT													
1	Preisniveau Markenartikel	0,131	21,563	0,778	*-0,0540*	0,036	- (✗)	0,280	19,700	0,617	0,3055	0,097	+ (✓)
	Preisniveau Handelsmarken	0,288	28,948			0,090	+ (✓)	0,457	30,308			0,141	- (✗)
	Anzahl gelisteter Markenartikel	0,998	104,174			1,324	+ (✓)	0,204	14,365			0,026	- (✗)
	Anzahl gelisteter Handelsmarken	*-0,093*	13,103			0,014	- (✓)	0,509	46,176			0,319	+ (✓)
	Preisaktionen Markenartikel	0,152	14,450			0,045	+ (✓)	0,188	16,671			0,047	- (✗)
	Displayaktionen Markenartikel	*-0,037*	2,715			0,000	+ (✗)	*-0,065*	6,750			0,000	- (✓)
	Komm. Aktionen Markenartikel	*0,046*	2,938			0,000	+ (✓)	*-0,088*	6,436			0,000	- (✓)
2	Preisniveau Markenartikel	0,331	17,326	0,529	0,0568	0,161	- (✗)	0,583	27,124	0,557	0,0392	0,533	+ (✓)
	Preisniveau Handelsmarken	*0,040*	2,952			0,002	+ (✓)	-0,178	12,963			0,052	- (✓)
	Anzahl gelisteter Markenartikel	0,458	22,360			0,251	+ (✓)	*0,017*	*0,929*			0,000	- (✗)
	Anzahl gelisteter Handelsmarken	0,110	6,568			0,019	- (✗)	0,134	9,414			0,032	+ (✓)
	Preisaktionen Markenartikel	*0,062*	2,891			0,006	+ (✓)	0,130	7,231			0,027	- (✗)
	Displayaktionen Markenartikel	*0,012*	*0,414*			0,000	+ (✓)	*0,007*	*0,449*			0,000	- (✗)
	Komm. Aktionen Markenartikel	*0,096*	3,517			0,015	+ (✓)	*-0,017*	*1,141*			0,000	- (✓)
DISCOUNTER													
1	Preisniveau Markenartikel	0,244	16,395	0,435	0,0914	0,053	- (✗)	0,343	17,200	0,174	*-0,0070*	0,071	+ (✓)
	Preisniveau Handelsmarken	*-0,036*	3,011			0,002	+ (✗)	0,232	11,104			0,044	- (✗)
	Anzahl gelisteter Markenartikel	0,443	41,221			0,281	+ (✓)	*0,054*	3,482			0,004	- (✗)
	Anzahl gelisteter Handelsmarken	-0,147	9,154			0,016	- (✓)	*0,047*	2,147			0,001	+ (✓)
	Preisaktionen Markenartikel	*0,038*	3,441			0,002	+ (✓)	*-0,016*	*1,299*			0,001	- (✓)
	Displayaktionen Markenartikel	*-0,024*	2,444			0,002	+ (✗)	*-0,033*	2,443			0,001	- (✓)
	Komm. Aktionen Markenartikel	*-0,020*	2,000			0,000	+ (✗)	*-0,023*	*1,507*			0,001	- (✓)

Art.gr.	Ausgangs-konstrukte	Marktdurchdringung von Markenartikeln						Marktdurchdringung von Handelsmarken					
		Pfadkoeff.	t-Wert	R^2	Q^2	f^2	Hypo-these	Pfadkoeff.	t-Wert	R^2	Q^2	f^2	Hypo-these
		//> 0,1	> 1,98	> 0	> 0	> 0		//> 0,1	> 1,98	> 0	> 0	> 0	
	Preisniveau Markenartikel	*-0,065*	3,447			0,007	- (✓)	*-0,053*	4,040			0,006	+ (✗)
	Preisniveau Handelsmarken	-0,203	10,841			0,044	+ (✗)	0,793	59,870			1,173	- (✗)
	Anzahl gelisteter Markenartikel	0,506	22,492			0,238	+ (✓)	*-0,066*	4,177			0,006	- (✗)
2	Anzahl gelisteter Handelsmarken	*0,057*	2,692	0,450	0,0208	0,005	- (✗)	0,215	15,283	0,688	*-0,0297*	0,099	+ (✓)
	Preisaktionen Markenartikel	*-0,005*	*0,235*			0,000	+ (✗)	*-0,054*	5,085			0,006	- (✓)
	Displayaktionen Markenartikel	*-0,045*	*1,855*			0,004	+ (✗)	*0,024*	*1,884*			0,000	- (✗)
	Komm. Aktionen Markenartikel	0,138	5,604			0,022	+ (✓)	*0,068*	4,318			0,006	- (✗)
SUPERMARKT													
	Preisniveau Markenartikel	*0,059*	7,100			0,014	- (✗)	*-0,055*	5,961			0,009	+ (✗)
	Preisniveau Handelsmarken	*0,054*	4,875			0,010	+ (✓)	0,277	17,440			0,248	- (✗)
	Anzahl gelisteter Markenartikel	0,872	116,033			2,778	+ (✓)	-0,124	16,399			0,051	- (✓)
1	Anzahl gelisteter Handelsmarken	*0,067*	5,094	0,791	0,0460	0,019	- (✗)	0,804	50,764	0,786	0,6759	2,200	+ (✓)
	Preisaktionen Markenartikel	*0,049*	3,073			0,005	+ (✓)	*0,003*	*0,229*			0,000	- (✗)
	Displayaktionen Markenartikel	*-0,035*	2,614			0,005	+ (✗)	*-0,012*	*1,213*			0,000	- (✓)
	Komm. Aktionen Markenartikel	*0,018*	*1,111*			0,000	+ (✓)	-0,102	*0,864*			0,000	- (✓)
	Preisniveau Markenartikel	0,239	14,243			0,094	- (✗)	*-0,003*	*0,269*			0,000	+ (✗)
	Preisniveau Handelsmarken	-0,166	10,735			0,048	+ (✗)	0,361	30,218			0,194	- (✗)
	Anzahl gelisteter Markenartikel	0,565	35,890			0,493	+ (✓)	*0,066*	4,044			0,007	- (✗)
2	Anzahl gelisteter Handelsmarken	*-0,076*	6,418	0,432	*-0,0105*	0,009	- (✓)	0,561	34,584	0,454	0,2638	0,486	+ (✓)
	Preisaktionen Markenartikel	*0,086*	3,211			0,015	+ (✓)	*0,019*	*0,745*			0,000	- (✗)
	Displayaktionen Markenartikel	*0,038*	*1,061*			0,002	+ (✓)	*-0,033*	1,981			0,002	- (✓)
	Komm. Aktionen Markenartikel	*-0,057*	2,059			0,004	- (✗)	*0,027*	*1,216*			0,002	-+ (✗)

Abb. 79: Hypothesenüberprüfung auf Betriebsformenebene (zweite Ebene des Gesamtmodells)

Es zeigt sich, dass in den Verbrauchermärkten insbesondere kommunikative Aktionen geeignet erscheinen, um die Marktdurchdringung von Markenartikeln zulasten der Marktdurchdringung von Handelsmarken zu erhöhen. In der Folge sollte vor allem in den Verbrauchermärkten eine Ausweitung der Anzahl an kommunikativen Aktionen von Markenartikeln vorgenommen werden. Im Gegensatz dazu sollten Herstellerunternehmen in den Discountern verstärkt Preisaktionen initiieren, um die preisorientierten Handelsmarkenkäufer zu einem Markenwechsel zu bewegen. In den Supermärkten zeigen sich hingegen Unterschiede mit Blick auf die untersuchten Artikelgruppen: während sich in Artikelgruppe 1 insbesondere Preisaktionen anbieten, um die Marktdurchdringung von Markenartikeln zu erhöhen, könnten in Artikelgruppe 2 Displayaktionen dazu beitragen, die Marktdurchdringung von Handelsmarken zu begrenzen.

Insgesamt konnte gezeigt werden, dass eine Ausweitung der Anzahl gelisteter Markenartikel die Marktdurchdringung von Handelsmarken in den Verbraucher- und Supermärkten u. U. begrenzen kann. In Artikelgruppe 2 könnte eine Ausweitung der Anzahl gelisteter Markenartikel darüber hinaus dazu beitragen, die Marktdurchdringung von Handelsmarken in den Discountern zu begrenzen. Während in den Betriebsformen Verbraucher- und Supermarkt in Artikelgruppe 1 scheinbar eine entsprechende Qualität der angebotenen Markenartikel im Wettbewerb mit Handelsmarken über den Preisabstand zu Handelsmarken kommuniziert werden sollte (vor allem mithilfe von kommunikativen Aktionen von Markenartikeln), sollte in den Discountern die Preisgünstigkeit von Markenartikeln, d. h. ein entsprechend geringer Preisabstand zu Handelsmarken, hervorgehoben werden (z. B. im Rahmen von Preisaktionen von Markenartikeln). Im Gegensatz dazu sollte in Artikelgruppe 2 versucht werden, den Preisabstand von Markenartikeln und Handelsmarken in den Verbrauchermärkten möglichst gering zu halten. Dafür könnte in den Discountern eine Erhöhung des Preisniveaus von Markenartikeln dazu beitragen, deren Marktdurchdringung zulasten von Handelsmarken zu steigern. Zu diesem Zwecke könnten beispielsweise exklusiv für den Discounter hergestellte Markenartikel, die ein entsprechendes Preisniveau aufweisen, genutzt werden.

5.5.2.3. Beurteilung der dritten Ebene des Gesamtmodells

Die Gütebeurteilung zeigt, dass das endogene Konstrukt der Marktdurchdringung der Artikelgruppe alle geforderten Gütekriterien sowohl auf Indikator- als auch auf Konstruktebene erfüllt (vgl. Abb. 80). Auch die Diskriminanzvalidität der Messung ist gegeben.[391]

Art.gr.	endogene Konstrukte	Indikatoren	Indikatorebene		Konstruktebene			
			Ladung	t-Wert	DEV	Interne Konsistenz	Q^2	Cronbachs Alpha
			≥ 0,7	> 1,98	≥ 0,5	≥ 0,6	> 0	≥ 0,7
VERBRAUCHERMARKT								
1	Marktdurchdringung der Artikelgruppe	A	0,990	6424,745	0,9809	0,9904	0,9809	0,9806
		U	0,990	6408,092				
2	Marktdurchdringung der Artikelgruppe	A	0,997	7310,713	0,9944	0,9972	0,9944	0,9944
		U	0,997	7306,282				
DISCOUNTER								
1	Marktdurchdringung der Artikelgruppe	A	0,985	3396,048	0,9711	0,9853	0,9711	0,9702
		U	0,985	3391,138				
2	Marktdurchdringung der Artikelgruppe	A	0,960	778,556	0,9208	0,9588	0,9208	0,9140
		U	0,959	764,778				
SUPERMARKT								
1	Marktdurchdringung der Artikelgruppe	A	0,990	4484,858	0,9803	0,9900	0,9803	0,9799
		U	0,990	4459,819				
2	Marktdurchdringung der Artikelgruppe	A	0,983	2387,482	0,9660	0,9827	0,9660	0,9649
		U	0,983	2384,512				

Abb. 80: Gütebeurteilung der endogenen Konstrukte (dritte Ebene des Gesamtmodells)

In einem nächsten Schritt gilt es, die auf der dritten Ebene des Gesamtmodells eruierten Hypothesen zu testen. Zu diesem Zwecke werden die Strukturgleichungspfade des Modells mit Blick auf ihre Richtung sowie ihre Signifikanz beurteilt (vgl. Abb. 81). Es zeigen sich die folgenden Zusammenhänge:

- Sowohl die **Marktdurchdringung von Markenartikeln** als auch die **Marktdurchdringung von Handelsmarken** wirken sich in den untersuchten Betriebs-

391 Diese wurde entsprechend der auf der zweiten Modellebene angewandten Vorgehensweise sowohl mithilfe der Korrelationsmatrix als auch mithilfe des Fornell-Larcker Kriteriums geprüft.

formen positiv auf die Marktdurchdringung der Artikelgruppen aus. Die *Hypothesen 4a und 4b* können bestätigt werden.

- In (fast) allen untersuchten Betriebsformen tragen Markenartikel stärker zur Markdurchdringung der Artikelgruppen bei als Handelsmarken. Lediglich in der Betriebsform Verbrauchermarkt zeigt sich, dass Handelsmarken (+0,757) stärker als Markenartikel (+0,360) zur Marktdurchdringung von Artikelgruppe 2 beitragen.

Artikel-gruppe	Ausgangs-konstrukte	Marktdurchdringung der Artikelgruppe				
		Pfadkoeffizient	t-Wert	R^2	Q^2	Hypo-these
		//> 0,1	> 1,98	> 0	> 0	
VERBRAUCHERMARKT						
1	Marktdurchdringung von Markenartikeln	0,841	199,173	1,000	0,2549	+ (✓)
	Marktdurchdringung von Handelsmarken	0,510	73,632			+ (✓)
2	Marktdurchdringung von Markenartikeln	0,360	40,864	1,000	0,8662	+ (✓)
	Marktdurchdringung von Handelsmarken	0,757	73,848			+ (✓)
DISCOUNTER						
1	Marktdurchdringung von Markenartikeln	0,864	363,809	1,000	0,1802	+ (✓)
	Marktdurchdringung von Handelsmarken	0,228	67,822			+ (✓)
2	Marktdurchdringung von Markenartikeln	0,972	101,205	1,000	0,0240	+ (✓)
	Marktdurchdringung von Handelsmarken	0,512	30,519			+ (✓)
SUPERMARKT						
1	Marktdurchdringung von Markenartikeln	0,822	81,223	1,000	*-0,0002*	+ (✓)
	Marktdurchdringung von Handelsmarken	0,429	33,768			+ (✓)
2	Marktdurchdringung von Markenartikeln	0,837	105,286	1,000	0,2953	+ (✓)
	Marktdurchdringung von Handelsmarken	0,437	40,907			+(✓)

Abb. 81: Überprüfung der Hypothesen (dritte Ebene des Gesamtmodells)

Vor diesem Hintergrund gilt es somit zu klären, ob der durch Handelsmarken hervorgerufene Rückgang der Marktdurchdringung von Markenartikel durch einen Anstieg der Marktdurchdringung von Handelsmarken in einer Artikelgruppe kompensiert werden kann oder nicht. Zu diesem Zwecke werden anschließend die im Modell zu beobachtenden Totaleffekte dargestellt.

Das **Bestimmtheitsmaß R^2** des Strukturmodells liegt infolge der vorgenommenen Modellierung bei 1,000 (vgl. *Abschnitt 5.3.*). Damit ist die Berechnung der **Effektstärke f^2** nicht möglich. Alle Zusammenhänge sind **hochsignifikant** (t-Werte größer als 1,98). Die Bestimmung des **Stone-Geisser-Kriteriums Q^2** über die **Blindfolding-Prozedur** ergibt in allen untersuchten Betriebsformen Werte größer null, so dass der dritten Ebene des Gesamtmodells insgesamt Schätzrelevanz zugesprochen werden kann.

5.5.2.4. Beurteilung der Totaleffekte des Gesamtmodells

Betrachtet man die Totaleffekte, die sich mit Blick auf den Markterfolg des Herstellers ergeben (vgl. Abb. 82), so zeigt sich in Artikelgruppe 1 in den untersuchten Betriebsformen ein negativer Wirkungszusammenhang zwischen der Verbreitung von Handelsmarken und der Marktdurchdringung von Markenartikeln, während die Marktdurchdringung von Handelsmarken in der Regel positiv beeinflusst wird.

Ursächlich hierfür scheint insbesondere die Erosion der artikelinduzierten Profilierung von Markenartikeln (die Anzahl an Markenartikeln sinkt, während die Anzahl an Handelsmarken steigt, vgl. Abb. 75) zu sein. In den Discountern führt darüber hinaus die Erosion der preisinduzierten Profilierung von Markenartikeln (das Preisniveau von Markenartikeln sinkt, während das Preisniveau von Handelsmarken steigt; vgl. nochmals Abb. 75) zu einem Rückgang der Marktdurchdringung von Markenartikeln. In allen untersuchten Betriebsformen wirkt sich der Rückgang an Preisaktionen von Markenartikeln (vgl. Abb. 75) schwach negativ auf die Marktdurchdringung von Markenartikeln in Artikelgruppe 1 aus. Darüber hinaus führt der Rückgang der Anzahl an kommunikativen Aktionen von Markenartikeln insbesondere in den Verbrauchermärkten zu einer Abnahme der Marktdurchdringung von Markenartikeln (-0,410).

Art.gr.	Totaleffekte von	auf den Markterfolg des Herstellers		auf den Markterfolg des Handels	
		Marktdurchdringung von MA	Marktdurchdringung von HM	über Marktdurchdringung von MA	über Marktdurchdringung von HM
		VERBRAUCHERMARKT			
1	P_{MA}	0,072	0,154	0,061	0,079
	P_{HM}	0,240	0,370	0,196	0,189
	N_{MA}	-0,849	-0,174	-0,714	-0,088
	N_{HM}	-0,004	0,022	-0,003	0,011
	AH_P	-0,035	-0,044	-0,030	-0,022
	AH_d	0,017	0,030	0,014	0,015
	AH_k	-0,410	0,043	-0,345	0,022
	Σ	**-0,969**	**0,401**	**-0,821**	**0,206**
2	P_{MA}	0,140	0,247	0,050	0,187
	P_{HM}	-0,019	0,085	-0,007	0,064
	N_{MA}	0,005	0,000	0,002	0,000
	N_{HM}	0,021	0,025	0,007	0,019
	AH_p	-0,001	-0,002	-0,000	-0,001
	AH_d	-0,000	-0,000	-0,000	-0,000
	AH_k	-0,018	0,003	-0,006	0,002
	Σ	**0,128**	**0,358**	**0,046**	**0,271**
		DISCOUNTER			
1	P_{MA}	-0,013	-0,019	-0,011	-0,004
	P_{HM}	0,088	0,024	0,076	0,005
	N_{MA}	-0,128	-0,016	-0,111	-0,004
	N_{HM}	-0,031	0,010	-0,026	0,002
	AH_P	-0,002	0,001	-0,002	0,000
	AH_d	0,000	0,000	0,000	0,000
	AH_k	0,000	0,000	0,000	0,000
	Σ	**-0,086**	**0,000**	**-0,074**	**-0,001**
2	P_{MA}	0,006	0,005	0,005	0,002
	P_{HM}	-0,180	0,703	-0,175	0,360
	N_{MA}	-0,346	0,045	-0,336	0,023
	N_{HM}	-0,004	-0,016	-0,004	-0,008
	AH_P	0,000	0,009	0,000	0,005
	AH_d	0,005	-0,003	0,005	-0,001
	AH_k	-0,007	-0,003	-0,007	-0,002
	Σ	**-0,526**	**0,740**	**-0,512**	**0,379**
		SUPERMARKT			
1	P_{MA}	0,023	-0,022	0,019	-0,009
	P_{HM}	0,027	0,137	0,022	0,059
	N_{MA}	-0,419	0,059	-0,344	0,026
	N_{HM}	0,017	0,204	0,014	0,088
	AH_P	-0,005	-0,000	-0,004	-0,000
	AH_d	0,003	0,001	0,002	0,000
	AH_k	-0,001	0,006	-0,000	0,002
	Σ	**-0,355**	**0,385**	**-0,291**	**0,166**
2	P_{MA}	-0,071	0,001	-0,060	0,000
	P_{HM}	-0,028	0,061	-0,023	0,027
	N_{MA}	-0,219	-0,026	-0,184	-0,011
	N_{HM}	-0,031	0,227	-0,026	0,099
	AH_P	-0,000	-0,000	-0,000	-0,000
	AH_d	-0,001	0,000	-0,000	0,000
	AH_k	-0,000	0,000	-0,000	0,000
	Σ	**-0,350**	**0,263**	**-0,293**	**0,115**

Abb. 82: Totaleffekte auf den Markterfolg des Herstellers sowie des Handels

In **Artikelgruppe 2** kann in den Verbrauchermärkten kein Rückgang der Marktdurchdringung von Markenartikeln infolge der zunehmenden Verbreitung von Handelsmarken festgestellt werden: diese steigt (+0,128), ebenso wie die Marktdurchdringung von Handelsmarken (+0,358), an. Ursächlich hierfür ist vermutlich, dass in den Verbrauchermärkten keine Erosion der artikelinduzierten Profilierung von Markenartikeln in Artikelgruppe 2 (vgl. Abb. 75) vorliegt.

In den Discountern und in den Supermärkten sinkt die Marktdurchdringung von Markenartikeln in Artikelgruppe 2 als Folge der Verbreitung von Handelsmarken. Auch hier stellt die Erosion der artikelinduzierten Profilierung von Markenartikeln (vgl. Abb. 75) vermutlich eine wesentliche Ursache dar. Zudem wirkt sich der starke Preisanstieg von Handelsmarken negativ auf die Marktdurchdringung von Markenartikeln aus (-0,180 bzw. -0,028). Dies deutet darauf hin, dass der Absatz von Handelsmarken zulasten von Markenartikeln in diesen Betriebsformen insbesondere über eine Verringerung des Preisabstandes gefördert wird. Dies könnte z. B. dann der Fall sein, wenn die Betriebsformen verstärkt Handelsmarken anbieten, die ein entsprechendes Preis-/Qualitätsniveau im Vergleich zu Markenartikeln aufweisen. In der Folge gehen die Nachfrager u. U. davon aus, dass es sich bei den angebotenen Marken um ‚echte' Markenartikel handelt und fragen diese verstärkt nach.

Mit Blick auf die Totaleffekte, die sich auf den **Markerfolg des Handels** ergeben (vgl. Abb. 82), zeigt sich, dass insbesondere der Rückgang der Marktdurchdringung von Markenartikeln sich negativ auf die Marktdurchdringung von Artikelgruppe 1 auswirkt. In der Betriebsform Discounter ist darüber hinaus ein schwach negativer Zusammenhang mit Blick auf die Marktdurchdringung von Handelsmarken (-0,001) zu konstatieren, so dass dort von einer insgesamt sinkenden Marktdurchdringung von Artikelgruppe 1 auszugehen ist.

Auch mit Blick auf die Marktdurchdringung von Artikelgruppe 2 zeigt sich, dass diese in den Betriebsformen Discounter und Supermarkt z. T. recht stark negativ durch den Rückgang der Marktdurchdringung von Markenartikeln beeinflusst wird (-0,512 bzw. -0,293), während die Marktdurchdringung von Handelsmarken sich moderat positiv (+0,379 bzw. +0,115) auswirkt. Lediglich in der Betriebsform Verbrauchermarkt kann über die Marktdurchdringung von Markenartikeln (+0,046) sowie von Handelsmarken (+0,271) ein Anstieg der Marktdurchdringung von Artikelgruppe 2 generiert werden.

Dort konnte jedoch auch keine Erosion der Marktdurchdringung von Markenartikeln als Folge der Verbreitung von Handelsmarken beobachtet werden (vgl. die Ergebnisse der ersten Ebene des Gesamtmodells).

Es ist somit davon auszugehen, dass eine zunehmende Verbreitung von Handelsmarken sich über eine Erosion derjenigen Faktoren, die die Marktdurchdringung von Markenartikeln im Vergleich zu Handelsmarken beeinflussen, negativ auf die Marktdurchdringung der Artikelgruppen auswirkt. Insgesamt kann vermutet werden, dass der durch die Verbreitung von Handelsmarken hervorgerufene Anstieg der Marktdurchdringung von Handelsmarken nicht ausreicht, um den durch die Erosion von Markenartikeln verursachten Rückgang der Marktdurchdringung der Artikelgruppen zu kompensieren.[392]

5.6. Synopse und Anknüpfung zu verwandten wissenschaftlichen Ausarbeitungen

5.6.1. Synopse zum fünften Kapitel

Im Rahmen des vorliegenden Kapitels wurde ein geschlossenes Kausalmodell konzipiert, mit dessen Hilfe die Auswirkungen einer Erosion von Markenartikeln als Folge der zunehmenden Verbreitung von Handelsmarken auf den Markterfolg des Herstellers sowie des Handels erfasst werden können. Es ergaben sich die folgenden Ergebnisse bzw. Erkenntnisfortschritte:

Auf einer **ersten Ebene des Gesamtmodells** konnte gezeigt werden, dass die Verbreitung von Handelsmarken zu einer Erosion der preis-, der artikel- sowie der aktionsinduzierten Profilierung von Markenartikeln im Vergleich zu Handelsmarken führt.

---

392 Das sich bei zunehmender Verbreitung von Handelsmarken negative Effekte mit Blick auf die Marktdurchdringung einer Artikelgruppe einstellen zeigt auch GREWE 2009.

Mit Blick auf den Markterfolg des Herstellers konnte auf einer **zweiten Ebene des Gesamtmodells** festgestellt werden, dass insbesondere die Anzahl gelisteter Markenartikel einen starken Einfluss auf die Marktdurchdringung von Markenartikeln besitzt, während das Preisniveau von Markenartikeln lediglich in der Betriebsform Discounter für den Markterfolg von Markenartikeln von Bedeutung zu sein scheint.

Demzufolge sollten Hersteller von Markenartikeln geeignete Maßnahmen ergreifen, um eine Erosion der artikelinduzierten Profilierung von Markenartikeln im Wettbewerb mit Handelsmarken zu vermeiden. Neben Investitionen in den Erhalt bzw. den Aufbau der Marken (wie z. B. Qualitätssteigerungen und Innovationen) bieten sich in den Verbraucher- und Supermärkten insbesondere Nichtpreisaktionen (wie Handzettel- oder Displayaktionen) an, da diese keine Erhöhung der Preissensibilität der Nachfrager nach sich ziehen und somit dazu beitragen, die Marktdurchdringung von Handelsmarken zu begrenzen. In den Discountern sollten hingegen gezielte Preisaktionen von Markenartikeln genutzt werden, um der Erosion der preisinduzierten Profilierung von Markenartikeln im Wettbewerb mit Handelsmarken zu begegnen.

Mit Blick auf den Markterfolg des Handels konnte auf einer **dritten Ebene des Gesamtmodells** festgestellt werden, dass Handelsmarken und Markenartikel mit unterschiedlicher Intensität zum Markterfolg einzelner Artikelgruppen beitragen. Ob eine zunehmende Verbreitung von Handelsmarken zu einer Steigerung der Marktdurchdringung einer Artikelgruppe führt, hängt somit davon ab, ob der durch Handelsmarken hervorgerufene Rückgang der Marktdurchdringung von Markenartikel durch einen Anstieg der Marktdurchdringung von Handelsmarken in einer Artikelgruppe kompensiert werden kann oder nicht.

Diese für Handelsunternehmen wohl entscheidende Frage, konnte mithilfe der im Gesamtmodell zu beobachtenden **Totaleffekte** beantwortet werden. In diesem Zusammenhang konnte gezeigt werden, dass die steigende Marktdurchdringung von Handelsmarken in keiner der untersuchten Betriebsformen des Handels ausreicht, um die (u. U. gezielt vorgenommene) Erosion der Marktdurchdringung von Markenartikeln in den untersuchten Artikelgruppen zu kompensieren. Die zunehmende Verbreitung von Handelsmarken weist somit nicht nur negative Effekte mit Blick auf den Markterfolg des Herstellers auf, sondern führt auch dazu, dass sich verstärkt negative Effekte mit Blick auf den Markterfolg des Handels einstellen.[393]

In einer Gesamtsicht stützen die Ergebnisse der vorliegenden Untersuchung somit die Vermutung vieler Autoren, dass die zunehmende Verbreitung von Handelsmarken sich negativ auf den Markterfolg einzelner Artikelgruppen auswirkt.[394] Von einer generellen Erhöhung der Einkaufsstättentreue durch Handelsmarken ist demzufolge nicht auszugehen. Vielmehr reagieren Konsumenten bei einer zu starken Ausweitung des Absatzanteils von Handelsmarken scheinbar mit einem Konsumverzicht in der Artikelgruppe. In diesem Sinne sind auch die Bemühungen der Discounter zu verstehen, seit geraumer Zeit (wieder) verstärkt Markenartikel in das Sortiment aufzunehmen.[395]

5.6.2. Offene Fragen und Anknüpfung zu verwandten wissenschaftlichen Ausarbeitungen

Die vorliegende Untersuchung sollte in einigen Punkten weiter vertieft werden. So sollten neben der exemplarisch untersuchten preis-, artikel- sowie aktionsinduzierten Profilierung von Markenartikeln weitere Elemente, die zur Profilierung der angebotenen Marken am Point of Sale (POS) beitragen (wie z. B. die Qualität der Marken oder die Anzahl an Innovationen von Markenartikeln im Vergleich zu Handelsmarken), berücksichtigt werden. Darüber hinaus sollte eine Analyse auf der Ebene einzelner Markenartikel stattfinden. Ursächlich hierfür ist, dass Markenartikel u. U. unterschiedliche Beiträge mit Blick auf den Markterfolg des Herstellers sowie des Handels leisten (so sollte der Beitrag von marktführenden Markenartikeln in der Regel höher sein, als der von Zweit- und Drittmarken der Industrie). Mit Blick auf eine gezielte

---

393 Vgl. zu den Effekten einer Verbreitung von Handelsmarken auf den Markterfolg bzw. die Marktdurchdringung des Handels auch die Arbeit von GREWE 2009.

394 Vgl. die empirischen Untersuchungen von KUMAR/STEENKAMP 2007 sowie AILAWADI/PAUWELS/STEENKAMP 2007.

395 So weitete der Discounter LIDL im Jahr 2004 sein Sortiment von ca. 1150 auf 1350 Artikel aus. Gleichzeitig ist die Anzahl der Markenartikel von 70 auf mehr als 400 gestiegen. Damit konnte er laut einer Studie der GfK im Zeitraum Januar bis Juli 2005 11% mehr Umsatz erzielen als der Konkurrent ALDI, dessen Umsatz im gleichen Zeitraum um 4 % sank. Vgl. BERNAU 2005.

Steuerung sowie Erfolgskontrolle der Marken ist somit einer noch stärker disaggregierten Datengrundlage der Vorzug zu geben.

Um eine ganzheitliche Bewertung der Auswirkungen einer Markenerosion als Folge der zunehmenden Verbreitung von Handelsmarken auf den Markterfolg des Herstellers sowie des Handels vornehmen zu können, sollten schließlich auch vorökonomische Größen (wie z. B. das Markenimage) in die kausalanalytische Untersuchung integriert werden. Dies könnte mithilfe einer Konsumentenbefragung realisiert werden.

Werden die Untersuchungsschwerpunkte auf den einzelnen Ebenen des Gesamtmodells im wissenschaftlichen Kontext betrachtet, sind Anknüpfungspunkte zu bereits bestehenden wissenschaftlichen Ausarbeitungen festzustellen:

Zunächst konnte auf der **ersten Ebene des Gesamtmodells** gezeigt werden, dass die Verbreitung von Handelsmarken eine wesentliche Ursache für eine Erosion des Wertes von Markenartikeln, der sich über die Investitionen in die Profilierung der Marken am Point of Sale (POS) definiert, darstellt. Dieses Ergebnis findet sich u. a. auch bei AILAWADI/LEHMANN/NESLIN 2003.[396]

Auf der **zweiten Ebene des Gesamtmodells** konnte festgestellt werden, dass die exemplarisch untersuchten Profilierungselemente die Marktdurchdringung von Markenartikeln bzw. von Handelsmarken mit unterschiedlicher Intensität beeinflussen. Die Ergebnisse der kausalanalytischen Untersuchungen von RIEDEL 1996 und RAJH 2005 konnten somit bestätigt und darüber hinaus erweitert werden, indem eine explizite Berücksichtigung der Verbreitung von Handelsmarken vorgenommen wurde.[397] In diesem Zusammenhang konnte darüber hinaus gezeigt werden, dass Preisaktionen von Markenartikeln einen u. U. negativen Einfluss mit Blick auf die Marktdurchdringung von Markenartikeln entfalten.[398]

---

396 Vgl. AILWADI/LEHMANN/NESLIN 2003, S. 10 sowie Abschnitt 4.1.3.2. der Arbeit.

397 Vgl. RAJH 2005 und RIEDEL 1996 sowie Abschnitt 4.1.2.2. und Abschnitt 4.1.4.1 der Arbeit.

398 Vgl. zum negativen Zusammenhang zwischen Preisaktionen und der Marktdurchdringung einzelner Marken u. a. RAJH 2005, S. 56.

Auf der **dritten Ebene des Gesamtmodells** konnte vermutet werden, dass die Verbreitung von Handelsmarken sich negativ auf die Marktdurchdringung einzelner Artikelgruppen des Handels auswirkt. Erweitert man dies um die im Gesamtmodell zu beobachtenden Totaleffekte, zeigt sich, dass die Marktdurchdringung einzelner Artikelgruppen sinkt, da die durch den Handel gezielt vorgenommene Profilierung von Handelsmarken zulasten von Markenartikeln vermutlich dazu führt, dass einzelne Nachfrager mit einem Konsumverzicht in der Artikelgruppe reagieren. Ein Rückgang der Marktdurchdringung bei zunehmender Verbreitung von Handelsmarken konnte im Rahmen dieses Forschungsprojektes auch von GREWE 2009 auf der Basis einer abweichenden Stichprobenziehung sowie einer auf die Handelssicht gestützten Modellspezifikation nachgewiesen werden.[399]

399 Vgl. GREWE 2009.

6. Zusammenfassende Bewertungen der Untersuchungsergebnisse und Ausblick

In diesem Kapitel werden zunächst die eingangs skizzierten Fragestellungen beantwortet *(Abschnitt 6.1.)*. Im Anschluss daran wird eine zusammenfassende Bewertung der Untersuchungsergebnisse aus der Sicht der Markenartikelindustrie, des Handels sowie des Verbrauchers und damit der Wettbewerbspolitik vorgenommen *(Abschnitt 6.2.)*. Das Kapitel schließt mit einem Fazit sowie einem Ausblick *(Abschnitt 6.3.)*.

6.1. Die Ergebnisse der Untersuchung im Überblick

1.1. Bewirken die aktuell zu beobachtenden Rahmenbedingungen in der Konsumgüterdistribution und insbesondere die zunehmende Verbreitung von Handelsmarken eine Erosion des industriellen Markenartikels? (Abschnitt 2.1.)

Eine Analyse der aktuellen Rahmenbedingungen der Konsumgüterdistribution zeigte, dass neben den eingangs skizzierten unterschiedlichen Wettbewerbschancen von Industrie und Handel, die insbesondere auf das Verbot der vertikalen Preisbindung zurückzuführen sind, weitere Faktoren existieren, die auf eine zunehmende Verbreitung von Handelsmarkenprogrammen hinwirken. Zu diesen gehören:

- die zunehmende Konzentration und Internationalisierung der Handelskonzerne,
- die Verschiebung der Funktionsverteilung hin zum Handel,
- der Informationsvorsprung des Handels sowie
- die zunehmende Informationsüberlastung der Verbraucher.

In der Konsumgüterdistribution liegt somit ein Wettbewerbsumfeld vor, dass die Verbreitung von Handelsmarken wesentlich begünstigt und zu einer Erosion des industriellen Markenartikels beiträgt.

Darüber hinaus schwächt auch die zunehmende Verbreitung und insbesondere der gezielte Einsatz von Handelsmarken gegen Markenartikel die Wettbewerbsposition des industriellen Markenartikels. So fällt es Herstellern von Markenartikeln schwer, ein konsistentes Erscheinungsbild, das für die Profilierung der Marken im Wettbewerb notwendig ist, zu erzeugen. Ursächlich hierfür sind vor allem auch neuartige Instrumente, wie z. B. die künstliche Schaffung von Preiskulissen oder die produktpolitische Intransparenz, die der Handel gezielt mit Blick auf seine Handelsmarken erzeugt. Die daraus resultierenden Spannungsfelder im Rahmen des Marketing-Mix bewirken letztendlich eine Verschiebung des Machtgefälles zugunsten der Handelsseite und tragen zu einer Erosion des industriellen Markenartikels bei.

1.2. Welche Auswirkungen weist eine Erosion des industriellen Markenartikels aus der Sicht der Marktteilnehmer auf? (Abschnitt 2.2.)

In Anlehnung an die Literatur wurde zunächst aufgezeigt, dass die Verbreitung von Handelsmarken eine Vielzahl an Folgen aufweist, die nicht nur unmittelbar den industriellen Markenartikel betreffen, sondern vielmehr den gesamten Wettbewerb in der Konsumgüterdistribution beeinflussen.

Auf der Basis von Indikatoren, die zu einer Erfassung der kurz- sowie langfristigen Folgen einer zunehmenden Verbreitung von Handelsmarken auf den Wettbewerb geeignet sind, wurden schließlich diejenigen Entwicklungen abgeleitet, die sich insbesondere für den industriellen Markenartikel ergeben. In diesem Zusammenhang zeigte sich, dass eine Erosion des industriellen Markenartikels auf mehreren Ebenen stattfindet:

- Auf einer ersten Ebene erodieren diejenigen Faktoren, die die Profilierung des industriellen Markenartikels im Vergleich zu Handelsmarken am Point of Sale (POS) begründen. Anhand von Indikatoren des Preisniveaus, der Artikelvielfalt sowie der Aktionshäufigkeit im Handel wurde exemplarisch erläutert, wie eine solche Erosion stattfinden kann.

- Auf einer zweiten Ebene führt die durch Handelsmarken hervorgerufene Erosion der Profilierung von Markenartikeln zu einer Schädigung des Wertes von Markenartikeln. Als Folge sinkt die Marktdurchdringung der betroffenen Markenartikel langfristig.

- Gelingt es dem Handel nicht, den ausgelösten Rückgang der Marktdurchdringung von Markenartikeln mithilfe von Handelsmarken zu kompensieren, ergeben sich auf einer dritten und letzten Ebene u. U. negative Auswirkungen mit Blick auf die Marktdurchdringung der gesamten Artikelgruppe.

Betrachtet man die aufgezeigten Entwicklungen aus der Sicht der Markenartikelindustrie, so sind sowohl kurz- als auch langfristig negative Auswirkungen zu erwarten: die durch Handelsmarken hervorgerufene Erosion des Wertes von Markenartikeln führt vermutlich zu einem Rückgang der Marktdurchdringung der industriellen Markenartikel. Dies bewirkt sowohl kurz- als auch langfristig einen Rückgang des Markterfolgs der betroffenen Hersteller.

Aus der Sicht des Handels konnte zumindest kurzfristig eine positive Bewertung vorgenommen werden: so trägt die Profilierung von Handelsmarken zulasten von Markenartikeln u. U. dazu bei, die Marktdurchdringung der Handelsmarken zu steigern. Langfristig stellt sich jedoch die Frage, ob es dem Handel gelingt, über eine Steigerung der Marktdurchdringung von Handelsmarken den ausgelösten Rückgang der Marktdurchdringung von Markenartikeln zu kompensieren. In diesem Zusammenhang konnte vermutet werden, dass sich bei zu hohen Verbreitungsgraden von Handelsmarken auch negative Auswirkungen mit Blick auf die Marktdurchdringung der gesamten Artikelgruppe einstellen. Dies führt letztendlich dazu, dass das Marktvolumen der betroffenen Händler abnimmt. In der Folge sinkt deren Markterfolg langfristig.

Aus der Sicht der Verbraucher und damit auch der Wettbewerbspolitik sind kurzfristig andere Effekte zu erwarten als langfristig: so profitieren die Verbraucher u. U. kurzfristig von einer Erosion derjenigen Faktoren, die den Wert der industriellen Markenartikel begründen (sinkendes Preisniveau von Markenartikeln, gesteigerte Anzahl an Handelsmarken, gesteigerte Anzahl an Aktionen von Markenartikeln im Rahmen der Einführung von Handelsmarken), während langfristig negative Auswirkungen zu erwarten sind. Bei zunehmender Verbreitung von Handelsmarken sehen sich die

Verbraucher vermutlich einem durchgängig höheren Preisniveau, einer deutlich verminderten Auswahl an verfügbaren Artikeln (Markenartikel und Handelsmarken) sowie einer verminderten Anzahl an Aktionen von Markenartikeln gegenüber.

Die erarbeiteten Auswirkungen galt es im Rahmen der folgenden Kapitel empirisch zu überprüfen.

2.1. Wie ist der Stand der Forschung über die Wirkungszusammenhänge zwischen der zunehmenden Verbreitung von Handelsmarken und dem Preisniveau, der Artikelvielfalt und der Aktionshäufigkeit im Handel? (Abschnitt 3.1.)

Um Aufschluss darüber zu erhalten, wie sich die zunehmende Verbreitung von Handelsmarken auf die Profilierung der industriellen Markenartikel auswirkt, wurden exemplarisch Indikatoren des Preisniveaus, der Artikelvielfalt sowie der Aktionshäufigkeit im Handel untersucht.

Die Wirkungszusammenhänge zwischen der zunehmenden Verbreitung von Handelsmarken und den exemplarisch betrachteten Indikatoren sind Gegenstand intensiver betriebswirtschaftlicher Forschung. Dies liegt u. a. daran, dass viele Autoren davon ausgehen, dass die einzelnen Indikatoren auch wohlfahrtsgerichtete Wirkungen beinhalten. Ziel der Analyse in diesem Abschnitt war es,

- die bisher erarbeiteten Ergebnisse zu dokumentieren sowie
- Lücken in den bisherigen Forschungsbemühungen aufzudecken, die u. a. zu widersprüchlichen Ergebnissen führen.

Eine umfassende ‚State-of-the-Art' Analyse legte insbesondere mit Blick auf die Ausschöpfung der analysierten Datengrundlage Forschungslücken offen. So existierte bislang neben der empirischen Untersuchung von OLBRICH/GREWE 2007 keine derart tiefe empirische Untersuchung, die zugleich eine betriebsformenspezifische Betrachtung der Wirkungszusammenhänge zwischen der Verbreitung von Handelsmarken und den daraus resultierenden Veränderungen der Indikatoren des Preisniveaus, der Artikelvielfalt sowie der Aktionshäufigkeit im Handel über mehr als eine Betriebsform (in der Regel Supermärkte) vornimmt. Wie gezeigt werden konnte, ist zudem eine artikelgruppenspezifische Betrachtung notwendig, um scheinbare Widersprüche, die im Rahmen von stärker aggregierten Analysen (insbesondere in artikelgruppen- und betriebsformenübergreifenden Betrachtungen) festgestellt werden konnten, aufzulösen.

Durch die hier präsentierte empirische Untersuchung sollte diese Forschungslücke geschlossen werden. Konkret wurden Indikatoren aufgezeigt, die zu einer Erfassung der Wirkungszusammenhänge herangezogen werden können, sowie eine Datengrundlage vorgestellt, mit deren Hilfe eine betriebsformen- sowie eine artikelgruppenspezifische Analyse der Wirkungszusammenhänge erfolgen kann.

2.2. Welche Datengrundlage steht mit Blick auf die Erfassung der Wirkungszusammenhänge zur Verfügung (Abschnitt 3.2.)?

Die Wirkungszusammenhänge zwischen der zunehmenden Verbreitung von Handelsmarken und den Indikatoren des Preisniveaus, der Artikelvielfalt sowie der Aktionshäufigkeit im Handel wurden anhand von POS-Scanningdaten erfasst. Diese bieten den Vorteil, eine Erosion der Profilierung von Markenartikeln in sehr kurzer Zeit anzuzeigen. Darüber hinaus ermöglicht die Datengrundlage eine langfristige Bewertung der Wirkungszusammenhänge.

Die Untergliederung der zur Verfügung stehenden Datenbasis in die Betriebsformen Verbrauchermarkt (über 800 qm), Supermarkt (unter 800 qm) sowie Discounter gestattete eine betriebsformenspezifische Analyse der Wirkungszusammenhänge.

Ferner ermöglichte die Datenbasis der vorliegenden Untersuchung, eine vertiefende Betrachtung anhand einer zweiten Artikelgruppe vorzunehmen. Somit konnten die Auswirkungen einer zunehmenden Verbreitung von Handelsmarken auch in einer aggregierten Betrachtung (sowohl über Artikelgruppen als auch über Betriebsformen) offen gelegt werden.

2.3. *Welche Wirkungszusammenhänge können in den einzelnen Betriebsformen des Handels vermutet werden? (Abschnitt 3.3.)*

Um die im Rahmen der ‚State-of-the-Art'-Analyse aufgezeigte Forschungslücke zu schließen, wurden Hypothesen mit Blick auf die angenommenen Wirkungszusammenhänge zwischen der zunehmenden Verbreitung von Handelsmarken und den Indikatoren des Preisniveaus, der Artikelvielfalt sowie der Aktionshäufigkeit im Handel hergeleitet. Dies geschah vor dem Hintergrund, dass die einzelnen Betriebsformen des Handels untereinander im Wettbewerb stehen und in diesem divergierende preis- sowie sortimentspolitische Zielsetzungen mit Blick auf die Einführung von Handelsmarken in den Artikelgruppen verfolgen.

In der Folge unterstellten die eruierten Hypothesen, dass auch die Veränderung des Preisniveaus, der Artikelvielfalt sowie der Aktionshäufigkeit im Handel in starkem Maße von der jeweils verfolgten preis- sowie sortimentspolitischen Strategie einer Betriebsform abhängen.

2.4. *Welche betriebsformenspezifischen Wirkungszusammenhänge bestehen zwischen der zunehmenden Verbreitung von Handelsmarken und dem Preisniveau, der Artikelvielfalt und der Aktionshäufigkeit im Handel? (Abschnitt 3.4.)*

Die empirische Untersuchung brachte die folgenden Ergebnisse und Erkenntnisfortschritte:

1. Die Betriebsformen des Handels setzen Preistaktiken ein, in deren Folge die preisinduzierte Profilierung von Markenartikeln erodiert. So steigt das Preisniveau von Markenartikeln in den Verbrauchermärkten stark an (Preistaktik des Umbrella Pricing), während es in den Discountern stark sinkt (Dauerniedrigpreise, u. U. Preistaktik der Preisschleuderei). Gleichzeitig konnte festgestellt werden, dass das Preisniveau von Handelsmarken mit zunehmender Verbreitung stark ansteigt, so dass der Preisabstand zwischen Markenartikeln und Handelsmarken sinkt.

2. Die zunehmende Verbreitung von Handelsmarken bewirkt in allen untersuchten Betriebsformen eine Erosion der artikelinduzierten Profilierung von Markenartikeln: die Anzahl gelisteter Handelsmarken steigt zulasten der Anzahl gelisteter Markenartikel an. Dies führt letztendlich dazu, dass auch die Aktionshäufigkeit von Markenartikeln erodiert. In Übereinstimmung mit den Ergebnissen der empirischen Untersuchung von OLBRICH/GREWE 2007 konnte somit festgestellt werden, dass der Anstieg der gelisteten Handelsmarken nicht zu einem Anstieg der Artikelvielfalt in den untersuchten Betriebsformen führt.

3. Die Erosion der preis-, der artikel- sowie der aktionsinduzierten Profilierung von Markenartikeln führt in (fast) allen untersuchten Betriebsformen zu einem Anstieg des Preisniveaus. Wie schon OLBRICH/GREWE 2007 zeigen konnten, gelingt es bei steigenden Preisniveaus nur wenigen Betriebsformen positive Wirkungen auf den Gesamtabsatz bzw. -umsatz zu erzielen. Der Gesamtabsatz bzw. -umsatz der untersuchten Artikelgruppen sinkt in einzelnen Betriebsformen.

Insgesamt konnte somit im Rahmen der hier präsentierten Untersuchung festgestellt werden, dass die Verbreitung von Handelsmarken derzeit in den untersuchten Artikelgruppen zu einem Anstieg des Preisniveaus bei abnehmender Artikelvielfalt führt. Diese Entwicklung wirkt sich in vielen Betriebsformen zunehmend negativ auf die Gesamtabsätze sowie -umsätze aus. Die Ergebnisse der vorliegenden Untersuchung bestätigen somit in weiten Teilen diejenigen Ergebnisse, die im Rahmen der empirischen Untersuchung von OLBRICH/GREWE 2007 vorgefunden werden konnten.

3.1. Welche Zielgrößen stehen mit Blick auf die Erfassung der Auswirkungen einer zunehmenden Verbreitung von Handelsmarken auf den Wert von Markenartikeln zur Verfügung? (Abschnitt 4.1.)

Um geeignete Zielgrößen zu bestimmen, mit deren Hilfe eine Erfassung der Auswirkungen einer zunehmenden Verbreitung von Handelsmarken auf den Wert von Markenartikeln erfolgen kann, wurde auf die bereits in der Literatur bestehenden Ansätze zur Messung des Markenwertes zurückgegriffen. Diese wurden auf Grundlage der zur Messung des Markenwertes herangezogenen Zielgrößen systematisiert. Somit konnten vorökonomische von ökonomischen Ansätzen differenziert werden. Als dritte Gruppe ergaben sich aus der Kombination vorökonomischer und ökonomischer Größen zur Markenwertmessung die integrierten Ansätze.

Unter Verwendung des klassischen SOR-Paradigmas zur inhaltlichen Erläuterung der Zielsetzungen der systematisierten Ansätze, konnte gezeigt werden, dass die vorökonomischen Ansätze eine vorrangig Organismus-orientierte Perspektive verfolgen, während die ökonomischen Ansätze eine verstärkte Response-Orientierung aufweisen. Im Gegensatz zu den vorökonomischen Ansätzen, die von der Annahme ausgehen, dass sich der Wert einer Marke durch die im Organismus der Konsumenten stattfindenden Verarbeitungs- und Speicherprozesse beschreiben bzw. erfassen lässt, setzen die ökonomischen Ansätze zur Messung des Markenwertes am tatsächlich beobachtbaren Verhalten der Konsumenten, wie z. B. dem Kauf der Marke, an. In der Folge ziehen die Organismus-orientierten Ansätze vor allem vorökonomische Zielgrößen wie die Markenbekanntheit oder das Markenimage zur Messung des Markenwertes heran. Die Response-orientierten Ansätze nutzen vor allem ökonomische Zielgrößen, wie den Absatz, den Preis oder den Umsatz einer Marke zur Erfassung des Markenwertes.

Eine ganzheitliche Markenbewertung streben die integrierten Ansätze an, d. h. diese gehen davon aus, dass der Wert einer Marke nur dann vollständig erfasst werden kann, wenn sowohl diejenigen Prozesse, die im Organismus des Konsumenten stattfinden, als auch das daraus resultierende Markenverhalten, wie z. B. der Kauf der Marke, abgebildet wird. In der Folge nutzen die integrierten Ansätze sowohl vorökonomische als auch ökonomische Zielgrößen mit Blick auf die Erfassung des Markenwertes.

Im Rahmen einer kritischen Würdigung konnte schließlich gezeigt werden, dass insbesondere diejenigen Ansätze eine hohe Objektivität, Einfachheit sowie Praktikabilität aufweisen, die Scanningdaten zur Messung des Markenwertes verwenden. Diese bieten u. a. den Vorteil, eine u. U. auftretende Erosion sehr viel schneller anzuzeigen, als die aufwändige Erhebung vorökonomischer Zielgrößen.

Darüber hinaus konnte festgestellt werden, dass insbesondere diejenigen Ansätze eine höhere Vollständigkeit mit Blick auf die Erfassung der Auswirkungen der zunehmenden Verbreitung von Handelsmarken auf den Wert von Markenartikeln aufweisen, die eine Operationalisierung des Wertes von Markenartikeln u. a. über die Preisprämie vornehmen. So wird die Preisprämie einer Marke in der Literatur als ein konstituierender Faktor des Markenwertes gesehen.

In der Folge konnte insbesondere der Ansatz von AILAWADI/LEHMANN/NESLIN 2003 als geeignet identifiziert werden, um die Auswirkungen einer zunehmenden Verbreitung von Handelsmarken auf den Wert von Markenartikeln zu erfassen. Dieser bildet somit die Grundlage für die Konzeption eines eigenständigen Ansatzes.

3.2. Wie kann eine empirische Erfassung der Auswirkungen einer zunehmenden Verbreitung von Handelsmarken auf den Wert von Markenartikeln erfolgen? (Abschnitt 4.2.)

Der Konzeption eines eigenständigen Ansatzes zur Erfassung der Auswirkungen einer zunehmenden Verbreitung von Handelsmarken auf den Wert von Markenartikeln wurden die von AILAWADI/LEHMANN/NESLIN 2003 verwendeten Zielgrößen *‚Mengenprämie‘* und *‚Preisprämie‘* zugrunde gelegt.

Wie gezeigt werden konnte, sind die verwendeten Zielgrößen aufgrund ihres absoluten Charakters jedoch nur bedingt geeignet, um die Auswirkungen einer zunehmenden Verbreitung von Handelsmarken auf den Wert von Markenartikeln zu erfassen. In der Folge wurden diese modifiziert und an deren Stelle die relativen Zielgrößen *‚Absatzanteil von Markenartikeln‘* sowie *‚Preisquotient‘* verwendet.

Als Instrument zur Visualisierung der Veränderung des Wertes von Markenartikeln im Zeitablauf wurde die so genannte Markenerosionsmatrix konstruiert. Hierbei handelt es sich um eine zweidimensionale Matrix, in der die modifizierten Zielgrößen je nach Ausprägung den Klassen ‚sinkt‘ und ‚steigt‘ zugeordnet wurden, so dass sich die Matrix in vier Felder aufteilen ließ.

Im Anschluss daran wurde der konzipierte Ansatz einer Validitätsprüfung im Rahmen eines empirischen Anwendungsbeispiels unterzogen. Die exemplarisch zur Verfügung stehende Datengrundlage ermöglichte in diesem Zusammenhang sowohl eine Analyse auf Warengruppen- und auf Betriebsformenebene als auch auf der Ebene einzelner Artikelgruppen. Es konnten die folgenden Zusammenhänge festgestellt werden:

1. Auf Warengruppenebene konnte mithilfe der Markenerosionsmatrix exemplarisch visualisiert werden, dass Markenartikel in vielen Artikelgruppen der Warengruppe ‚Fleisch' von einer Erosion ihres Wertes betroffen sind.

2. Zudem offenbarte die Analyse auf Betriebsformenebene, dass der Verdrängungswettbewerb in den Verbrauchermärkten und den Discountern stärker ausgeprägt ist als in den Supermärkten. Ursächlich hierfür können vor allem die Preistaktiken des Handels sein. In diesem Zusammenhang konnte wiederum vermutet werden, dass die Verbrauchermärkte vor allem die Preistaktik des ‚Umbrella Pricing' zur Profilierung von Handelsmarken nutzen, während die Discounter vor allem extreme Niedrigpreise (u. U. die Preistaktik der ‚gezielten Preisschleuderei') einsetzen.

3. Auf der Ebene einzelner Artikelgruppen konnte schließlich gezeigt werden, dass Markenartikel bereits in einer Vielzahl an Preislagen von einer Erosion ihres Wertes betroffen sind. So ist der Verdrängungswettbewerb durch Handelsmarken nicht nur in der untersten Preislage (sog. Einstiegspreislage) stark ausgeprägt. Vielmehr scheint auch in den höheren Preislagen eine Profilierung von Markenartikeln kaum noch möglich, da in diesen seit geraumer Zeit zunehmend so genannte Premium-Handelsmarken verbreitet werden.

4.1. Mit welchen Konstrukten kann der Markterfolg des Herstellers sowie des Handels abgebildet werden? (Abschnitt 5.1.)

Die Analyse der Literatur ergab, dass die durch Handelsmarken ausgelösten Folgen der Erosion von Markenartikeln für den Markterfolg des Herstellers sowie des Handels bislang noch nicht im Rahmen eines *kausalen Wirkungszusammenhangs* untersucht wurden. Das Anliegen der Analyse in diesem Abschnitt der Arbeit war es somit:

- Konstrukte zu bestimmen, mit deren Hilfe die zunehmende Verbreitung von Handelsmarken als *Ursache* der Erosion von Markenartikeln modelliert werden kann sowie

- Konstrukte festzulegen, mit deren Hilfe die *Wirkung* der Erosion von Markenartikeln auf den Markterfolg des Herstellers sowie des Handels erfasst werden kann.

Mit Blick auf die Erfassung der zunehmenden Verbreitung von Handelsmarken als Ursache der Erosion von Markenartikeln wurden die im dritten Kapitel der Arbeit exemplarisch untersuchten Indikatoren des Preisniveaus, der Artikelvielfalt sowie der Aktionshäufigkeit im Handel als Zielkonstrukte herangezogen. Um die Wirkung einer Erosion von Markenartikeln auf den Markterfolg des Herstellers sowie des Handels zu erfassen, erwies sich insbesondere die Marktdurchdringung als Zielkonstrukt geeignet.

Während Herstellerunternehmen jedoch in der Regel daran interessiert sind, eine hohe Marktdurchdringung der eigenen Marken im Vergleich zu konkurrierenden Marken zu erzielen, ist der Handel weniger an der Marktdurchdringung einzelner Marken (Markenartikel und Handelsmarken), als vielmehr an der Marktdurchdringung der gesamten Artikelgruppe interessiert. Diese Zusammenhänge galt es im Rahmen eines geschlossenen Kausalmodells abzubilden.

4.2. *Wie muss das Untersuchungsmodell aufgebaut sein, um die Auswirkungen der Erosion von Markenartikeln auf den Markterfolg des Herstellers sowie des Handels erfassen zu können? (Abschnitt 5.2.)*

Um die aufgezeigten Wirkungszusammenhänge abbilden zu können, wurde auf der Basis der eruierten Hypothesen ein kausalanalytisches Gesamtmodell hergeleitet, das insgesamt drei Ebenen umfasst:

Zunächst wurden Hypothesen dargestellt, die einen Wirkungszusammenhang zwischen der Verbreitung von Handelsmarken und der Profilierung von Markenartikeln unterstellen. Zu diesem Zwecke wurden wiederum exemplarisch Indikatoren des Preisniveaus, der Artikelvielfalt sowie der Aktionshäufigkeit im Handel betrachtet. Auf einer ersten Ebene des Gesamtmodells wurde somit untersucht, ob die Verbreitung von Handelsmarken zu einer Erosion der preis-, der artikel- sowie der aktionsinduzierten Profilierung von Markenartikeln führt.

Darauf folgend wurden Hypothesen formuliert, die sich auf den Wirkungszusammenhang zwischen den exemplarisch untersuchten Indikatoren der Profilierung von Markenartikeln und der Marktdurchdringung von Markenartikeln bzw. von Handelsmarken beziehen. Die Erfassung derjenigen Faktoren, die den Markterfolg von Markenartikeln aus Herstellersicht begründen, bildet die zweite Ebene des Gesamtmodells.

Abschließend wurden Hypothesen dargestellt, die zur Erfassung des Wirkungszusammenhanges zwischen der Marktdurchdringung von Markenartikeln bzw. von Handelsmarken und der Marktdurchdringung der gesamten Artikelgruppe herangezogen wurden. Aus der Betrachtung der Determinanten, die den Markterfolg des Handels verursachen, ergibt sich die dritte Ebene des Gesamtmodells.

4.3. Wie können die zu untersuchenden Konstrukte mithilfe geeigneter Indikatoren operationalisiert werden? (Abschnitt 5.3.)

Die Operationalisierung der zu messenden Konstrukte erfolgte im Rahmen einer zweistufigen Vorgehensweise: zunächst wurden die Indikatoren vorgestellt, mit deren Hilfe eine Messung der Konstrukte erfolgen kann. Anschließend wurde erläutert, wie die präsentierten Indikatoren mithilfe von Scanningdaten erfasst werden können. An dieser Stelle konnte z. T. auf Operationalisierungen aus früheren Kapiteln der Arbeit zurückgegriffen werden.

4.4. Welche kausalanalytischen Verfahren stehen zur Analyse der vorhandenen Datengrundlage zur Verfügung und welches ist geeignet, die Wirkungszusammenhänge zu erfassen? (Abschnitt 5.4.)

Mit Blick auf die Schätzung von Ursache-Wirkungs-Zusammenhängen stehen mit der Kovarianzstrukturanalyse und der Partial-Least-Squares-Analyse (PLS) zwei unterschiedliche Verfahren zur Verfügung. Während kovarianzbasierte Verfahren in der Marketingforschung weit verbreitet sind, findet das varianzbasierte Verfahren der Partial-Least-Squares-Analyse erst seit kurzem breitere Anwendung in der empirischen Forschung.

Die Entscheidung, ob ein kovarianzbasiertes Verfahren wie LISREL oder ein varianzbasiertes Verfahren wie PLS in einer Untersuchung zur Anwendung kommt, ist insbesondere abhängig von der Zielsetzung der Untersuchung: Während die Kovarianzstrukturanalyse versucht, Differenzen zwischen empirischen und modellimplizierten Kovarianzen zu minimieren, strebt die varianzbasierte PLS-Analyse eine maximale Varianzaufklärung für die abhängige Variable an. Damit besitzt die Methode eine Prognoseorientierung.

Infolge der Tatsache, dass der Markterfolg als abhängige Variable (bzw. dessen Indikatoren) unmittelbare Relevanz als unternehmerische Zielgröße besitzt, und sich demzufolge eine hohe Prognosegenauigkeit empfiehlt, wurde dem Partial-Least-Squares Verfahren im Rahmen der vorliegenden Untersuchung der Vorzug gegeben.

Darüber hinaus wurde der kausale Wirkungszusammenhang zwischen der Erosion von Markenartikeln und dem Markterfolg des Herstellers sowie des Handels in der Marketingforschung bisher kaum untersucht, so dass nur begrenzt auf bewährte Theorien und Messmodelle zurückgegriffen werden konnte. Demzufolge lag das Ziel der Untersuchung weniger im Vergleich konkurrierender theoretischer Modelle auf der Basis von globalen Anpassungsgütemaßen, wie sie die Kovarianzstrukturanalyse aus Maximum-Likelihood-Schätzungen bereitstellen kann. Vielmehr stand in dieser frühen Phase der Theoriebildung die (explorative) Aufdeckung von Ursache-Wirkungs-Beziehungen zwischen den zu untersuchenden Konstrukten im Vordergrund. Hierfür ist das Partial-Least-Squares Verfahren in besonderem Maße geeignet.

4.5. *Welche Wirkungszusammenhänge bestehen zwischen der Erosion von Markenartikeln und dem Markterfolg des Herstellers sowie des Handels? (Abschnitt 5.5.)*

Die Überprüfung der Hypothesen brachte auf den einzelnen Ebenen des Gesamtmodells dic folgenden Ergebnisse sowie Erkenntnisfortschritte:

1. Auf einer ersten Ebene des Gesamtmodells konnte gezeigt werden, dass die Verbreitung von Handelsmarken eine wesentliche *Ursache* für die Erosion der preis-, der artikel- sowie der aktionsinduzierten Profilierung von Markenartikeln darstellt.

2. Mit Blick auf die *Wirkung* dieser Entwicklungen auf den Markterfolg des Herstellers konnte auf einer zweiten Ebene des Gesamtmodells festgestellt werden, dass insbesondere die Anzahl gelisteter Markenartikel einen starken Einfluss auf die Marktdurchdringung von Markenartikeln besitzt, während das Preisniveau von Markenartikeln lediglich in der Betriebsform Discounter für den Markterfolg von Markenartikeln von Bedeutung zu sein scheint.

3. Mit Blick auf die *Wirkung* dieser Entwicklungen auf den Markterfolg des Handels konnte auf einer dritten Ebene des Gesamtmodells festgestellt werden, dass Handelsmarken und Markenartikel mit unterschiedlicher Intensität zum Markterfolg einzelner Artikelgruppen beitragen. Ob eine zunehmende Verbreitung von Handelsmarken zu einer Steigerung der Marktdurchdringung einer Artikelgruppe führt, hängt davon ab, ob der durch Handelsmarken hervorgerufene Rückgang der Marktdurchdringung von Markenartikeln durch einen Anstieg der Marktdurchdringung von Handelsmarken in einer Artikelgruppe kompensiert werden kann oder nicht.

Diese Frage konnte anhand der im Gesamtmodell zu beobachtenden Totaleffekte beantwortet werden. Mithilfe dieser konnte gezeigt werden, dass die steigende Marktdurchdringung von Handelsmarken in keiner der untersuchten Betriebsformen des Handels ausreicht, um die verursachte Erosion der Marktdurchdringung von Markenartikeln in den untersuchten Artikelgruppen zu kompensieren. Die zunehmende Verbreitung von Handelsmarken weist somit nicht nur negative Auswirkungen mit

Blick auf den Markterfolg des Herstellers auf, sondern führt auch dazu, dass die exemplarisch betrachteten Zielgrößen des Markterfolgs des Handels sinken. Auch OLBRICH/GREWE 2007 konnten belegen, dass der Handel den Anteil gelisteter Handelsmarken weiter ausdehnt, obwohl damit nicht durchweg positive Umsatzentwicklungen einhergehen. Die Autoren vermuten infolgedessen, dass der Handel Handelsmarken – zumindest auch – mit dem Ziel anbietet, kleinere Markenhersteller vom Markt zu drängen. Als Folge dieser Entwicklungen rechnen sie mit einem steigenden Konzentrationsprozess auf der Herstellerstufe.[400]

6.2. Zusammenfassende Bewertungen der Untersuchungsergebnisse

6.2.1. Zusammenfassende Bewertung aus der Sicht der Markenartikelindustrie

In der vorliegenden Arbeit konnte exemplarisch anhand ausgewählter Artikelgruppen der Warengruppe ‚Fleisch' aufgezeigt werden, dass die industriellen Markenartikel einem zunehmenden Verdrängungswettbewerb durch Handelsmarken ausgesetzt sind. In einigen Betriebsformen weisen Handelsmarken bereits einen recht hohen Verbreitungsgrad auf.

Die zunehmende Verbreitung von Handelsmarken ist aus Sicht der Industrie vor allem mit Blick auf die fehlende Chancengleichheit gegenüber dem Handel problematisch.[401] So kann der Handel nicht nur den Auftritt der industriellen Marken am Point of Sale gezielt beeinflussen, sondern er ist zudem in der Lage, für die Handelsmarken seine Marketinginstrumente in einer abgestimmten Konzeption einzusetzen und somit deren Wert zulasten von Markenartikeln in den Augen der Nachfrager zu steigern. Zu

---

400 Vgl. OLBRICH/GREWE 2007, S. 42 und S. 47.

401 Vgl. zur fehlenden Chancengleichheit der industriellen Markenartikel als wesentliche Folge des Preisbindungsverbotes OLBRICH 2001a und 2001b sowie OLBRICH 2004; OLBRICH/BUHR 2004, 2005a und 2007; OLBRICH/BUHR/GREWE/SCHÄFER 2005; OLBRICH/GREWE 2007 sowie GREWE 2009. Eine allgemeine Diskussion des Verbotes der vertikalen Preisbindung findet sich bei HORST 1992 und GLASOW 2000.

diesem Zwecke nutzen die einzelnen Betriebsformen des Handels insbesondere das preispolitische Instrumentarium, wie im Rahmen der vorliegenden Arbeit gezeigt werden konnte.

So konnte beispielsweise belegt werden, dass das Preisniveau von Markenartikeln bei zunehmender Verbreitung von Handelsmarken in den exemplarisch untersuchten Artikelgruppen in den Discountern sinkt. Gleichzeitig steigt das Preisniveau von Handelsmarken. Das insgesamt recht geringe Preisniveau von Markenartikeln (die Preisabstände sind teilweise negativ) deutet darauf hin, dass die preisliche Positionierung von Markenartikeln gezielt unterlaufen wird, indem Markenartikel sehr niedrig, u. U. sogar unter den Einstandspreisen, angeboten werden. In den Verbrauchermärkten steigt das Preisniveau von Markenartikeln in Artikelgruppe 2 bei zunehmender Verbreitung von Handelsmarken hingegen recht deutlich an. Gleichzeitig sinkt das Preisniveau von Handelsmarken. Es ist somit zu vermuten, dass der Preis der industriellen Markenartikel derart hochgesetzt wird, dass die Nachfrager aufgrund der deutlich niedrigeren Preise von Handelsmarken eine besondere Preisgünstigkeit der Handelsmarken vermuten und diese verstärkt nachfragen.

Aus der fehlenden (preispolitischen) Chancengleichheit resultiert, dass die Anzahl gelisteter Markenartikel in (fast) allen Betriebsformen abnimmt. Aus der Sicht der Markenartikelindustrie ergeben sich somit keine positiven Effekte aus der zunehmenden Verbreitung von Handelsmarken. Die in diesem Zusammenhang angewandten Preistaktiken bewirken vermutlich, dass die Zahlungsbereitschaft der Nachfrager für Markenartikel systematisch zugunsten des Verkaufs von Handelsmarken absinkt.[402] Es wird somit ein nachhaltiger Wechsel zu Handelsmarken hervorgerufen, in dessen Folge der Wert von Markenartikeln erodiert.

Demzufolge sollten Hersteller von Markenartikeln geeignete Maßnahmen ergreifen, um eine Erosion der Profilierung von Markenartikeln im Wettbewerb mit Handelsmarken zu vermeiden. Neben Investitionen in den Erhalt bzw. den Aufbau der Marken (wie z. B. Qualitätssteigerungen und Innovationen) bieten sich in den Verbraucher-

402 Vgl. hierzu auch OLBRICH 2001c, S. 175 sowie OLBRICH/SCHÄFER/BATTENFELD 2006, S. 362 f.

und Supermärkten insbesondere Nichtpreisaktionen (wie Displayaktionen) an, da diese keine unmittelbare Erhöhung der Preissensibilität der Nachfrager nach sich ziehen und somit dazu beitragen können, die Marktdurchdringung von Handelsmarken zu begrenzen. In den Discountern sollte hingegen insbesondere (temporäre) Preisaktionen genutzt werden, um die Preisgünstigkeit von Markenartikeln im Wettbewerb mit Handelsmarken hervorzuheben. So könnte u. U. ein nachhaltiger Wechsel der preissensiblen Nachfrager zu Handelsmarken vermieden werden und damit den Gefahren einer Markenerosion vorgebeugt werden.

Aufgrund der Preishoheit des Handels im gesamten Sortiment, sollte es für Herstellerunternehmen jedoch insgesamt recht schwierig sein, eine zu starke (wie z. B. im Rahmen von Verkäufen unter Einstandspreisen) bzw. zu häufige Unterschreitung des Preisabstandes zu Handelsmarken zu vermeiden. Letztendlich können hier nur Instrumente auf wettbewerbspolitischer Ebene Abhilfe schaffen.

6.2.2. Zusammenfassende Bewertung aus der Sicht des Handels

Im Rahmen der vorliegenden Untersuchung konnte aufgezeigt werden, dass die zunehmende Verbreitung von Handelsmarken in (fast) allen betrachteten Betriebsformen keine positiven Wirkungen auf die Indikatoren der exemplarisch gewählten Erfolgsgröße ‚Marktdurchdringung der Artikelgruppe‘ aufweist. Es ist somit zu erwarten, dass die zunehmende Verbreitung von Handelsmarken und die damit einhergehende Reduktion der Artikelvielfalt in den Verkaufsstellen der untersuchten Betriebsformen dazu führt, dass die Nachfrager das Angebot in einer Artikelgruppe als wenig attraktiv empfinden. Beispielsweise könnte es durchaus sein, dass Nachfrager, die zwar bevorzugt Handelsmarken kaufen, trotzdem eine gewisse Auswahl an Markenartikeln in einer Artikelgruppe erwarten.[403] So zeigte die Analyse im Rahmen der vorliegenden Arbeit einen Anstieg der Marktdurchdringung derjenigen Artikelgruppe, in der keine Reduktion der Artikelanzahl vorgenommen wurde.

---

403 Vgl. OLBRICH/GREWE/BATTENFELD 2006, S. 334.

In der Folge sollten insbesondere Betriebsformen (wie z. B. die Verbraucher- und Supermärkte), in denen Nachfrager erwarten, ein breites Angebot an bekannten Markenartikeln vorzufinden, keine Reduktion der Artikelanzahl über die Anzahl an verfügbaren Markenartikeln vornehmen. Vielmehr sollte eine Bereinigung des Sortimentes um diejenigen Handelsmarken stattfinden, die sich im Wettbewerb mit den angebotenen Markenartikeln als wenig erfolgreich erwiesen haben, da diese letztendlich nicht zu einem (weiteren) Anstieg der Marktdurchdringung einer Artikelgruppe beitragen.

Gleichwohl verfolgen Handelsunternehmen mit der Führung von Handelsmarken u. a. das Ziel, neue Kundensegmente zu erschließen und diese an die Einkaufsstätte zu binden.[404] In der Folge nehmen einige Handelsunternehmen u. U. eine kurzfristig sinkende Marktdurchdringung von Markenartikeln gezielt in Kauf, um langfristig über die Marktdurchdringung von Handelsmarken eine Steigerung der Marktdurchdringung der gesamten Artikelgruppe realisieren zu können. Es konnte jedoch gezeigt werden, dass die zunehmende Verbreitung von Handelsmarken in (fast) allen betrachteten Betriebsformen negative Auswirkungen auf die Marktdurchdringung der exemplarisch untersuchten Artikelgruppen besitzt. Hier ist es also noch nicht gelungen, positive Effekte zu erzielen.

Ob die Verbreitung von Handelsmarken aus der Sicht des Handels betriebswirtschaftlich vorteilhaft ist, kann jedoch erst die Betrachtung des Deckungsbeitrages der Artikelgruppen klären. In der Regel besitzen Markenartikel und Handelsmarken unterschiedlich hohe Handelsspannen. So könnte trotz einer sinkenden Marktdurchdringung der Artikelgruppe ein steigender Deckungsbeitrag erwirtschaftet werden. Es kann jedoch nicht generell von einem höheren Deckungsbeitrag von Handelsmarken ausgegangen werden.[405]

Aus der Sicht des Handels ist somit zu vermuten, dass die zunehmende Verbreitung von Handelsmarken kaum positive Auswirkungen auf das Marktvolumen der einzel-

---

404 Vgl. OLBRICH/GREWE/BATTENFELD 2006, S. 337.

405 So konnten z. B. GLÉMET/GONZÁLEZ-ANDIÓN/LEITÃO/RIBEIRO 1995; CORSTJENS/CORSTJENS 1997 sowie CORSTJENS/ LAL 2000, S. 282 f. belegen, dass Handelsmarken im Vergleich zu Markenartikeln weniger profitabel sind. Vgl. zu dieser Literaturübersicht auch OLBRICH/GREWE/BATTENFELD 2006, S. 335.

nen Betriebsformen aufweist. Insbesondere der Betriebsform Supermarkt gelingt es nicht, sich mithilfe von Handelsmarken im Interbetriebsformenwettbewerb zu profilieren. So verfolgen einzelne Betriebsformen mit der Führung von Handelsmarken also eher das Ziel, Verkaufsstellen konkurrierender Betriebsformen vom Markt zu drängen. Dies trägt u. U. zu einer Verschärfung des Konzentrationsprozesses im Handel bei.

Geht man davon aus, dass der Absatzanteil von Handelsmarken mit deren Listungsanteil korreliert (d. h. ein hoher Absatzanteil von Handelsmarken bedingt auch einen hohen Listungsanteil) sollten insbesondere Betriebsformen, in denen die Nachfrager ein breites Angebot an bekannten Markenartikeln erwarten, den Listungsanteil von Handelsmarken im Sortiment nicht zu stark zulasten von Markenartikeln ausweiten. So konnten beispielsweise OLBRICH/GREWE 2007 belegen, dass mit einer Ausweitung des Listungsanteils von Handelsmarken nicht zwangsläufig positive Umsatzentwicklungen (insbesondere in den Verbraucher- und den Supermärkten) verbunden sind.[406]

Darüber hinaus konnte im Rahmen der vorliegenden Untersuchung gezeigt werden, dass es bei steigenden Preisniveaus und abnehmender Artikelvielfalt keiner Betriebsform gelingt, eine Steigerung des Gesamtumsatzes zu erzielen. Lediglich in derjenigen Artikelgruppe, in der keine Reduktion der Anzahl an Markenartikeln vorgenommen wurde, zeigt sich auch bei steigendem Preisniveau ein Anstieg des Gesamtumsatzes. So akzeptieren die Nachfrager scheinbar nur in solchen Artikelgruppen höhere Preise, in denen auch eine entsprechend hohe Anzahl an Markenartikeln vorliegt.

6.2.3. Zusammenfassende Bewertung aus der Sicht der Wettbewerbspolitik

In der vorliegenden Untersuchung konnte exemplarisch gezeigt werden, dass das Preisniveau im Handel in (fast) allen untersuchten Betriebsformen mit zunehmender Verbreitung von Handelsmarken ansteigt. Gleichzeitig nimmt die Aktionshäufigkeit von Markenartikeln ab. Es ist somit davon auszugehen, dass die zunehmende

406 Vgl. zu den Umsatzentwicklungen einer zunehmenden Verbreitung von Handelsmarken in den einzelnen Betriebsformen des Handels auch die Arbeit von GREWE 2009.

Verbreitung von Handelsmarken keine positiven Preiseffekte aus der Sicht der Nachfrager aufweist. Die Nachfrager sehen sich vielmehr langfristig der Gefahr höherer Preise in allen Betriebsformen des Handels ausgesetzt.[407]

Eine pauschale Aussage, dass die Verbreitung von Handelsmarken aus der Sicht der Nachfrager stets negative Effekte aufweist, ist jedoch nicht ohne Weiteres möglich. So könnte ein steigendes Preisniveau im Handel infolge der Verbreitung von Handelsmarken auf einen Anstieg der Qualität der verfügbaren Produkte (Handelsmarken und Markenartikel) zurückzuführen sein. Allerdings ist fraglich, ob die zunehmende Verbreitung von Handelsmarken zu einem Anstieg der Qualität in einer Artikelgruppe führt. Handelsmarken konkurrieren in der Regel weniger über die Qualität, sondern über den Preis im Wettbewerb mit Markenartikeln. Gleichwohl ist auch fraglich, ob die Qualität von Markenartikeln mit zunehmender Verbreitung von Handelsmarken ansteigt. So liegt für einzelne Herstellerunternehmen im Preiswettbewerb der Zwang nahe, die Qualität ihrer Produkte zu senken, um möglicherweise Produktionskosten zu sparen.[408]

Darüber hinaus könnte ein steigendes Preisniveau im Handel infolge der Verbreitung von Handelsmarken auf einen Anstieg der Anzahl an Innovationen zurückzuführen sein. Träger von Innovationen können Markenartikel und auch Handelsmarken sein. Innovationen von Handelsmarken werden in der Literatur selten für möglich gehalten.[409] In der Praxis ist bei den im Handel angebotenen Handelsmarken tatsächlich eher die Imitation bekannter Markenartikel zu beobachten.

Eine andere Frage ist die nach den Auswirkungen der Verbreitung von Handelsmarken auf die Innovationsfähigkeit von Industrieunternehmen. Hier ist zu erwarten, dass der Preiswettbewerb die Unternehmen zu Einsparungen zwingt, um selber günstiger anbieten zu können, und dass solche Einsparungen möglicherweise schon früh die Ressourcen für Forschung und Entwicklung betreffen.[410] Ob die Verbreitung von Han-

---

407 Vgl. zur Gefahr höherer Preise als Folge der Verbreitung von Handelsmarken u. a. auch OLBRICH/GREWE 2007, S. 24 ff.

408 Vgl. OLBRICH/BUHR/GREWE/SCHÄFER 2005, S. 79 ff.

409 Vgl. HOCH/BANERJI 1993, S. 66, die in Handelsmarken potenzielle Innovatoren sehen.

410 Vgl. OLBRICH/BUHR/GREWE/SCHÄFER 2005, S. 89.

delsmarken zu einem Anstieg der Anzahl an Innovationen führt ist somit mehr als fraglich.

Andererseits könnte ein steigendes Preisniveau im Handel infolge der Verbreitung von Handelsmarken mit einem Anstieg der Artikelvielfalt in einer Artikelgruppe einhergehen. Die Nachfrager hätten somit den Vorteil, dass sie aus einer größeren Anzahl an Artikeln wählen könnten bzw. dass zusätzliche Produkte angeboten werden, die u. U. besser zur Befriedigung der Bedürfnisse geeignet wären. Allerdings konnte mit der vorliegenden Arbeit gezeigt werden, dass die zunehmende Verbreitung von Handelsmarken Auslistungen von Markenartikeln nach sich zieht und die gesamte Artikelvielfalt in beiden Artikelgruppen abnimmt.

Die Ergebnisse der vorliegenden Arbeit deuten somit – ebenso wie die von OLBRICH/GREWE 2007 – darauf hin, dass die in der Literatur befürchteten negativen Wohlfahrtseffekte[411] einer Erosion von Markenartikeln mit Blick auf das Preisniveau, die Artikelvielfalt, die Aktionshäufigkeit sowie das Marktvolumen bzw. die Marktdurchdringung der untersuchten Artikelgruppen bereits jetzt – also in einer Phase, in der die Erosion der industriellen Markenartikel vermutlich noch längst nicht abgeschlossen ist – erkennbar sind. In der Folge muss in Übereinstimmung mit OLBRICH/GREWE 2007 dafür plädiert werden, dass die Aufhebung des per-se-Verbotes vertikaler Mindestpreisvereinbarungen in den USA der EU als ‚Wegweiser' dienen sollte.[412]

So sollte die Schaffung entsprechender gesetzlicher Rahmenbedingungen dazu führen, dass in der Konsumgüterwirtschaft wieder mehr Leistungsanreize geschaffen würden, da zu erwarten ist, dass einige Hersteller dieses Instrumentarium nützen würden, um eine Erosion von Markenartikeln im Wettbewerb mit Handelsmarken zu begegnen. Außerdem sollten einige extreme Preistaktiken (wie z. B. extreme Niedrigpreise oder die Preistaktik des ‚Umbrella Pricing'), wie sie im Rahmen der hier präsentierten Arbeit aufgezeigt werden konnten, gebremst werden.

411 Für einen Überblick über die Wohlfahrtseffekte von Handelsmarken vgl. OLBRICH/BUHR/GREWE/SCHÄFER 2005, S. 45 ff. sowie OLBRICH/GREWE 2007, S. 5 ff.

412 Ein vertiefender Kommentar zur Aufhebung des per-se-Verbotes vertikaler Mindestpreisvereinbarungen in den USA findet sich bei OLBRICH/GREWE 2007, S. 46 sowie GREWE 2009.

6.3. Fazit sowie Ausblick

In einer Gesamtsicht stützen die Ergebnisse der vorliegenden Untersuchung die Vermutung vieler Autoren, dass die mit Handelsmarken verbundenen ungleichen Wettbewerbschancen von Industrie und Handel (insbesondere im Bereich der Preispolitik) zu einer Erosion des Wertes der industriellen Markenartikel führen.[413]

Obwohl der Handel die Erosion der industriellen Markenartikel in der Regel gezielt herbeiführt, um die angebotenen Handelsmarken zu profilieren, offenbart die vorliegende Untersuchung, dass sich dies zunehmend negativ auf die Marktdurchdringung einzelner Artikelgruppen auswirkt. Die Vermutung einiger Autoren, dass Handelsmarken ab einem gewissen Verbreitungsgrad zu keiner weiteren Steigerung des Markterfolgs im Handel beitragen, konnten somit nicht nur bestätigt werden.[414] Es ist sogar mit dem Absinken von Erfolgsgrößen bei weiterer Verbreitung von Handelsmarken zu rechnen. Von einer generellen Erhöhung der Einkaufsstättentreue durch Handelsmarken ist somit nicht auszugehen. Vielmehr reagieren insbesondere die markentreuen Käufer bei einer zu starken Ausweitung des Anteils von Handelsmarken vermutlich mit einem Konsumverzicht. Die These von MESSINGER/NARASIMHAN 1995, dass die Konsumentenloyalität bei zunehmendem Anteil von Handelsmarken von Marken auf Geschäftsstätten übergeht, konnte somit nicht unterstützt werden.[415]

Betrachtet man die Ergebnisse der vorliegenden Untersuchung auf einer übergeordneten, wettbewerbsgerichteten Ebene, so drängt sich ein eher negatives Gesamturteil auf: wie im Rahmen der vorliegenden Untersuchung gezeigt werden konnte, führt die im Rahmen der zunehmenden Verbreitung von Handelsmarken angestrebte Abschottung des Wettbewerbs derzeit in den untersuchten Artikelgruppen zu einem Anstieg des Preisniveaus bei abnehmender Artikelvielfalt. Da Handelsmarken in der Regel Imitationen bekannter Markenartikel darstellen und sich derzeit (noch) verstärkt über den Preis im Wettbewerb mit Markenartikeln profilieren, sind durch diese keine Innovati-

---

413 Vgl. AHLERT 1996; BODENBACH 1996, S. 50; KÖHLER 2003, S. 8, Rn. 1; HEIL/LÜTJE/SCHUNK 2003, S. 11 sowie OLBRICH 2004.

414 Vgl. die empirischen Untersuchungen von OLBRICH/GREWE/BATTENFELD 2006; KUMAR/STEENKAMP 2007 sowie AILAWADI/PAUWELS/STEENKAMP 2007.

415 Vgl. MESSINGER/NARASIMHAN 1995, S. 220.

onsanreize sowie Qualitätssteigerungen zu erwarten. Auch auf Seite der Industrie werden Investitionen in Innovationen und Qualität der Marken bei zunehmender Erosion des Wertes der Marken höchstwahrscheinlich unterbleiben.[416]

Somit konnte die Ansicht vieler Autoren gestützt werden, dass von einer zunehmenden Verbreitung von Handelsmarken negative Effekte auf die Wohlfahrt ausgehen.[417] Dies ist insofern bemerkenswert, da die derzeitig zu beobachtenden Entwicklungen in der Konsumgüterdistribution nicht zuletzt Folge einer staatlich vorgenommenen Regulierung sind. So sollte das Verbot der vertikalen Preisbindung ursprünglich dem Schutz des Handels vor der ‚Macht' der Markenartikelindustrie dienen. Heute wirkt es allerdings faktisch in die entgegengesetzte Richtung und schadet damit insbesondere dem Verbraucher. In der Folge sollte eine Aufhebung des Preisbindungsverbotes dazu beitragen, die Machtzunahme des Handels und die damit verbundenen negativen Wohlfahrtseffekte der Erosion von Markenartikeln zu mäßigen.[418]

Zukünftig sind mit Blick auf eine zunehmende Verbreitung von Handelsmarken in der Konsumgüterdistribution zwei Tendenzen zu erwarten: zum einen ist von einer Verbreitung von Handelsmarken auszugehen, die sich nicht ausschließlich über den Preis im Wettbewerb positionieren. So bieten insbesondere so genannte Premium-Handelsmarken dem Handel den Vorteil, neben der Bindung an die Geschäftsstätte, auch über die mit diesen Marken verbundene Hoffnung steigender Markentreue eine positive Wirkung auf den Markterfolg der Artikelgruppen zu erzielen.[419]

Zum anderen findet eine Bereinigung des Sortiments um Handelsmarken statt, die sich als wenig erfolgreich im Wettbewerb mit Markenartikeln erwiesen haben. So kann der

---

416 Vgl. zur abnehmenden Anzahl an Innovationen als Folge der Verbreitung von Handelsmarken auch OLBRICH/BUHR/GREWE/SCHÄFER 2005, S. 79 und S. 88 ff.

417 Vgl. u. a. DOBSON/WATERSON 1997; DOBSON 1998; VOGEL 1998; DOBSON CONSULTING 1999; DOBSON/CLARKE/DAVIES/WATERSON 2001; SWEDISH COMPETITION AUTHORITY 2002a und b; COMPETITION COMMISSION (GB) 2003 sowie für einen zusammenfassenden Überblick OLBRICH/BUHR/GREWE/SCHÄFER 2005, S. 72 ff. sowie OLBRICH/GREWE 2007, S. 5 ff.

418 Vgl. OLBRICH/BUHR/GREWE/SCHÄFER 2005, S. 95 ff.

419 Einen entsprechenden Wirkungszusammenhang konnte WINDBERGS 2007 im Rahmen einer empirischen Untersuchung nachweisen. Vgl. WINDBERGS 2007, S. 81 ff.

Handel in der Regel kaum Markenartikel durch Handelsmarken ersetzen, die eine hohe Markentreue bzw. einen hohen Bekanntheitsgrad in den Augen der Konsumenten aufweisen. Darüber hinaus erwarten u. U. auch Handelsmarkenkäufer ein entsprechendes Angebot an bekannten Markenartikeln in den Geschäftsstätten des Handels. In diesem Sinne sind auch die Bemühungen der Discounter zu verstehen, seit geraumer Zeit verstärkt Markenartikel in das Sortiment aufzunehmen.[420]

Insgesamt ermöglichte die vorliegende Untersuchung, die von GREWE 2009 vorgefundenen Ergebnisse nicht nur zu bestätigen, sondern darüber hinaus die Auswirkungen einer zunehmenden Verbreitung von Handelsmarken auch im Rahmen einer vertiefenden Betrachtung anhand einer zweiten Artikelgruppe sowie einer abweichenden Stichprobenziehung offen zu legen. Darüber hinaus wurde die Perspektive der Markenartikelindustrie auf der Grundlage der hier präsentierten Ergebnisse gewählt, um die Implikationen für die gesamte Wertschöpfungskette tiefer aufzuzeigen.

420 Vgl. BERNAU 2005.

Anhang

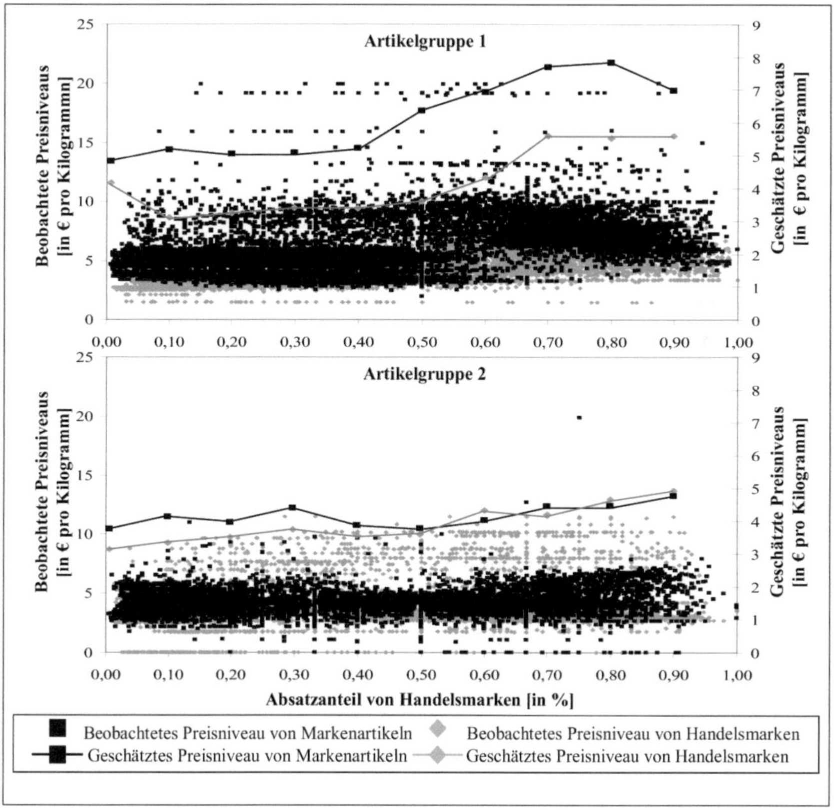

Abb. 83: Absatzanteil von Handelsmarken, beobachtete und geschätzte Preisniveaus (betriebsformenübergreifende Betrachtung)

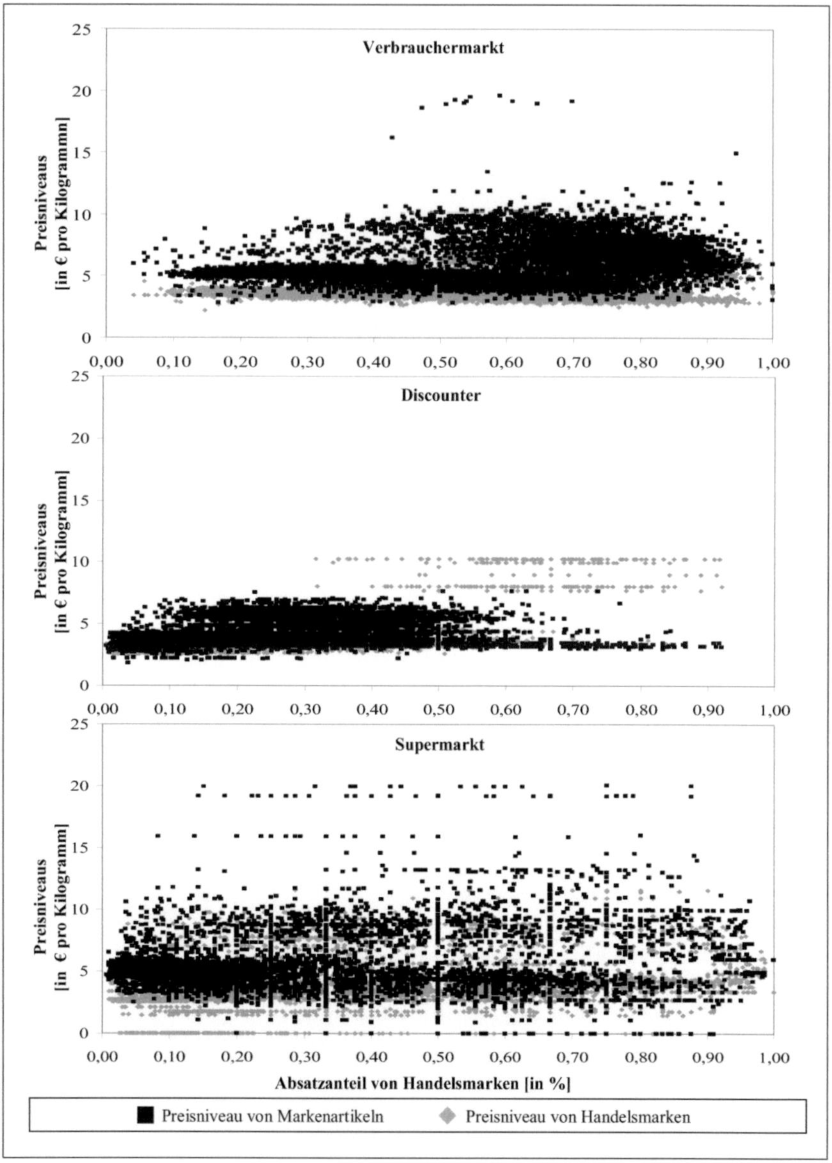

Abb. 84: Absatzanteil von Handelsmarken und Preisniveaus (artikelgruppenübergreifende Betrachtung)

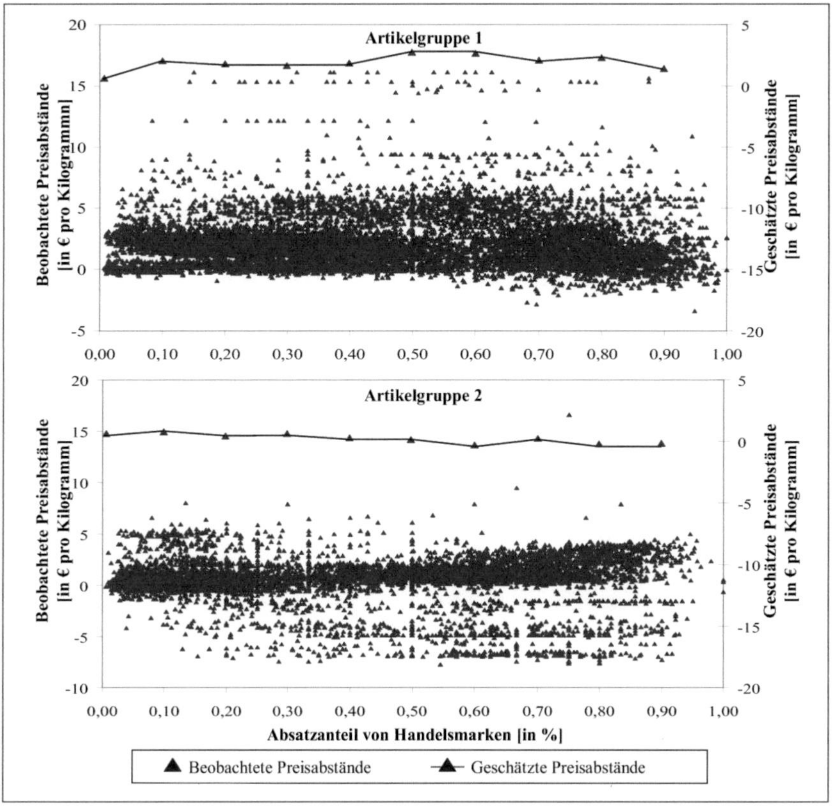

Abb. 85: Absatzanteil von Handelsmarken, beobachtete und geschätzte Preisabstände (betriebsformenübergreifende Betrachtung)

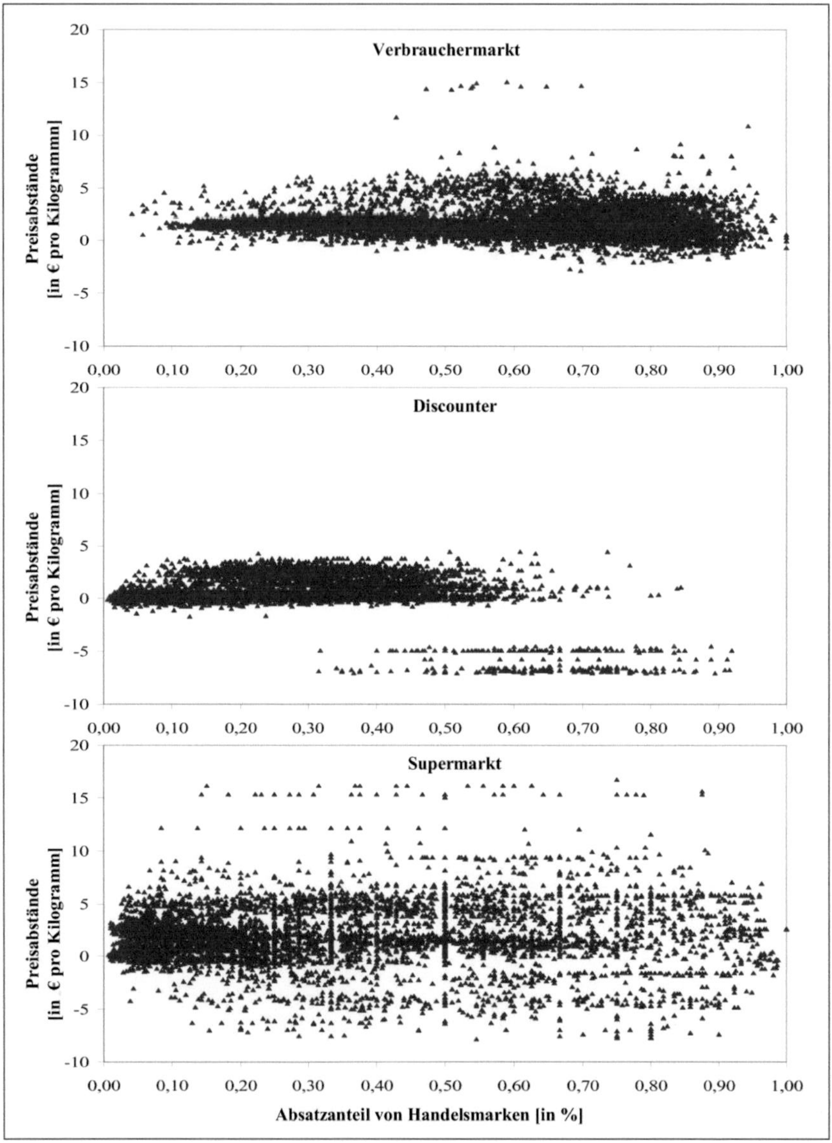

Abb. 86: Absatzanteil von Handelsmarken und Preisabstände (artikelgruppenübergreifende Betrachtung)

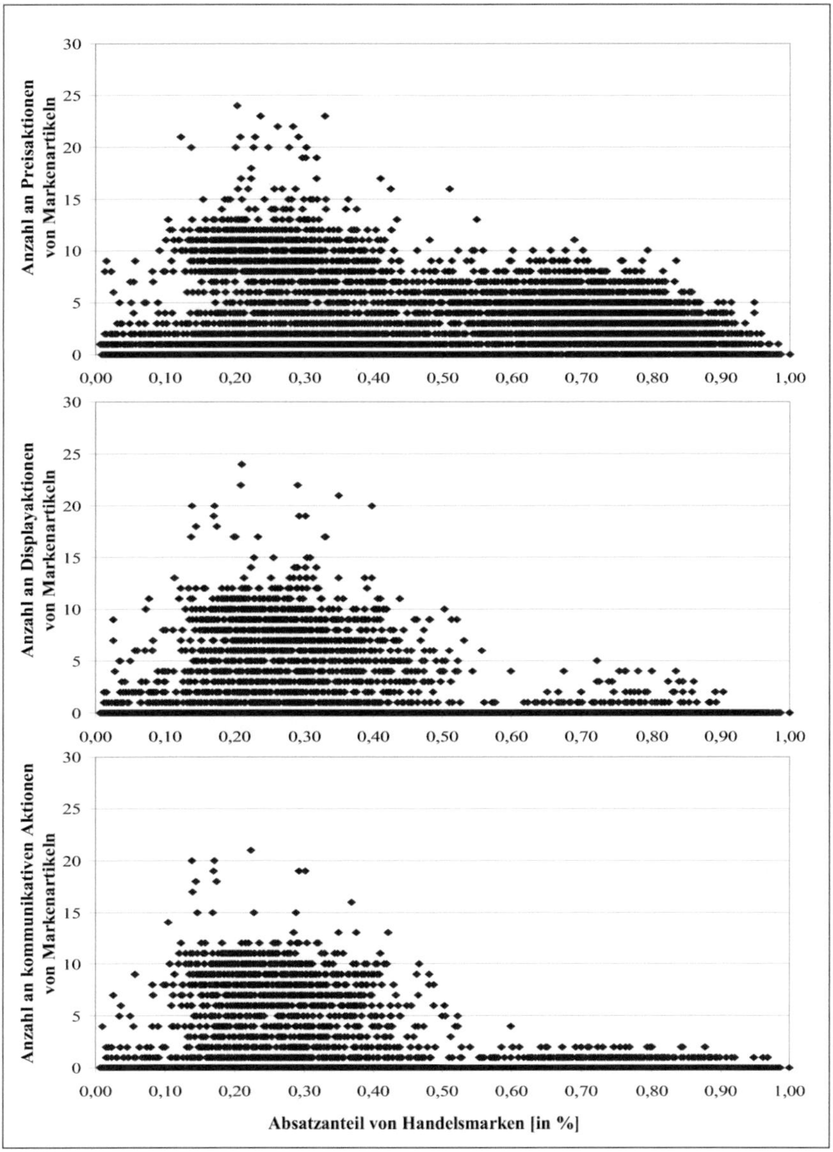

Abb. 87: Absatzanteil von Handelsmarken und Aktionshäufigkeit von Markenartikeln in Artikelgruppe 1 (betriebsformenübergreifende Betrachtung)

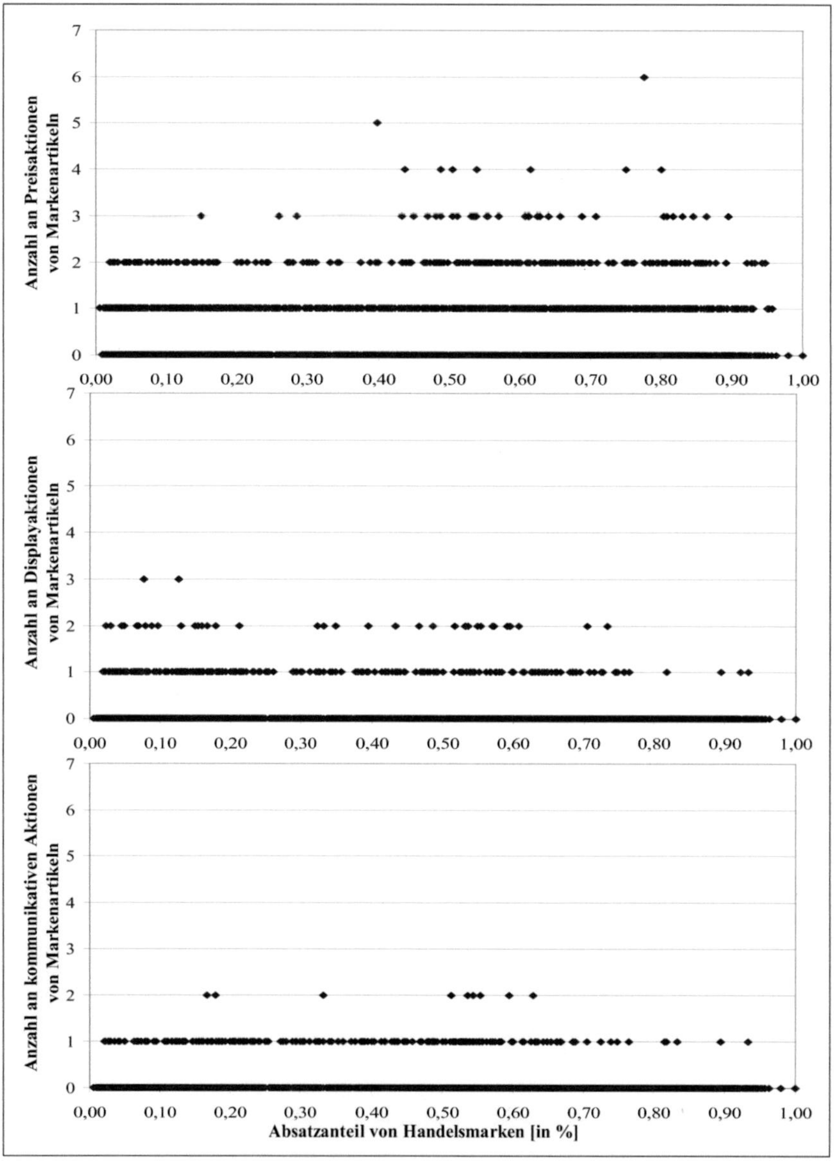

Abb. 88: Absatzanteil von Handelsmarken und Aktionshäufigkeit von Markenartikeln in Artikelgruppe 2 (betriebsformenübergreifende Betrachtung)

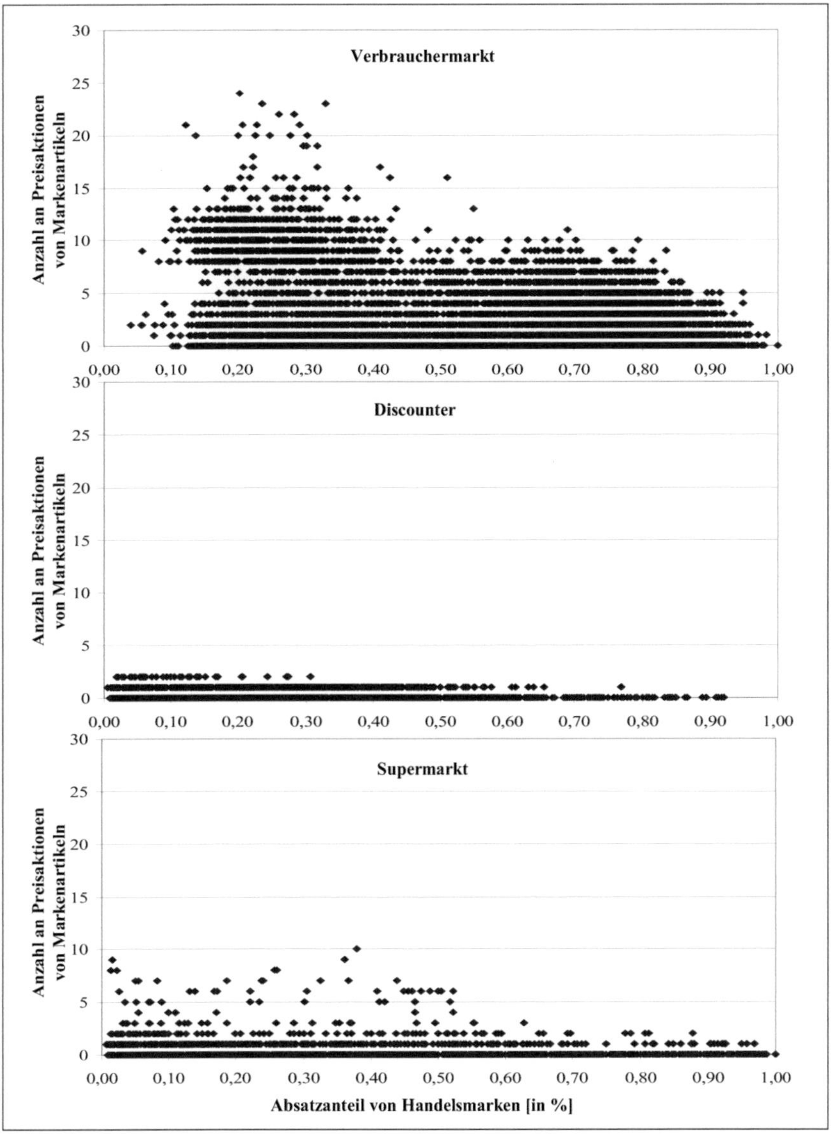

Abb. 89: Absatzanteil von Handelsmarken und Preisaktionen von Markenartikeln (artikelgruppenübergreifende Betrachtung)

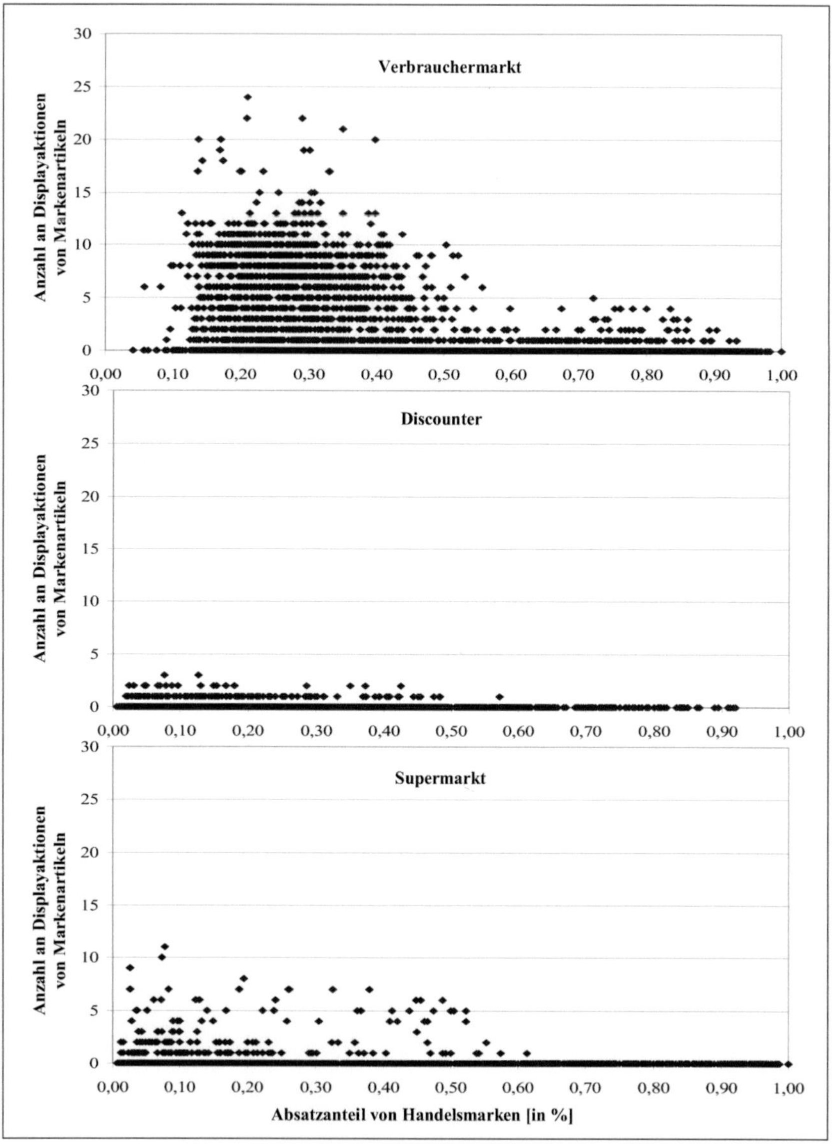

Abb. 90: Absatzanteil von Handelsmarken und Displayaktionen von Markenartikeln (artikelgruppenübergreifende Betrachtung)

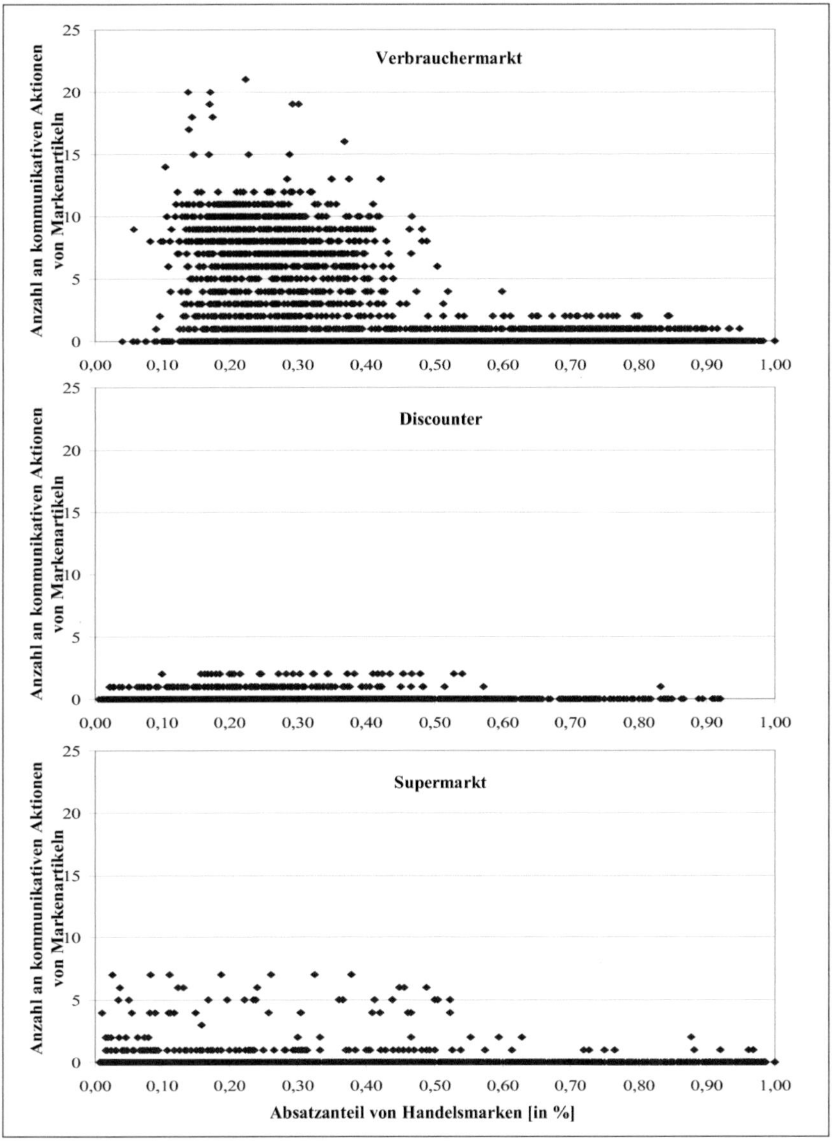

Abb. 91: Absatzanteil von Handelsmarken und kommunikative Aktionen (artikelgruppenübergreifende Betrachtung)

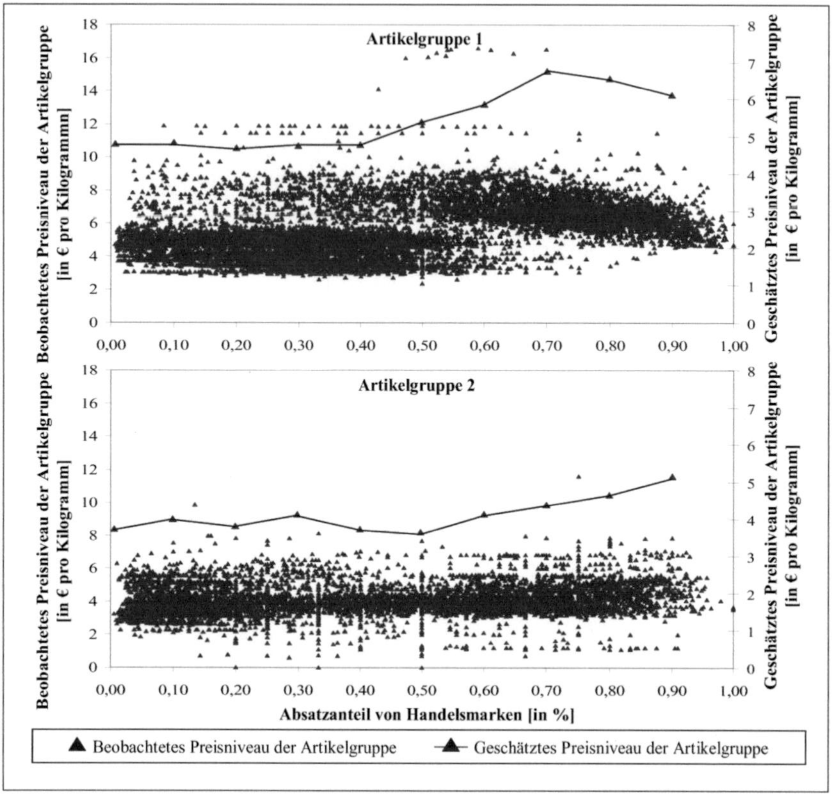

Abb. 92: Absatzanteil von Handelsmarken, beobachtete und geschätzte Preisniveaus der Artikelgruppen (betriebsformenübergreifende Betrachtung)

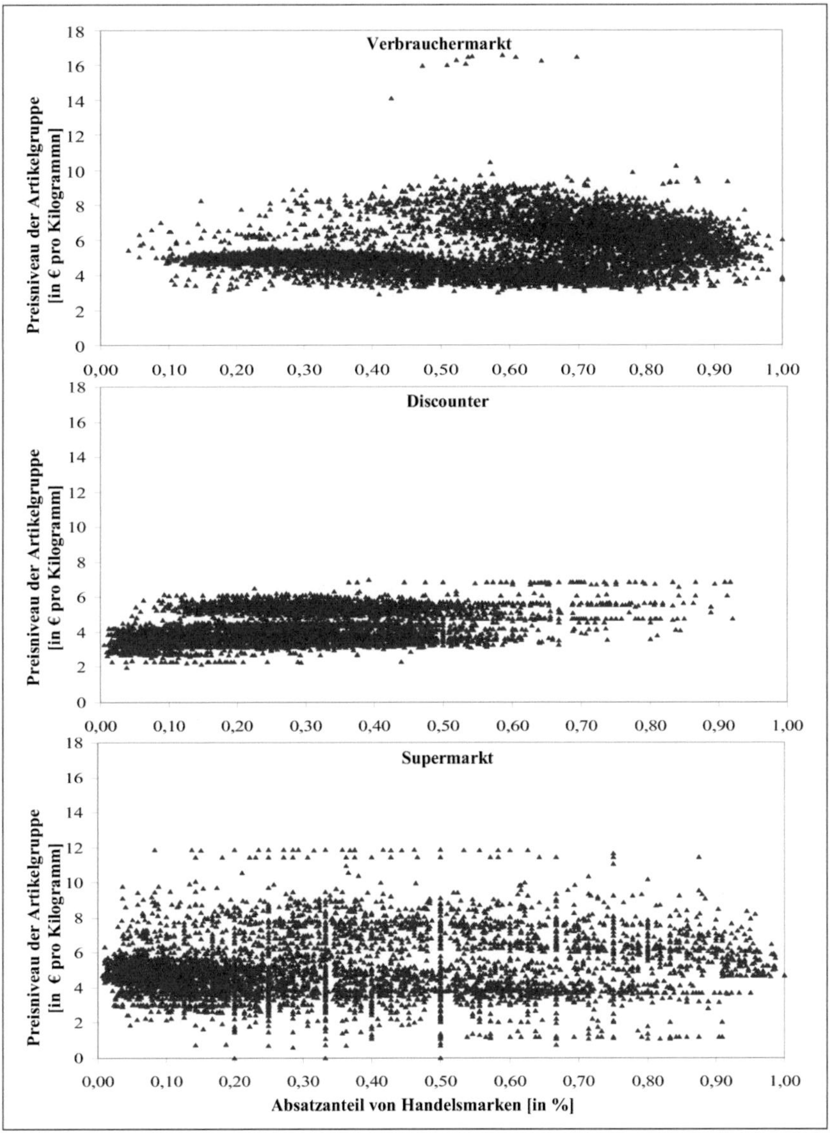

Abb. 93: Absatzanteil von Handelsmarken und Preisniveau der Artikelgruppen (artikelgruppenübergreifende Betrachtung)

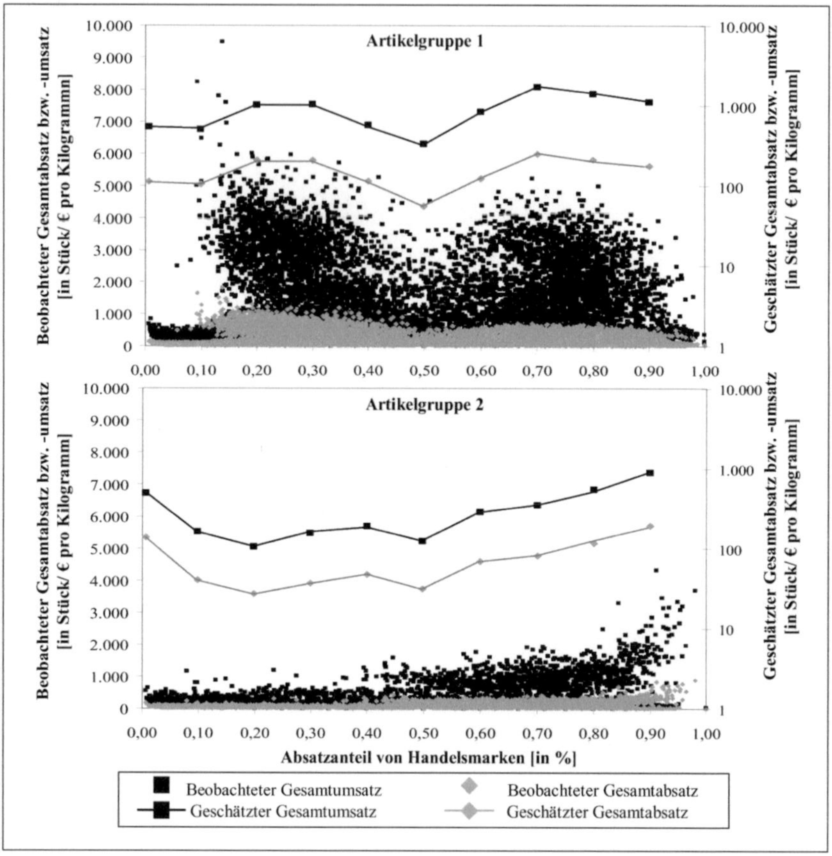

Abb. 94: Absatzanteil von Handelsmarken, beobachteter und geschätzter Gesamtabsatz bzw. -umsatz (betriebsformenübergreifende Betrachtung)

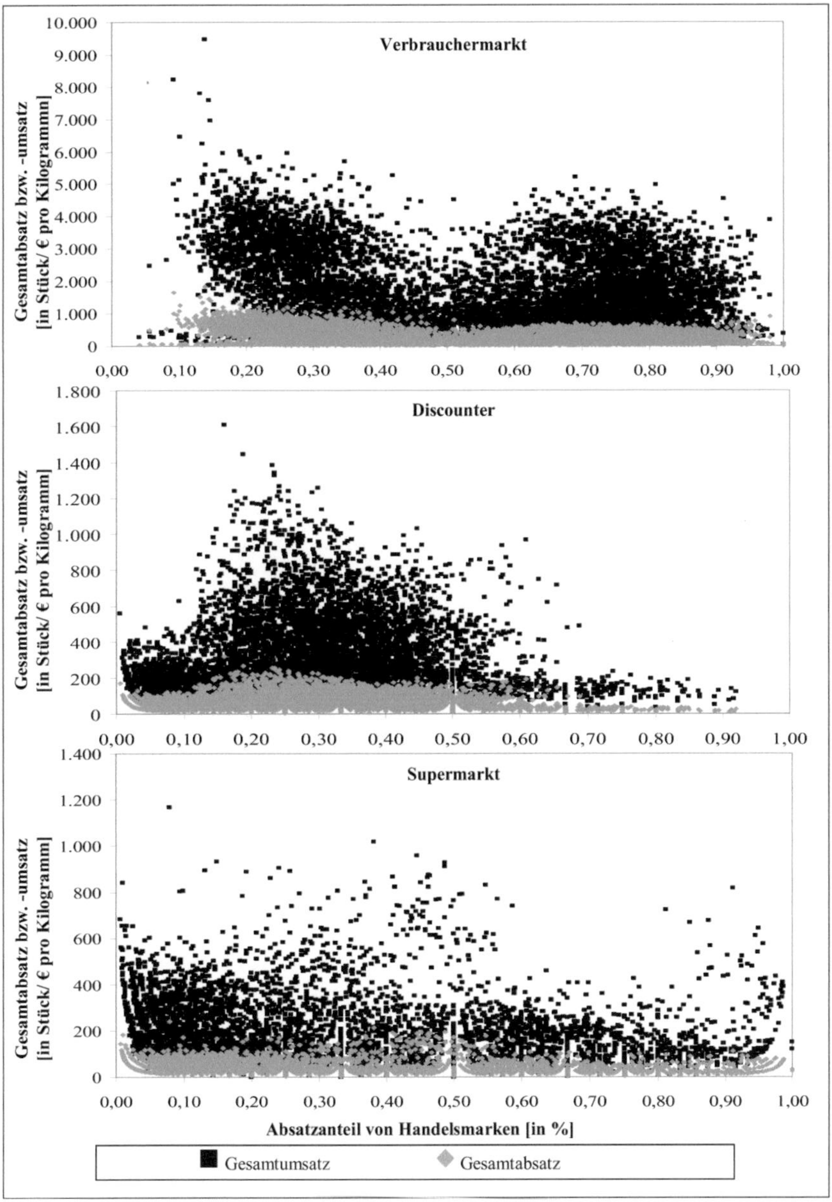

Abb. 95: Absatzanteil von Handelsmarken und Gesamtabsatz bzw. -umsatz (artikelgruppenübergreifende Betrachtung)

Literaturverzeichnis

AAKER, D. A. 1991: Managing Brand Equity, Capitalizing on the Value of a Brand Name, New York 1991.

AAKER, D. A./BIEL, A. L. 1993: Brand Equity and Advertising: An Overview, in: AAKER, D. A./BIEL, A. L. (Hrsg.), Brand Equity and Advertising: Advertising's Role in Building Strong Brands, New York 1993, pp. 1-10.

AAKER, D. A./JACOBSON, R. 1994: The Financial Information Content of Perceived Quality, in: Journal of Marketing Research, Vol. 31, 1994, No. 2, pp. 191-210.

ACNIELSEN 2005: The Power of Private Labels 2005, A Review of Growth Trends Around the World, Executive News Report from AcNielsen Global Services, September 2005.

AGARWAL, M. K./RAO, V. R. 1996: An Empirical Comparison of Consumer-Based Measures of Brand Equity, in: Marketing Letters, Vol. 7, 1996, Issue 3, pp. 237-247.

AHLERT, D. 1983: Die Bedeutung der offensiven Untereinstandspreispolitik im Handel für die Hersteller hochwertiger Markenartikel des aperiodischen Bedarfs, in: WRP, 1983, Heft 9, S. 459-469.

AHLERT, D. 1986: Niedrigpreisstrategien und Untereinstandspreise oder das Problem des ‚leistungsgerechten' Preises im Einzelhandel, in: Markenartikel, 1986, Heft 6 (Teil I), S. 268-282 u. Heft 7 (Teil II), S. 332-337.

AHLERT, D. 1996: Distributionspolitik, 3. Aufl., Stuttgart u. a. 1996.

AHLERT, D. 1997: Warenwirtschaftsmanagement und Controlling in der Konsumgüterdistribution – Betriebswirtschaftliche Grundlegung und praktische Herausforderungen aus der Perspektive von Handel und Industrie, in: AHLERT, D./OLBRICH, R. (Hrsg.), Integrierte Warenwirtschaftssysteme und Handelscontrolling, 3., neubearb. Aufl., Stuttgart 1997, S. 3-112.

AHLERT, D. 2002: Handelsinformationssysteme als Basis des operativen und strategischen Handelsmanagement, in: MÖHLENBRUCH, D./HARTMANN, M. (Hrsg.), Der Handel im Informationszeitalter, Klaus Barth zum 65. Geburtstag, Wiesbaden 2002, S. 53-77.

AHLERT, D./KENNING, P./SCHNEIDER, D. 2000: Das Wachstum der Handelsmarken – Ursachen und Zukunftsperspektiven, in: BRUHN, M. (Hrsg.), Handelsmarken: Zukunftsperspektiven der Handelsmarkenpolitik, 3. Aufl., Stuttgart 2000, S. 243-260.

AHLERT, D./KÖSTER, L. 2004: Strategic Brand Coordination, in: AHLERT, D. (Hrsg.), Exzellenz in Markenmanagement und Vertrieb, Wiesbaden 2004, S. 179-196.

AILAWADI, K. L. 2001: The Retail Power-Performance Conundrum: What Have We Learned?, in: Journal of Retailing, Vol. 77, 2001, No. 3, pp. 299-318.

AILAWADI, K. L./LEHMANN, D. R./NESLIN, S. A. 2003: Revenue Premium as an Outcome Measure of Brand Equity, in: Journal of Marketing, Vol. 67, 2003, Issue 4, pp. 1-17.

AILAWADI, K. L./NESLIN, S. A./GEDENK, K. 2001: Pursuing the Value-Conscious Consumer: Store Brands Versus National Brand Promotions, in: Journal of Marketing, Vol. 65, 2001, Issue 1, pp. 71 - 89.

AILAWADI, K. L./PAUWELS, K./STEENKAMP, J.-B. E. M. 2007: The Reciprocal Relationship between Private Label Use and Store Loyalty, Tuck School of Business at Dartmouth, Working Paper No. 2007-38.

ANDERSON, E. 2007: Brand Basics: Create a Brand That Ensures Your Long-Term Success, in: Dealernews, Vol. 43, 2007, Issue 1, p. 32.

ANDERSON, J. R. 1983: A Spreading Activation Theory of Memory, in: Journal of Verbal Learning and Verbal Behavior, Vol. 22, 1983, pp. 261-295.

ARBIA, G./BASILE, R./PIRAS, G. 2005 : Analyzing Intra-Distribution Dynamics : A Reappraisal, Discussion Paper, Institute for Studies and Economic Analyses, December 2005.

AUSSCHUSS FÜR DEFINITIONEN ZU HANDEL UND DISTRIBUTION 2006: Katalog E, Definitionen zu Handel und Distribution, 5. Ausgabe, Köln 2006.

BACKHAUS, K./ERICHSON, B./PLINKE, W./WEBER, R. 2006: Multivariate Analysemethoden: eine anwendungsorientierte Einführung, 11., überarb. Aufl., Berlin 2006.

BAKER, D./BALTZER, K./MØLLER, A. S. 2006: Branding Behavior in the Danish Food Industry, in: Agribusiness, Vol. 22, 2006, No. 1, pp. 31-49.

BARWISE, P./HIGSON, C./LIKIERMAN, A./MARSH, P. 1989: Accounting for Brands, London 1989.

BAUMGARTH, C. 2001: Markenpolitik, Wiesbaden 2001.

BAYUS, B. L./PUTSIS, W. P. 1999: Product Proliferation: An Empirical Analysis of Product Line Determinants and Market Outcomes, in: Marketing Science, Vol. 18, 1999, No. 2, pp. 137-153.

BEKMEIER-FEUERHAHN, S. 1998: Marktorientierte Markenbewertung: eine konsumenten- und unternehmensbezogene Betrachtung, Wiesbaden 1998.

BENTELE, G./BUCHELE, M.-S./HOEPFNER, J./LIEBERT, T. 2005: Markenwert und Markenwertermittlung. Eine systematische Modelluntersuchung und -bewertung, 2. Aufl., Wiesbaden 2005.

BEREKOVEN, L./ECKERT, W./ELLENRIEDER, P. 2004: Marktforschung. Methodische Grundlagen und praktische Anwendung, 10. Aufl., Wiesbaden 2004.

BERGÈS-SENNOU, F./CAPRICE, S. 2001 : L'Analyse économique des marques de distributeurs, Recherches en Economie et Sociologie Rurales, 15ème année, N° 3, edité par le Département d'Economie et de Sociologie Rurales de l'Institut National de la Recherche Agronomique, Ivry-sur-Seine 2001.

BERGÈS-SENNOU, F./BONTEMS, F./RÉQUILLART, V. 2004: Economics of Private Labels : A Survey of Literature, in: Journal of Agricultural & Food Industrial Organization, Vol. 2, 2004, Issue 1, Article 3.

BERGSTRÖM, F./DAUNFELDT, S.-O./RUDHOLM, N. 2006: The Times, they are Changing: What's new in the Swedish retail trade market?, in: European Retail Digest, Oxford Institute of Retail Management, University of Oxford, No. 52, 2006, pp. 37-39.

BERNAU, P. 2005: Das allmähliche Ende des Aldi-Prinzips, in: Frankfurter Allgemeine Zeitung vom 18.09.2005.

BIRKIN, M. 1989: The Benefits of Valuing Brands, in: MURPHY, J. (Hrsg.), Brand Valuation: Establishing a True and Fair View, London 1989, pp. 12-22.

BLAIR, E. A./LANDON JR., E. L. 1981 : Contextual Effects of Reference Prices in Retail Advertisements, in: Journal of Marketing, Vol. 45, 1981, No. 1, pp. 61-69.

BLOOM, P. N./GUNDLACH, G. T./CANNON, J. P. 2000: Slotting Allowances and Fees: Schools of Thought and the Views of Practicing Managers, in: Journal of Marketing, Vol. 64, 2000, No. 2, pp. 92-108.

BODENBACH, B. F. 1996: Internationale Handelsmarkenpolitik im europäischen Lebensmitteleinzelhandel, Regensburg 1996.

BONFRER, A./CHINTAGUNTA, P. K. 2004: Store Brands: Who buys them and what happens to retail prices when they are introduced? in: Review of Industrial Organization, Vol. 24, 2004, No. 2, pp. 195-218.

BONNANO, A./LOPEZ, R. A. 2005: Private Label Expansion and Supermarket Milk Prices, in: Journal of Agricultural & Food Industrial Organization, Vol. 3, 2005, Issue 1, Article 2.

BONTEMS, C./OROZCO, V./RÉQUILLART, V. 2005 : Confirming the Price Effects of Private Labels Development, Working Paper, University of Toulouse-INRA.

BONTEMS, C./OROZCO, V./RÉQUILLART, V./TRÉVISIOL, A. 2005: Price Effects of Private Label Development, in : Journal of Agricultural & Food Industrial Organization, Vol. 3, 2005, Issue 1, Article 3.

BORTZ, J. 1999: Statistik für Sozialwissenschaftler, 5. Aufl., Berlin u. a. 1999.

BOZTUG, Y./HILDEBRANDT, L. 2001: Die Schätzung von Responsefunktionen mit parametrischen und nichtparametrischen Verfahren über Scannerdaten, in: HIPPNER, H./KÜSTERS, U./MEYER, M./WILDE, K. (Hrsg.), Handbuch Data Mining im Marketing, Wiesbaden 2001, S. 807-819.

BOWMAN A. W./AZZALINI A. 1997: Applied Smoothing Techniques for Data Analysis. The kernel approach with S-Plus illustrations, Clarendon Press, Oxford 1997.

BRAUN, D. 2002: Schnittstellenmanagement zwischen Handelsmarken und ECR, in: OLBRICH, R. (Hrsg.), Schriftenreihe Marketing, Handel und Management, Band 1, Lohmar und Köln 2002.

BROCKHOFF, K./SATTLER, H. 1996: Schwartauer Werke. Markenwert und Qualitätszeichen, in: DICHTL, E./EGGERS, W. (Hrsg.), Markterfolg mit Marken, München 1996, S. 207-224.

BRUHN, M. 2001: Bedeutung der Handelsmarke im Markenwettbewerb – eine Einführung, in: BRUHN, M. (Hrsg.), Handelsmarken: Zukunftsperspektiven der Handelsmarkenpolitik, 3., überarb. und erw. Auflage, Stuttgart 2001, S. 3-48.

BUCHANAN, L./SIMMONS, C. J./BICKART, B. A. 1999: Brand Equity Dilution: Retailer Display and Context Effects, in: Journal of Marketing Research, Vol. 36, 1999, No. 3, pp. 345-355.

BUCKLIN, R. R./LATTIN, J. M. 1991: A Two-State Model of Purchase Incidence and Brand Choice, in: Marketing Science, Vol. 10, 1991, No. 1, pp. 24-39.

BUHR, C.-C. 2006: Verbundorientierte Warenkorbanalyse mit POS-Daten, in: OLBRICH, R. (Hrsg.), Schriftenreihe Marketing, Handel und Management, Band 5, Lohmar und Köln 2006.

CASPAR, M./METZLER, P. 2002: Entscheidungsorientierte Markenführung: Aufbau und Führung starker Marken, Münster und Düsseldorf 2002.

CHERIDITO, Y. 2003: Markenbewertung, Bern 2003.

CHINTAGUNTA, P. K./BONFRER, A./SONG, I. 2002: Investigating the Effects of Store Brand Introduction on Retailer Demand and Pricing Behaviour, in: Management Science, Vol. 48, 2002, No. 10, pp. 1242-1267.

COBB-WALGREN, C. J./RUBLE, C. A./DONTHU, N. 1995: Brand Equity, Brand Preference, and Purchase Intent, in: Journal of Advertising, Vol. 24, 1995, No. 3, pp. 25-40.

COMPETITION COMMISSION (GB) 2003: Safeway Merger Inquiries: Remedies Statement, 24.06.2003.

CONNOR, J. M./ROGERS, R. T./BHAGAVAN, V. 1996: Concentration Change and Countervailing Power in the U.S. Food Manufacturing Industry, in: Review of Industrial Organization, Vol. 11, 1996, No. 4, pp. 473-492.

COOPER, L. G. 1993: Market-Share Models, in: ELIASHBERG, J./LILIEN, G. L. (Hrsg.), Handbooks in Operations Research and Management Science, Vol. 5, Elsevier Science Publishers, 1993.

COOPER, L. G./NAKANISHI, M. 1988: Market Share Analysis: Evaluating Competitive Marketing Effectiveness, Kluwer Academic Publishers 1988.

CORSTJENS, J./CORSTJENS, M. 1997: Store Wars – The Battle for Mindspace and Shelfspace, Chichester 1997.

CORSTJENS, M./LAL, R. 2000: Building Store Loyalty Through Store Brands, in: Journal of Marketing Research, Vol. 37, 2000, No. 8, pp. 281-291.

COTTERILL, R. W./PUTSIS, W. P. 2000: Market Share and Price Setting Behavior for Private Labels and National Brands, in: Review of Industrial Organization, Vol. 17, 2000, No. 1, pp. 17-39.

COTTERILL, R. W./PUTSIS, W. P./DHAR, R. 2000: Assessing the Competitive Interaction between Private Labels and National Brands, in: Journal of Business, Vol. 73, 2000, No.1, pp. 109-138.

CRAVENS, K. S./GUILDING, C. 2000: Measuring Customer Focus: An Examination of the Relationship between Market Orientation and Brand Valuation, in: Journal of Strategic Marketing, Vol. 8, 2000, pp. 27-45.

CRAVENS, K. S./GUILDING C. 2001: Brand Value Accounting: An International Comparison of Perceived Managerial Implications, in: Journal of International Accounting, Auditing & Taxation, Vol. 10, 2001, pp. 197-221.

CRIMMINS, J. C. 2000: Better Measurement and Management of Brand Value, in: Journal of Advertising Research, Vol. 40, 2000, Issue 6, pp. 136-144.

CRUZ ROCHE, I./REBOLLO AREVALO, A./YAGÜE GUILLEN J. 2003: Concentración y competencia en los canales de distribución de productos alimenticios, Papeles de Economia Española, 2003, No. 96.

DAWAR, N. 1996: Extensions of Broad Brands: The Role of Retrieval in Evaluations of Fit, in: Journal of Consumer Psychology, Vol. 5, 1996, No. 2, pp. 189-207.

DE CHERNATONY, L./DALL'OLMO RILEY, F. 1998: Defining A "Brand": Beyond the Literature with Experts' Interpretations, in: Journal of Marketing Management, Vol. 14, 1998, No. 5, pp. 417-443.

DELEERSNYDER, B./DEKIMPE, M. G./STEENKAMP, E. M./KOLL, O. 2005: Win-Win Strategies at Discount Stores, Report Series Research in Management, Erasmus Research Institute of Management, September 2005.

DESAI, P. 2000: Multiple Messages to Retain Retailers: Signalling New Product Demand, in: Marketing Science, Vol. 19, 2000, No. 4, pp. 381-389.

DEVIN, B. 1993: Markenwert – Messung und Management, in: Markenartikel, 1993, Heft 2, S. 92-94.

DHAR, S. K./HOCH S. J. 1997: Why Store Brand Penetration varies by Retailer, in: Marketing Science, Vol. 16, 1997, No. 3, pp. 208-227.

DICHTL, E. 1992: Grundidee, Varianten und Funktionen der Markierung von Waren und Dienstleistungen, in: DICHTL, E./EGGERS, W. (Hrsg.), Marke und Markenartikel als Instrumente des Wettbewerbs, Mannheim und München 1992, S. 186-203.

DOBSON, P. W. 1998: The Economic Welfare Implications of Own Label Products, School of Management and Finance Dicussion Paper IV, University of Nottingham 1998.

DOBSON CONSULTING 1999: Buyer Power and its Impact on Competition in the Food Retail Distribution Sector of the European Union, prepared for the European Commission – DGIV, Study Contract No. IV/98/ETD/078, 1999.

DOBSON, P. W./WATERSON, M. 1997: Countervailing Power and Consumer Prices, in: The Economic Journal, Vol. 107, 1997, No. 2, pp. 418-430.

DOBSON, P. W./CLARKE, R./DAVIES, S./WATERSON, M. 2001: Buyer Power and its Impact on Competition in the Food Retail Distribution Sector of the European Union, in: Journal of Industry, Competition and Trade, Vol. 1, 2001, No. 3, pp. 247-281.

DREES, N. 1999: Markenbewertung und Markenberatung in Deutschland – Ergebnisse einer empirischen Studie und Begriff des Markenwerts und Modelle zur Markenwertermittlung, Erfurter Hefte zum angewandten Marketing, Heft 6, Fachhochschule Erfurt, 1990.

DRÈZE, X./BELL, D. R. 2001: Creating Win-Win Trade Promotions: Theory and Empirical Analysis of Scan-Back Trade Deals, in: Marketing Science, Vol. 22, 2003, No.1, pp. 16-39.

DUBIN, J. A. 1998: The Demand for Branded and Unbranded Products: An Econometric Method for Valuing Intangible Assets, in: Chapter 4 in Studies in Consumer Demand: Econometric Methods Applied to Market Data; Norwell, MA, pp. 77-127.

DUNNE, D./NARASIMHAN, C. 1999: The New Appeal of Private Labels, in: Harvard Business Review, Vol. 77, 1999, pp. 41-52.

DYSON, P./FARR, A./HOLLIS, N. S. 1996: Understanding, Measuring and Using Brand Equity, in: Journal of Advertising Research, Vol. 36, 1996, No. 6, pp. 9-21.

ECHTERLING, J./FISCHER, M./KRANZ, M. 2002: Die Erfassung der Markenstärke und des Markenpotenzials als Grundlage der Markenführung, Münster und Düsseldorf 2002.

EHI 2005/2006: Handel aktuell: Struktur, Kennzahlen und Profile aus dem deutschen und dem internationalen Fachhandel, Köln 2006.

EHI 2007/2008: Handel aktuell: Struktur, Kennzahlen und Profile aus dem deutschen und dem internationalen Fachhandel, Köln 2007.

ESCH, F.-R. 1993: Markenwert und Markenwertsteuerung. Eine verhaltenswissenschaftliche Perspektive, in: Thexis Nr. 5/6, 1993, S. 56-64.

ESCH, F.-R. 1998: Wirkung integrierter Kommunikation, Forschungsgruppe Konsum und Verhalten, Wiesbaden 1998.

ESCH, F.-R. 2000: Ansätze zur Messung des Markenwerts, in: ESCH, F.-R. (Hrsg.), Moderne Markenführung, Grundlagen – Innovative Ansätze – Praktische Umsetzungen, 2. aktual. Aufl., Wiesbaden 2000, S. 937-965.

ESCH, F.-R. 2003: Strategie und Technik der Markenführung, München 2003.

ESCH, F.-R./GEUS, P. 2001: Ansätze zur Messung des Markenwerts, in: ESCH, F-R. (Hrsg.), Moderne Markenführung, 3. Aufl., Wiesbaden 2001, S. 1025-1058.

ESCH, F.-R./WICKE, A. 2000: Herausforderungen und Aufgaben des Markenmanagements, in: ESCH, F.-R. (Hrsg.), Moderne Markenführung, 2. aktual. Aufl., Wiesbaden 2000, S. 3-60.

EUROPÄISCHE KOMMISSION 1997: Green Paper on Vertical Restraints in EC Competition Policy, Brüssel 1997.

FARQUHAR, P. H. 1990: Managing Brand Equity, in: Journal of Advertising Research, Vol. 30, 1990, No. 4, pp. 7-12.

FEIGE, S. 1997: Handelsorientierte Markenführung: Strategien zur Profilierung von Konsumgüterherstellern beim Handel, Frankfurt am Main u. a. 1997.

FOK, D./FRANSES, P. H./PAAP, R. 2002: Econometric Analysis of the Market Share Attraction Model, in: FRANSES, P. H./MONTGOMERY, A. L. (Hrsg.), Advances in Econometrics, Vol. 16: Econometric Models in Marketing, Elsevier Science Publisher 2002.

FRANZEN, O./TROMMSDORFF, V./RIEDEL, F. 1994: Ansätze der Markenbewertung und Markenbilanz, in: BRUHN, M. (Hrsg.), Handbuch Markenartikel, Band 2, Stuttgart 1994, S. 1373-1401.

FRANCOIS, P./MACLACHLAN, D. L. 1995: Ecological Validation of Alternative Customer-Based Brand Strength Measures, in: International Journal of Research in Marketing, Vol. 12, 1995, No. 4, pp. 321-332.

FRITZ, W./DEES, H. 2004: Die Standardisierung des internationalen E-Marketing von Handelsunternehmen – Erste Ergebnisse eines Forschungsprojekts, in: BAUER, H. H./ HUBER, F. (Hrsg.), Strategien und Trends im Handelsmanagement, Festschrift für Erich Greipl, München 2004, S. 295-317.

FRITZ, W./MÖLLENBERG, A./DEES, H. 2005: Erfolgsfaktoren von Internet-Auktionen: Eine empirische Analyse mit PLS, in: BLIEMEL, F./EGGERT, A./FASSOTT, G./HENSELER, J. (Hrsg.), Handbuch PLS-Pfadmodellierung, Stuttgart 2005, S. 256-274.

GABRIELSEN, T. S./SØRGARD, L. 2007: Private Labels, Price Rivalry, and Public Policy, in: European Economic Review, Vol. 51, 2007, No. 2, pp. 403-424.

GABRIELSEN, T. S./STEEN, F./SØRGARD, L. 2006: Private Label Entry as a Competitive Force? An Analysis of Price Responses in the Norwegian Food Sector, Working Paper.

GAITANIDES, M./WESTPHAL, J. 1990: ‚Nachfragemacht und Erfolg‘ - eine empirische Untersuchung der Erfolgsdeterminanten in Hersteller-Handels-Beziehungen, in: Zeitschrift für Betriebswirtschaft, 60. Jg., 1990, Heft 2, S. 135-153.

GEDENK, K. 2002: Verkaufsförderung, München 2002.

GEDENK, K./NESLIN, S. A. 1999: The Role of Retail Promotion in Determining Future Brand Loyalty: Its Effect on Purchase Event Feedback, in: Journal of Retailing, Vol. 75, 1999, No. 4, pp. 433-459.

GERADON DE VERA, O. 2006: MDD, Le Seuil Critique, in: Le Bulletin de L'ILEC, No. 371, Avril 2006, S. 1-4.

GERLING, M. 1994: Datenmanagement – Lösungen für Organisation und Technik, in: EHI e.V. (Hrsg.), Scannersysteme: Neue Impulse für Organisation und Marketing, Köln 1994.

GERPOTT, T. J./THOMAS, S. E. 2004: Markenbewertungsverfahren. Einsatzfelder und Verfahrensüberblick, in: Wirtschaftswissenschaftliches Studium (WiSt), Heft 7, Juli 2004, S. 394-400.

GLASOW, B. 2000: Vertikale Preisbindung, Wettbewerbstheorie und Wettbewerbsrecht in den USA, Deutschland und Europa, Frankfurt am Main u. a. 2000.

GILBERT, D. 2003: Retail Marketing Management, Second Edition, London 2003.

GLÉMET, F./GONZÁLEZ-ANDIÓN, S./LEITÃO, P. M./RIBEIRO, R. 1995: How profitable are own brand products?, in: The McKinsey Quarterly, 1995, No. 3, pp. 173-175.

GLÖCKNER-HOLME, I. 1988: Betriebsformen-Marketing im Einzelhandel, Augsburg 1988.

GORRIE, A. 2006: Competition between Branded and Private Label Goods. Do Competition Concerns Arise When a Customer is a Competitor?, in: European Competition Law Review, Issue 5, 2007, pp. 217-227.

GÖTZ, O./LIEHR-GOBBERS, K. 2004: Analyse von Strukturgleichungsmodellen mit Hilfe der Partial-Least-Squares(PLS)-Methode, in: Die Betriebswirtschaft (DBW), Vol. 64, 2004, Heft 6, S. 714-738.

GREINERT, M. 2002: Die bilanzielle Behandlung von Marken. Steuer, Wirtschaft und Recht, Köln 2002.

GREWE, G. 2009: Handelsmarken und Marktdurchdringung – Ursachen und Auswirkungen auf den Konsumgüterhandel, in Erscheinung 2009.

GRÜNBLATT, M. 2001: Verfahren zur Analyse von Scanningdaten – Nutzenpotenziale, praktische Probleme und Entwicklungsperspektiven, in: OLBRICH, R. (Hrsg.), Berichte aus dem Lehrstuhl für Betriebswirtschaftslehre, insb. Marketing, Forschungsbericht Nr. 5, FernUniversität in Hagen 2001.

GRÜNBLATT, M. 2004: Warengruppenanalyse mit POS-Scanningdaten, in: OLBRICH, R. (Hrsg.), Schriftenreihe Marketing, Handel und Management, Band 2, Lohmar und Köln 2008.

GUADAGNI, P. M./LITTLE J. D. C. 1983: A Logit Model of Brand Choice Calibrated on Scanner Data, in: Marketing Science, Vol. 2, 1983, No. 3, pp. 203-238.

GÜNTHER, M./VOSSEBEIN, U./WILDNER R. 1998: Panels in der Marktforschung: Praxisbezogenen Einführung, Wiesbaden 1998.

GUPTA, S. 1988: Impact of Sales Promotion on When, What, and How Much to Buy, in: Journal of Marketing Research, Vol. 25, 1988, No. 4, pp. 342-355.

GUPTA, S. P./CHINTAGUNTA, P./KAUL, A./WITTINK, D. R. 1996: Do Household Scanner Data Provide Representative Inferences From Brand Choices: A Comparison With Store Data, in: Journal of Marketing Research, Vol. 33, 1996, No. 4, pp. 383-398.

HAIGH, D./KNOWLES, J. 2004: HOW TO DEFINE YOUR BRAND AND DETERMINE ITS VALUE, IN: MARKETING MANAGEMENT, VOL. 13, 2004, NO. 3, PP. 24-28.

HÄRDLE, W. 1990: Applied Nonparametric Regression, Cambridge 1990.

HÄTTY, H. 1989: Der Markentransfer, Heidelberg.

HEIDER, U. H. 2001: Markenbewertung. Die Marke als Quelle der Wertschaffung. Eine empirische Analyse am Beispiel der deutschen Automobilindustrie, München 2001.

HEIL, O./LÜTJE, D./SCHUNK, H. 2003: Können Niedrigpreise des Handels nachhaltige Schäden für Markenartikel verursachen? – eine Analyse aus der Perspektive der Marketing-Forschung, Center for Brand Equity & Competition, Johannes-Gutenberg-Universität, Mainz 2003.

HERMANN, A./HUBER, F./KRESSMANN F. 2004: Partial Least Squares – Ein Leitfaden zur Spezifikation, Schätzung und Beurteilung varianzbasierter Strukturgleichungsmodelle, in: Zfbf, Nr. 58, Februar 2006, S. 34-66.

HERP, T. 1982: Der Markenwert von Marken des Gebrauchsgütersektors, Frankfurt a. M. 1982.

HOCH, S. J./BANERJI, S. 1993: When do Private Labels suceed?, in: Sloan Management Review, 1993 (Summer), pp. 57-67.

HOCH, S. J./MONTGOMERY, A. L./PARK, Y.-H. 2002: Why Private Labels Show Long-Term Market Share Evolution, Working Paper, October 2002.

HOLBROOK, M. B. 1992: Product Quality, Attributes, and Brand Name as Determinants of Price: The Case of Consumer Electronics, in: Marketing Letters, Vol. 3, 1992, No. 1, pp. 71-83.

HORST, J.-P. 1992: Das Verbot der Vertikalen Preisbindung. Interdisziplinäre Analyse eines Tabus auf marketingwissenschaftlicher und wettbewerbspolitischer Grundlage, in: AHLERT, D. (Hrsg.), Schriften zu Distribution und Handel, Bd. 9, Frankfurt am Main u. a. 1992.

HUANG, M.-H./JONES, E./HAHN, D. E. 2007: Determinants of Price Elasticies for Private Labels and National Brands, in: Applied Economics, Vol. 39, 2007, pp. 553-563.

HUBER, F./HERMANN, A./PETER, S. 2003: Ein Ansatz zur Steuerung der Markenstärke, in: Zeitschrift für Betriebswirtschaft, 73. Jg., 2003, S. 345-370.

HUMPHRIES, G./SAMWAYS, A. 1993: The Outlook for UK Retailing in the 1990s, A Financial Times Management Report, London 1993.

HUPPERT, E. 1985: Instrumente der Scanning-Marktforschung, in KRUMSIEK, R. (Hrsg.), Scanning – Zukunftsperspektiven für Handel, Industrie und Marktforschung, Düsseldorf 1985, S. 22-35.

IRMSCHER, M. 1997: Markenwertmanagement – Aufbau und Erhalt von Markenwissen und -vertrauen im Wettbewerb. Eine informationsökonomische Analyse, Frankfurt a. M. 1997.

JEDIDI, K./MELA, C./GUPTA, S. 1999: Managing Advertising and Promotion for Long-Run Profitability, in: Marketing Science, Vol. 18, 1999, No. 1, pp. 1-22.

JUNGWIRTH, G. 1997: Geschäftstreue im Einzelhandel: Determinanten – Erklärungsansätze – Messkonzepte, Wiesbaden 1997.

KAAS, K. P. 1990: Langfristige Werbewirkung und Brand Equity, in: Werbeforschung und Praxis, Heft 3, 1990, S. 48-52.

KAAS, K. P./GEGENMANTEL, R. 1995: Ökonomische Determinanten der Macht auf dem Lebensmittelmarkt, in: Zeitschrift für Betriebswirtschaft, 65. Jg., 1995, Heft 8, S. 885-904.

KALRA, A./GOODSTEIN, R. C. 1998: The Impact of Advertising Positioning Strategies on Consumer Price Sensitivity, in: Journal of Marketing Research, Vol. 35 1998, No. 2, pp. 210-224.

KAMAKURA, W. A./RUSSELL, G. J. 1993: Measuring Brand Value with Scanner Data, in: International Journal of Research in Marketing, Vol. 10, 1993, No. 1, pp. 9-22.

KAPFERER, J. N. 1992: Die Marke – Kapital des Unternehmens, Landsberg/Lech 1992.

KAPLAN, R. S./NORTON, D. P. 1992: The Balanced Scorecard. Measures that drive Performance, in: Harvard Business Review, Vol. 70, 1992, No. 1, pp. 71-79.

KELLER, K. L. 1993: Conceptualizing, Measuring and Managing Customer-Based Brand Equity, in: Journal of Marketing, Vol. 57, 1993, Issue 1, pp. 1-22.

KELLER, K. L. 2001: Kundenorientierte Messung des Markenwerts, in: ESCH, F.-R. (Hrsg.), Moderne Markenführung, 3. Aufl., Wiesbaden 2001, S. 1059-1079.

KELLER, K. L. 2003: Strategic Brand Management: Building, Measuring and Managing Brand Equity, New York 2003.

KELLER, K. L./HECKLER, S. E./HOUSTON, M. J. 1998: The Effects of Brand Name Suggestiveness on Advertising Recall, in: Journal of Marketing, Vol. 62, 1998, No. 1, pp. 48-57.

KERN, W. 1962: Bewertung von Warenzeichen, in: Betriebswirtschaftliche Forschung und Praxis, 14. Jg., 1962, Heft 1, S. 17-31.

KING, A. M./COOK, J. 1990: Brand Names: The Invisible Assets, in: Management Accounting, Vol. 72 (November), 1990, pp. 41-45.

KIRKWOOD, J. B. 2004: Buyer Power and Exclusionary Conduct: Should Brooke Group Set the Standards for Buyer-Induced Price Discrimination and Predatory Bidding, in: Antitrust Law Journal, Vol. 72, 2004, No. 2, pp. 625-668.

KIRMANI, A./ZEITHAML, V. 1993: Advertising, Perceived Quality and Brand Image, in: AAKER, D. A./BIEL A. L. (Hrsg.), Brand Equity and Advertising: Advertising's Role in Building Strong Brands, New York 1993, pp. 143-162.

KLANTE, O. 2004: Identifikations- und Erklärungsansätze für Markenerosion, Wiesbaden 2004.

KLAPPER, D. 2000: Einflussgrößen von regulären Preiselastizitäten, Preisaktionselastizitäten und Kreuzpreiselastizitäten, in: OR Spektrum, Vol. 22, 2000, Nr. 1, S. 135-157.

KNUFF, M. 2008: Die Selektion auszulistender Artikel im Einzelhandel – ein Beitrag zur Sortimentspolitik, in: OLBRICH, R. (Hrsg.), Schriftenreihe Marketing, Handel und Management, Band 8, Lohmar und Köln 2008.

KÖHLER, H. 2003: Einflussmöglichkeiten der Markenartikelindustrie auf den Endverbraucherpreis von Markenartikeln, München 2003.

KOPALLE, P./MELA, C./MARSH, L. 1999: The Dynamic Effects of Discounting on Sales: Empirical Analysis and Normative Pricing Implications, in: Marketing Science, Vol. 18, 1999, No. 3, pp. 317-332.

KOTLER, P./BLIEMEL, F. 2001: Marketing-Management. Analyse, Planung, Umsetzung und Steuerung, 10. aktual. und erw. Aufl., Stuttgart 2001.

KRAFFT, M./ALBERS, S. 1996: Verbund von Produkt und Betriebsformenwahl beim Einkaufen in der City, in Subzentren und auf der „grünen Wiese“, in: TROMMSDORFF, V. (Hrsg.), Handelsforschung 1996/97, Jahrbuch der Forschungsstelle für den Handel Berlin (FfH) e.V., Wiesbaden 1996, S.125-143.

KRANZ, M. 2002: Markenbewertung – Bestandsaufnahme und kritische Würdigung, in: MEFFERT, H./BURMANN, C./KOERS, M. (Hrsg.), Markenmanagement

– Grundfragen der identitätsorientierten Markenführung, Wiesbaden 2002, S. 429-458.

KRIEGBAUM, C. 2001: Markencontrolling. Bewertung und Steuerung von Marken als immaterielle Vermögenswerte im Rahmen eines unternehmenswert-orientierten Controlling, München 2001.

KRISHNAN, H. S. 1996: Characteristics of Memory Associations: A Consumer-Based Brand Equity Perspective, in: International Journal of Research in Marketing, Vol. 13, 1996, No. 4, pp. 389-405.

KROEBER-RIEL, W./WEINBERG, P. 1999: Konsumentenverhalten, 7. verbesserte und ergänzte Aufl., München 1999.

KUMAR, N./STEENKAMP, J.-B. E. M. 2007: Private Label Strategy, How to meet the Store Brand Challenge, Harvard Business School Press 2007.

LAAKSONEN, H. 1994: Own Brands in Food Retailing across Europe, Research Paper, Oxford Institute of Retail Management, Oxford 1994.

LAL, R. 1990a: Price Promotions. Limiting Competitive Encroachment, in: Marketing Science, Vol. 9, 1990, No. 3, pp. 247-262.

LAL, R. 1990b: Manufacturer Trade Deals and Retail Price Promotions, in: Journal of Marketing Research, Vol. 27, 1990, No. 4, pp. 424-444.

LANGNER, T. 2003: Integriertes Branding. Baupläne zur Gestaltung erfolgreicher Marken, Wiesbaden 2003.

LEUTHESSER, L. 1988: Defining, Measuring, and Managing Brand Equity, Working Paper No. 88-104, Marketing Science Institute, Cambridge, MA 1988.

LIEBMANN, H.-P./ZENTES, J. 2001: Handelsmanagement, München 2001.

LIENERT, G. A. 1969: Testaufbau und Testanalyse, 4. Aufl., München, Weinheim 1969.

LINXWEILER, J. 2001: BrandScoreCard, Groß-Umstadt 2001.

MACINNIS, D. J./SCHAPIRO, S./MANI, G. 1999: Enhancing Brand Awareness Through Brand Symbols; in: Advances in Consumer Research, Vol. 26, 1999, Issue 1, pp. 601-608.

MANKE, K. O./FUNDER, J./HUPPERTZ, S. 2002: KonsumGüter 2010: Handel – Macht – Marken. Eine Expertenbefragung und Trendstudie über die Entwicklung des deutschsprachigen Lebensmitteleinzelhandels und der Konsumgüterindustrie bis zum Jahr 2010, Veröffentlichung des Unternehmens Accenture, Frankfurt a. M. u. a. 2002.

MARETZKI, J./WILDNER, R. 1994: Messung von Markenkraft, in: Markenartikel, Nr. 3, 1994, S. 101-105.

MCGOLDRICK, P. 2002: Retail Marketing, Second Edition, Berkshire 2002.

MEFFERT, H. 1992: Marketingforschung und Käuferverhalten, 2. Aufl., Wiesbaden 1992.

MEFFERT, H. 2000: Marketing: Grundlagen marktorientierter Unternehmensführung: Konzepte – Instrumente – Praxisbeispiele, 9. Aufl., Wiesbaden 2000.

MEFFERT, H./BURMANN, C. 1998: Abnutzbarkeit und Nutzungsdauer von Marken – ein Beitrag zur steuerlichen Behandlung von Warenzeichen, in MEFFERT, H./BACKHAUS, D. (Hrsg.), AP Nr. 117 der Wissenschaftlichen Gesellschaft für Marketing und Unternehmensführung e. V., Münster 1998.

MEFFERT, H./BURMANN, C./KOERS, M. 2002: Markenmanagement – Grundfragen der identitätsorientierten Markenführung, Wiesbaden 2002.

MEFFERT, H./GILOTH, M. 2002: Aktuelle markt- und unternehmensbezogene Herausforderungen an die Markenführung, in: MEFFERT, H./BURMANN, C./KOERS, M. (Hrsg.), Markenmanagement - Grundfragen der identitätsorientierten Markenführung, Wiesbaden 2002, S. 99-130.

MEFFERT, H./KOERS, M. 2001: Integratives Markencontrolling auf der Basis des Balanced-Score-Card-Ansatzes, in: REINECKE, S./TOMCZAK, T./GEIS, G. (Hrsg.), Handbuch Marketingcontrolling: Marketing als Treiber von Wachstum und Erfolg, Frankfurt a. M. 2001, S. 292-321.

MEFFERT, H./KOERS, M. 2002: Identitätsorientiertes Markencontrolling, in: MEFFERT, H./BURMANN, C./KOERS, M. (Hrsg.), Markenmanagement – Grundfragen der identitätsorientierten Markenführung, Wiesbaden 2002, S. 403-428.

MELA, C. F./GUPTA, S./LEHMANN, D. R. 1997: The Long-Term Impact of Promotions and Advertising on Consumer Brand Choice, in: Journal of Marketing Research, Vol. 34, 1997, No. 2, pp. 248-261.

MESSINGER, P. R./ NARASIMHAN, C. 1995: Has Power Shifted In The Grocery Channel?, in: Marketing Science, Vol. 14, 1995, No. 2, pp. 189-223.

MILLER, C. 1993: Upbeat Outlook for U.S. Brands, in: Marketing News, Vol. 24 (May), 1993, pp. 1-8.

MILLS, D. E. 1995: Why Retailers sell Private Labels, in: Journal of Economics & Management Strategy, Vol. 4, 1995, Issue 3, pp. 509-528.

M+M EUROdATA 2003: Pressemeldung von M+M EUROdATA vom 23.11.1999.

MORIARTY, M. M. 1985: Retail Promotional Effects on Intra- and Interbrand Sales Performance, in: Journal of Retailing, Vol. 61, 1985, No. 3, pp. 27-47.

MORRIN, M. 1999: The Impact of Brand Extensions on Parent Brand Memory Structures and Retrieval Processes, in: Journal of Marketing Research, Vol. 36, 1999, No. 4, pp. 517-525.

NARASIMHAN, C. /WILCOX, R. T. 1998: Private Labels and the Channel Relationship: A Cross-Category Analysis, in: Journal of Business, Vol. 71, 1998, No. 4, pp. 573–600.

NEWBOLD, P. 1995: Statistics for Business & Economics, 4. Aufl., Upper Saddle River 1995.

OLBRICH, R. 1993: Marketing-Controlling auf der Basis von Scanning-Daten, in: ZAHN, E. (Hrsg.), Marketing- und Vertriebscontrolling, 16. Nachlieferung, Landsberg am Lech 1993, II/5.1-5.4.

OLBRICH, R. 1997a: Evaluation von Konzentrationsprozessen im Konsumgüterhandel – Ein Messinstrumentarium zur Identifizierung von Austausch- und Verkrustungsprozessen in der Spitzengruppe von hochkonzentrierten Märkten, in: TROMMSDORFF, V. (Hrsg.), Handelsforschung 1997/98, Jahrbuch der Forschungsstelle für den Handel Berlin (FfH) e.V., Wiesbaden 1997, S. 441-464.

OLBRICH, R. 1997b: Stand und Entwicklungsperspektiven integrierter Warenwirtschaftssysteme, in: AHLERT, D./OLBRICH, R. (Hrsg.), Integrierte Warenwirtschaftssysteme und Handelscontrolling, 3., neubearb. Aufl., Stuttgart 1997, S. 115-172.

OLBRICH, R. 1998: Unternehmenswachstum, Verdrängung und Konzentration im Konsumgüterhandel, Stuttgart 1998.

OLBRICH, R. 2001a: Ursachen, Entwicklung und Auswirkungen der Abhängigkeitsverhältnisse zwischen Markenartikelindustrie und Handel, in: OLBRICH, R. (Hrsg.), Berichte aus dem Lehrstuhl für Betriebswirtschaftslehre, insb. Marketing, Forschungsbericht Nr. 4, FernUniversität in Hagen, Hagen 2001.

OLBRICH, R. 2001b: Ursachen und Konsequenzen der Abhängigkeitsverhältnisse zwischen Markenartikelindustrie und Handel, in: Marketing ZFP, Heft 4, 4. Quartal, 23. Jg., 2001, S. 253-267.

OLBRICH, R. 2001c: Der „Double-Agent-Approach" in der Konsumgüterdistribution – Die Verschiebung des „strategischen Machtgefälles" zwischen Markenartikelindustrie und Handel durch die zunehmende Verbreitung von Handelsmarken, in: TROMMSDORFF, V. (Hrsg.), Handelsforschung 2001/2002, Jahrbuch des FfH-Institut für Markt- und Wirtschaftsforschung GmbH, Köln 2001, S. 161-181.

OLBRICH, R. 2004: Mehr Wettbewerbschancen für die industrielle Marke durch Aufhebung des Preisbindungsverbotes! Zur Frage der Abschottung von Wettbewerb durch ‚private labels', in: AHLERT, D./EVANSCHITZKY, H./HESSE, J./SALFELD, A. (Hrsg.), Exzellenz in Markenmanagement und Vertrieb – Grundlagen und Erfahrungen, Wiesbaden 2004, S. 165-178.

OLBRICH, R. (Hrsg.) 2006: Marketing-Controlling mit POS-Daten, Analyseverfahren für mehr Erfolg in der Konsumgüterwirtschaft, Frankfurt am Main 2006.

OLBRICH, R./BATTENFELD, D. 2004: Markenführung der Industrie bei zunehmender Handelskonzentration, in: BRUHN, M. (Hrsg.), Handbuch Markenführung, 2., vollst. überarb. u. erw. Aufl., Bd. 2, Wiesbaden 2004, S. 1733-1753.

OLBRICH, R./BATTENFELD, D./GRÜNBLATT, M. 2000: Methodische Grundlagen und praktische Probleme der Scanningdaten-Forschung, in: TROMMSDORFF, V. (Hrsg.), Handelsforschung 2000/2001, Jahrbuch des FfH-Institut für Markt- und Wirtschaftsforschung GmbH, Köln 2000, S. 263-281.

OLBRICH, R./BATTENFELD, D./GRÜNBLATT, M. 2001: Die Analyse von Scanningdaten – Methodische Grundlagen und Stand der Unternehmenspraxis, demonstriert an einem Fallbeispiel, in: OLBRICH, R. (Hrsg.), Berichte aus dem Lehrstuhl für Betriebswirtschaftslehre, insb. Marketing, Forschungsbericht Nr. 2, 2., durchges. und aktual. Aufl., FernUniversität in Hagen 2001.

OLBRICH, R./BUHR, C.-C. 2003: Projekt SCAFO – Sortimentscontrolling im filialisierenden Handel – dargestellt am Beispiel von Frischwaren, in: OLBRICH, R. (Hrsg.), Berichte aus dem Lehrstuhl für Betriebswirtschaftslehre, insb. Marketing, Forschungsbericht Nr. 9, FernUniversität in Hagen, Hagen 2003.

OLBRICH, R./BUHR, C.-C. 2004a: Impact of Private Labels on Competition: Why European competition law should permit resale price maintenance, in: The European Retail Digest, Oxford Institute of Retail Management, University of Oxford, No. 41, 2004, pp. 50-55.

OLBRICH, R./BUHR, C.-C. 2004b: Sortiments-Controlling im filialisierenden Handel – dargestellt am Beispiel von Frischwaren, in: TROMMSDORFF, V. (Hrsg.), Handelsforschung 2004, Köln 2004, S. 335-355.

OLBRICH, R./BUHR, C.-C. 2005a: Who benefits from the Prohibition of Resale Price Maintenance in European Competition Law? – A Case of Food Retailing, in: European Competition Law Review, Vol. 26, 2005, Issue 12, pp. 705-713.

OLBRICH, R./BUHR, C.-C. 2005b: Zunehmende Verkrustung des Wettbewerbs im Lebensmittelhandel – mehr Konzentration ohne Austauschprozesse, in: TROMMSDORFF, V. (Hrsg.), Handelsforschung 2005. Neue Erkenntnisse für Praxis und Wissenschaft des Handels, Stuttgart 2005, S. 353-373.

OLBRICH, R./BUHR, C.-C. 2005c: Nicht identifizierbare Handelsmarken als neue Form netzwerkbasierter Angebotspolitik im Einzelhandel – Folgen für den Wettbewerb und den Verbraucher, in: AHLERT, D./OLBRICH, R./SCHRÖDER, H. (Hrsg.), Netzwerke in Vertrieb und Handel, Jahrbuch Vertriebs- und Handelsmanagement, Frankfurt a. M. 2005, S. 221-236.

OLBRICH, R./BUHR, C.-C. 2006a: Warengruppencontrolling im filialisierten Handel – dargestellt am Beispiel von Frischwaren ohne EAN-Codierung, in: OLBRICH, R. (Hrsg.), Marketing-Controlling mit POS-Daten – Analyseverfahren für mehr Erfolg in der Konsumgüterwirtschaft, Frankfurt am Main 2006, S. 298-324.

OLBRICH, R./BUHR, C.-C. 2006b: Handelsmarken, Wettbewerb und Wohlfahrt, in: PRIEßNITZ, H. (Hrsg.): Markenführung im Billigzeitalter. Wertevernichtung – Spirale ohne Ende, Landsberg a. Lech, 2006, S. 21-63.

OLBRICH, R./BUHR, C.-C. 2007: Handelskonzentration, Handelsmarken und Wettbewerb in der Konsumgüterdistribution – Warum das Verbot der vertikalen Preisbindung abgeschafft gehört, in: SCHUCKEL, M./TOPOROWSKI, W. (Hrsg.), Theoretische Fundierung und praktische Relevanz der Handelsforschung, Wiesbaden 2007, S. 485-505.

OLBRICH, R./BUHR, C.-C./GREWE, G./SCHÄFER, T. 2005: Die Folgen der zunehmenden Verbreitung von Handelsmarken für den Wettbewerb und den Verbraucher, in: OLBRICH, R. (Hrsg.), Berichte aus dem Lehrstuhl für Betriebswirtschaftslehre, insb. Marketing, Forschungsbericht Nr. 11, FernUniversität in Hagen 2005.

OLBRICH, R./GREWE, G. 2007: Projekt SCAFO – Folgen der zunehmenden Verbreitung von Handelsmarken – geringere Artikelvielfalt und Anstieg der Preise, in: OLBRICH, R. (Hrsg.), Berichte aus dem Lehrstuhl für Betriebswirtschaftslehre, insb. Marketing, Forschungsbericht Nr. 15, FernUniversität in Hagen 2007.

OLBRICH, R./GREWE, G./BATTENFELD, D. 2006: Sortimentsgestaltung durch Herstellermarken oder Handelsmarken – zu den betriebswirtschaftlichen Grenzen der Verbreitung von Handelsmarken, in: OLBRICH, R. (Hrsg.), Marketing-Controlling mit POS-Daten – Analyseverfahren für mehr Erfolg in der Konsumgüterwirtschaft, Frankfurt am Main 2006, S. 325-348.

OLBRICH, R./GRÜNBLATT, M. 2003: Projekt SCAFO – Stand der Nutzung von Scanningdaten in der Deutschen Konsumgüterwirtschaft. Ergebnisse einer empirischen Untersuchung, in: OLBRICH, R. (Hrsg.), Berichte aus dem Lehrstuhl für Betriebswirtschaftslehre, insb. Marketing, Forschungsbericht Nr. 8, FernUniversität in Hagen 2003.

OLBRICH, R./GRÜNBLATT, M. 2004: 25 Jahre Scanning am Point of Sale (POS) in Deutschland. Ergebnisse einer empirischen Untersuchung zum Stand der Nutzung von Scanningdaten in der Konsumgüterwirtschaft, in: Controlling, 16. Jg., Nr. 4-5, 2004, S. 265-272.

OLBRICH, R./GRÜNBLATT, M. 2006: Der Einsatz von Scanningdaten in der Konsumgüterwirtschaft, in: OLBRICH, R. (Hrsg.), Marketing-Controlling mit POS-Daten – Analyseverfahren für mehr Erfolg in der Konsumgüterwirtschaft, Frankfurt a. M. 2006, S. 77-159.

OLBRICH. R./SCHÄFER, T. 2009: Projekt SCAFO – Handelsmarken und Betriebsformenwettbewerb – zu den Auswirkungen der Verbreitung von Handelsmarken auf das Preisniveau, die Artikelvielfalt und die Aktionshäufigkeit im Handel, in: OLBRICH, R. (Hrsg.), Berichte aus dem Lehrstuhl für Betriebswirtschaftslehre, insb. Marketing, Forschungsbericht Nr. 17, Fern-Universität in Hagen 2009.

OLBRICH, R./SCHÄFER, T./BATTENFELD, D. 2006: Zur Messung von Markenerosion als Folge der zunehmenden Verbreitung von Handelsmarken – Ansätze einer Steuerung von Markenportfolios, in: OLBRICH, R. (Hrsg.), Marketing-Controlling mit POS-Daten – Analyseverfahren für mehr Erfolg in der Konsumgüterwirtschaft, Frankfurt a. M. 2006, S. 349-367.

O. V. 2005: Lidl offeriert Drogerie-Artikel. Discounter will sein Sortiment um 200 Produkte erweitern, Frankfurter Rundschau, 11.02.2005, S. 10.

OWEN, S. 1993: The Landor ImagePower Survey: A Global Assessment of Brand Strength, in: AAKER, D. A./BIEL, A. L. (Hrsg.), Brand Equity & Advertising. Advertising's Role in Building Strong Brands, New York 1993, pp. 31-49.

PARK, C. S./SRINIVASAN, V. 1994: A Survey-Based Method for Measuring and Understanding Brand Equity and its Extendibility, in: Journal of Marketing Research, Vol. 31, 1994, No. 2, pp. 271-288.

PARKER, P./KIM, N. 1997: National Brands versus Private Labels: An Empirical Study of Competition, Advertising and Collusion, in: European Management Review, Vol. 15, 1997, No. 3, pp. 220-235.

PARKER, P./KIM, N. 1999: Collusive Conduct in Private Label Markets, in: International Journal of Research in Marketing, Vol. 16, 1999, No. 2, pp. 143-155.

PAUWELS, K. H./SRINIVASAN, S. 2004: Who benefits from Store Brand Entry?, in: Marketing Science, Vol. 23, 2004, No. 3, pp. 364-390.

PERLOFF, J. M./SUSLOW, V. Y./SEGUIN, B. J. 2006: Higher Prices from Entry: Pricing of Brand-Name Drugs, University of California, Berkeley 1996, Competition Policy Working Paper.

PODDIG, T./PETERSMEIER, K. 2002: Das nichtparametrische Regressionsmodell. Ein Vergleich mit dem linearen Regressionsmodell, in: Wirtschaftswissenschaftliches Studium (WiSt), 31. Jg., 2002, Heft 11, S. 633-637.

PRICEWATERHOUSECOOPERS/SATTLER, H. 1999: Praxis von Markenbewertung und Markenmanagement in deutschen Unternehmen, in: Industriestudie, PRICEWATERHOUSECOOPERS (Hrsg.), Frankfurt a. M. 1999.

PRICEWATERHOUSECOOPERS/SATTLER, H. 2005: Praxis von Markenbewertung und Markenmanagement in deutschen Unternehmen: Neue Befragung 2005, in: PRICEWATERHOUSECOOPERS (Hrsg.), Frankfurt a. M. 2005.

PUTSIS, W. P. 1997: An Empirical Study of the Effect of Brand Proliferation on Private Label-National Brand Pricing Behavior, in: Review of Industrial Organization, Vol. 12, 1997, No. 3, pp. 355-371.

PUTSIS, W. P./COTTERILL, R. W. 2000: Share, Price and Category Expenditure – Geographic Market Effects and Private Labels, in: Managerial And Decision Economics, Vol. 20, 2000, No. 4, pp. 175-187.

QUELCH, J. A. / HARDING, D. 1996: Brands Versus Private Labels: Fighting to Win, in: Harvard Business Review, Vol. 74, 1996, No. 1, pp. 99-109.

RAEBER, R. 2001: Handelsmarken und Handelsmarkenpolitik – Erfahrungsberichte aus der Perspektive eines Herstellerunternehmens, in: BRUHN, M. (Hrsg.), Handelsmarken, 3., überarb. und erw. Auflage, Stuttgart 2001, S. 335-347.

RAJH, E. 2005: The Effects of Marketing Mix Elements on Brand Equity, in: Croatian Economic Survey 2005, pp. 53-80.

RAJU, J. S. 1992: The Effect of Price Promotions on Variability in Product Category Sales, in: Marketing Science, Vol. 11, 1992, No. 3, pp. 207-220.

RAJU, J. S./SETHURAMAN, R./DHAR, S. K. 1995: The Introduction and Performance of Store Brands, in: Management Science, Vol. 41, 1995, No. 6, pp. 957-978.

RANGASWAMY, A./BURKE, R. R./OLIVA, T. A. 1993: Brand Equity and the Extendibility of Brand Names, in: International Journal of Research in Marketing, Vol. 10, 1993, No. 1, pp. 61-75.

RAO, A. R./MAHI, H. 2003: The Price of Launching a New Product: Empirical Evidence on Factors Affecting the Relative Magnitude of Slotting Allowances, in: Marketing Science, Vol. 22, 2003, No. 2, pp. 246-268.

RIEDEL, F. 1996: Die Markenwertmessung als Grundlage strategischer Markenführung, Heidelberg 1996.

RINGLE, C. M. 2004: Gütemaße für den Partial Least Squares Ansatz zur Bestimmung von Kausalmodellen, in: HANSMANN, K.-W. (Hrsg.), Industrielles Management, Universität Hamburg, Institut für Industriebetriebslehre und Organisation, Arbeitspapier Nr. 16, S. 1-32.

RINGLE, C. M./SPREEN, F. 2007: Beurteilung von Ergebnissen einer PLS Pfadanalyse, in: WISU, 36. Jg. (2007), S. 211-216.

ROEB, T. 1994: Markenwert: Begriff, Berechnung, Bestimmungsfaktoren, Aachen 1994.

ROEDDER JOHN, D./LOKEN, B./JOINER, C. 1998: The negative Impact of Extensions: Can Flagship Products be Diluted?, in: Journal of Marketing, Vol. 62, 1998, No. 1, pp. 19-32.

RUSSELL, G. J./KAMAKURA, W. A. 1994: Understanding Brand Competition Using Micro and Macro Scanner Data, in: Journal of Marketing Research, Vol. 31 1994, No. 2, pp. 289-303.

SAMWAYS, A. 1995: Private Label in Europe: Prospects and Opportunities for FMCG Retailers. A Financial Times Management Report, London 1995.

SANDER, M. 1994: Die Bestimmung und Steuerung des Werts von Marken, Heidelberg 1994.

SANDER, M. 1995: Markenbewertung auf der Basis der hedonischen Theorie, in: Markenartikel, Heft 2, 1995, S. 76-80.

SATTLER, H. 2000: Markenwert, in: ALBERS, S./HERMANN, A. (Hrsg.), Handbuch Produktmanagement, Wiesbaden 2000, S. 219-240.

SATTLER, H. 2001: Markenpolitik, Stuttgart 2001.

SATTLER, H. 2005: Markenbewertung: State of Art, Research Papers on Marketing and Retailing der Universität Hamburg, No. 27, 2005.

SCHLABERG, F. 1997: Wettbewerbsvorteil und Bewertung von Marken: Entwicklung eines Bewertungsmodells zur Effizienzsteigerung im Markenmanagement und -controlling auf Basis mikroökonomisch und finanztheoretisch fundierter Untersuchungen, St. Gallen 1997.

SCHMEDES, E.-C. 2005: Empirische Befunde zur Preissetzung im deutschen Lebensmitteleinzelhandel, in: Jahrbuch der Österreichischen Gesellschaft für Agrarökonomie, Band 14, 2005, S. 153-164.

SCHULZ, R./BRANDMEYER, K. 1989: Die Marken-Bilanz: Ein Instrument zur Bestimmung und Steuerung von Markenwerten, in: Markenartikel, Heft 51, 1989, S. 363-370.

SCHUSTER, H. 2006: How to Measure Brand Success? A Classification of Different Approaches for each Link in the Brand Success Chain, in: GFK (Hrsg.), Yearbook of Marketing and Consumer Research, Vol. 4, 2006, pp. 68-88.

SCHWEIGER, G./OTTER, T./STREBINGER, A. 1997: The Influence of Country of Origin and Brand on Product Evaluations and the Implications thereof for Location Decision, in: CEMS Business Review, Vol. 2, 1997, No. 1, pp. 5-26.

SETHURAMAN, R. 2003: Measuring National Brands' Equity over Store Brands, in: Review of Marketing Science, Vol. 1, 2003, Article 2.

SHAFFER, G. 1991: Slotting allowances and resale price maintenance: a comparison of facilitating practices, in: RAND Journal of Economics, Vol. 22, 1991, No. 1, pp. 120-135.

SHORE, A./RANGACHARI, G./SCOTT, L. 2003: Private Lies. The truth about private label, Deutsche Bank Securities, New York 2003.

SIMON, H./KUCHER, E./SEBASTIAN, K.-H. 1982: Scanner-Daten in Marktforschung und Marketingentscheidungen, in: Zeitschrift für Betriebswirtschaft (ZfB), 52. Jg., 1982, Heft 6, S. 555-579.

SIMON, C. J./SULLIVAN, M. W. 1993: The Measurements and Determinants of Brand Equity: A Financial Approach, in: Marketing Science, Vol. 12, 1993, No. 1, pp. 28-58.

SIRIAM, S./BALACHANDER, S./KALWANI, M. U. 2007: Monitoring the Dynamics of Brand Equity Using Store-Level Data, in: Journal of Marketing, Vol. 71, 2007, Issue 2, pp. 61-78.

SRINIVASAN, V. 1979: Network Models for Estimating Brand-Specific Effects in Multi-Attribute Marketing Models, in: Management Science, Vol. 25, 1979, No. 1, pp. 11-21.

STEINER, R. 2004: The Nature and Benefits of National Brand/Private Label Competition, in: Review of Industrial Organization, Vol. 24, 2004, Issue 2, pp. 105-127.

STERN, B. B. 2006: What does Brand mean? Historical-Analysis Method and Construct Definition, in: Journal of the Academy of Marketing Science, Vol. 34, 2006, Issue 2, pp. 216-223.

STOBART, P. 1989: Alternative Measures of Brand Valuation, in: MURPHY, J. (Hrsg.), Brand Valuation, London 1989, pp. 23-31.

SWAIT, L./ERDEM, T./LOUVIÈRE, J./DUBELAAR, C. 1993: The Equalization Price: A Consumer-Perceived Measure of Brand Equity, in: Special Issue on Brand Equity of International Journal of Research in Marketing, Vol. 10, 1993, No. 1, pp. 23-45.

SWEDISH COMPETITION AUTHORITY 2002a: The Grocery Retail Trade. Structure, Form of Ownership and Relations with Suppliers, Report Series 2002:6.

SWEDISH COMPETITION AUTHORITY 2002b: Prices in Sweden can be squeezed through competition, Press Release, No. 24, 13.12.2002.

TAUBERGER, J. 2008: Konsumentengerichtete Verkaufsförderung – Verfahren zur Wirkungsmessung auf der Basis von POS-Daten, in: OLBRICH, R. (Hrsg.), Schriftenreihe Marketing, Handel und Management, Band 5, Lohmar und Köln 2006.

TIETZ, B. 1993: Der Handelsbetrieb, 2. Aufl., München 1993.

TOMCZAK, T./REINECKE, S./KAETZKE, P. 2004: Markencontrolling – Sicherstellung der Effektivität und Effizienz der Markenführung, in: BRUHN, M. (Hrsg.), Handbuch Markenführung, Band 2, Wiesbaden 2004, S. 1821-1852.

TROMMSDORFF, V. 2004: Verfahren der Markenbewertung, in: BRUHN, M. (Hrsg.), Handbuch Markenführung, 2. Aufl., Stuttgart 2004, S. 1853-1875.

TSCHEULIN, D. K./HELMIG, B. 2004: Gabler Lexikon Marktforschung, Wiesbaden 2004.

VAN HEERDE, H. 1999: Models for Sales Promotion Effects based on Store-Level Scanner Data, Dissertation, University of Groningen 1999.

VAN HEERDE, H./GUPTA, S./WITTINK, D. R. 2003: Is 75 % of the Sales Promotion Bump due to Brand Switching? No, Only 33 % Is, in: Journal of Marketing Research, Vol. 40, 2003, No. 4, pp. 481-491.

VAN OEST, R. D./FRANSES, P. H. 2003: Which Brands Gain Share from Which Brands? Inference from Store-Level Scanner Data, Tinbergen Institute Discussion Paper No. 2003-079/4, September 2003.

VOERSTE, A. 2006: Projekt SCAFO – Determinanten des Konsumverhaltens nach einer Lebensmittelkrise. Ergebnisse einer empirischen Analyse zum Konsum rindfleischhaltiger Lebensmittel nach der BSE-Krise in Deutschland, in: OLBRICH, R. (Hrsg.), Berichte aus dem Lehrstuhl für Betriebswirtschaftslehre, insb. Marketing, Forschungsbericht Nr. 13, FernUniversität in Hagen 2006.

VÖLCKNER, F./PIRCHEGGER B. 2005: Immaterielle Werte in der internen und externen Berichterstattung deutscher Unternehmen – Eine empirische Bestandsaufnahme, Research Papers on Marketing and Retailing der Universität Hamburg, No. 28, Juni 2005.

VOGEL, L. 1998: Wettbewerbsrecht und Einkaufsmacht: Es ist Zeit für eine neue Betrachtungsweise, in: Wirtschaft und Wettbewerb, Jg. 48, 1998, Heft 12, S. 1162-1172.

VOSSEBEIN, U. 1993: Einsatzmöglichkeiten von Scannerdaten, in: Jahrbuch der Absatz- und Verbrauchsforschung, 39. Jg., 1993, Heft 1, S. 23-38.

WALSH, G. 2002: Die Ähnlichkeit zwischen Hersteller- und Handelsmarken und ihre Bedeutung für das kaufbezogene Verhalten von Konsumenten, in: Jahrbuch der Absatz- und Verbrauchsforschung, 43. Jg., 2002, Heft 2, S. 108-123.

WARD, M. B./SHIMSHACK, J. P./PERLOFF, J. M./HARRIS, M. J. 2002: Effects of the Private-Label Invasion in Food Industries, in: American Journal of Agricultural Economics, Vol. 84, 2002, No. 4, pp. 961-973.

WEINBERG, P./PURPER, G. 2004: Die Merkmale der Betriebsformen des Einzelhandels aus der Sicht der Konsumenten, in: TROMMSDORFF, V. (Hrsg.), Handelsforschung 2004: Neue Erkenntnisse für Praxis und Wissenschaft des Handels, Köln 2004, S. 43-63.

WENTZ, L./MARTIN, G. L. 1989: How Experts value Brands, in: Business Horizons, Vol. 24, 1989, No. 1, pp. 36-41.

WHITE, J. C./TROY, L. C./GERLICH, R. N. 2000: The role of slotting fees and introductory allowances in retail buyers' new-product acceptance decision, in: Journal of the Academy of Marketing Science, Vol. 28, 2000, No. 2, pp. 291-298.

WIESER, R./AIGINGER K./WÜGER, M. 1999: Marktmacht im Einzelhandel, Österreichisches Institut für Wirtschaftsforschung, Wien 1999.

WINDBERGS, T. 2007: Markentreue, Einkaufsstättentreue und Erfolg im Lebensmitteleinzelhandel – dargestellt am Beispiel einer Premiumhandelsmarke im Lebensmitteleinzelhandel, in: OLBRICH, R. (Hrsg.), Schriftenreihe Marketing, Handel und Management, Band 6, Lohmar und Köln 2007.

WINER, R. 1986: A Reference Price Model of Brand Choice for Frequently Purchased Products, in: Journal of Consumer Research, Vol. 13, 1986, Issue 2, pp. 250-256.

WILLS, R. L./MUELLER, W. F. 1989: Brand Pricing and Advertising, in: Southern Economic Review, Vol. 56, 1989, No. 2, pp. 383-395.

WINTERS, L. C. 1991: Brand Equity Measures: Some Recent Advances, in: Marketing Research, Vol. 3, 1991, Issue 3, pp. 70-73.

WIRTZ, B. W./GÖTTGENS, O./DUNZ, M. 2001: Ansätze zur Markenbewertung, in: Der Markt, 40. Jg., 2001, Nr. 159, S. 159-167.

WOLD, H. 1982: Soft Modelling: The Basic Design and Some Extensions, in: JÖRESKOG, K. G./WOLD, H. (Hrsg.), Systems under Indirect Observations, Part 2, Amsterdam 1982, pp. 1-54.

YATCHEW, A. 1998: Nonparametric Regression Techniques in Economics, in: Journal of Economic Literature, Vol. 36, 1998, No. 6, pp. 669-721.

YOO, B./DONTHU, N./LEE, S. 2000: An Examination of Selected Marketing Mix Elements and Brand Equity, in: Journal of the Academy of Marketing Science, Vol. 28, 2000, No. 2, pp. 195-211.

ZEDNIK, A./STREBINGER, A. 2005: Marken-Modelle der Praxis, Wiesbaden 2005.

ZENTES, J./IHRING, F. 1994: Bedeutung der Markenpolitik für das vertikale Marketing, in: BRUHN, M. (Hrsg.), Handbuch Markenartikel, Band 2, Stuttgart 1994, S. 1201-1223.

ZENTES, J./SWOBODA, B. 1999: Hersteller-Handels-Beziehungen aus markenpolitischer Sicht, in: ESCH, F.-R. (Hrsg.), Moderne Markenführung, Wiesbaden 1999, S. 824-845.

ZIMMERMANN, R./KLEIN-BÖLTIG, U./SANDER, B./MURAD-AGA, T./BAUER, H. H./VALTIN, A. 2002: Brand Equity Excellence, Band 2, Brand Equity Evaluator, Düsseldorf 2002.

URL-Verzeichnis

URL 1: http://www.194.175.244/gfk/gfk_studien/ret_0200/index.html
Zugriff am 01.09.2003.

URL 2: http://www.kpmg.de/library/surveys/satellit/lebensmittelhandel.pdf
Zugriff am 01.08.2002.

URL 3: www.uni-saarland.de/verwalt/kwt/f-magazin/2-96/2-96-6.html
Zugriff am 01.04.2005

URL 4: http://www.leadacademy.de/2005/symposium_anzeigentrends.html
Zugriff am 12.09.2007.

URL 5: http://www.bvm-net.de/glossar-p/panel.html
Zugriff am 30.07.2007.

URL 6: http://www.atkearney.de/content/presse/pressemitteilungen_archiv_detail.php/id/49256/year/2004
Zugriff am 20.08.2007.

MARKETING, HANDEL UND MANAGEMENT

Herausgegeben von Univ.-Prof. Dr. Rainer Olbrich, FernUniversität in Hagen

Band 6
Thomas Windbergs
Markentreue, Einkaufsstättentreue und Erfolg im Konsumgüterhandel – Dargestellt am Beispiel einer Premiumhandelsmarke im Lebensmitteleinzelhandel
Lohmar – Köln 2007 • 276 S. • € 48,- (D) • ISBN 978-3-89936-552-8

Band 7
Jörg Tauberger
Konsumentengerichtete Verkaufsförderung – Verfahren zur Wirkungsmessung auf der Basis von POS-Daten
Lohmar – Köln 2008 • 370 S. • € 55,- (D) • ISBN 978-3-89936-662-4

Band 8
Marc Knuff
Die Selektion auszulistender Artikel im Einzelhandel – Ein Beitrag zur Sortimentspolitik
Lohmar – Köln 2008 • 362 S. • € 54,- (D) • ISBN 978-3-89936-663-1

Band 9
Anja Voerste
Lebensmittelsicherheit und Wettbewerb in der Distribution – Rahmenbedingungen, Marktprozesse und Gestaltungsansätze, dargestellt am Beispiel der BSE-Krise
Lohmar – Köln 2009 • 332 S. • € 62,- (D) • ISBN 978-3-89936-839-0

Band 10
Gundula Grewe
Handelsmarken und Marktdurchdringung – Ursachen und Auswirkungen auf den Konsumgüterhandel
Lohmar – Köln 2010 • in Vorbereitung

Band 11
Tina Schäfer
Handelsmarken und Erosion industrieller Markenartikel – Ursachen und Auswirkungen auf die Konsumgüterdistribution
Lohmar – Köln 2010 • 348 S. • € 63,- (D) • ISBN 978-3-89936-883-3

JOSEF EUL VERLAG